5天学会 Pro/ENGINEER Wildfire 5.0

李积武　娄骏彬　编著

科 学 出 版 社

北　京

内 容 简 介

本书在作者实践经验的基础上，以基础的图形为导向，循序渐进、概念清晰、全面翔实、深入细致地介绍Pro/ENGINEER Wildfire 5.0零件建模、装配设计和工程图三大模块的基本知识和设计技巧，具有很强的专业性、实用性和可操作性。

全书共分为10章，1～8章分别介绍Pro/ENGINEER零件建模的设计思想、设计环境、基本操作方法与流程、绘制二维草绘、基础建模特征、高级建模特征和曲面特征等内容。第9章介绍零件装配的设计方法、装配约束类型和创建分解视图。第10章介绍工程图的设计方法与流程。

本书主要针对初学者，可以作为高等院校机械类相关专业的教材或自学参考书，以及相关领域工程技术人员的培训教材。

本书配套光盘中提供了各章节操作步骤的教学视频。书中实例的模型源文件和模型结果文件可从相关网站免费下载，以供读者学习和参考。

图书在版编目（CIP）数据

5天学会Pro/ENGINEER Wildfire 5.0/李积武，娄骏彬编著.
—北京：科学出版社，2013
ISBN 978-7-03-037456-1

Ⅰ.5… Ⅱ.①李… ②娄… Ⅲ.机械设计-计算机辅助设计-应用软件-高等职业教育-教材 Ⅳ.TH122

中国版本图书馆CIP数据核字（2013）第096593号

责任编辑：张莉莉 杨 凯 / 责任制作：董立颖 魏 谨
责任印制：赵德静 / 封面设计：刘素霞
北京东方科龙图文有限公司 制作
http://www.okbook.com.cn

科学出版社 出版
北京东黄城根北街16号
邮政编码：100717
http://www.sciencep.com

北京源海印刷有限责任公司 印刷
科学出版社发行 各地新华书店经销
*

2013年7月第 一 版 开本：787×1092 1/16
2013年7月第一次印刷 印张：20 1/2
印数：1—3 000 字数：458 000

定价：68.00元（附配套光盘）

（如有印装质量问题，我社负责调换）

前　言

Pro/ENGINEER是当今世界上最为流行的集成化的CAD/CAM/CAE软件之一，广泛应用于机械、模具、汽车、电子、家电、玩具、工业设计等行业。在零件建模、工程图和装配设计方面，Pro/ENGINEER提供了完善的设计体系和强大的功能组合，显著提高了设计工作效率和设计质量，因而受到广大设计人员的青睐。

本书在Pro/ENGINEER Wildfire 5.0中文版的操作平台上，全面介绍了Pro/ENGINEER Wildfire 5.0的基础知识和操作技巧，本书融合作者多年来的设计实践经验，以基础的图形为导向，循序渐进、概念清晰、全面翔实、深入细致地介绍Pro/ENGINEER Wildfire 5.0零件建模、装配设计和工程图三大模块的基本知识和设计技巧，具有很强的专业性、实用性和可操作性。

每个实例都按照两大步骤进行讲解：首先，先看见图形，分析图形特征，说明该实例的设计方法与流程，使读者对图形有一个整体概念。其次，结合具体的设计方法与流程介绍实例的操作步骤，并对操作思路进行明确提示和详细解释，使读者能够迅速理解和深入掌握各功能按钮的使用方法和操作技巧。

全书共分为10章，各章主要内容如下。

第1章（Pro/ENGINEER简介及操作基础）：介绍Pro/ENGINEER的产生和发展、特点和设计思想，结合三维模型，重点讲述Pro/ENGINEER零件设计工作环境和使用基础。

第2章（绘制二维草绘）：结合实例介绍绘制二维草绘的方法，内容包括二维草绘概述，草绘界面，基本绘图命令，编辑几何图元，尺寸标注，尺寸的编辑与修改，几何约束和草绘应用实例。

第3章（基础建模特征）：介绍零件建模的设置，结合端盖、轴、豆浆杯和斜刃铰刀四个实例介绍拉伸特征、旋转特征、扫描特征和混合特征的设计方法及操作技巧。

第4章（基准特征）：结合实例介绍基准特征的设计方法和过程。实例包括基准平面、基准轴、基准点、基准曲线和坐标系。

第5章（工程特征的创建）：结合实例介绍工程特征的设计方法和过程。Pro/ENGINEER中常用的工程特征包括孔特征、倒圆角特征、倒角特征、抽壳特征、筋特征和拔模特征。

第6章（特征操作）：结合实例介绍特征操作的方法与技巧，内容包括复制与粘贴，特征镜像，特征阵列，特征成组，特征修改，特征排序，插入特征，特征删除和特征的隐含与隐藏。

第7章（高级建模特征）：结合显示器外壳、烟斗和六角螺栓三个实例介绍可变截面扫描特征，扫描混合特征，螺旋扫描特征的设计方法和操作技巧。

第8章（曲面特征）：结合实例介绍曲面特征的创建方法与技巧，内容包括创建曲面特征，编辑曲面特征，使用曲面特征创建实体模型和曲面建模实例。

第9章（零件装配）：结合实例介绍零件装配的方法与技巧，内容包括装配概述，装配约束类型，装配实例，元件特征的显示和创建分解视图。

第10章（创建工程图）：结合实例介绍创建工程图的操作方法与技巧，内容包括：工程图概述，创建工程视图和创建工程视图实例。

本书适合作为高等院校相关专业师生学习Pro/ENGINEER的教材或自学参考书，可以帮助读者在较短的时间内掌握Pro/ENGINEER Wildfire绘图技术。

本书配套光盘中提供了各章节操作步骤的教学视频。书中实例的模型源文件和模型结果文件可从相关网站免费下载，以供读者学习和使用。

由于编者水平有限，书中不足之处在所难免，广大读者可发送邮件至loujunbin1224@163.com给予批评指正。

目 录

第1章 Pro/ENGINEER简介及操作基础

第2章 绘制二维草绘

第6章 特征操作

第7章 高级建模特征

第 8 章 曲面特征

第 9 章 零件装配

第1章 Pro/ENGINEER简介及操作基础

本章主要内容

- Pro/ENGINEER Wildfire 5.0简介
- Pro/ENGINEER的设计思想
- Pro/ENGINEER零件设计工作环境
- Pro/ENGINEER使用基础
- 配置Config.pro 文件

本章结合三维模型，重点介绍Pro/ENGINEER零件设计的工作环境和使用基础。读者可以系统地掌握Pro/ENGINEER三维设计的主要功能、文件的基本操作和鼠标的使用方法，以便在后面章节的学习中能够进行熟练的操作。

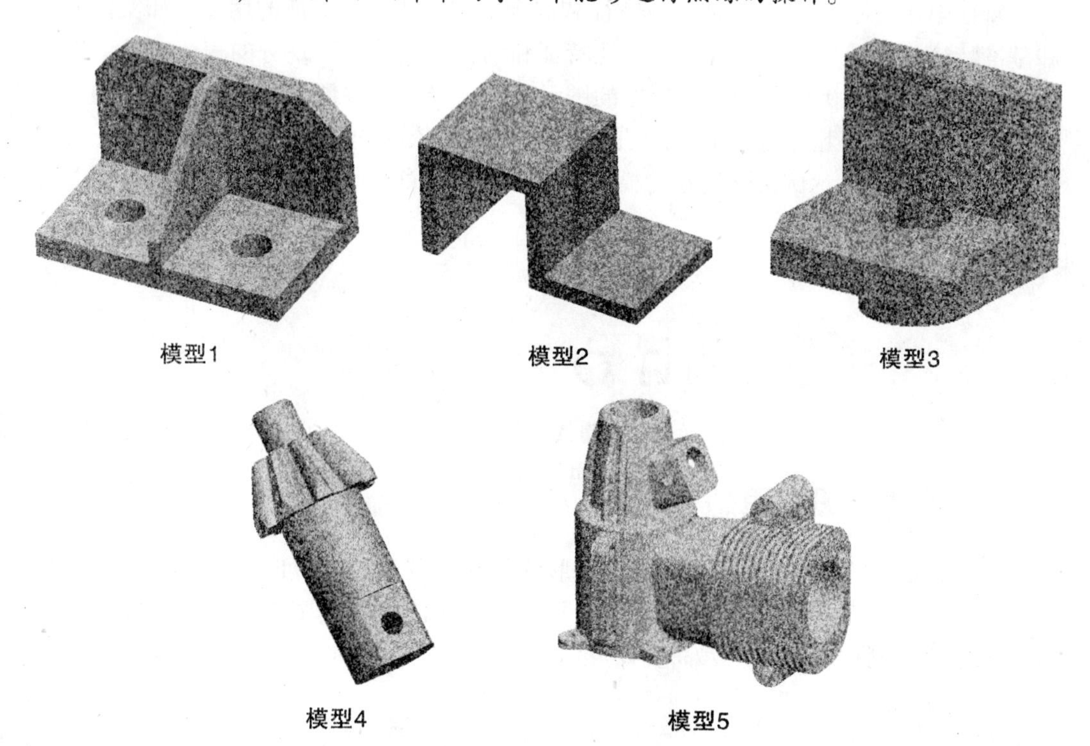

模型1　模型2　模型3　模型4　模型5

1.1　Pro/ENGINEER Wildfire 5.0简介

Pro/ENGINEER是美国PTC公司开发的产品，简称Pro/E。1988年，PTC公司推出Pro/ENGINEER的第一个版本，此后，软件不断改进和完善，最近的几个版本分别为Pro/ENGINEER 2000i、Pro/ENGINEER 2000i^2、Pro/ENGINEER 2001和Pro/ENGINEER Wildfire等版本。它将设计、制造和工程分析有机地结合在一起，已经成为全球最优秀的CAD/CAM/CAE工程技术软件之一，广泛应用于机械、电子、模具、航空等工业领域。

目前Pro/ENGINEER的最高版本是Pro/ENGINEER Wildfire 5.0，它的基本功能包括零件设计、装配设计、工程图、分析功能、钣金设计和模具设计等。

1.2　Pro/ENGINEER的设计思想

Pro/ENGINEER是一个功能强大、内容丰富的大型设计软件。在众多的CAD软件中，该软件以其强大的三维处理功能、先进的设计理念和简单而实用的操作被众多设计者接受和推崇，在机械加工制造领域中应用广泛。它的典型设计思想如下。

1.2.1　特征建模

在Pro/ENGINEER中，特征是指组成图形的一组具有特定含义的图元（绘图元素统称图元，如直线、圆、圆弧、样条曲线、点或坐标系等），如图1.1所示。它是设计者在一个设计阶段完成的全部图元的总和，直到这些图元成功地显示在模型上为止。特征创建的原理（如拉伸实体特征和混合实体特征）、特征的用途（如实体特征和基准特征）和特征的结构特点（如孔特征和筋特征）是特征划分的三个主要依据。特征建模的思想为操作和管理图形上的图元提供了极大的方便。特征是模型结构和操作的基本单位，模型创建过程也就是按照一定顺序依次向模型中添加各类特征的过程，如图1.2所示。示例文件请参看模型文件[1)]中“第1章\模型文件\moxing-1.prt”。

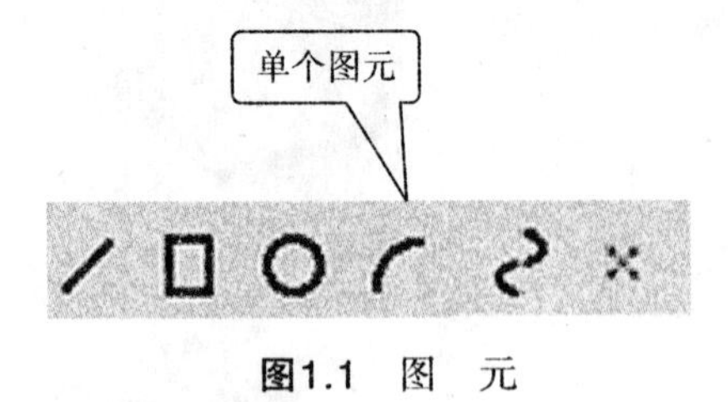

图1.1　图　元

1.2.2　参数化设计思想

在早期CAD软件中，为了获得准确形状的几何图形，设计时必须依次定位组成图形的各个图元的大小和准确位置。系统根据输入信息生成图形后，如果要对图形进行形状改变则比较困难，因而设计灵活性差。

1) 模型文件下载地址是“hppt://shop 65784241.taobao.com/”或“http://www.jxmjpx.com/”。

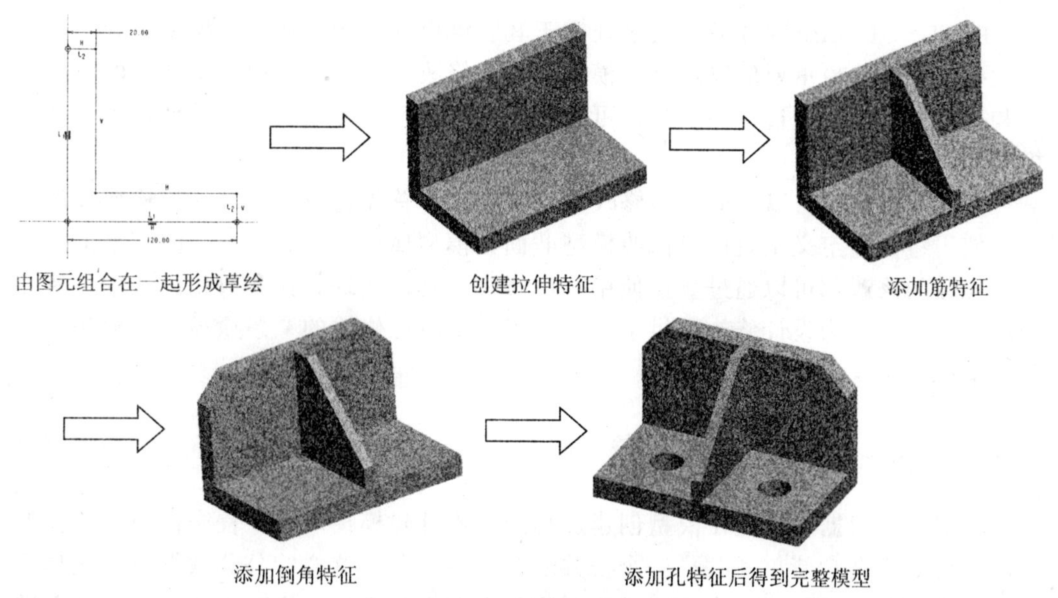

图1.2 特征建模的过程

Pro/ENGINEER引入参数化设计思想，大大提高了设计灵活性。根据参数化设计原理，绘图时设计者可以暂时舍弃大多数烦琐的设计限制，只需抓住图形的某一个典型特点绘制出图形，然后通过向图形添加适当的约束条件规范其形状，最后修改图形的尺寸数值，经过系统再生后即可获得理想的图形，如图1.3所示，示例文件请参看模型文件中“第1章\模型文件\moxing-2.prt”。这就是重要的“尺寸驱动”理论。

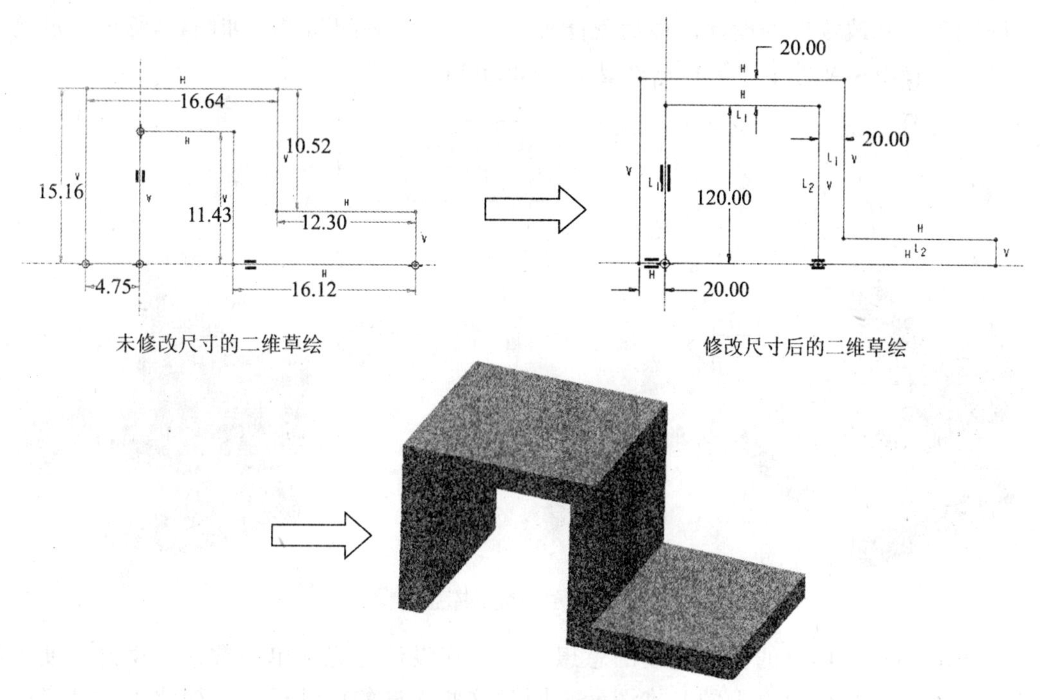

图1.3 参数化建模过程

Pro/ENGINEER软件最强大之处在于其三维设计功能。在三维模型设计中，参数化设计思想的最重要的体现就是模型的强大修改功能。系统提供了强大的修改工具和重定义工具，通过这些工具，可以轻松修改模型的参数，变更设计意图，变更模型形状。

在模型修改时，以特征作为修改的基本单位。首先选取不合理的结构所在的特征，使用特征重定义工具可以修改模型截面、模型属性等特殊参数；而模型上的大部分参数的修改都可以通过直接使用特征修改工具来实现。在参数化设计中，特征中的每一个参数为设计修改提供了入口，提供了特征修改的一条途径，是模型形状的一个控制因素。

1.2.3　单一数据库

所谓单一数据库就是在模型创建过程中，零件建模模块、工程图模块以及模型装配模块等重要功能单元共享一个公共的数据库。采用这样的公共数据库的优越之处在于设计者可以通过不同的渠道来获取数据库中的数据，也可以通过不同的渠道来修改数据库中的数据，系统中的数据库是唯一的。

单一数据库的最大特点就是实时性。根据尺寸驱动原理，一旦修改了模型中的设计参数，也就修改了单一数据库中的资料，这个改动会驱动与模型相关各个设计环节自动更新设计结果。因此，当多个设计单元共同开发一个产品时，所有设计单元可以随时获取最新的设计数据。在模型装配过程中，如果将设计完成的零件装配为组件后发现效果并不理想，并不需要修改零件后再重新进行装配，这时可以修改不符合设计要求的零件，一旦参与装配的零件被修改，其装配结果立即更新。对照装配图反复修改零件的设计，最后就能够获得满意的装配结果，如图1.4所示。示例文件请参看模型文件中“第1章\模型文件\shujuku.asm”。

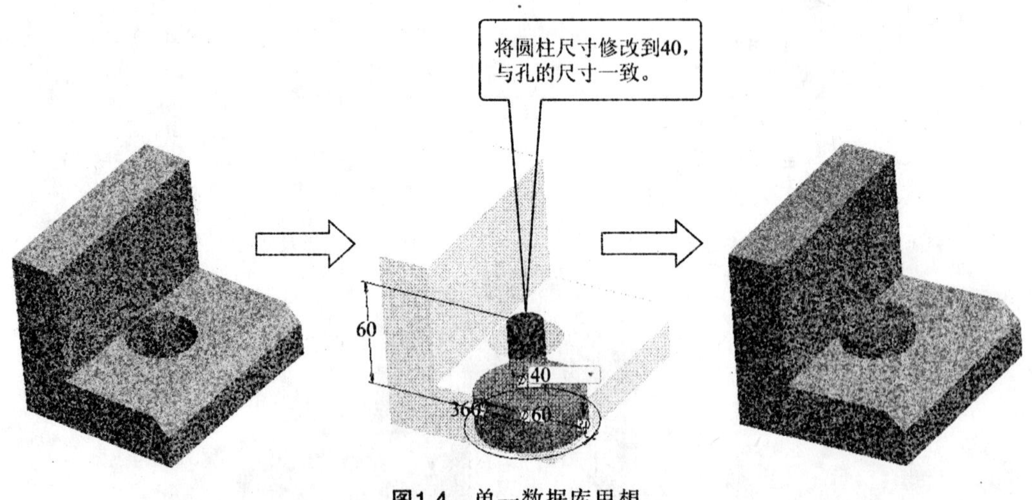

图1.4　单一数据库思想

Pro/ENGINEER的特征建模的思想、参数化设计思想和单一数据库思想方便了设计者管理和操作模型上的基本图元。同时这些先进的设计思想，简化了设计者的操作，提高了设计灵活性，将大量设计工作交给功能更强大、运算速度更高的计算

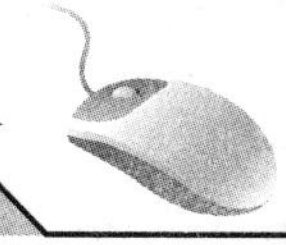

机去完成，真正满足了人性化的设计风格，代表了现代设计的最新方向。

1.3 Pro/ENGINEER零件设计工作环境

1.3.1 启动Pro/ENGINEER程序

双击桌面的“Pro/ENGINEER”程序图标，或从桌面“所有程序”菜单中启动Pro/ENGINEER程序，进入Pro/ENGINEER 5.0中文版界面，如图1.5所示。

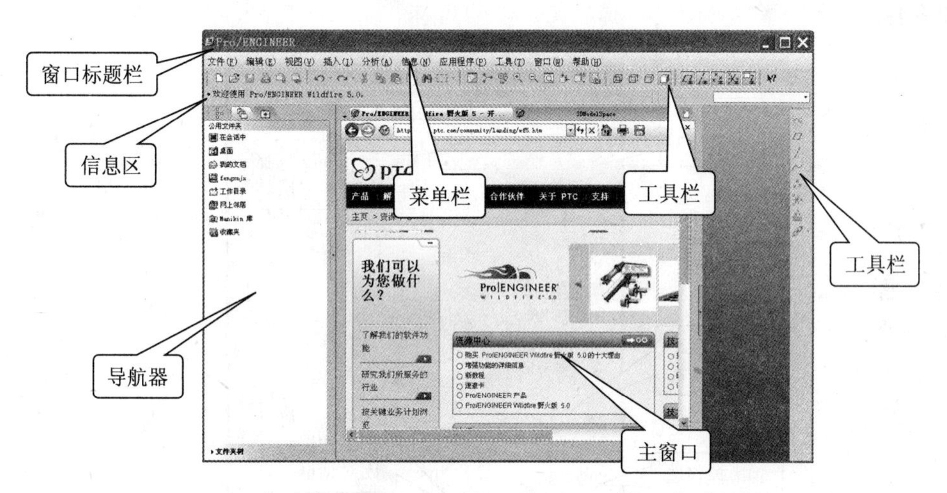

图1.5 Pro/ENGINEER中文版界面

1.3.2 设置工作目录

Pro/ENGINEER有两种工作目录，即永久工作目录和临时工作目录。

❶ 永久工作目录

永久工作目录用于保存Pro/ENGINEER程序运行过程中产生的文件。设置方法如下：

右击桌面上的Pro/ENGINEER程序图标，在弹出的快捷菜单中选择【属性】，打开“属性”对话框，单击“快捷方式”选项卡，在“起始位置”文本框中输入路径名，单击确定按钮，即可完成永久工作目录的设置工作。

❷ 临时工作目录

设计零件的过程中会产生多个文件，因此需要建立一个临时工作目录，用于保存和管理这些零件文件。设置方法如下：

预先创建一个工作目录，通常将设计模型文件也复制到该目录中备用。进入Pro/ENGINEER界面后，从“文件”菜单中选择【设置工作目录】选项，打开“选取工作目录”窗口，选择已经创建好的工作目录，单击确定按钮，选中的目录则成为当前工作目录。如果没有预先创建好工作目录，可以在“选取工作目录”窗口单击右键，从快捷菜单中选择【新建文件夹】，就可以创建一个工作目录。

1.3.3 文件管理

❶ 创建文件

单击窗口工具栏的【新建】按钮，或者从“文件”菜单中选择【新建】，进入“新建”对话框，如图1.6所示。在【类型】栏中选择【零件】，在【子类型】栏中选择【实体】，该选项对应于零件设计模块。在【名称】框中输入新的文件名（文件名不能为中文），或者接受缺省文件名，如“prt0001”。除去【使用缺省模板】项的勾选，因为其对应于英制模板，单击确定按钮进入“新文件选项”对话框，如图1.7所示。

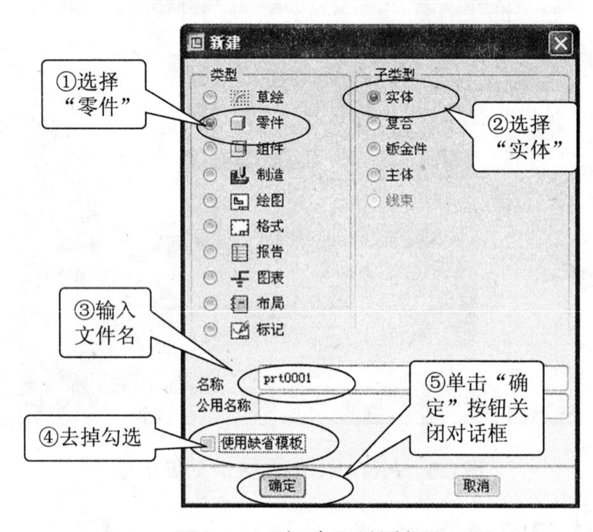

图1.6 “新建”对话框

图1.7 “新文件选项”对话框

【模板】栏中有4个选项，“空”表示不使用模板。“inlbs_part_ecad”表示使用适用型 ECAD 设计，“inlbs_part_solid”表示使用英制单位模板（英寸/磅/秒），“mmns_part_solid”表示使用公制单位模板（毫米/牛顿/秒）。通常选用公

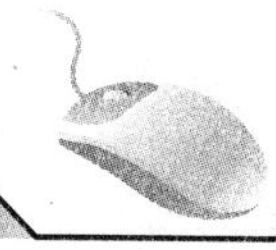

制单位模板“mmns_part_solid”。然后单击[确定]按钮关闭对话框，进入零件模块工作界面，如图1.8所示。

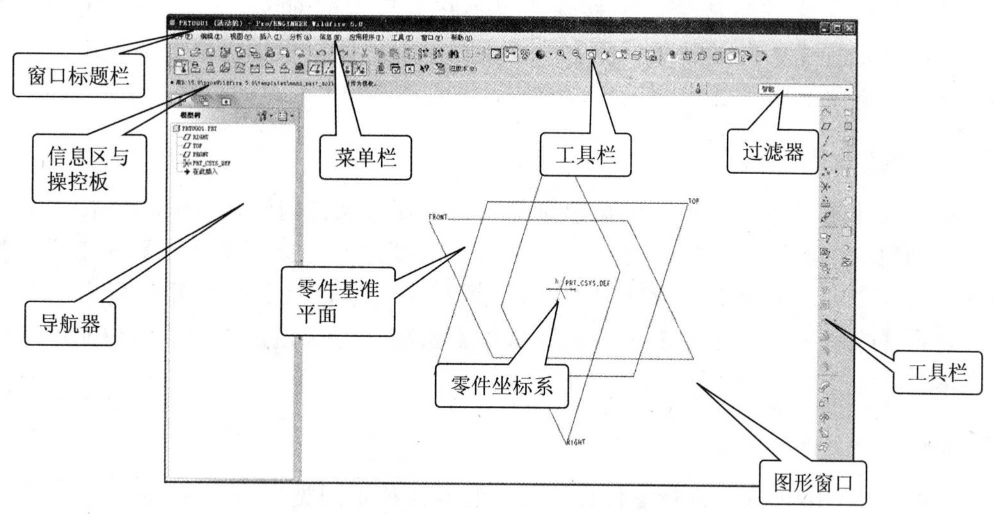

图1.8　零件模块工作界面

在零件模块界面中，主窗口右上角显示图形操作过滤器，图形窗口显示零件坐标系。零件坐标系由三个相互垂直的基准平面和一个基准坐标系组成，分别为“FRONT”、“RIGHT”、“TOP”与“PRT_CSYS_DEF”。

❷ 保存文件

保存文件是将当前工作窗口中的文件以原文件名保存在当前工作目录中。要保存文件，单击工具栏的【保存】按钮，或选择“文件”菜单【保存】选项。与其他软件不同的是，每次保存文件时，Pro/ENGINEER都会创建一个同名的新版本文件保存在硬盘上，不会覆盖原来的文件。设计人员要养成及时保存文件的习惯，以保护设计成果，避免前功尽弃。

❸ 保存副本

保存副本是将当前文件以新的文件名保存在选定的目录中。要保存副本，选择“文件”菜单的【保存副本】选项。可以更换文件名保存文件，但是文件名不能为中文，也不能与要保存的模型文件同名。此选项可将当前文件保存为其他格式的文件，如IGES、STEP等类型文件。

❹ 备份文件

备份是将当前文件以原文件名保存在选定的工作目录中。要备份文件，选择“文件”菜单的【备份】选项，可以将当前文件保存到其他目录中。备份文件与保存副本的区别是：备份文件只能将文件保存为当前格式，而保存副本不仅可以将文件保存为当前格式，而且可以将文件保存为其他格式。

❺ 拭除文件

拭除文件包括两种方式，分别是拭除当前文件和拭除不显示文件。

拭除当前文件是从会话中移除活动窗口中的对象，关闭当前文件。方法是选择【文件】→【拭除】→【当前】选项。

拭除不显示文件是从会话中移除所有不在窗口中的对象，但不会关闭当前文件。方法是选择【文件】→【拭除】→【不显示】选项。根据需要及时拭除未显示的对象可以避免干扰。

❻ 删除文件

删除文件是将当前文件从硬盘中删除。每次保存文件时，Pro/ENGINEER会在内存中创建一个新版本文件，并将上一版本写入磁盘中。选择【文件】→【删除】→【旧版本】选项，Pro/ENGINEER仅保留最新版本，从磁盘中删除所有的旧版本。选择【文件】→【删除】→【所有版本】选项，将从磁盘中删除当前文件的所有版本，该命令要慎用。

❼ 零件文件的类型

在Pro/ENGINEER中进行零件设计时，涉及几种不同类型的文件。

（1）零件模型文件，文件名为“模型名称+.prt”。例如，模型文件中“第1章\模型文件\moxing-1.prt”（moxing-1表示模型名称，.prt表示零件模型），如图1.9所示。

（2）零件组件文件，文件名为“组件模型名称+.asm”。例如，模型文件中“第1章\模型文件\shujuku.asm”（shujuku表示模型名称，.asm表示组件模型），如图1.10所示。

图1.9 零件模型

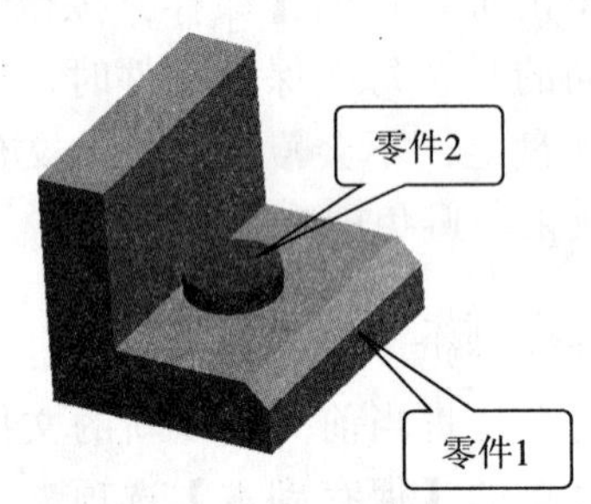

图1.10 组件模型

注解 在Pro/ENGINEER中，零件模型是由各种特征叠加而成的。组件模型就是将多个零部件按照一定的对应关系组装成一个完整的零件模型的操作。

1.3.4 零件设计的工作界面

系统启动以后，将显示Pro/ENGINEER Wildfire 5.0最初的工作界面，由于没有打开或新建文件，工作界面中的多个命令和按钮呈灰色，不能使用。新建或打开零件模型后，系统界面如图1.11所示（示例文件请参看模型文件中“第1章\模型文件\moxing-3.prt”）。

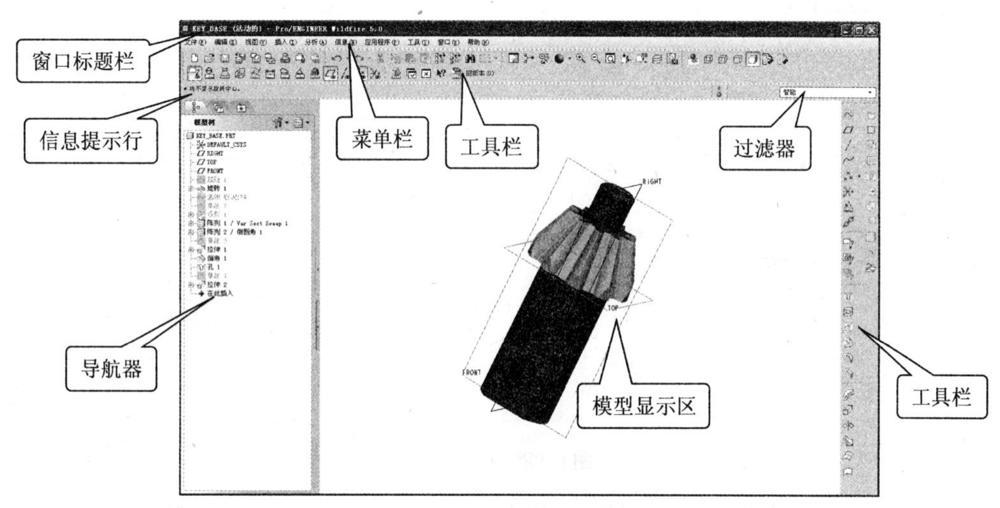

图1.11 打开零件的系统界面

Pro/ENGINEER Wildfire 5.0 的工作界面包括窗口标题栏、菜单栏、工具栏、图形窗口、导航器、信息区、过滤器和操控权等区域，各区域主要功能如下。

❶ 窗口标题栏

窗口标题栏位于工作主界面的顶部，显示当前活动文件的名称。

❷ 菜单栏

菜单栏位于标题栏的下方，不同的模块在该区显示的菜单及内容有所不同。

❸ 工具栏

工具栏通常位于窗口的上部和右侧，可以根据需要移动其位置。通过工具箱可以加减需要的工具栏模块。

❹ 图形窗口

在图形窗口内可以对模型进行相关的操作，如创建、观察、选择和编辑模型等。

❺ 信息区

信息区通过文字显示与当前窗口中操作相关的说明或提示，指导操作过程。设计过程中应该关注消息区的提示，以方便设计工作。如果要找到先前的信息，将鼠标指针放置到信息区，然后滚动鼠标中键可以滚动信息列表，或者直接拖动信息区的框格展开信息区。

❻ 操控板

创建或编辑零件的特征时，信息区会出现与当前工作相对应的操控板，指导操作过程。例如，使用“拉伸”方式创建模型时，系统显示“拉伸”操控板，如图1.12所示。

操控板由信息区、对话栏、面板和控制区组成，功能如下。

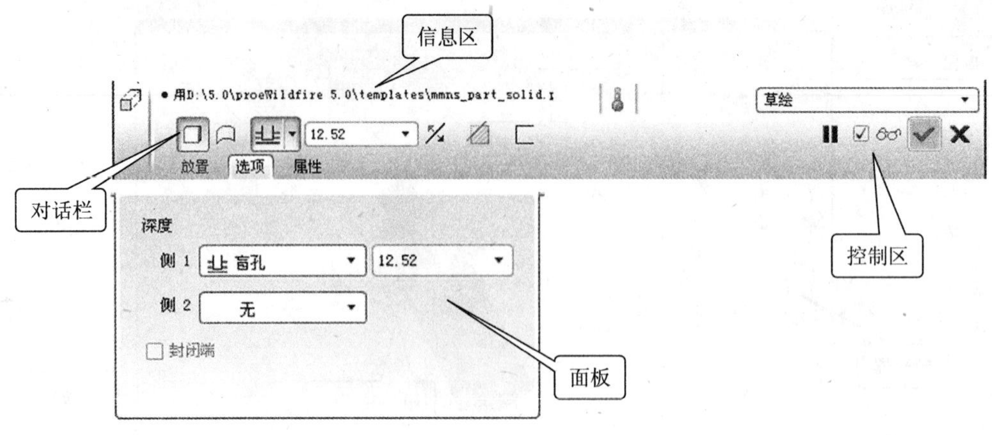

图1.12　操控板

（1）信息区：操控板出现时会将信息区包含进来，显示与窗口中的工作相关的信息，指导操作过程。

（2）对话栏：创建模型时，对话栏显示常用选项和收集器。使用相关选项可以完成相关的建模工作。

（3）面板：单击对话栏上任何一个选项卡，可以打开对应的选项卡面板。系统会根据当前建模环境的变化而显示不同的选项卡和面板元素。要关闭面板，单击其选项卡，面板将滑回操控板。

（4）控制区：控制区包含下列按钮。

- ：暂停当前工具以访问其他对象工具。
- ：退出暂停模式，继续使用此工具。
- ：特征预览。
- ：应用并保存使用当前工具创建的特征，然后关闭操控板。
- ：取消使用当前工具创建的特征，然后关闭操控板。

7 过滤器

当设计模型复杂且难以准确选取对象时，Pro/ENGINEER提供一种对象过滤器，用于在拥挤的区域中限制选取的对象类型，包括智能、特征、几何、基准、面组、注释等选项，如图1.13所示。过滤器与预选加亮功能一起使用，将鼠标指针置于模型之上时，对象会加亮显示，表示可供选取。

- 智能：选取符合当前几何环境的最常见类型项目。
- 特征：选取“模型树”中的元件特征。
- 几何：选取图元、特征和参照等。
- 基准：选取模型辅助特征，如基准平面、基准轴、基准点、基准曲线和坐标系等。
- 面组：选取曲面特征。
- 注释：选取模型或特征中注释，如注解、符号、从动尺寸、参照尺寸、纵坐标从动尺寸、纵坐标参照尺寸、几何公差等。

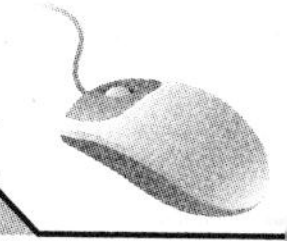

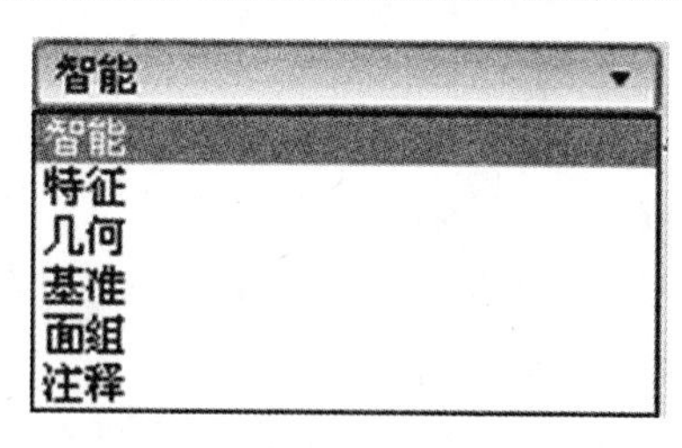

图1.13 过滤器

❽ 导航器

导航器位于窗口左侧，主要以层的形式显示当前模型的结构，记录设计者对当前模型的操作过程，还可以帮助设计者完成创建、修改零件和组件的特征，通过显示或隐藏特征、元件、组件，使绘制界面简单化。

导航器包括“模型树”、“文件夹浏览器”、“收藏夹”三个选项卡和“设置”、“显示”两个按钮。使用“设置”按钮可以添加或编辑“模型树”的内容。使用“显示”按钮可以在模型树选项卡和层树选项卡之间切换。

“模型树”选项卡如图1.14所示，“层树”选项卡如图1.15所示。

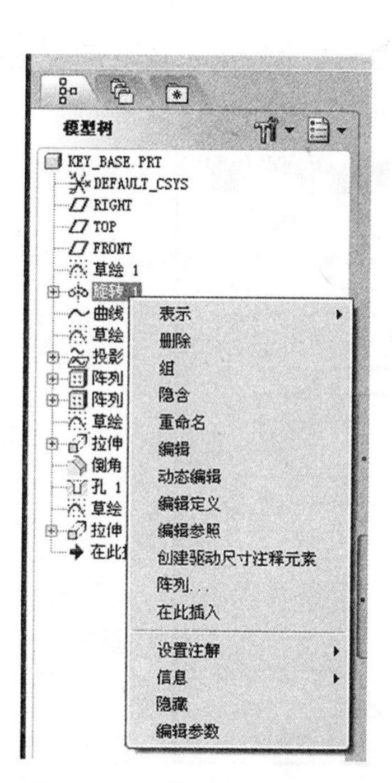

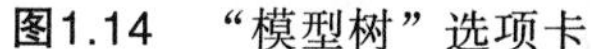

图1.14 “模型树”选项卡

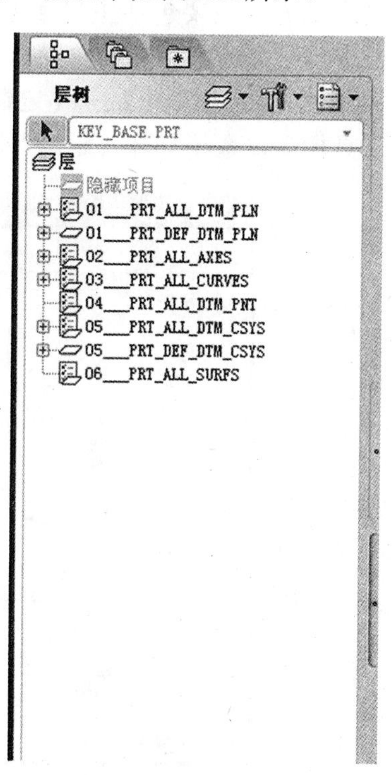

图1.15 “层树”选项卡

“模型树”是一个包括零件文件中所有特征的列表，包括基准和坐标系。“模型树”窗格中会在根目录显示零件文件名称，并在其下显示出零件中的每个特征。对于组件文件，“模型树”窗格中会在根目录显示组件文件，并在其下显示出所包含的零件文件。

“模型树”在零件设计中频繁使用，常用功能如下。

（1）用做选取工具：选取操作中所需的特征、几何、基准平面等。当选中“模型

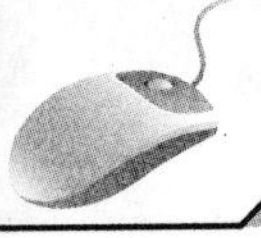

树”中的项目时，它们所代表的特征会被加亮，并在图形窗口中呈现被选中的状态。

（2）用于跟踪和编辑：在“模型树”中选中某个项目后单击鼠标右键，弹出右键快捷菜单，可以对所选的对象进行多种编辑操作。

（3）隐含或恢复模型中的特征：在创建复杂图形时，通过显示或隐藏某些特征、曲线、面组等，简化绘图工作界面。

（4）控制特征顺序：特征顺序就是特征在“模型树”中显示的顺序。添加一个特征时，该特征会附加到“模型树”的底部。可以在树中向上拖动特征，将其与父特征或其他相关的特征放在一起，但是无法将子特征排在父特征之前。重新排序现有的特征会改变模型的外观。

1.4 Pro/ENGINEER使用基础

1.4.1 定制用户界面

用户自定义界面主要包括主界面上显示的工具栏、工具栏中显示的命令按钮，主界面中的提示行或命令菜单的位置。

单击菜单栏上的【工具】→【定制屏幕】或在工具箱处单击右键，选择“命令”或“工具栏”，系统打开“定制”对话框，如图1.16所示。

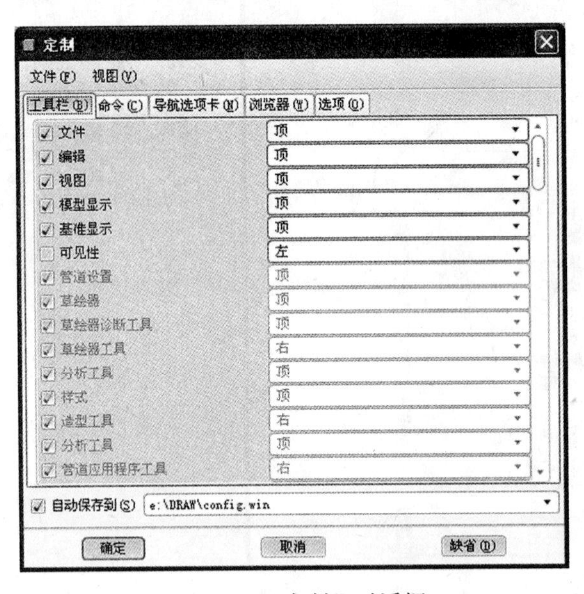

图1.16 “定制”对话框

对话框包括“工具栏（B）”、“命令（C）”、“导航选项卡（N）”、“浏览器（W）”和“选项（O）”5个标签页。

❶ 工具栏标签页

工具栏标签页如图1.16所示。该标签页可以控制单个工具栏的显示和工具栏在图形界面中的位置。

单击每一个工具栏前方的复选框，除去勾选，则该工具栏不在图形界面中显示。

单击每一个工具栏名称右侧下拉工具栏，在打开下拉列表中，选择该工具栏的位置，可以把一个工具栏放在图形的顶部、左侧或右侧。

❷ 命令标签页

命令标签页如图1.17所示。该标签页可以增加或减少工具栏中命令按钮的数目。

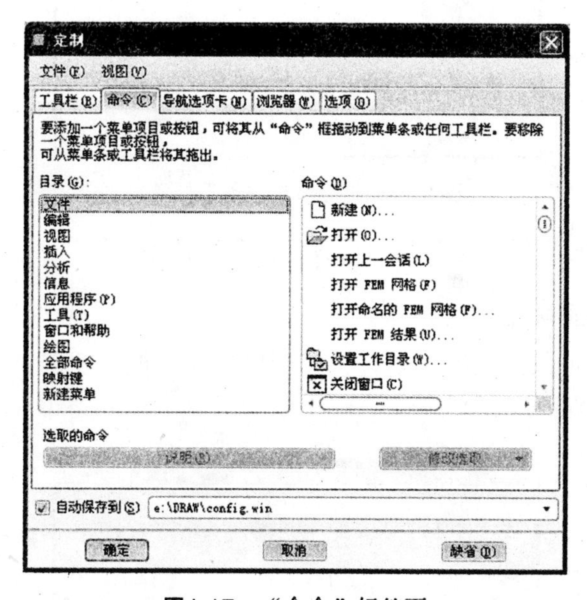

图1.17 “命令”标签页

在“目录”组合框中，选择要修改的工具栏，这时“命令”组合框显示了该工具栏所对应的全部命令按钮。在“命令”组合框中选中一个按钮，并拖动鼠标到工具栏中，然后松开鼠标，则该命令按钮被增加到当前工具栏。在图形界面中选择一个命令按钮，并拖回到“命令”组合框中，则可以不显示该按钮。

在“命令”组合框中选中一个命令按钮时，单击“说明”按钮可以显示该按钮的功能。单击“修改选取”按钮可以进行修改选择。

❸ 导航选项卡标签页

导航选项卡标签页可以设置导航选项卡和模型树的放置位置，如图1.18所示。

“导航选项卡设置”组合框用来设置导航选项卡。单击“放置”右侧的下拉箭头可以更改导航选项卡的位置，可以放置在图形界面的左侧或右侧。

“导航窗口的宽度”：控制导航选项卡的宽度占整个图形界面的百分比。

“模型树设置”组合框用来控制模型树的显示。单击“放置”右侧的下拉箭头，可以更改模型树的放置。

- 作为导航选项卡一部分：将模型树作为模型选项卡的一部分。
- 图形区域上方：放置在图形显示区域的顶部。
- 图形区域下方：放置在图形显示区域的底部。

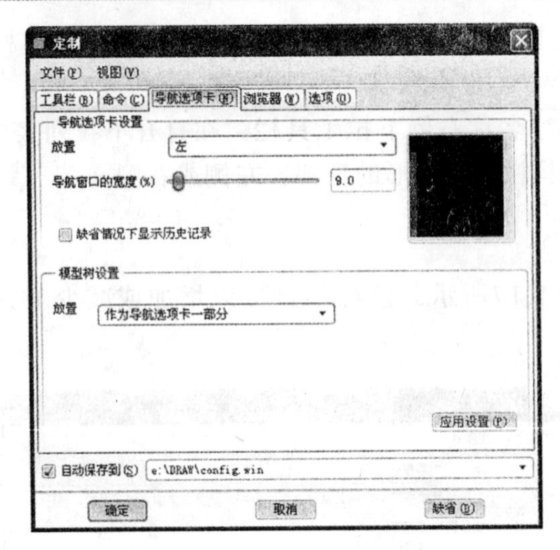

图1.18　“导航选项卡”标签页

单击“应用设置”按钮将当前的设置应用到软件中。

❹ 浏览器标签页

浏览器标签页可以定制浏览器。包括浏览器对话框的宽度、启动状态等。浏览器标签页如图1.19所示。

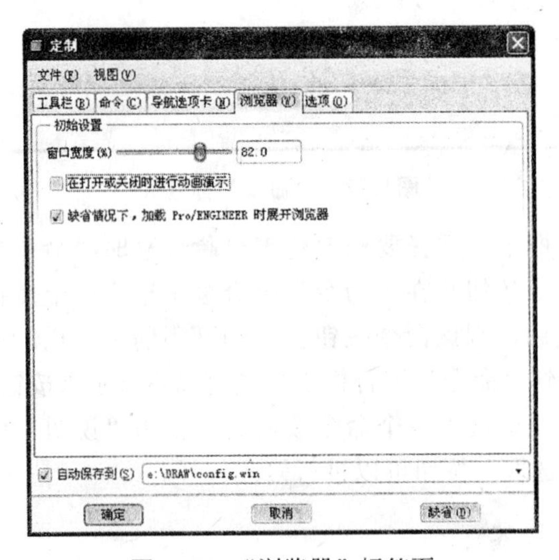

图1.19　“浏览器”标签页

❺ 选项标签页

选项标签页可以对消息区域的位置、第二个模型的打开方式、菜单栏上的图标显示等进行控制。选项标签页如图1.20所示。

1.4.2　环境设置

环境设置可以控制当前系统的运行环境。包括基准的显示、旋转中心显示、声音等选项的设置。“环境”设置对话框如图1.21所示。

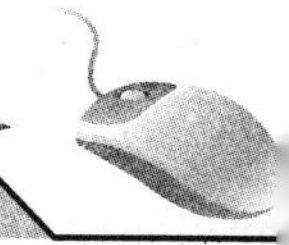

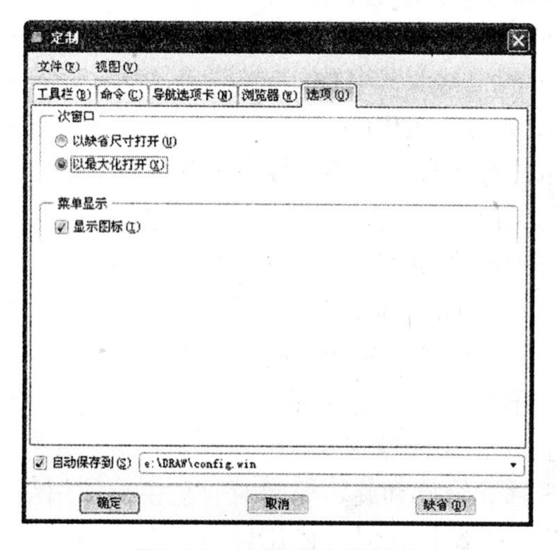

图1.20 “选项”标签页

打开该对话框的方法是：在菜单栏上单击【工具】→【环境】命令，系统会自动打开如图1.21所示的对话框。

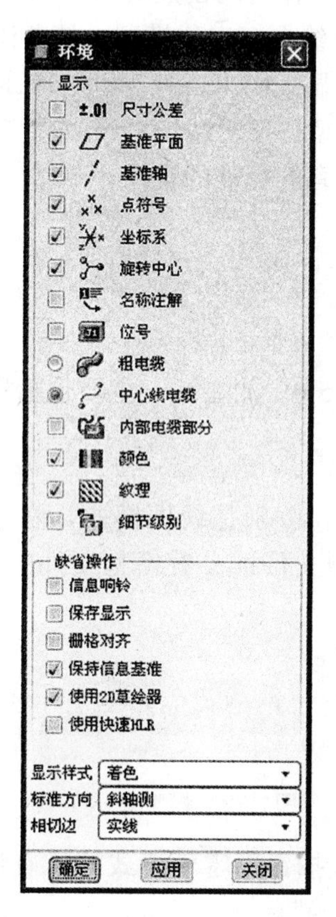

图1.21 “环境”设置对话框

在对话框中选中各选项前面的复选框，则使用该选项，否则不使用该选项。

- 尺寸公差：显示/关闭模型尺寸的公差。
- 基准平面：显示/关闭基准平面及其名称。
- 基准轴：显示/关闭基准轴线及其名称。

- 点符号：显示/关闭基准点及其名称。
- 坐标系：显示/关闭坐标及其名称。
- 旋转中心：显示/关闭旋转中心。
- 名称注释：显示注释名称，而不是注释文本。
- 位号：显示电缆、ECAD和管道元件的位号。
- 粗电缆：显示/关闭电缆的3D厚度，并且当显示厚度时可以着色显示。
- 中心线电缆：显示/关闭电缆中心线。
- 内部电缆部分：显示电缆连接元件内部的电缆。
- 颜色：显示/关闭模型上的颜色显示。
- 纹理：在模型上显示/关闭纹理。
- 细节级别：在平移、缩放和旋转期间对着色模型使用细节级别。
- 信息响铃：在进行系统操作时，使用铃声。
- 保存显示：保存对象并带有他们最近的屏幕显示信息。
- 栅格对齐：光标捕捉草绘器上的栅格。
- 保持信息基准：将信息操作期间创建的基准添加到模型上。
- 使用2D草绘器：进入草绘器时定位模型，使草绘平面平行于屏幕。
- 使用快速HLR：旋转时显示HLR，减少计算HLR的时间。
- 显示样式：选择显示线型。显示线型的设置参考1.4.3模型显示的内容。
- 标准方向：选择系统已有的标准的定向。
- 相切边：显示相切边。

1.4.3 显示控制

Pro/ENGINEER Wildfire 5.0中的显示，主要包括模型显示和基准显示。

❶ 模型显示

模型显示主要有4种方式，分别是线框模式、隐藏线模式、无隐藏线模式和着色模式，如图1.22所示。模型文件请参看模型文件中“第1章\模型文件\moxing-4.prt”。

图1.22 模型显示工具

- 线框显示模式：单击按钮，零件模式的所有特征将以线框形式显示，如图1.23所示。
- 隐藏线显示模式：单击按钮，零件模型中不可见的线条将以隐藏线的形式显示，如图1.24所示。
- 无隐藏线显示模式：单击按钮，零件模型中不可见的线条不显示，如图1.25所示。
- 着色显示模式：单击按钮，零件模型以着色方式显示，如图1.26所示。

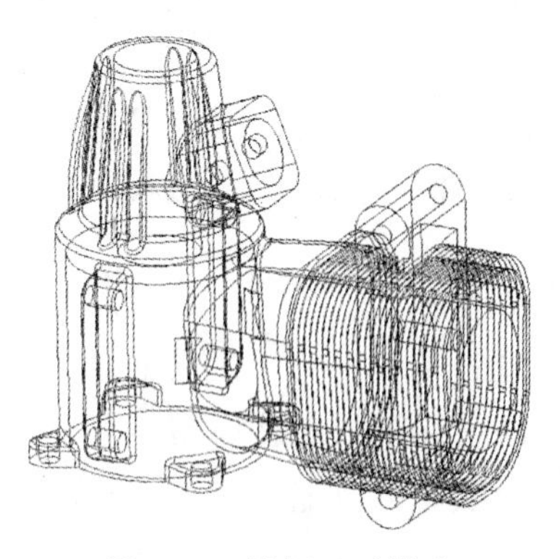

图1.23 线框显示模式

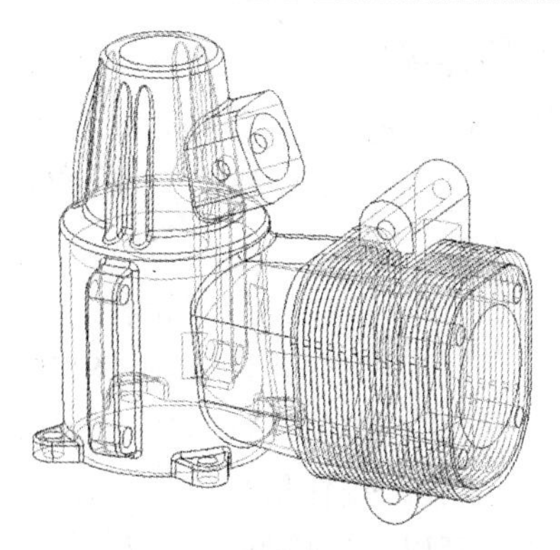

图1.24 隐藏线显示模式

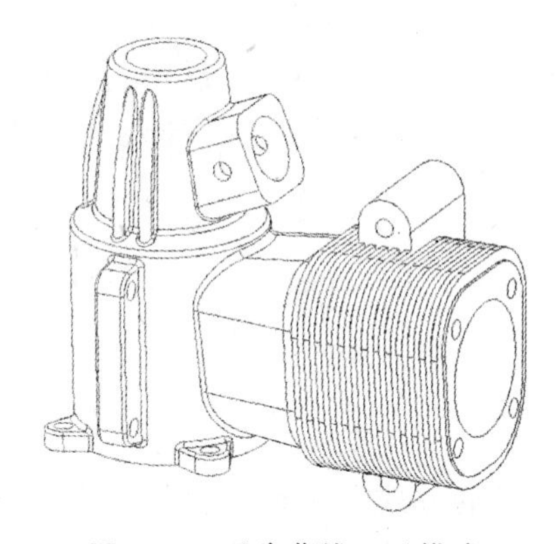

图1.25 无隐藏线显示模式

图1.26 着色显示模式

注解 环境对话框中“显示样式”组合框中的选项也可以更改零件模型的显示模式。

❷ 基准显示

基准显示模式如图1.27所示，控制基准特征在图形中是否显示。

图1.27 基准显示工具

- 基准平面显示：单击按钮，切换基准平面在图形中的显示。
- 基准轴显示：单击按钮，切换基准轴在图形中的显示。
- 基准点显示：单击按钮，切换基准点在图形中的显示。
- 坐标系显示：单击按钮，切换坐标系在图形中的显示。

1.4.4 三键鼠标的使用

使用Pro/ENGINEER软件工作时离不开鼠标，下面对鼠标的常用功能进行介绍。

❶ 鼠标左键

用于选择菜单选项、工具栏按钮，选择模型中的对象，确定注释位置等。

❷ 鼠标滚轮

单击鼠标滚轮表示结束或完成当前操作，如在输入数据后，直接单击鼠标滚轮表示确认，相当于Enter键。鼠标滚轮还可以用于控制模型的旋转、平移、翻转和缩放。

（1）旋转：按住鼠标滚轮移动鼠标，可以旋转模型。

（2）平移：按住鼠标滚轮+ Shift 键，可以平移模型。

（3）翻转：按住鼠标滚轮+ Ctrl 键 ，水平移动鼠标可以翻转模型。

（4）缩放：按住鼠标滚轮+ Ctrl键 ，垂直移动鼠标可以缩放模型，或直接滚动鼠标滚轮也可以缩放模型。

❸ 鼠标右键

选中对象（如图形窗口的模型或图元、模型树中的对象等)，然后单击鼠标右键可以显示快捷菜单。执行某项操作时，在图形窗口空白处单击鼠标右键，也可以显示相应的快捷菜单。

1.4.5 模型树

❶ 基本概念

模型树是Pro/ENGINEER 软件中显示零件组成的方式。模型树以树的形式显示当前激活的模型文件中所包含的特征或者零件。在零件模型中，模型树列表的根是零件名称，下面是零件中所包含的特征；在装配体模型中，模型树的根是装配体的名称，下面是组成装配体的各零件的名称。

默认的情况下，模型树是处在导航选项卡中，如果要调整模型树的位置可以参考1.4.1中的自定义界面。模型树中前面带有“+”号的项目，都可以通过鼠标左键单击打开，显示所包含的截面或者特征。如果是新建的一个模型，则模型树中只显示该模型的名称和默认的基准平面、坐标系。

图中红色箭头表示当前插入特征的位置。默认情况下，它处在所有特征之后，但是可以通过选择并拖动该项目上下移动来将新特征插入到其他特征之间。这相当于特征操作中的插入操作。

在模型树中用鼠标左键单击特征或零件，可以选中特征或者零件。如果鼠标右键单击，则会弹出对当前选定特征的快捷菜单。

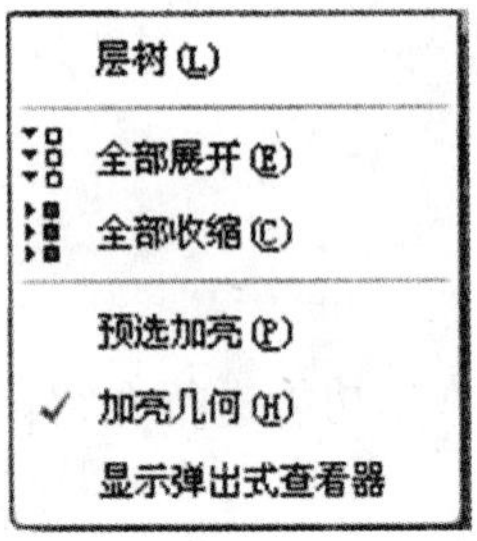

层树(L)
全部展开(E)
全部收缩(C)
预选加亮(P)
✓ 加亮几何(H)
显示弹出式查看器

图1.28 “显示”下拉菜单

❷ 显示控制

在模型树中单击▤按钮，系统弹出打开下拉菜单，如图1.28所示，可以控制模型树中特征或者零件的显示方式。

- 层树：在模型树的位置显示模型中的层。
- 全部展开：展开模型树所有的分支。
- 全部收缩：收缩模型树所有的分支。
- 预选加亮：加亮显示准备选择的特征。

• 加亮几何：在图形中加亮显示选中的特征。

❸ 设置模型树

在模型树中单击按钮，系统打开下拉菜单，如图1.29所示，可以设置模型树。

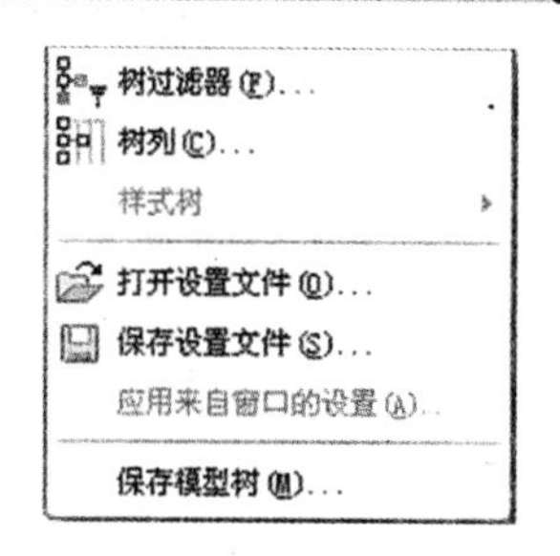

图1.29 “设置”下拉菜单

• 树过滤器：控制模型树中所显示的项目。

单击“树过滤器”按钮，系统打开“模型树项目”对话框，如图1.30所示。对话框中所有带有“√”的项目类型都可以在模型树中显示，否则将不显示该项目。

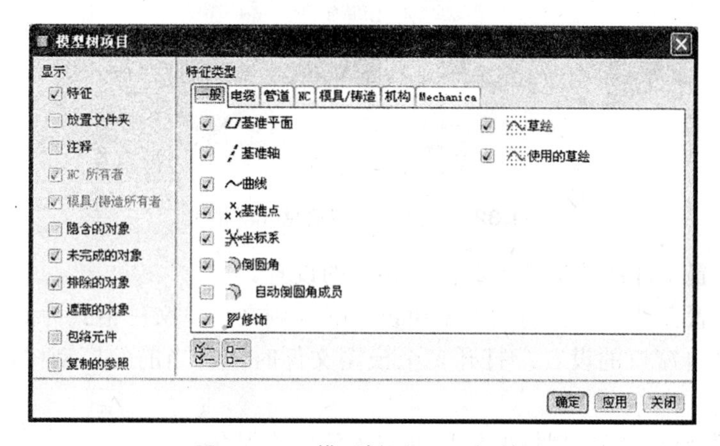

图1.30 “模型树项目”对话框

• 树列：控制模型树列的显示选项。

单击“树列”按钮，系统打开“模型树列”对话框，如图1.31所示。在对话框中“不显示”组合框中选择需要显示的项目，并单击向右箭头，将其列为“显示”项目，则可以在导航选项卡中显示该项内容。在“显示”组合框中选中项目单击向左箭头，将其列为不显示项目，“导航选项卡”中将不再显示该项内容。

图1.31 “模型树列”对话框

如图1.31所示，选中了“特征类型”并将其设置为可显示的项目，此时“导航选项卡”如图1.32所示。

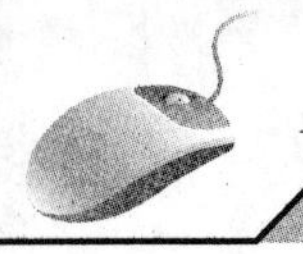

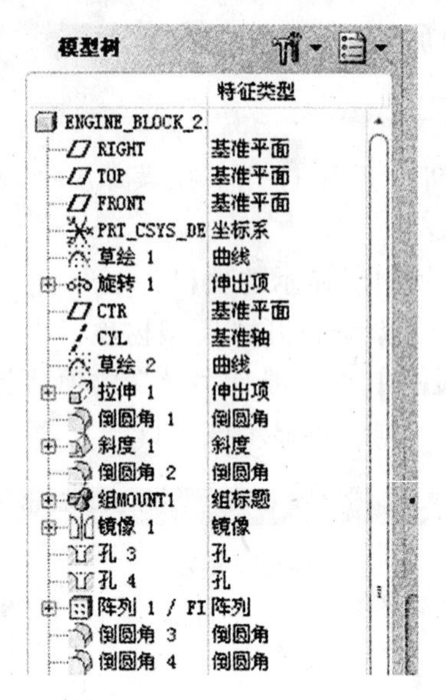

图1.32 “特征类型信息”对话框

- 打开设置文件：从文件加载以前存储的设置。
- 保存设置文件：将目前的模型树设置保存到文件，文件格式为.cfg。
- 应用来自窗口的设置：打开多个模型文件时，将当前的模型树设置应用到其他窗口。
- 保存模型树：将模型树的信息以文本的形式保存。

1.4.6 层

❶ 基本概念

层是Pro/ENGINEER Wildfire软件提供的可以有效地管理模型或者装配中的图形元素的方式。用户可以将多个图形元素设置为一个层，同时进行显示、遮蔽、选择和隐含的操作。

层的显示如图1.33所示，层和模型树共同占有“导航选项卡”中的同一个位置，要显示“层”可以在“导航选项卡”中单击按钮→【层树】。当前已经显示了层，该命令显示为“模型树”。

在工具栏中单击按钮，同样可以打开层。用户可以使用系统默认模板提供的预设层进行操作，也可以自己创建层。

❷ 创建新层

在层的操作界面中，依次单击→【新建层】，系统打开层属性对话框，如图1.34所示。

在层属性名称对话框中输入新层的名称，在“层Id”输入层标识号，单击确定按钮。

在图1.34中单击“包括”按钮，并在模型树或者图形显示中选择特征，则特征会被加入到当前的层中。

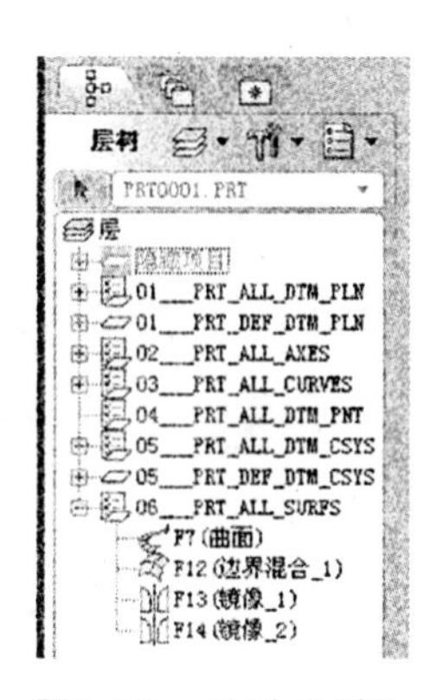

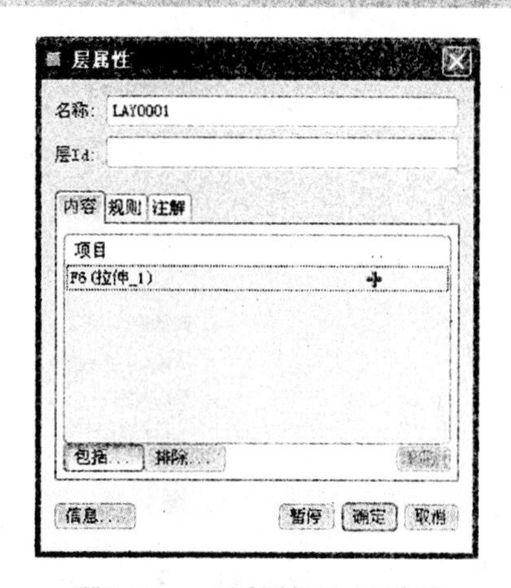

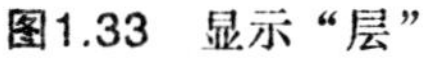

图1.33 显示“层”

图1.34 “层属性”对话框

单击“排除”按钮，选择项目可以将它从当前的层中排除。

选中一个对象，并单击“移除”按钮，可以将它从当前的层中删除。

单击“信息”按钮，可以显示当前层的信息。

为一个已有的层增加项目，必须首先打开“层属性”对话框。方法是在层操作界面中单击【层】→【层属性】。

❸ 层的显示

在层的操作界面中单击按钮，系统打开下拉菜单，如图1.35所示，控制层的显示。

- 全部展开：将层树中的所有项目展开。
- 全部收缩：将展开的层收缩。
- 选定的过滤器：以选定的层作为过滤器显示层。
- 未选定的过滤器：以未选定的层作为过滤器显示层。
- 全部取消过滤：不使用过滤器，显示全部层。
- 预选加亮：加亮显示准备选择的层。
- 加亮几何：在图形中加亮显示在模型中选中的层。
- 查找：在层树中进行查找。

全部展开(E)
全部收缩(C)
选定的过滤器(S)
未选定的过滤器(N)
全部取消过滤(U)
预选加亮(P)
✓ 加亮几何(H)
查找(F)

图1.35 层显示菜单

❹ 层的编辑

选中一个层，在操作界面中单击按钮，系统打开编辑层的下拉菜单。

层的编辑主要包括：

1）重命名、删除层

单击【层】→【重命名】，可以重命名选择的层。

单击【层】→【删除层】，可以删除被遮蔽的层。

2）修改层的属性

单击【层】→【层属性】，可以打开层属性对话框并修改层的属性。

❺ 层的设置

在层的操作界面中单击按钮，系统打开层设置下拉菜单，如图1.36所示。

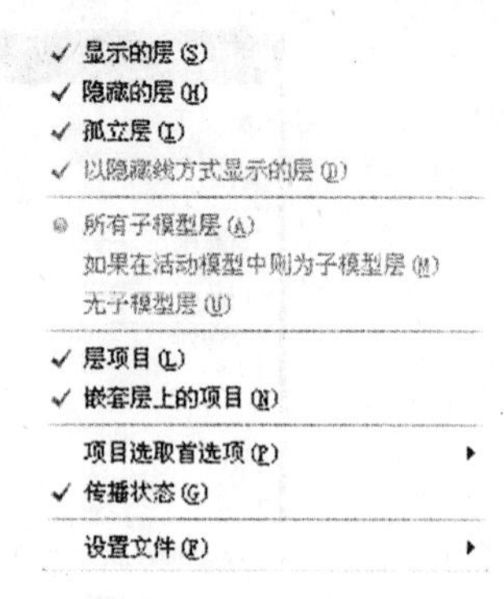

图1.36 层设置菜单

- 项目选取首选项：设置优先选项的不同处理方式。
- 传播状态：设置层的传播性，如将定义的可视性应用到子层。
- 设置文件：设置文件的操作命令。

1.5 配置Config.pro文件

Config.pro文件是用来确定Pro/ENGINEER Wildfire下创建零件模型所使用的标准，如长度单位、公差标注，界面的中、英文显示等。如果定义了Config.pro文件并把它复制到Pro/ENGINEER Wildfire 5.0的安装目录中的text子目录下，则无论用户在何处启动Pro/ENGINEER Wildfire 5.0软件都会打开相同的工作环境。

用户也可以在当前工作目录中设置Config.pro文件，这时Pro/ENGINEER Wildfire软件在启动时首先执行根目录下的Config.pro文件，然后执行当前的Config.pro文件，如果两者发生冲突，以当前的Config.pro文件为准。

1.5.1 新建一个Config.pro配置文件

新建一个配置文件的方法是：在菜单栏上单击【工具】→【选项】，系统打开“选项”对话框，如图1.37所示。可以在“选项”对话框中输入要设置的选项值。如果不清楚具体的选项名称，可以使用查询工具查找选项。

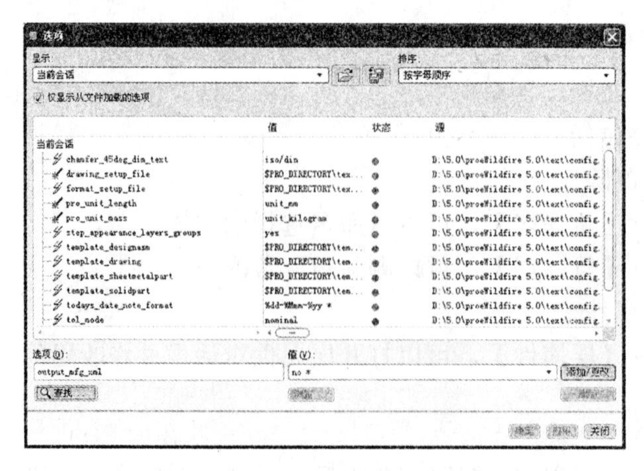

图1.37 “选项”对话框

单击“查找”按钮，系统打开“查找选项”对话框，如图1.38所示，在“输入关键字”区域输入要查找的一个基本词。如图1.38所示，输入“out”，单击“立即查找”按钮，在“选择选项”区域打开包含该基本词的所有选项，并给出该选项的解释说明。

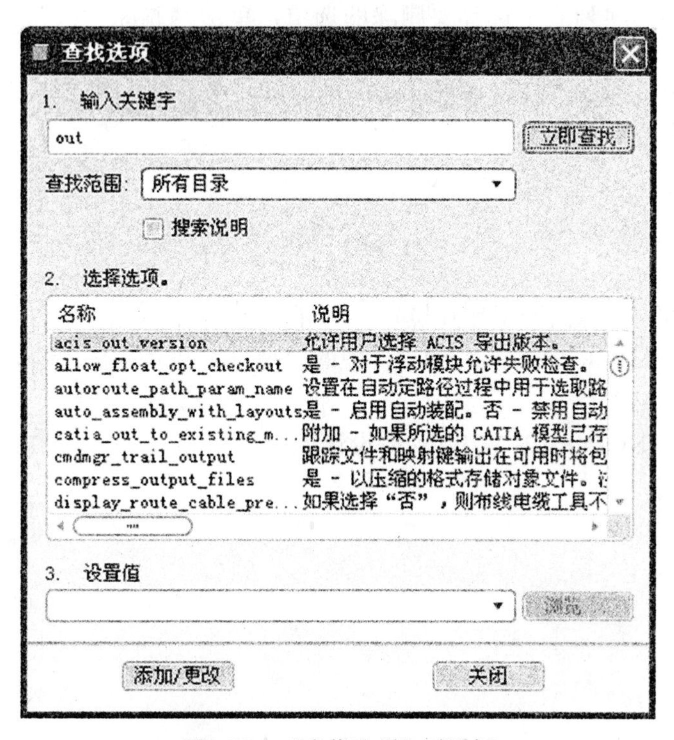

图1.38 “查找选项”对话框

选择需要的选项，在“设置值”区域单击右侧的下拉箭头选择合适的选项值，然后单击“添加/更改”按钮，增加或修改该选项值，单击“关闭”按钮关闭对话框。

最后单击按钮，将当前的配置保存，保存的文件名扩展名必须是“.pro”，如果原来安装目录的text文件夹中已经包含了一个Config.pro文件，需要把原来的旧文件改名。

将“选项”对话框中 “仅显示从文件载入的选项”前面的勾选符号去掉，就可以显示所有的选项值。

1.5.2 修改Config.pro配置文件

1 更改以前的Config.pro配置文件

在菜单栏上单击【工具】→【选项】，打开选项对话框。从打开的对话框中选择要打开的配置文件。

在选项框中选中要更改的选项，单击“值”组合框右侧的下拉箭头为当前的选项设置不同的值，然后单击“添加/更改”按钮可以更改当前值。

单击“应用”按钮，将当前设置值应用到当前的系统中。

最后单击 按钮，将当前的配置保存。

❷ 删除Config.pro文件中的选项

打开“选项”对话框，然后打开Config.pro配置文件。

从对话框的选项列表中选择要删除的选项，单击“删除”按钮，即可删除该选项，重复该操作可以删除多个选项。

单击“应用”按钮，将当前设置值应用到当前的系统中。最后单击 按钮，将当前的配置保存。

思考与练习

1. 如何设置用户界面和工作环境？
2. Pro/ENGINEER Wildfire 5.0软件中的模型显示和基准显示的方式有哪些？
3. 如何设置工作目录？
4. 简述Pro/ENGINEER Wildfire的设计思想。

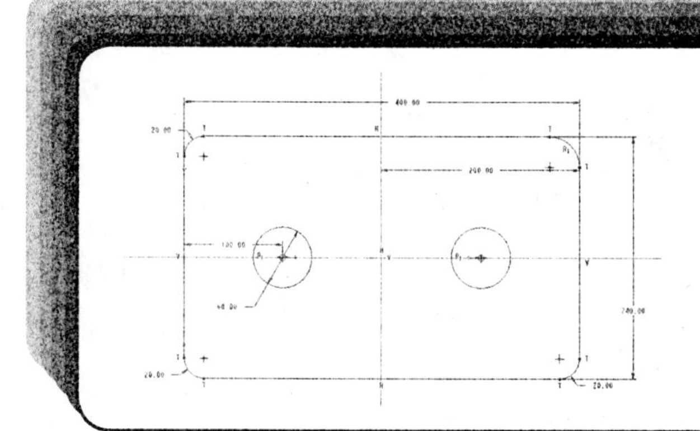

第2章 绘制二维草绘

本章主要内容

- ◆ 二维草绘概述
- ◆ 草绘界面
- ◆ 基本绘图命令
- ◆ 编辑几何图元
- ◆ 尺寸标注
- ◆ 尺寸的编辑与修改
- ◆ 几何约束
- ◆ 草绘应用实例

在使用Pro/ENGINEER软件进行三维建模设计之前，必须先创建出三维模型的主要建模线，即产生特征的二维几何图形。本章结合实例介绍绘制二维草绘的方法。

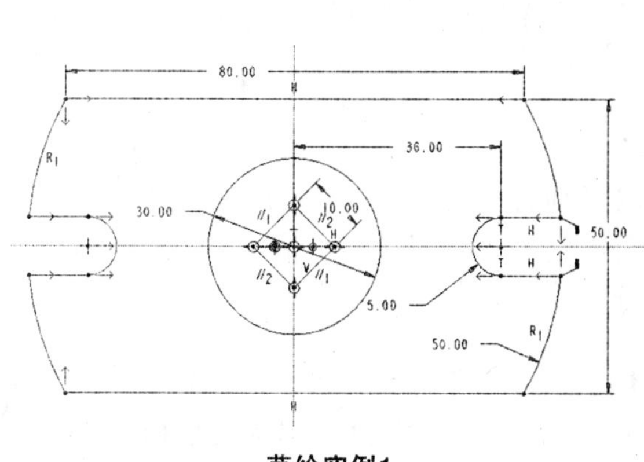

草绘实例1

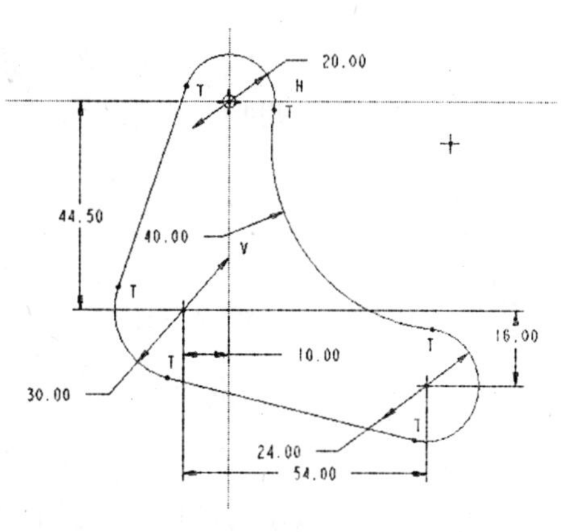

草绘实例2

2.1 二维草绘概述

2.1.1 Pro/ENGINEER草绘中的术语

在使用Pro/ENGINEER软件进行二维草绘过程中，常用的术语如下所示。

• 图元：构成二维草图的任何元素，如直线、圆、圆弧、样条曲线、点或坐标系等。

• 参照图元：创建特征截面或轨迹时，所参照的图元。

• 尺寸：确定图元的形状或图元之间相对位置关系的度量。

• 约束：定义图元几何或图元之间关系的条件。约束定义后，其约束符号会出现在被约束的图元旁边。

• 参数：草绘中的辅助元素。

• 关系：关联尺寸或参数的等式。例如，可使用一个关系将一条直线的长度设置为另一条直线的2倍。

• 弱尺寸或弱约束：系统自动建立的尺寸或约束，在没有用户任何确认的情况下系统可以自动删除它们。用户在增加尺寸时，系统可以在没有用户确认的情况下删除多余的弱尺寸或弱约束。弱尺寸或弱约束以灰色出现。

• 强尺寸或强约束：系统不能自动删除的尺寸或约束。由用户创建的尺寸和约束总是强尺寸和强约束。如果几个强尺寸或强约束发生冲突，系统会要求删除其中的一个。强尺寸或强约束以较深的颜色出现。

• 冲突：两个或多个强尺寸或强约束产生矛盾或多余条件。出现这种情况时，必须删除一个不需要的约束或尺寸。

2.1.2 草绘环境参数设置

单击窗口下拉菜单【草绘】→【选项】，系统打开“草绘器首选项”对话框，如图2.1所示，可以进行草绘环境设置。

❶ 设置优先显示

单击“草绘器首选项”对话框中的【其他（M）】按钮，可以设置草绘环境中的优先显示项目，如图2.1所示。

❷ 设置优先约束命令

单击“草绘器首选项”对话框中的【约束（C）】按钮，可以设置草绘环境中的优先约束命令，如图2.2所示。只有被选中的约束项，系统才能自动创建相关的约束命令。

❸ 设置栅格

单击“草绘器首选项”对话框中的【参数（P）】按钮，可以设置草绘环境中栅格的形状和大小，如图2.3所示。

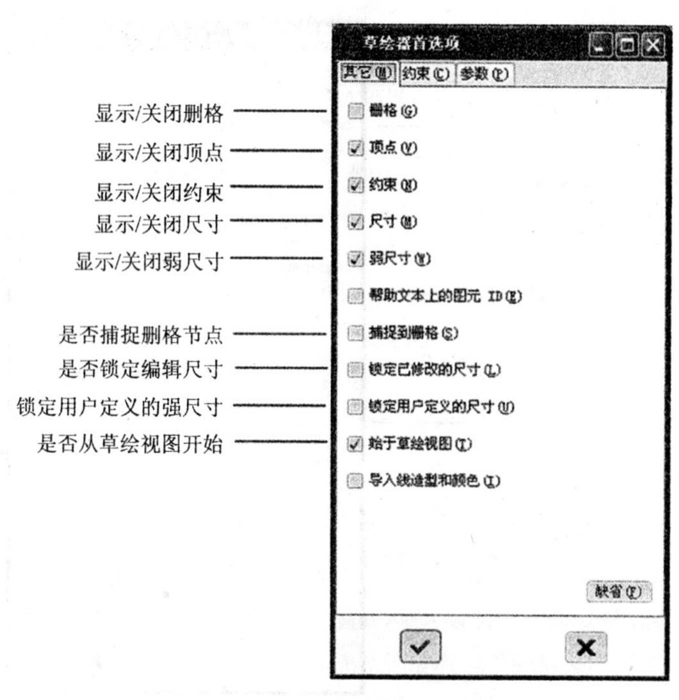

图2.1　“草绘器首选项”对话框

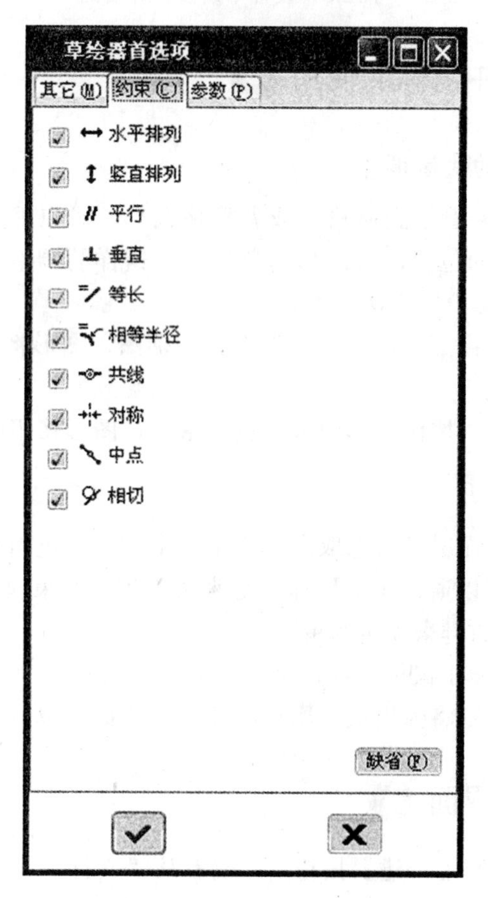

图2.2　设置优先约束命令对话框

图2.3 设置草绘参数对话框

2.1.3 草绘环境中鼠标的使用

❶ 用于草绘区的快速调整

显示栅格时，如果看不到栅格，或者栅格太小，可以缩放草绘区；如果用户想调整草绘区上下左右的位置，可以移动草绘区。这样的调整不会改变图形的实际大小和空间的实际位置。设置方法如下。

（1）缩放草绘区：滚动鼠标中键滚轮，向前滚，图形将缩小；向后滚，图形将变大。

（2）移动草绘区：按住鼠标中键，移动鼠标，图形将跟随鼠标移动。

❷ 其他使用说明

（1）用鼠标左键在屏幕上选取点，用鼠标中键可终止当前操作。

（2）草绘时，可以通过按下鼠标右键来禁用当前约束（显示为红色），并可以按下Shift键结合鼠标右键来锁定约束。

（3）按Ctrl键并单击鼠标左键，可以选取多个图元。

（4）单击鼠标右键将弹出最常用草绘命令的快捷菜单。

2.1.4 进入草绘界面

单击窗口工具栏的【新建】按钮🗋，或者从“文件”菜单中选择【新建】，进入“新建”对话框，如图2.4所示。在【类型】栏中选择【草绘】，该选项对应于草

绘设计模块。在【名称】框中输入新的文件名（文件名不能为中文），或者接受缺省文件名，如“s2d0001”。然后单击确定按钮关闭对话框，进入草绘模块工作界面，如图2.5所示。或在零件模块中，单击【草绘工具】按钮，进入草绘界面。

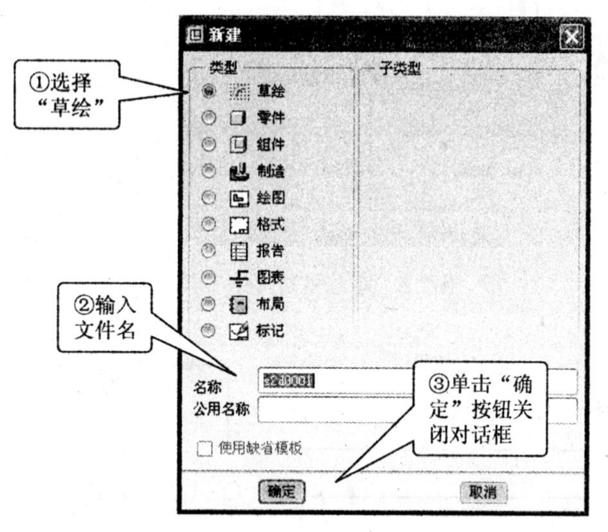

图2.4 “新建”对话框

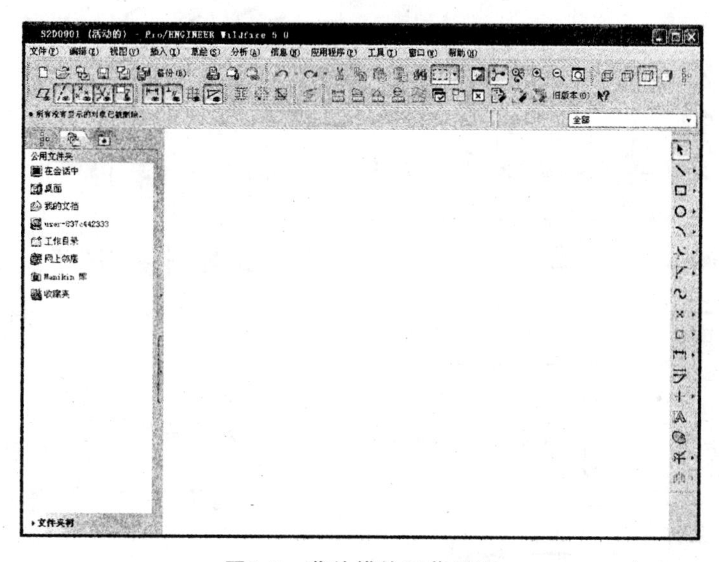

图2.5 草绘模块工作界面

2.2 草绘界面

草绘界面主要包括工具栏和菜单栏，其功能如下。

2.2.1 草绘工具栏

进入草绘界面后，系统打开草绘所需要的各种工具图标，其中常用工具图标及其功能注释分别如图2.6、图2.7和图2.8所示。

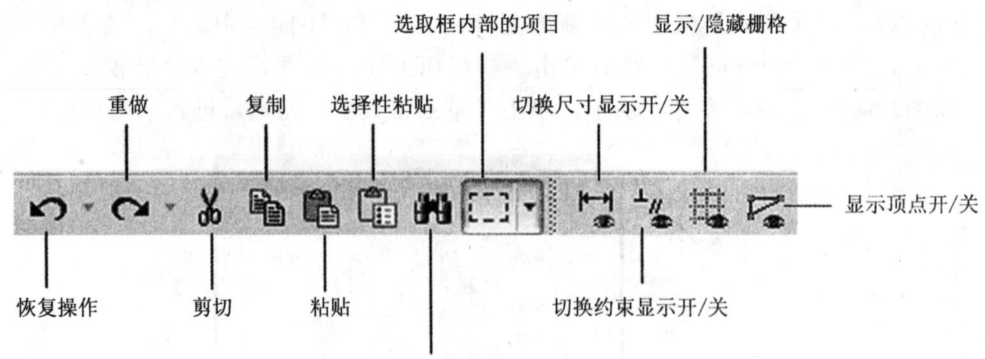

图2.6 草绘模块常用工具栏1

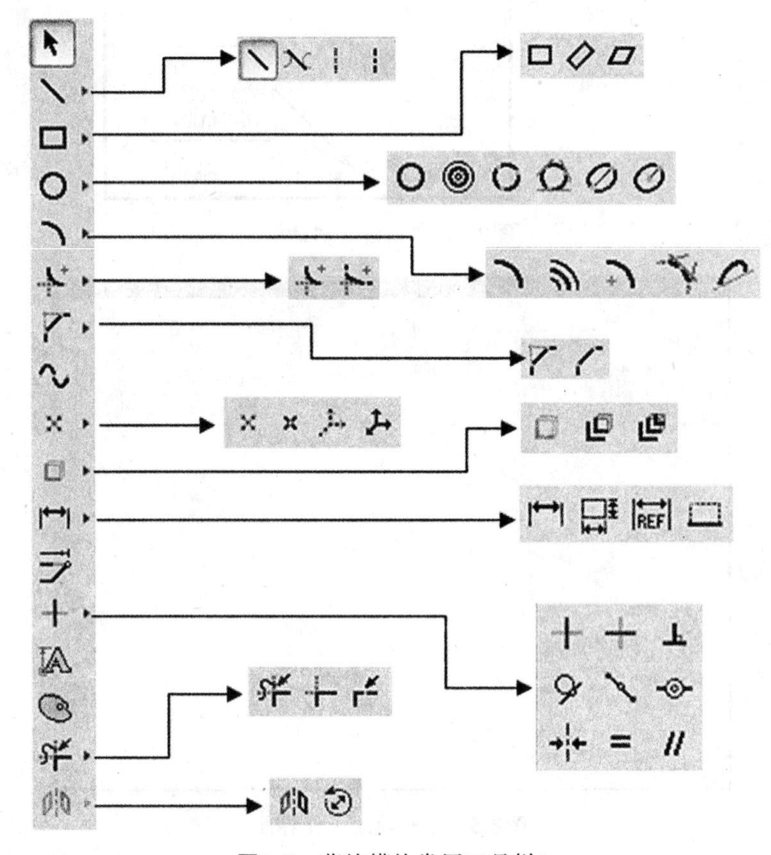

图2.7 草绘模块常用工具栏2

2.2.2 草绘菜单栏

1 草绘下拉菜单

在草绘模块中，单击菜单栏上的【草绘】，系统打开草绘下拉菜单，如图2.9所示，功能主要包括草图的绘制、标注、添加约束和关系等。单击该下拉菜单命令或命令右侧三角形按钮▸，系统打开其中的命令，其中大部分命令都以快捷图标方式出现在图2.7所示工具栏中。

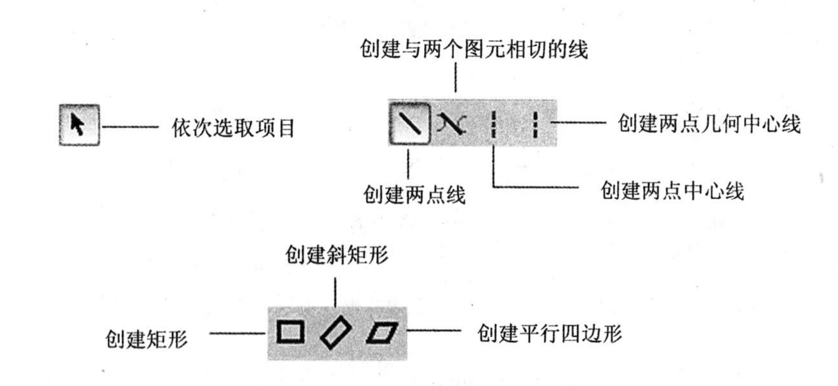

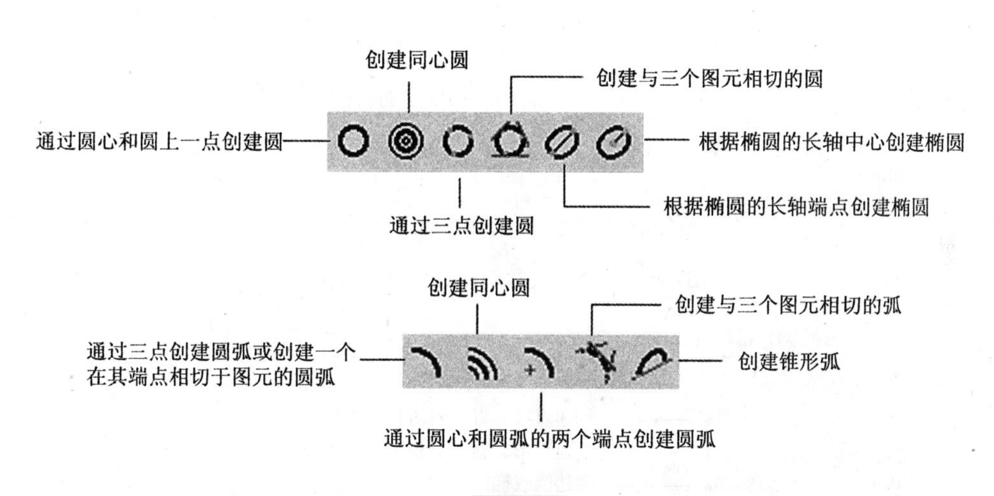

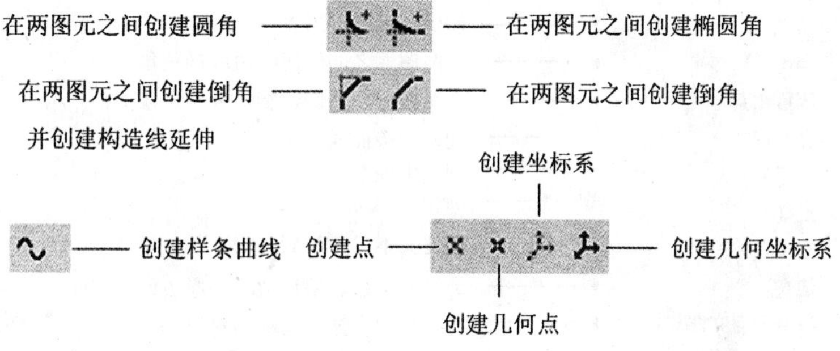

通过边创建图元

通过边或草绘图元创建两侧偏距图元

通过边或草绘图元创建偏距图元

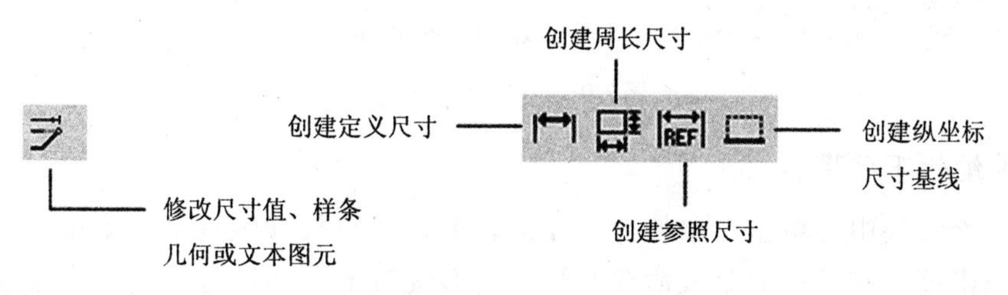

图2.8 草绘模块常用工具栏说明

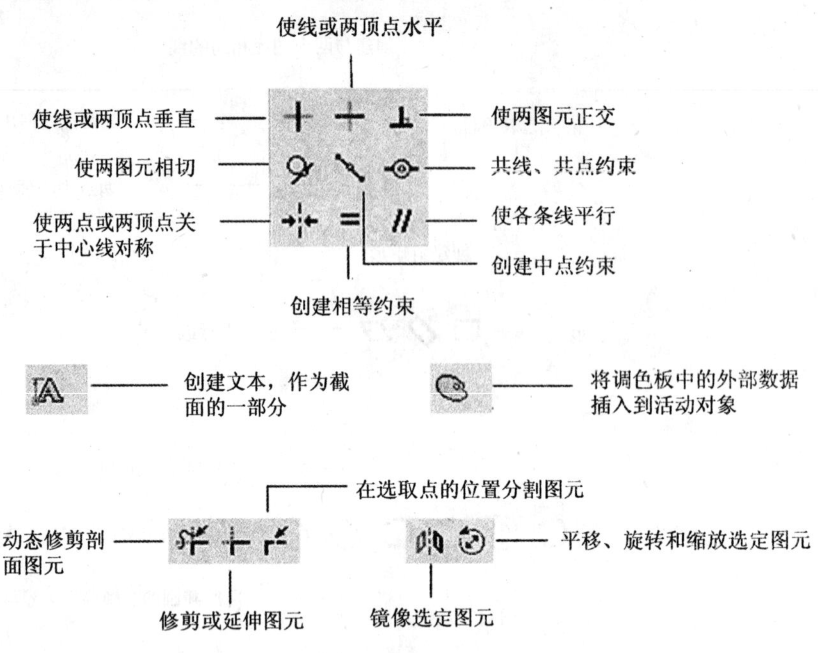

图2.8 草绘模块常用工具栏说明（续）

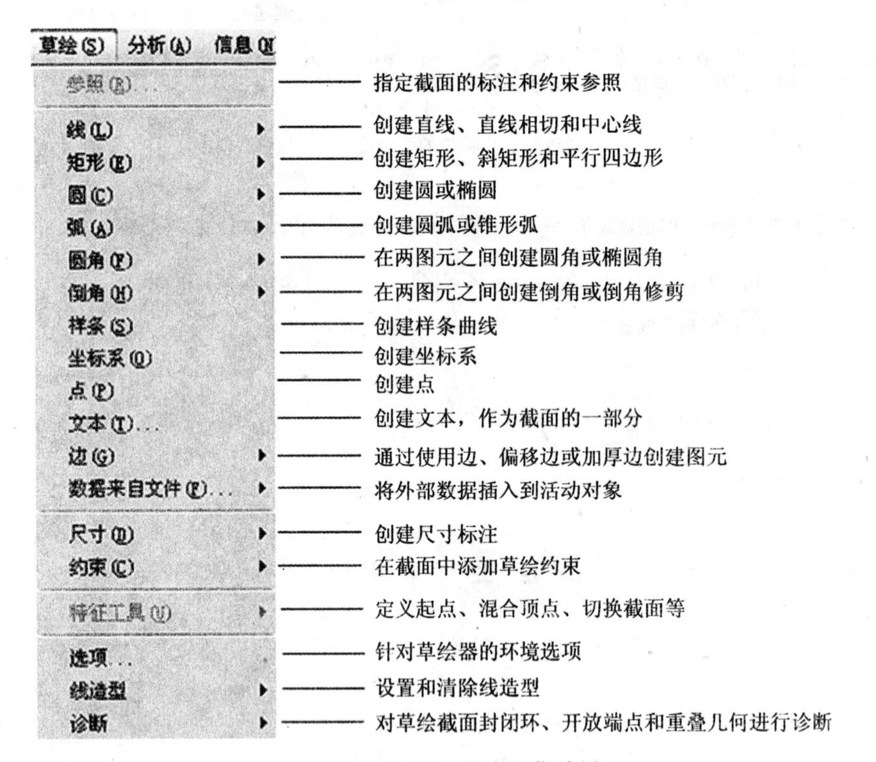

图2.9 “草绘”菜单栏

❷ 编辑下拉菜单

在草绘模块中，单击菜单栏上的【编辑】，系统打开编辑下拉菜单，如图2.10所示，单击该下拉菜单命令或命令右侧三角形按钮▸，系统打开其中的命令，其中大部分命令都以快捷图标方式出现在图2.6所示工具栏中。

编辑(E) 视图(V) 插入(I) 草绘

- 撤消草绘器操作(U) Ctrl+Z —— 撤销草绘器操作
- 重做(R) Ctrl+Y —— 重做
- 剪切(T) Ctrl+X
- 复制(C) Ctrl+C
- 粘贴(P) Ctrl+V
- 选择性粘贴(S)...
- 几何阵列(G)...
- 镜像(M) —— 镜像选定图元
- 移动和调整大小(O) —— 平移、旋转和缩放选定图元
- 修剪(T) —— 裁剪图元
- 切换构造(G) Ctrl+G —— 切换选定图元，使其成为构造图元或几何图元
- 切换锁定(L) —— 锁定/解锁选定的尺寸值及剖面几何的部分
- 属性... —— 编辑所选定图元的线造型和颜色
- 转换到(N) —— 进行转换操作，如弱尺寸变为强尺寸等
- 替换(P) —— 用新创建的图元或尺寸替换原截面所选定的图元或尺寸
- 修改(O)... —— 修改尺寸值、样条几何或文本图元
- 删除(D) Del —— 删除选定的项目
- 选取(S) —— 选取优选项和过滤器或取消全部选项
- 查找(F)... Ctrl+F —— 在模型中按规则搜索、过滤和选取项目

图2.10 “编辑”菜单栏

2.3 基本绘图命令

2.3.1 创建直线

1 通过两点创建直线

1）示意图（图2.11）

图2.11 创建直线

2）操作要点

（1）选取命令。

• 单击工具栏上【直线】按钮。

• 在菜单栏选择【草绘】→【线】→【线】。

• 在绘图区内单击鼠标右键，从快捷菜单中选“线”。

（2）在绘图区内选取直线的第一点。

（3）在绘图区内选取直线的第二点，绘制出一条直线。

（4）重复步骤（3），绘制其他直线。

（5）单击鼠标中键，退出命令。

❷ 创建与两个图元相切的直线

1）示意图（图2.12）

2）操作要点

（1）选取命令。

• 单击工具栏上【直线】按钮 → → 。

• 在菜单栏选择【草绘】→【线】→【直线相切】。

（2）单击第一个要相切的圆或弧。

（3）在第二个圆或弧上单击与直线相切的切点，绘制出一条与两个图元相切的线。

（4）单击鼠标中键，退出命令。

❸ 通过两点创建中心线

中心线可以用来定义截面内的对称中心线，或用来创建构造直线。

1）示意图（图2.13）

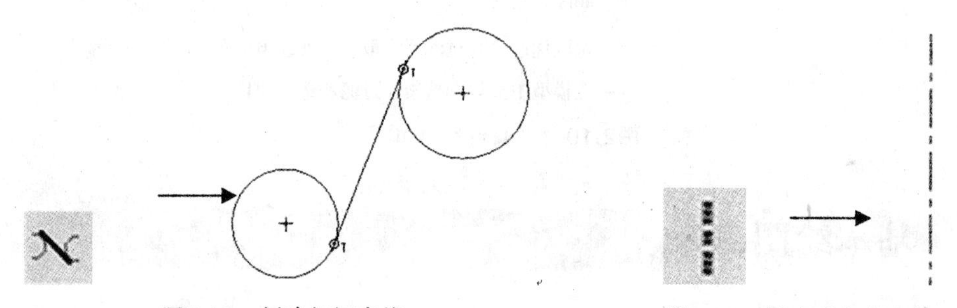

图2.12 创建相切直线　　图2.13 创建两点中心线

2）操作要点

（1）选取命令。

• 单击工具栏上【直线】按钮 → → 。

• 在菜单栏选择【草绘】→【线】→【中心线】。

• 在绘图区内单击鼠标右键，从快捷菜单中选择“中心线”。

（2）在绘图区内选取中心线的第一点。

（3）在绘图区内选取中心线的第二点，绘制出一条中心线。

（4）单击鼠标中键，退出命令。

❹ 通过两点创建几何中心线

几何中心线可以用来定义一个旋转特征的中心轴，或定义截面内的对称中心线，或用来创建构造直线。

1）示意图（图2.14）

2）操作要点

（1）选取命令。

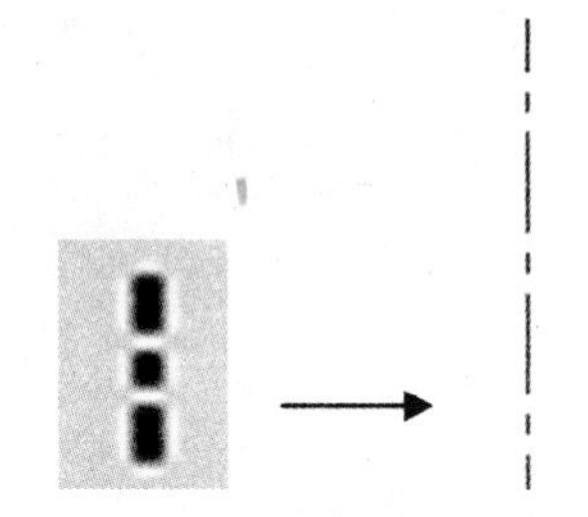

图2.14 创建几何中心线

• 单击工具栏上【直线】按钮→→。
（2）在绘图区内选取中心线的第一点。
（3）在绘图区内选取中心线的第二点，绘制出一条几何中心线。
（4）单击鼠标中键，退出命令。

2.3.2 创建矩形和平行四边形

1 创建矩形

1）示意图（图2.15）

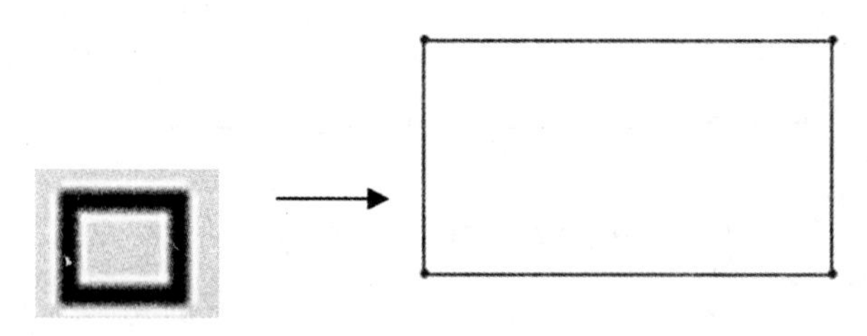

图2.15 创建矩形

2）操作要点

（1）选取命令。
• 单击工具栏上【矩形】按钮。
• 在菜单栏选择【草绘】→【矩形】→【矩形】。
• 在绘图区内单击鼠标右键，从快捷菜单中选择“矩形”。
（2）在绘图区内选取矩形的一个角点。
（3）在绘图区内选取此角点的对角点，绘制出一个矩形。
（4）单击鼠标中键，退出命令。

2 创建斜矩形

1）示意图（图2.16）

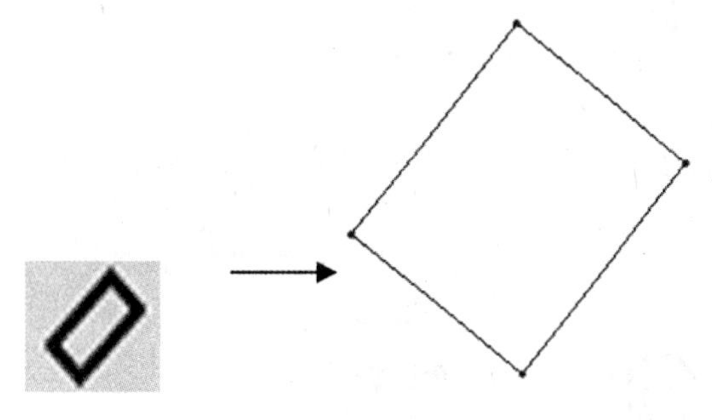

图2.16 创建斜矩形

2）操作要点

（1）选取命令。
• 单击工具栏上【矩形】按钮→→。
• 在菜单栏选择【草绘】→【矩形】→【斜矩形】。

（2）在绘图区内选取斜矩形的第一个角点。
（3）在绘图区内选取斜矩形的第二个角点。
（4）在绘图区内选取斜矩形的第三个角点，绘制出一个斜矩形。
（5）单击鼠标中键，退出命令。

❸ 创建平行四边形

1）示意图（图2.17）

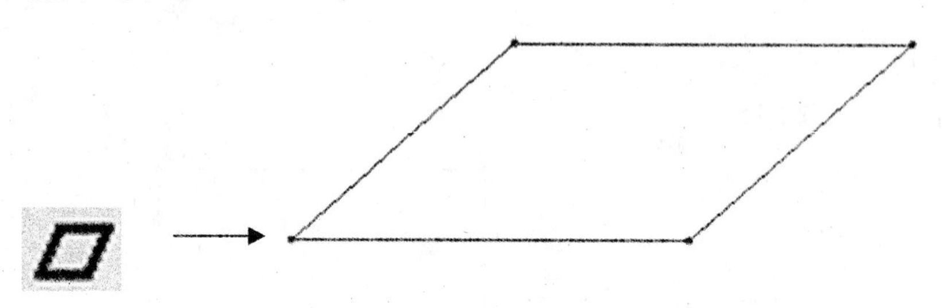

图2.17 创建平行四边形

2）操作要点
（1）选取命令。
• 单击工具栏上【矩形】按钮 → → 。
• 在菜单栏选择【草绘】→【矩形】→【平行四边形】。
（2）在绘图区内选取平行四边形的第一个角点。
（3）在绘图区内选取平行四边形的第二个角点。
（4）在绘图区内选取平行四边形的第三个角点，绘制出一个平行四边形。
（5）单击鼠标中键，退出命令。

2.3.3 创建圆和椭圆

❶ 通过圆心和圆上一点创建圆

1）示意图（图2.18）

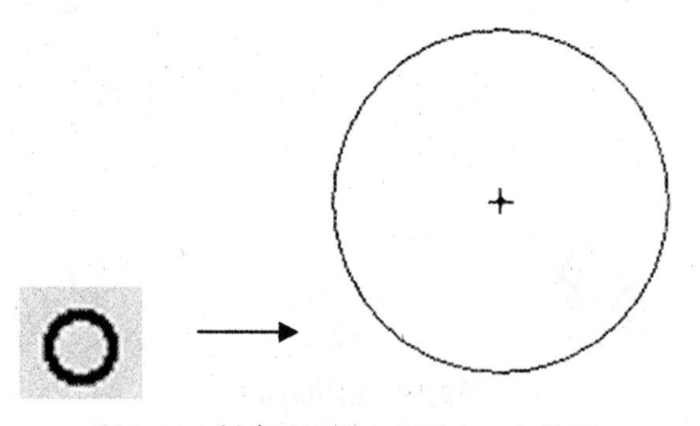

图2.18 创建通过圆心和圆上一点的圆

2）操作要点。
（1）选取命令。
• 单击工具栏上【圆】按钮 。

• 在菜单栏选择【草绘】→【圆】→【圆心和点】。
• 在绘图区内单击鼠标右键，从快捷菜单中选择“圆”。
（2）在绘图区内选取圆心。
（3）在绘图区内选取圆上一点，绘制出一个圆。
（4）重复步骤（2）和（3），绘制其他圆。
（5）单击鼠标中键，退出该命令。

❷ 创建同心圆

1）示意图（图2.19）

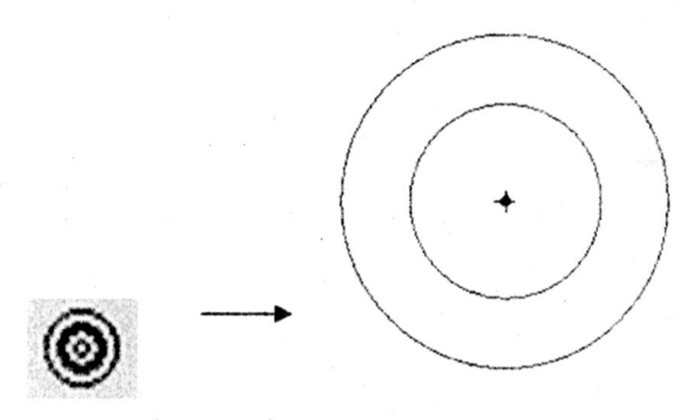

图2.19 创建同心圆

2）操作要点
（1）选取命令。
• 单击工具栏上【圆】按钮 → → 。
• 在菜单栏选择【草绘】→【圆】→【同心】。
（2）选取一个参照圆来定义中心。
（3）单击鼠标左键，在屏幕上选取一点，绘制出一个同心圆。
（4）单击鼠标中键，退出命令。

❸ 通过三个点创建圆

1）示意图（图2.20）

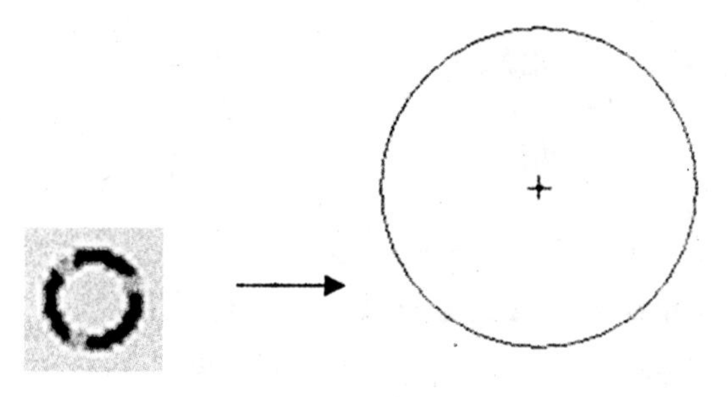

图2.20 创建三点圆

2）操作要点
（1）选取命令。
• 单击工具栏上【圆】按钮 → → 。

• 在菜单栏选择【草绘】→【圆】→【3点】。

（2）在绘图区内选取三个点，绘制出一个圆。

（3）单击鼠标中键，退出命令。

❹ 创建与三个图元相切的圆

1）示意图（图2.21）

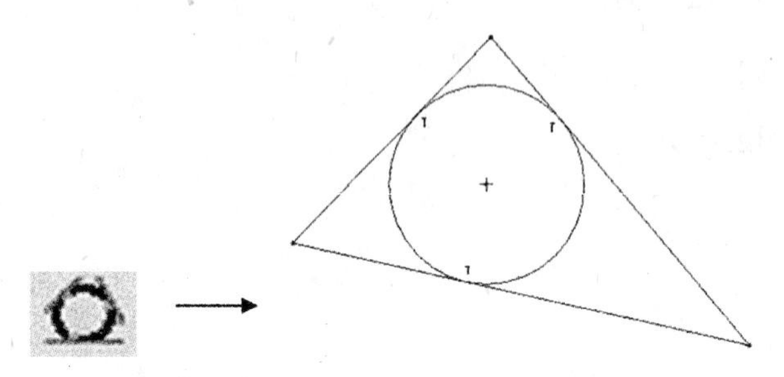

图2.21　创建与三个图元相切的圆

2）操作要点

（1）选取命令。

• 单击工具栏上【圆】按钮 → → 。

• 在菜单栏选择【草绘】→【圆】→【3相切】。

（2）在绘图区内选取三个图元（直线、圆或圆弧），绘制出一个与三个图元相切的圆。

（3）单击鼠标中键，退出命令。

❺ 创建轴端点椭圆

1）示意图（图2.22）

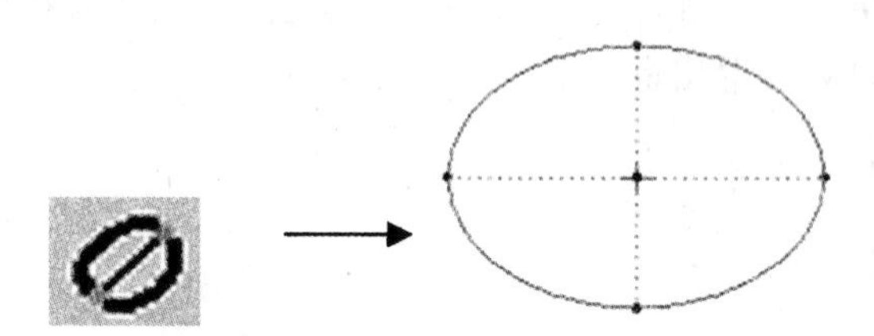

图2.22　创建轴端点椭圆

2）操作要点

（1）选取命令。

• 单击工具栏上【圆】按钮 → → 。

• 在菜单栏选择【草绘】→【圆】→【轴端点椭圆】。

（2）在绘图区内选取一点作为椭圆轴的一个端点。

（3）将椭圆拉至所需形状，单击左键，绘制出一个椭圆。

（4）单击鼠标中键，退出命令。

❻ 创建中心和轴椭圆

1）示意图（图2.23）

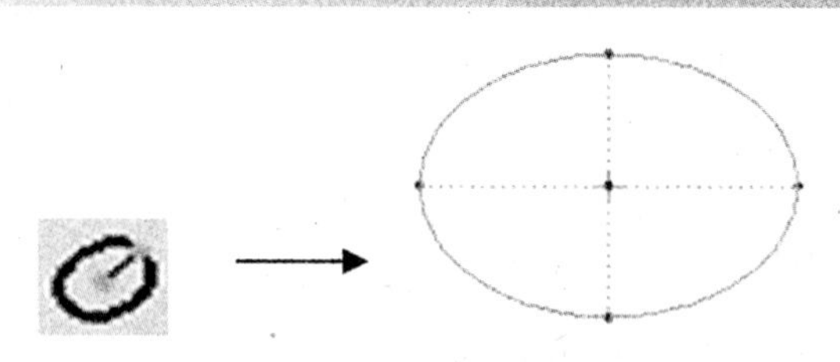

图2.23 创建中心和轴椭圆

2）操作要点

（1）选取命令。

• 单击工具栏上【圆】按钮→ ▸ →⊘。

• 在菜单栏选择【草绘】→【圆】→【中心和轴椭圆】。

（2）在绘图区内选取一点作为椭圆的中心。

（3）将椭圆拉至所需形状，单击左键，绘制出一个椭圆。

（4）单击鼠标中键，退出命令。

2.3.4 创建圆弧和锥形弧

❶ 通过三点创建圆弧或创建一个在其端点相切于图元的圆弧

1）示意图（图2.24）

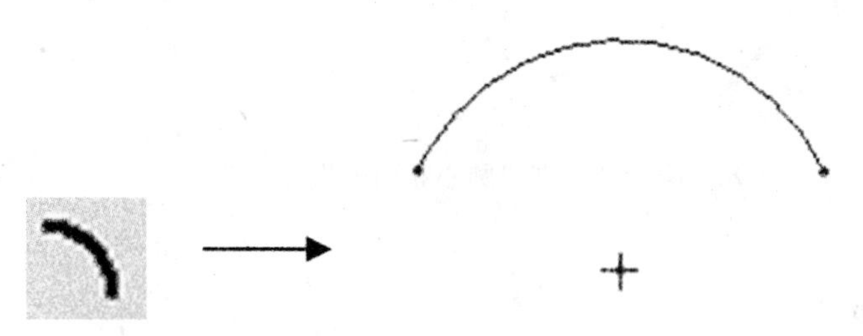

图2.24 创建三点圆弧

2）操作要点

（1）选取命令。

• 单击工具栏上【弧】按钮◝。

• 在菜单栏选择【草绘】→【弧】→【3点/相切端】。

• 在绘图区单击鼠标右键，从快捷菜单中选择“3点/相切端”。

（2）在绘图区内选取圆弧的起点和终点。

（3）在绘图区内选取圆弧上的一点，绘制出一个圆弧。

（4）重复步骤（2）和（3），绘制其他圆弧。

（5）单击鼠标中键，退出命令。

❷ 创建同心圆弧

1）示意图（图2.25）

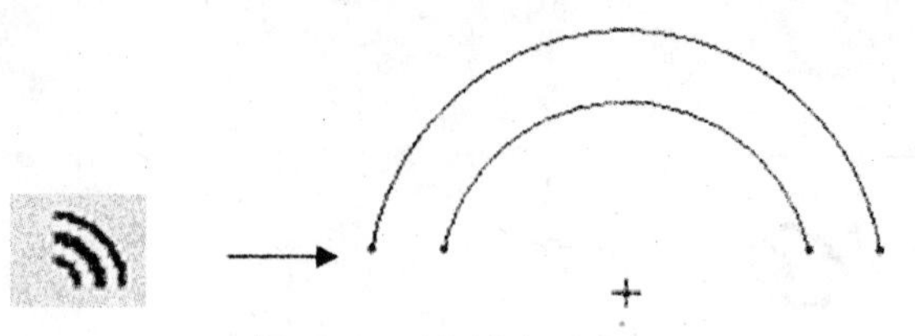

图2.25　创建同心圆弧

2）操作要点

（1）选取命令。

- 单击工具栏上【弧】按钮 → → 。
- 在菜单栏选择【草绘】→【弧】→【同心】。

（2）选取一段圆弧来定义圆心。

（3）在绘图区内选取圆弧的起点和终点，绘制出一个同心圆弧。

（4）单击鼠标中键，退出命令。

❸ 通过弧圆心和圆弧的两个端点创建圆弧

1）示意图（图2.26）

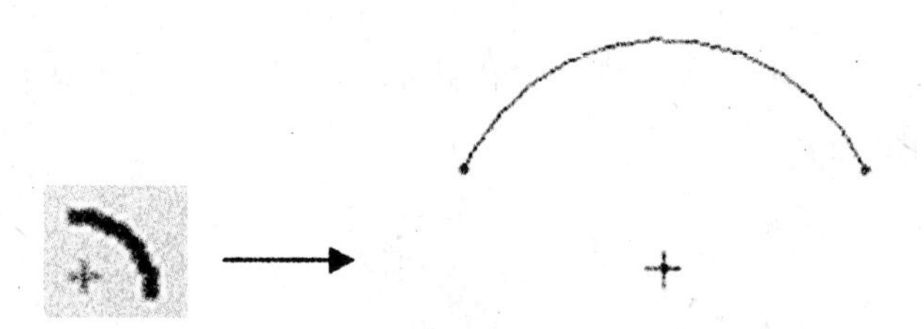

图2.26　创建圆心和两个端点圆弧

2）操作要点

（1）选取命令。

- 单击工具栏上【弧】按钮 → → 。
- 在菜单栏选择【草绘】→【弧】→【圆心和端点】。

（2）在绘图区内选取圆心点，再选取圆弧的两个端点，绘制出一个圆弧。

（3）单击鼠标中键，退出命令。

❹ 创建与三个图元相切的圆弧

1）示意图（图2.27）

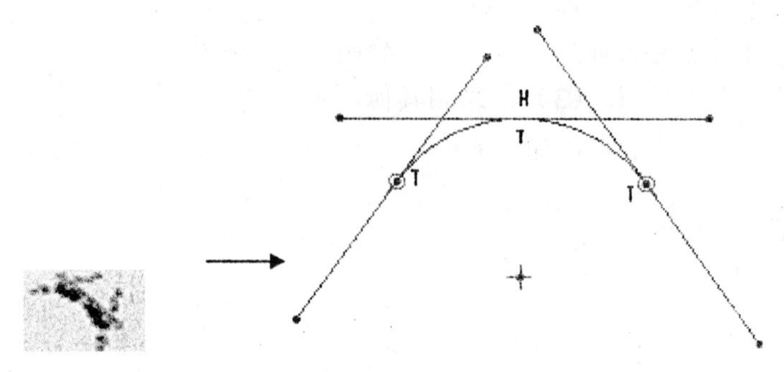

图2.27　创建三个图元相切的圆弧

2）操作要点

（1）选取命令。

• 单击工具栏上【弧】按钮→→。

• 在菜单栏选择【草绘】→【弧】→【3相切】。

（2）在绘图区内选取三个图元（直线、圆或圆弧），绘制出一个与三个图元相切的圆弧。

（3）单击鼠标中键，退出命令。

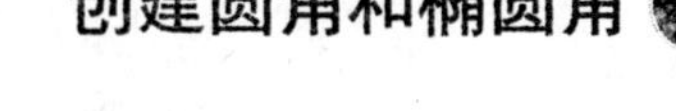

1）示意图（图2.28）

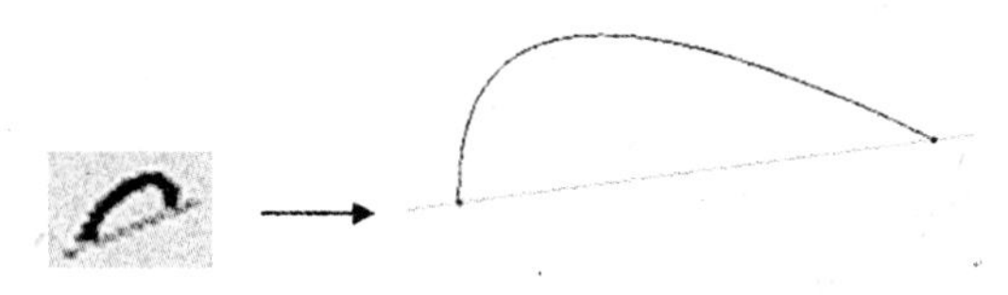

图2.28 创建锥形弧

2）操作要点

（1）选取命令。

• 单击工具栏上【弧】按钮→→。

• 在菜单栏选择【草绘】→【弧】→【圆锥】。

（2）在绘图区内选取锥形弧的起点和终点。

（3）在绘图区内选取锥形弧上的一点，绘制出一条锥形弧。

（4）单击鼠标中键，退出命令。

2.3.5 创建圆角和椭圆角

1 创建圆角

1）示意图（图2.29）

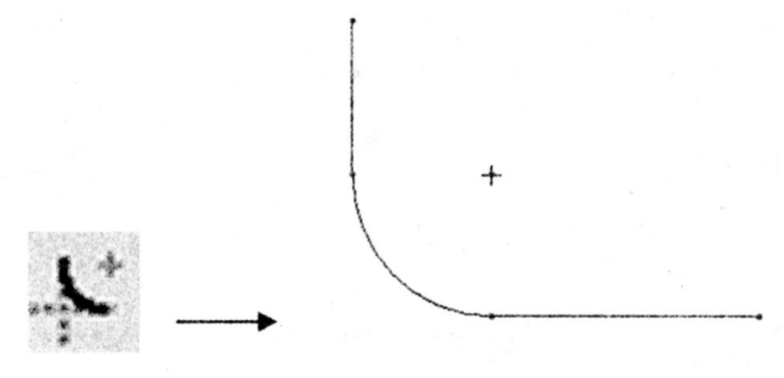

图2.29 创建圆角

2）操作要点

（1）选取命令。

• 单击工具栏上【圆角】按钮。

• 在菜单栏选择【草绘】→【圆角】→【圆形】。

• 在绘图区内单击鼠标右键，从快捷菜单中选择“圆角”。

（2）选取第一个要相切的图元。

（3）选取第二个要相切的图元，系统创建一个圆弧与两个已知图元相切。

（4）单击鼠标中键，退出命令。

❷ 创建椭圆角

1）示意图（图2.30）

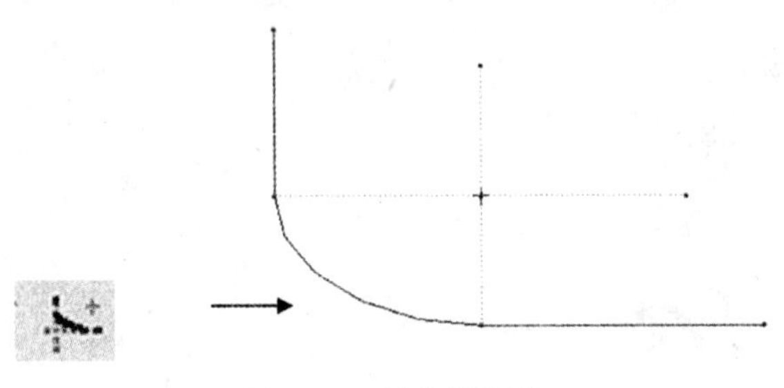

图2.30　创建椭圆角

2）操作要点

（1）选取命令。

• 单击工具栏上【圆角】按钮→→。

• 在菜单栏选择【草绘】→【圆角】→【椭圆形】。

（2）选取第一个要相切的图元。

（3）选取第二个要相切的图元，系统创建一个椭圆弧与两个已知图元相切。

（4）单击鼠标中键，退出命令。

2.3.6　创建倒角和倒角修剪

❶ 创建倒角

1）示意图（图2.31）

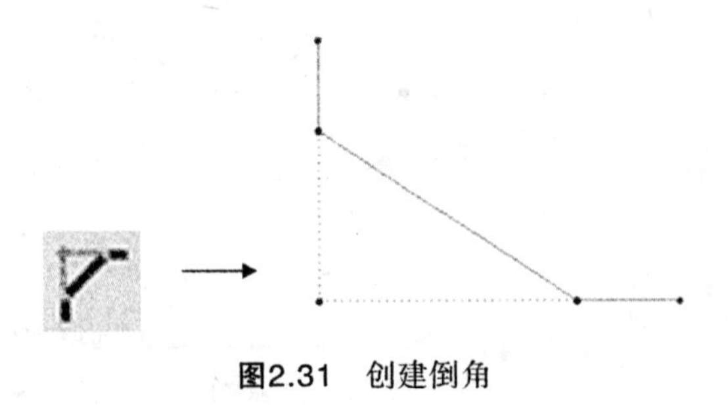

图2.31　创建倒角

2）操作要点

（1）选取命令。

• 单击工具栏上【倒角】按钮。

• 在菜单栏选择【草绘】→【倒角】→【倒角】。

（2）选取第一个要倒角的图元。

（3）选取第二个要倒角的图元，系统在两个图元之间创建一个倒角。

（4）单击鼠标中键，退出命令。

❷ 创建倒角修剪

1）示意图（图2.32）

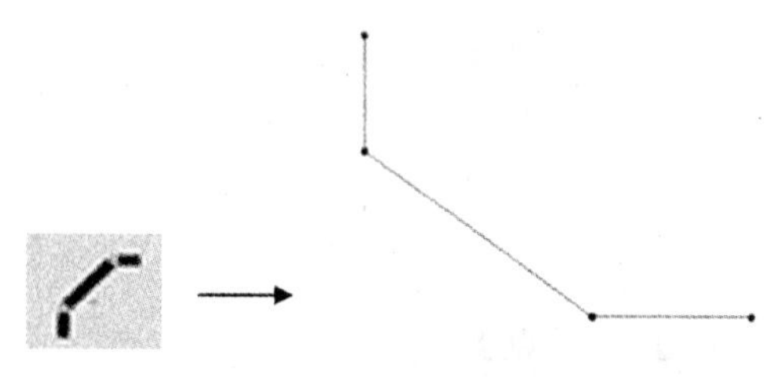

图2.32 创建倒角修剪

2）操作要点

（1）选取命令。

· 单击工具栏上【倒角】按钮→→。

· 在菜单栏选择【草绘】→【倒角】→【倒角修剪】。

（2）选取第一个要倒角修剪的图元。

（3）选取第二个要倒角修剪的图元，系统在两个图元之间创建一个倒角修剪。

（4）单击鼠标中键，退出命令。

2.3.7 创建样条曲线

1）示意图（图2.33）

图2.33 创建样条曲线

2）操作要点

（1）选取命令。

· 单击工具栏上【样条】按钮。

· 在菜单栏选择【草绘】→【样条】。

（2）在绘图区内选取一系列点，即创建一条通过所选取点的样条曲线。

（3）单击鼠标中键，完成样条曲线的创建工作。

2.3.8 创建点和坐标系

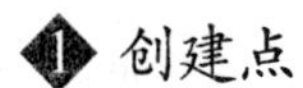

❶ 创建点

1）示意图（图2.34）

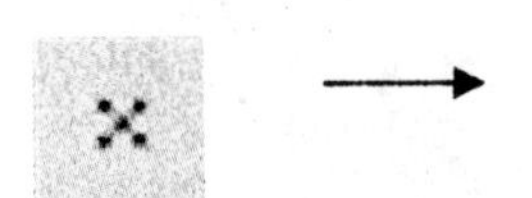

图2.34　创建点

2）操作要点

（1）选取命令。

- 单击工具栏上【点】按钮 。
- 在菜单栏选择【草绘】→【点】。

（2）在绘图区的某一位置单击鼠标左键，创建出一个点。可以连续创建多个点。

（3）单击鼠标中键，退出命令。

2 创建几何点

1）示意图（图2.35）

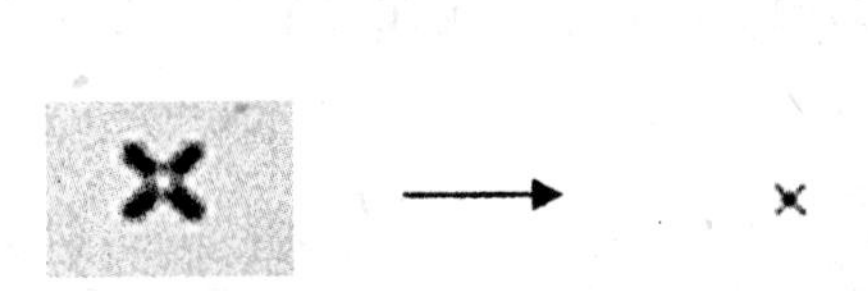

图2.35　创建几何点

2）操作要点

（1）选取命令。

- 单击工具栏上【点】按钮 → → 。

（2）在绘图区的某一位置单击鼠标左键，创建出一个几何点。可以连续创建多个几何点。

（3）单击鼠标中键，退出命令。

3 创建坐标系

1）示意图（图2.36）

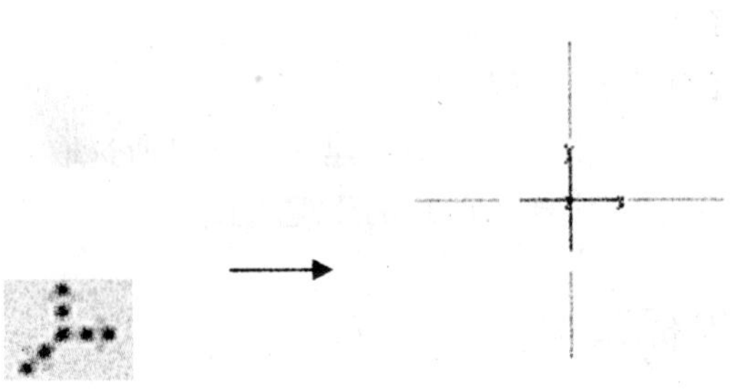

图2.36　创建坐标系

2）操作要点

（1）选取命令。

· 单击工具栏上【点】按钮 → → 。

· 在菜单栏选择【草绘】→【坐标系】。

（2）在绘图区的某一位置单击鼠标左键，创建出一个坐标系。可以连续创建多个坐标系。

（3）单击鼠标中键，退出命令。

❹ 创建几何坐标系

1）示意图（图2.37）

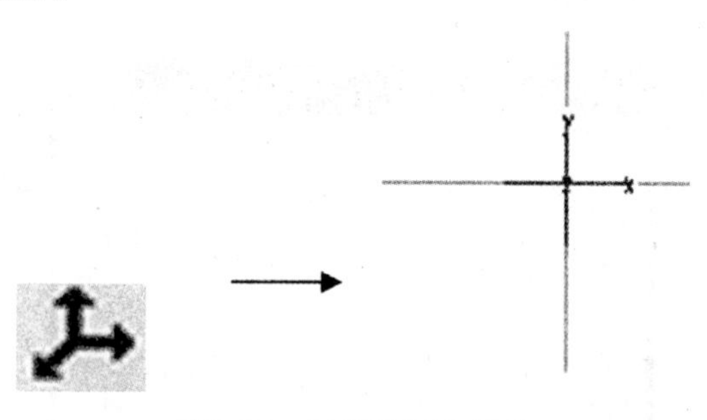

图2.37 创建几何坐标系

2）操作要点

（1）选取命令。

· 单击工具栏上【点】按钮 → → 。

（2）在绘图区的某一位置单击鼠标左键，创建出一个几何坐标系。可以连续创建多个几何坐标系。

（3）单击鼠标中键，退出命令。

坐标系的使用说明如下。

· 样条：用坐标系标注样条曲线。这样可以通过坐标系标注X、Y轴的坐标值来修改样条点。

· 参照：把坐标系坐标增加到任何辅助的标注截面。

· 混合特征截面：用坐标系坐标为每个用于混合的截面建立相对原点。

2.3.9 创建文本

1）示意图（图2.38）

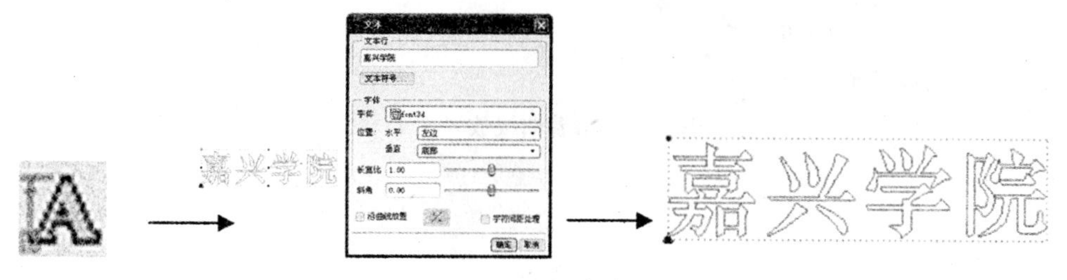

图2.38 创建文本

2）操作要点

（1）选取命令。

• 单击工具栏上【文本】按钮A。

• 在菜单栏选择【草绘】→【文本】。

（2）在绘图区内选取一点，作为文本高度和方向的起始点。

（3）选取另一点，作为终点。系统在起始点和终点之间创建一条构建线，该线的长度决定文本的高度，角度决定文本的方向。此时系统打开文本对话框，如图2.39所示。

（4）在文本行中输入文本（一般应少于79个字符）。

（5）从下列选项中进行选择，如图2.39所示。

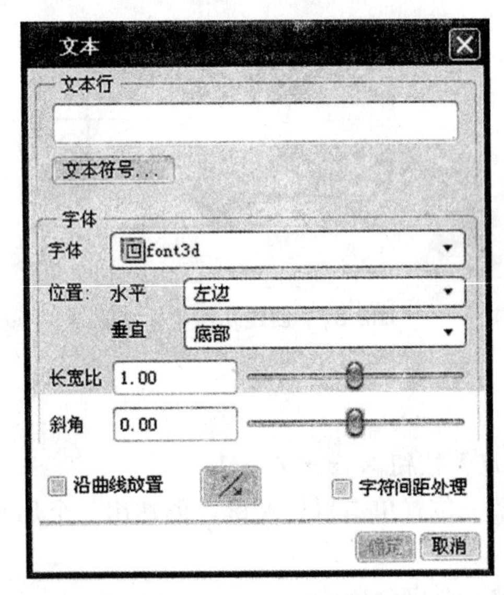

图2.39　“文本”对话框

• 字体：从系统提供的字体列表中选取一种字体。

• 长宽比：使用滑动条增大或减小文本的长宽比。

• 斜角：使用滑动条增大或减小文本的倾斜角度。

• 沿曲线放置：单击该复选框，可以沿着一条曲线放置文本。系统提示用户选择一条放置文本的曲线，如图2.40所示。

（6）单击【确定】按钮，完成文本的创建工作。

图2.40　沿着曲线放置文本

2.4 编辑几何图元

2.4.1 选取几何图元

“选取”工具主要用途有：选择、修改线条以及修改移动尺寸。

操作要点

（1）单击工具栏上【依次】按钮。

（2）在菜单栏选择【编辑】→【选取】。

- 首选项：编辑选取首选项和过滤器。
- 依次（系统默认）：每次选择一个几何图元，同时按下Ctrl键，则可多选。
- 链：选择一个几何图元即选择所有与之首尾相接的几何图元。
- 所有几何：选择所有几何元素（不包括标注的尺寸、约束以及栅格）。
- 全部：选择所有项目。

2.4.2 删除几何图元 

操作要点

（1）点选或框选（框选时要框住整个图元）需要删除的图元，选中的图元显示为红色。

（2）进行下列任何一项操作，图元将被删除。

- 按下键盘的Delete键。
- 在草绘区内单击鼠标右键，从快捷菜单中选择“删除”。
- 在菜单栏选择【编辑】→【删除】。

2.4.3 修剪几何图元 

修剪几何图元包括删除多余或不必要的线段、将一个图元分割为多个图元和延长图元到指定参照。

❶ 动态修剪剖面图元

操作要点

（1）选取命令。

- 单击工具栏上【删除段】按钮。
- 在菜单栏选择【编辑】→【修剪】→【删除段】。

（2）在绘图区内选中要删除的线段即可。

（3）在绘图区内，若删除的线段较多，按下鼠标左键，拖动鼠标画出一条曲线，与该曲线相交的图元线段全部被删除，如图2.41所示。

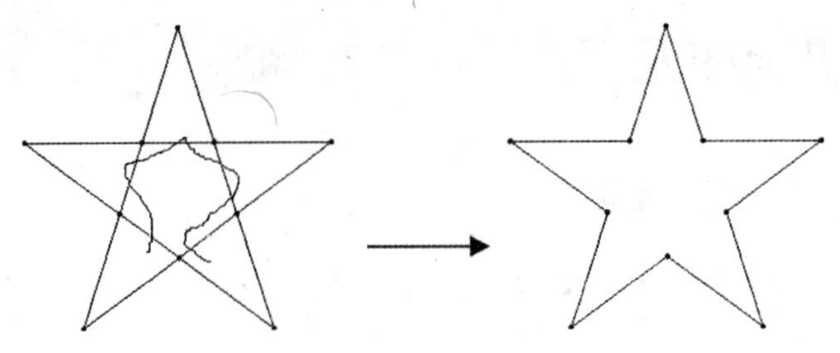

图2.41　删除多个图元

操作技巧

动态修剪剖面图元的方法不适用于删除“中心线”，删除几何图元的方法适用于删除“中心线”。

❷ 拐　角

拐角操作是指修剪或者延伸两个图元以获得顶角的形状。

操作要点

（1）选取命令。

- 单击工具栏上【删除段】按钮 → → 。
- 在菜单栏选择【编辑】→【修剪】→【拐角】。

（2）在绘图区内选取两个图元，若选中的两个图元相交，以交点为界，删除选取位置的另一侧图元，如图2.42所示。

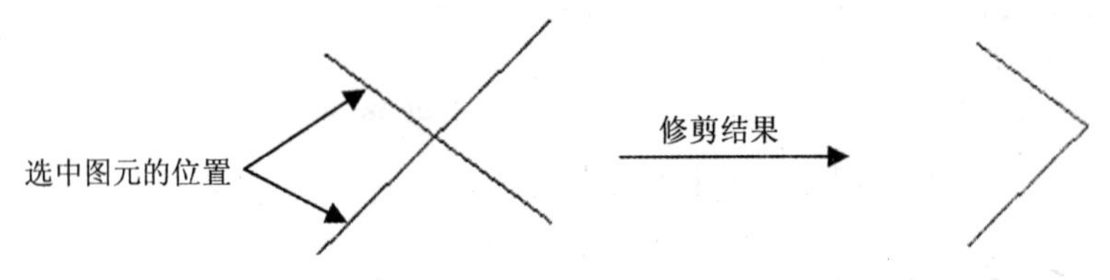

图2.42　拐角修剪示例1

（3）在绘图区内选取两个图元，若选中的两个图元不相交，系统会延长其中一个图元与另一个图元相交，然后按上一步的方法进行拐角删除，如图2.43所示。

（4）在绘图区内选取两个图元，若选中的两个图元不能获得交点，系统会同时延长两个图元获得交点，进行拐角处理，如图2.44所示。

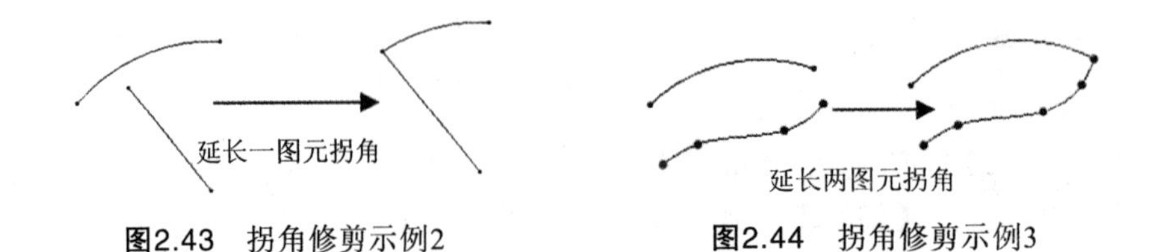

图2.43　拐角修剪示例2　　图2.44　拐角修剪示例3

❸ 图元分割

图元分割工具可以将一线段、圆或圆弧分割成多段，使之成为各自独立的线

段，然后可以对每个独立的线段进行编辑。

操作要点

（1）选取命令。

• 单击工具栏上【删除段】按钮→→。

• 在菜单栏选择【编辑】→【修剪】→【分割】。

（2）在绘图区内选取要分割的图元，在需要分割的位置插入分割点，分割示例如图2.45所示，它将一个圆分成四段。该命令也可以将圆弧或线段分成多段。

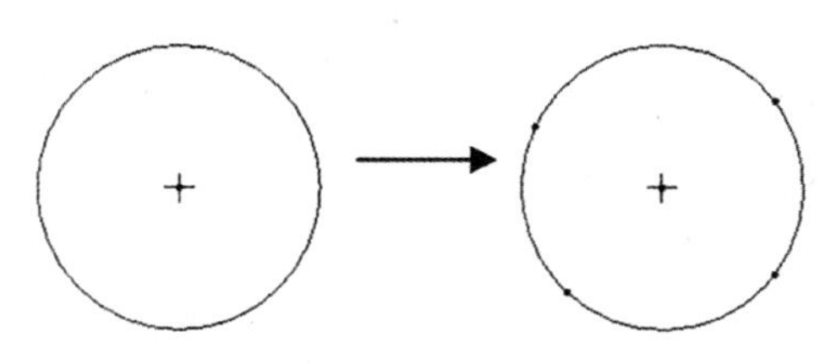

图2.45 分割图元

操作技巧

在实际设计过程中，经常要用到动态修剪、图元拐角和图元分割工具对图元进行编辑，以获得满足设计要求的图形。

在使用图元分割工具时，一次最多只能分割两条相交的线段，若三条线段相交于一点，在交点处分割，只有两条线段被分割。

2.4.4 直线的变换

❶ 直线的旋转

将鼠标移到直线上，按住鼠标左键，同时移动鼠标，直线以远离鼠标指针的那个端点为圆心转动。

❷ 直线的拉伸和旋转

将鼠标移到直线的一个端点上，按住鼠标左键，同时移动鼠标，直线以另一端点为圆心转动，随着鼠标位置的变化，直线将伸长或缩短。

❸ 直线的平移

将鼠标移到直线的一个端点上单击左键（此时直线显示为红色），按住鼠标左键，同时移动鼠标，直线随着鼠标位置的变化进行平移。

2.4.5 圆的平移和缩放

将鼠标移到圆心上，按住鼠标左键，同时移动鼠标，圆随着鼠标位置的变化进

行移动。

❷ 圆的缩放

将鼠标移到圆周上，按住鼠标左键，同时移动鼠标，圆随着鼠标位置的变化，圆将被放大或缩小。

2.4.6　圆弧的变换

❶ 圆心点的平移

（1）用鼠标选中圆心和圆弧的一个端点（结合Ctrl键），然后将鼠标移到圆心上，按住鼠标左键+Shift键，同时移动鼠标，圆弧半径和弧长随着圆心的移动而发生变化。

（2）将鼠标移到圆心上，按住鼠标左键，同时移动鼠标，圆弧的半径和弧长不变，圆弧随着鼠标位置的变化进行移动。

❷ 圆弧端点的平移

将鼠标移到圆弧的一个端点上，按住鼠标左键，同时移动鼠标，圆弧的另一个端点固定不动，圆弧半径不变，弧长随着端点的移动而发生变化。

❸ 圆弧上一点的平移

将鼠标移到圆弧上任意一点，按住鼠标左键，同时移动鼠标，圆弧两个端点固定不动，圆弧的半径和圆心随着鼠标的移动而发生变化。

2.4.7　样条曲线的变换与高级编辑

❶ 样条曲线的变换

（1）将鼠标移到样条曲线的一个端点，按住鼠标左键，同时移动鼠标，样条曲线将以另一个端点为固定点旋转，同时样条曲线的形状和大小发生变化。

（2）将鼠标移到样条曲线的中间点上，按住鼠标左键，同时移动鼠标，样条曲线的形状将发生变化，而其他点的位置将固定不动。

❷ 样条曲线的高级编辑

样条曲线的高级编辑包括增加插入点、创建控制多边形、显示曲线曲率、创建关联坐标系和修改各点的坐标值等。这些功能可以通过“样条编辑”操控板来实现，如图2.46所示。

操作要点

（1）选取命令。

• 将鼠标移到要编辑的样条曲线上双击左键，系统打开“样条编辑”操控板。

• 在菜单栏选择【编辑】→【修改】，单击要编辑的样条曲线。

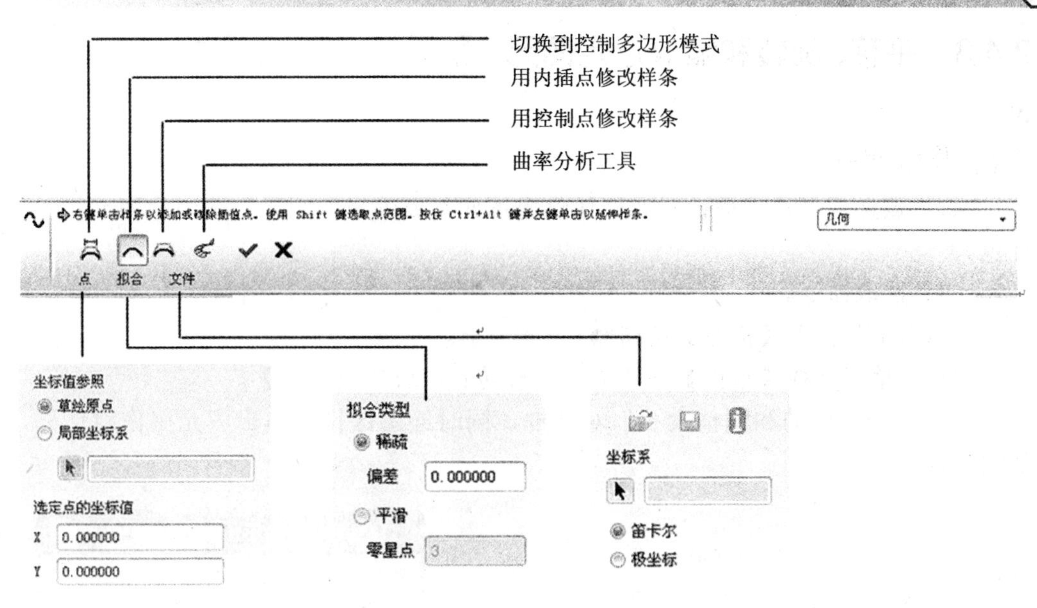

图2.46 “样条编辑”操控板

（2）各项功能编辑。

• 单击操控板上【点】按钮，选取样条曲线上相应点，可以显示并修改该点的坐标值（绝对坐标或相对坐标）。

• 单击操控板上【拟合】按钮，对样条曲线的拟合情况进行设置。

• 单击操控板上【文件】按钮，选取相关联的坐标系，可以获得样条曲线相对该坐标系的所有点的数据文件。

• 单击操控板上【切换到控制多边形模式】按钮，可以控制点驱动样条定义。

• 单击操控板上【内插点】按钮，在样条曲线上可以删除点或添加点，获得满足要求的样条曲线。

• 单击操控板上【控制点】按钮，可以拖动点来控制样条曲线的形状，获得满足要求的样条曲线。

• 单击操控板上【曲率分析工具】按钮，系统打开样条曲线的曲率分析操控板，同时在绘图区显示样条曲线的曲率分析图，如图2.47、图2.48所示。移动比例滑板，可以控制曲率线的长度，移动密度滑板，可以控制曲率线的数量。

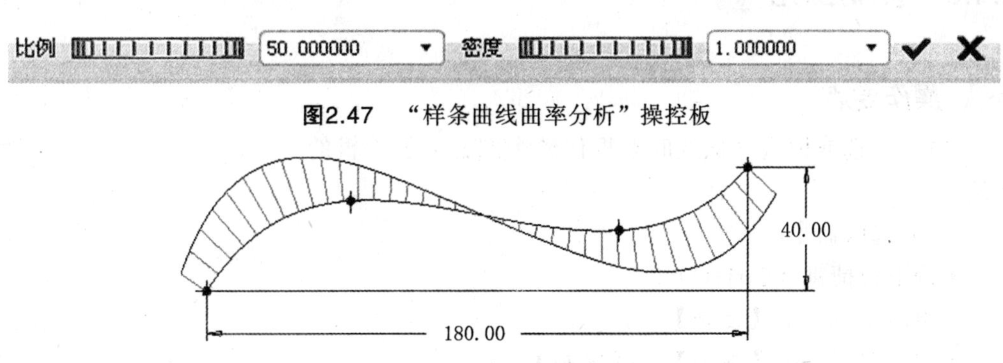

图2.47 “样条曲线曲率分析”操控板

图2.48 样条曲线曲率分析

2.4.8　平移、旋转和缩放选定图元

操作要点

（1）点选或框选（框选时要框住整个图元）要编辑的图元，选中的图元显示为红色。

（2）选取命令。

• 单击工具栏上【镜像】按钮→→。

• 在菜单栏选择【编辑】→【平移、旋转和缩放选定图元】。

系统打开“移动和调整大小”对话框，同时绘图区打开编辑图元操作对话框，如图2.49所示。

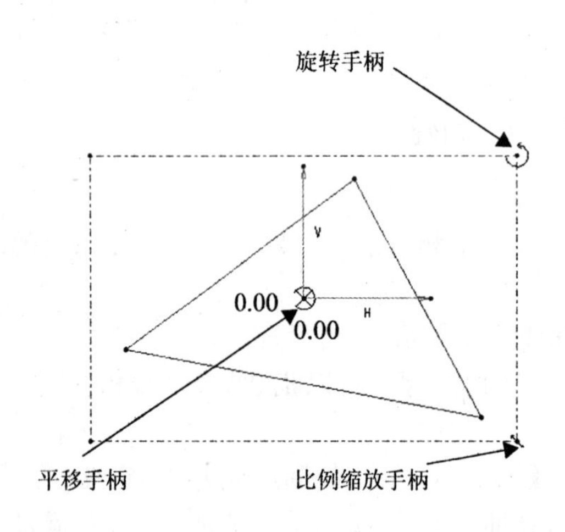

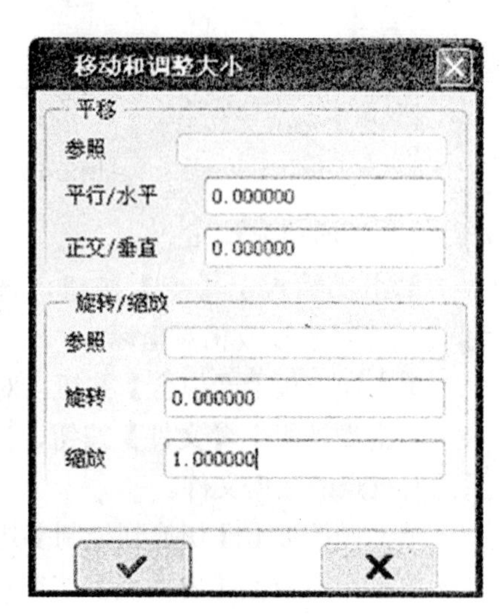

图2.49　编辑图元操作对话框

（3）选取不同的操作手柄，能够对图元进行平移、旋转和比例缩放，也可以在图2.49所示的文本框中输入具体的缩放比例和旋转角度值。

（4）单击鼠标中键（使用操作手柄时）或✔按钮，完成图元的编辑工作。

2.4.9　复制图元

操作要点

（1）点选或框选（框选时要框住整个图元）要编辑的图元，选中的图元显示为红色。

（2）选取命令。

• 按下快捷键（Ctrl+C）。

• 单击工具栏上【复制】按钮。

• 在菜单栏选择【编辑】→【复制】。

（3）进行下列任何一项操作。

• 按下快捷键（Ctrl+V）。
• 单击工具栏上【粘贴】按钮。
• 在菜单栏选择【编辑】→【粘贴】。

（4）在绘图区选取一点，系统打开“移动和调整大小”对话框，同时绘图区打开复制图元操作对话框。

（5）单击鼠标中键或 ✔ 按钮，完成图元的复制工作。

重复执行步骤（3）~（5），可以复制多个图元。

操作技巧

在复制图元时，同时可以对图元进行比例缩放和旋转操作，如图2.50所示。

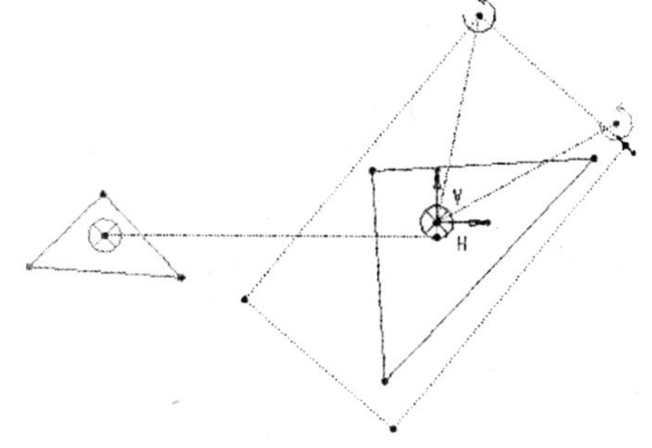

图2.50　复制图元操作

2.4.10　镜像图元

操作要点

（1）点选或框选（框选时要框住整个图元）要编辑的图元，选中的图元显示为红色。

（2）选取命令。
• 单击工具栏上【镜像】按钮。
• 在菜单栏选择【编辑】→【镜像】。

（3）选择一条镜像中心线，完成图元的镜像工作，如图2.51所示。

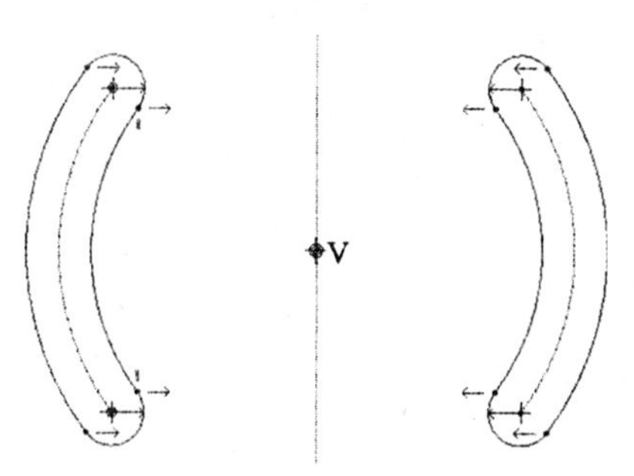

图2.51　镜像图元操作

操作技巧

在进行镜像图元操作之前，必须先绘制一条镜像中心线。

2.4.11　构造图元与几何图元的转换

构造图元不能用于构建特征截面，只能在绘图时作为参考。

操作要点

（1）点选或框选（框选时要框住整个图元）要编辑的图元，选中的图元显示为红色。

（2）单击鼠标右键，从快捷菜单中选择“构建”，图元转换为虚线。

（3）在菜单栏选择【编辑】→【切换构造】，图元转换为虚线，如图2.52所示。

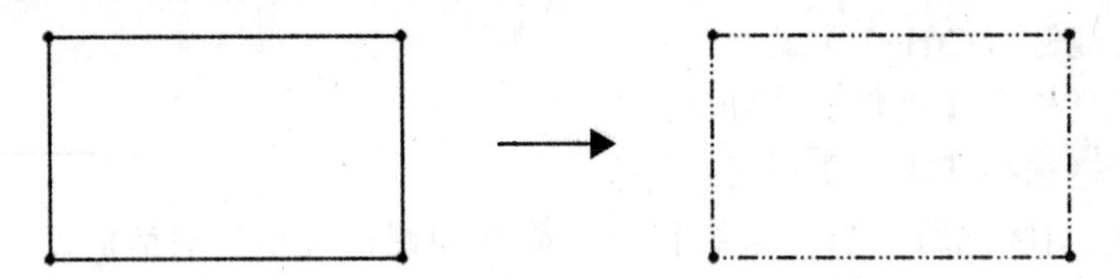

图2.52 构造图元与几何图元的转换

操作技巧

构造图元与几何图元命令是一个切换命令，若选中的图元是“几何图元”，切换构造后的图元为“构造图元”；若选中的图元是“构造图元”，切换构造后的图元为“几何图元”。

2.5 尺寸标注

在绘制截面草图过程中，系统为图元自动添加尺寸标注。这些尺寸为弱尺寸，以灰色显示。用户可以根据绘图要求标注尺寸成形所需要的尺寸布局，该尺寸称为强尺寸。强尺寸增加时，系统可以在没有任何确认的情况下删除多余的弱尺寸或弱约束。

2.5.1 标注线性尺寸

线性尺寸是指线段的长度或点、线等图元之间的距离。线性尺寸的标注方法如下。

❶ 标注线段的长度尺寸

操作要点

（1）选取命令。

- 单击工具栏上【法向】按钮。
- 在菜单栏选择【草绘】→【尺寸】→【法向】。
- 在绘图区内单击鼠标右键，从快捷菜单中选“尺寸”。

（2）单击鼠标左键，选取要标注尺寸的线段。

（3）选择尺寸文本放置的位置，单击鼠标中键，完成尺寸的标注工作，如图2.53所示。

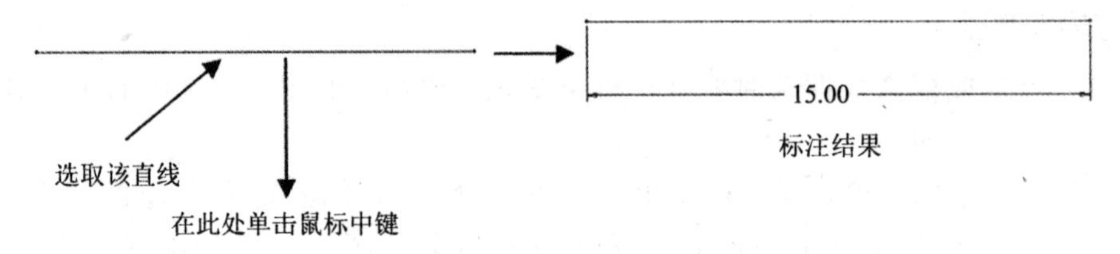

图2.53 线段的长度标注

❷ 标注两平行线之间的距离

操作要点

（1）选取命令。

• 单击工具栏上【法向】按钮。

• 在菜单栏选择【草绘】→【尺寸】→【法向】。

• 在绘图区内单击鼠标右键，从快捷菜单中选择“尺寸”。

（2）单击鼠标左键，选取要标注尺寸的两条平行线。

（3）选择尺寸文本放置的位置，单击鼠标中键，完成尺寸的标注工作，如图2.54所示。

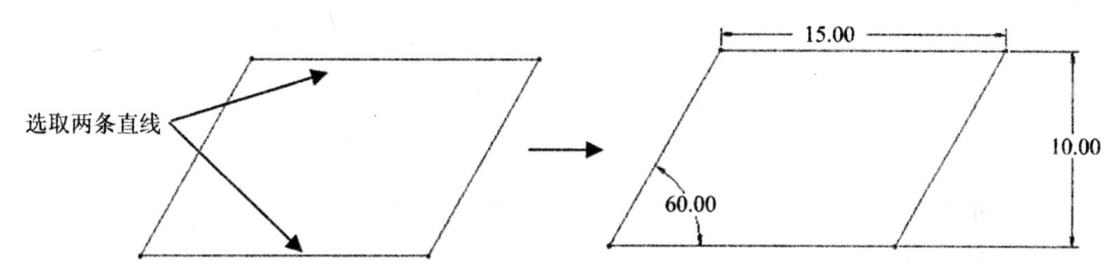

图2.54　平行线的标注

❸ 标注点到直线的距离

操作要点

（1）选取命令。

• 单击工具栏上【法向】按钮。

• 在菜单栏选择【草绘】→【尺寸】→【法向】。

• 在绘图区内单击鼠标右键，从快捷菜单中选择“尺寸”。

（2）单击鼠标左键，选取要标注尺寸的点和直线。

（3）选择尺寸文本放置的位置，单击鼠标中键，完成尺寸的标注工作，如图2.55所示。

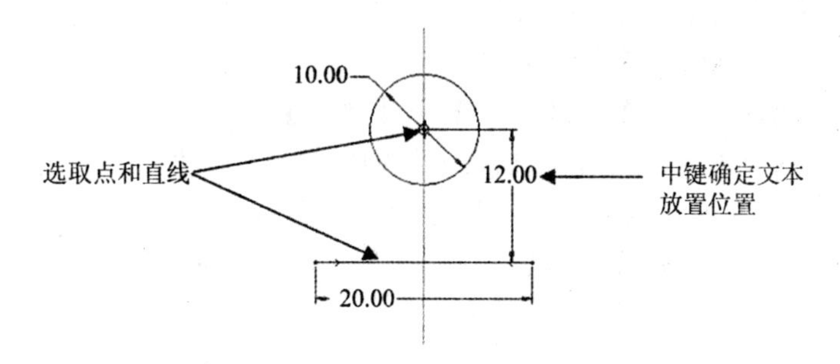

图2.55　点到直线的标注

操作技巧

选取点和直线的先后顺序与标注结果没有关系。

❹ 标注圆弧到直线的距离

操作要点

（1）选取命令。

- 单击工具栏上【法向】按钮。
- 在菜单栏选择【草绘】→【尺寸】→【法向】。
- 在绘图区内单击鼠标右键，从快捷菜单中选择“尺寸”。

（2）单击鼠标左键，选取要标注尺寸的圆弧和直线。

（3）选择尺寸文本放置的位置，单击鼠标中键，完成尺寸的标注工作，如图2.56所示。

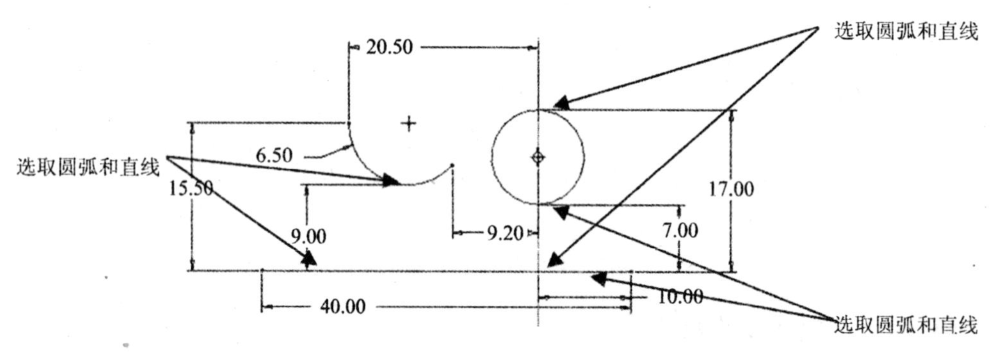

图2.56 圆弧到直线的距离标注

操作技巧

选取圆弧和直线的先后顺序与标注结果没有关系，但是圆弧的位置选择与标注结果有很大关系。

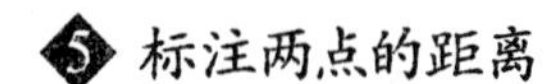

❺ 标注两点的距离

操作要点

（1）选取命令。

- 单击工具栏上【法向】按钮。
- 在菜单栏选择【草绘】→【尺寸】→【法向】。
- 在绘图区内单击鼠标右键，从快捷菜单中选择“尺寸”。

（2）单击鼠标左键，选取要标注尺寸的两个点。

（3）选择尺寸文本放置的位置，单击鼠标中键，完成尺寸的标注工作，如图2.57所示。

操作技巧

选取点和点的顺序与标注结果没有关系，但是尺寸文本放置的位置与标注结果有很大关系。

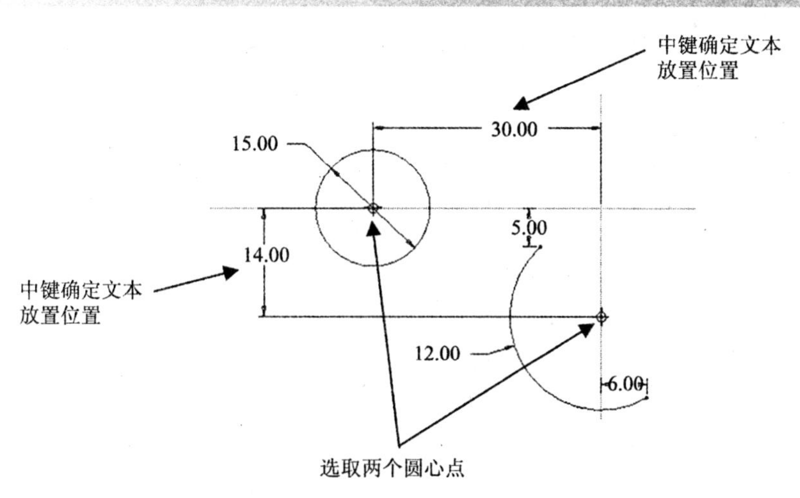

图2.57 两点之间的距离的标注

❻ 标注两圆弧之间的距离

操作要点

（1）选取命令。

• 单击工具栏上【法向】按钮。

• 在菜单栏选择【草绘】→【尺寸】→【法向】。

• 在绘图区内单击鼠标右键，从快捷菜单中选择“尺寸”。

（2）单击鼠标左键，选取要标注尺寸的两个圆弧。

（3）选择尺寸文本放置的位置，单击鼠标中键，完成尺寸的标注工作，如图2.58所示。

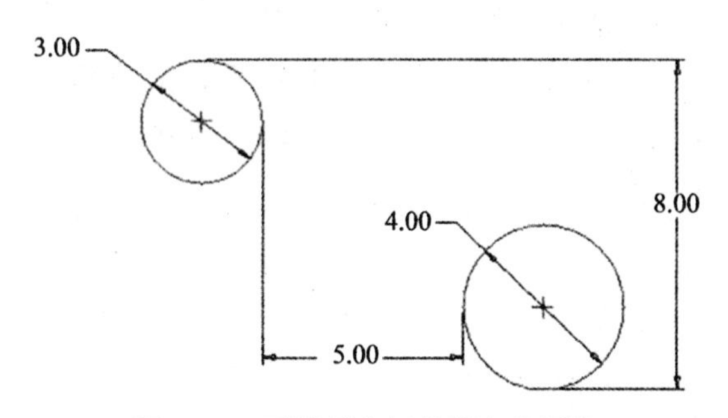

图2.58 两圆弧之间的距离的标注

2.5.2 标注半径和直径尺寸

操作要点

（1）选取命令。

• 单击工具栏上【法向】按钮。

• 在菜单栏选择【草绘】→【尺寸】→【法向】。

• 在绘图区内单击鼠标右键，从快捷菜单中选择“尺寸”。

（2）选取要标注尺寸的圆或圆弧，单击鼠标左键一次，标注半径尺寸，单击鼠标左键两次，标注直径尺寸。

（3）选择尺寸文本放置的位置，单击鼠标中键，完成半径或直径的标注工作，如图2.59所示。

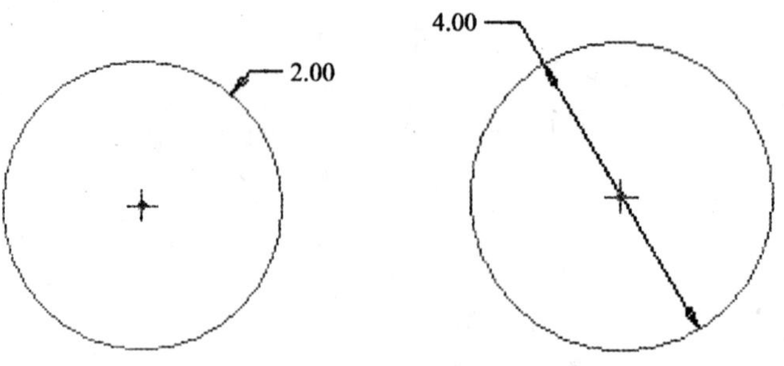

图2.59　半径和直径的标注

2.5.3　标注角度尺寸

❶ 标注两直线的夹角

操作要点

（1）选取命令。

• 单击工具栏上【法向】按钮。
• 在菜单栏选择【草绘】→【尺寸】→【法向】。
• 在绘图区内单击鼠标右键，从快捷菜单中选择“尺寸”。

（2）单击鼠标左键，选取要标注尺寸的两条直线。

（3）选择尺寸文本放置的位置，单击鼠标中键，完成角度的标注工作。选择尺寸文本放置的位置不同，标注的结果也不同，如图2.60所示。

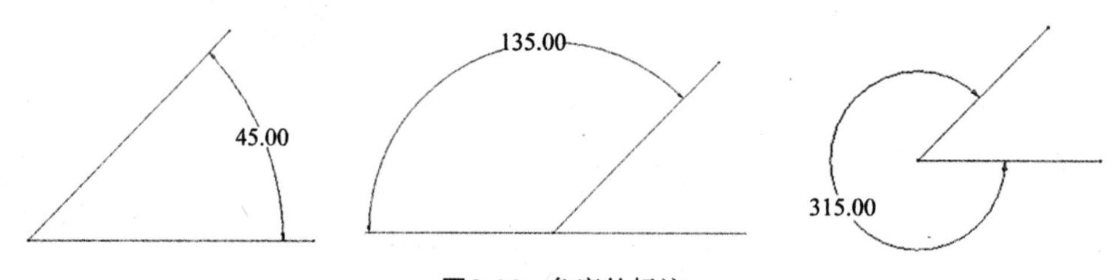

图2.60　角度的标注

❷ 标注圆弧的角度

操作要点

（1）选取命令。

• 单击工具栏上【法向】按钮。
• 在菜单栏选择【草绘】→【尺寸】→【法向】。
• 在绘图区内单击鼠标右键，从快捷菜单中选择“尺寸”。

（2）单击鼠标左键，选取要标注尺寸的圆弧的两个端点，然后在圆弧上选择一点。

（3）选择尺寸文本放置的位置，单击鼠标中键，完成角度的标注工作，如图2.61所示。

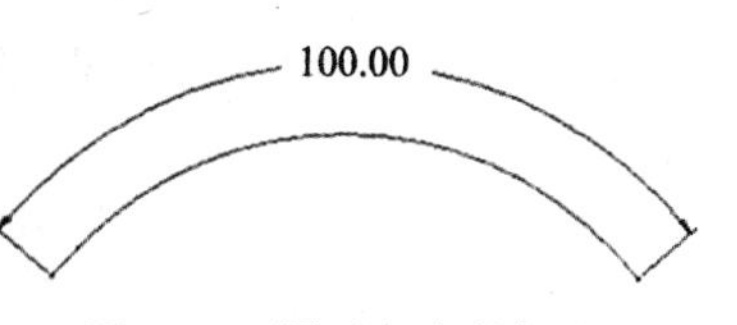

图2.61 圆弧角度的标注

操作技巧

圆弧的角度标注与长度标注可以互相转换。选取标注好的圆弧角度，单击鼠标右键，系统打开快捷菜单，从快捷菜单中选择“转换为长度”，圆弧的角度标注转换为长度标注，如图2.62所示；选取标注好的圆弧长度，单击鼠标右键，系统打开快捷菜单，从快捷菜单中选择“转换为角度”，圆弧的长度标注转换为角度标注。

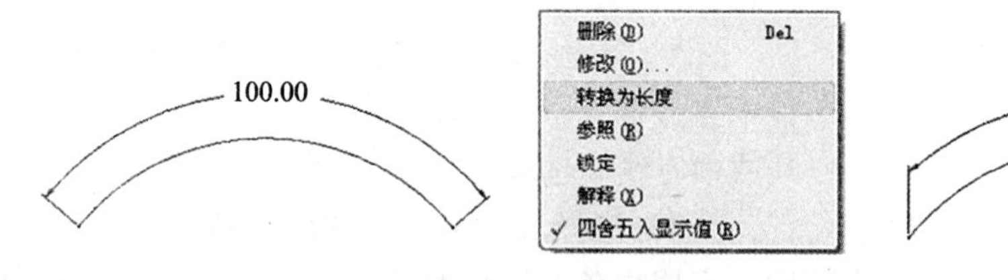

图2.62 圆弧角度标注转换为长度标注

2.5.4 标注对称尺寸 

操作要点

（1）选取命令。

• 单击工具栏上【法向】按钮。

• 在菜单栏选择【草绘】→【尺寸】→【法向】。

• 在绘图区内单击鼠标右键，从快捷菜单中选择“尺寸”。

（2）单击鼠标左键，选取要标注尺寸的图元，选取对称标注的中心线，再次选取要标注尺寸的图元。

（3）选择尺寸文本放置的位置，单击鼠标中键，完成对称尺寸的标注工作，如图2.63所示。

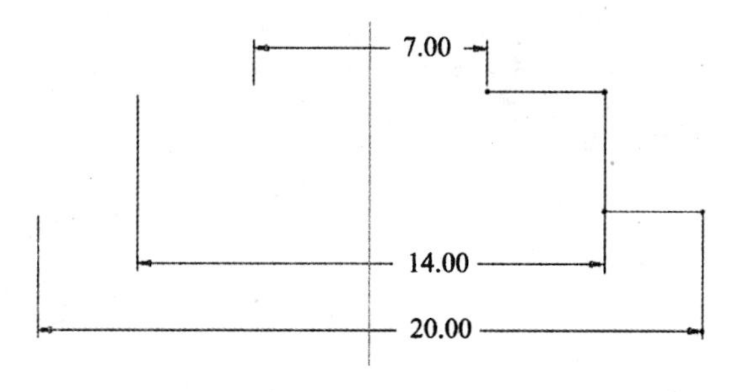

图2.63 对称尺寸的标注

2.5.5　标注样条曲线尺寸

样条曲线是由多个控制点产生的曲线，标注样条曲线就是标注其控制点的尺寸。可以使用线性尺寸、角度尺寸和曲率径向尺寸来标注。线性尺寸标注参照前面两点或点和线的标注。下面介绍标注样条曲线的角度尺寸的方法。

操作要点

（1）选取命令。

- 单击工具栏上【法向】按钮。
- 在菜单栏选择【草绘】→【尺寸】→【法向】。
- 在绘图区内单击鼠标右键，从快捷菜单中选择“尺寸”。

（2）创建或选取一条标注样条曲线角度尺寸的参照直线。

（3）单击鼠标左键，选取样条曲线、样条曲线端点或插入点、标注样条曲线角度尺寸的参照直线或中心线（选取图元不分顺序）。

（4）选择尺寸文本放置的位置，单击鼠标中键，完成样条曲线角度尺寸的标注工作，如图2.64所示。

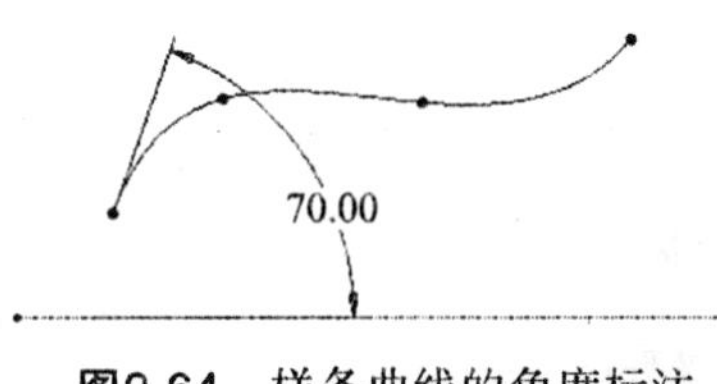

图2.64　样条曲线的角度标注

2.5.6　创建周长尺寸

操作要点

（1）点选或框选（框选时要框住整个图元）要标注的图元，选中的图元显示为红色。

（2）选取命令。

- 单击工具栏上【法向】按钮→→。
- 在菜单栏选择【草绘】→【尺寸】→【周长】。
- 在菜单栏选择【编辑】→【转换到】→【周长】。

（3）单击鼠标左键，选取所选图元上的一个尺寸，作为变化尺寸，系统自动创建周长尺寸，如图2.65所示。

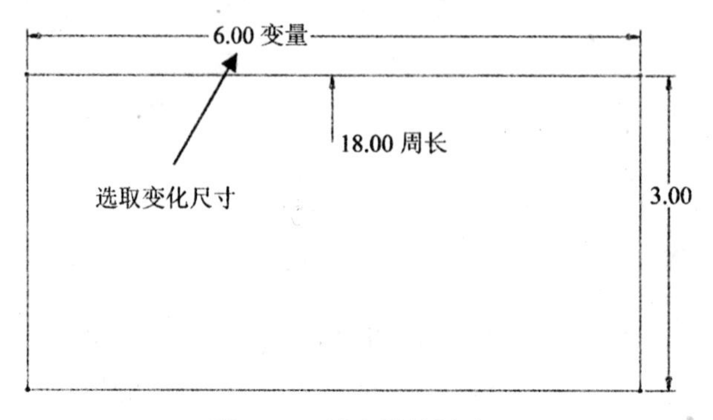

图2.65　创建周长尺寸

2.5.7 创建参照尺寸

操作要点

（1）单击鼠标左键，选取图元上的一个尺寸。

（2）选取命令。

• 单击工具栏上【法向】按钮 → → 。

• 在菜单栏选择【草绘】→【尺寸】→【参照】。

• 在菜单栏选择【编辑】→【转换到】→【参照】。

• 在绘图区内，单击鼠标右键，系统打开快捷菜单，从快捷菜单中选择“参照”。

（3）选择尺寸文本放置的位置，单击鼠标中键，完成参照尺寸的创建工作，如图2.66所示。

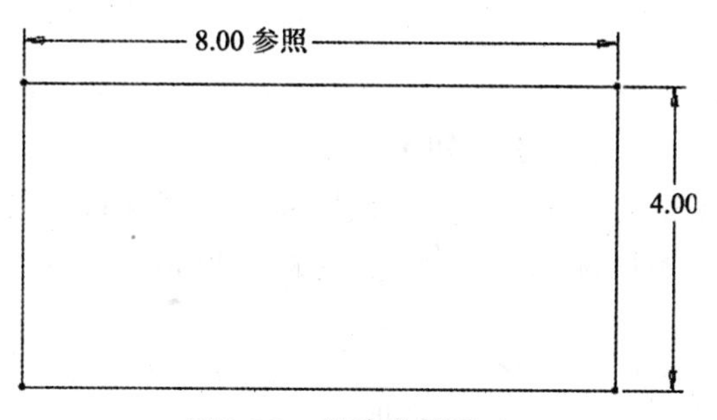

图2.66 创建参照尺寸

2.5.8 创建坐标尺寸 

创建坐标尺寸，首先以某一图元为基准创建零位基线，确定其他图元的水平或竖直坐标尺寸。

操作要点

（1）选取命令。

• 单击工具栏上【法向】按钮 → → 。

• 在菜单栏选择【草绘】→【尺寸】→【基线】。

（2）选取图元上一点，选择竖直和水平两个方向创建零位基准线。

（3）单击工具栏上【法向】按钮，选取零位基准线的基准文本0.00。

（4）选取图元上另一点，选择尺寸文本放置的位置，单击鼠标中键，完成坐标尺寸的创建工作，如图2.67所示。

（5）重复步骤（2）～（4），标注其他图元坐标。

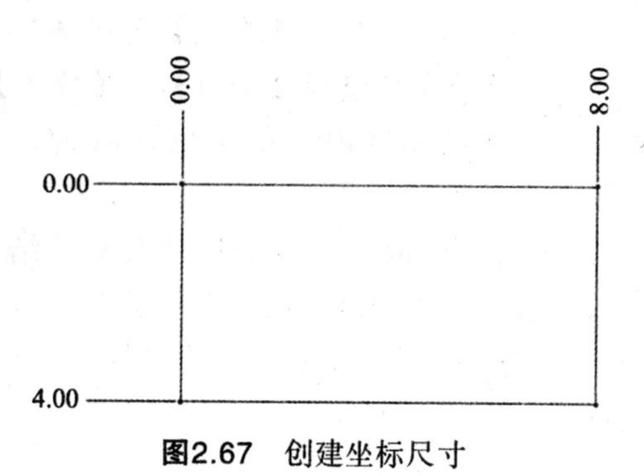

图2.67 创建坐标尺寸

2.6 尺寸的编辑与修改

2.6.1 修改尺寸文本的位置和尺寸值

❶ 修改尺寸文本的位置

操作要点

（1）单击工具栏上【依次】按钮。

（2）选取要移动的尺寸文本，选中的尺寸显示为红色。

（3）移动鼠标，选择尺寸文本放置的位置。

❷ 双击鼠标左键修改尺寸值

操作要点

（1）单击工具栏上【依次】按钮。

（2）选取要修改的尺寸文本，双击鼠标左键，系统打开尺寸文本框。

（3）在尺寸文本框内输入新尺寸值，按下“Enter”键，完成尺寸修改，如图2.68所示。

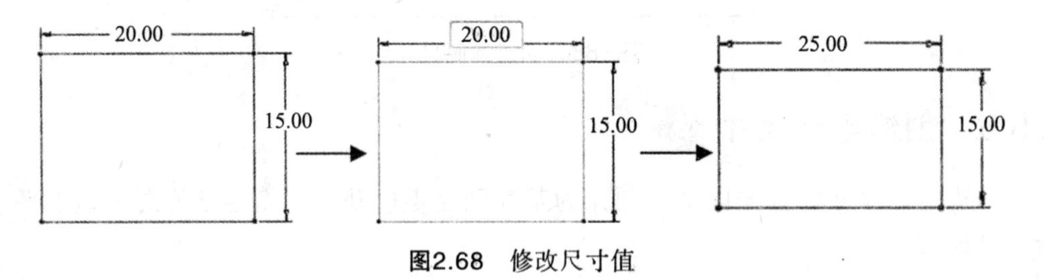

图2.68 修改尺寸值

❸ 使用修改工具修改尺寸值

操作要点

（1）选取命令。

· 单击工具栏上【修改】按钮。

· 在菜单栏选择【编辑】→【修改】。

· 在绘图区内，单击鼠标右键，系统打开快捷菜单，从快捷菜单中选“修改”。

（2）选取要修改的尺寸文本，结合Ctrl键，可选取多个尺寸文本进行同时修改，系统打开“修改尺寸”对话框。

（3）在尺寸文本框内输入新尺寸值，单击按钮，完成尺寸修改，如图2.69所示。

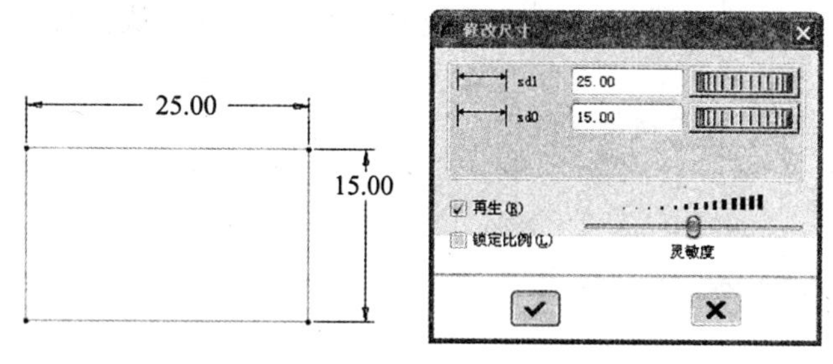

图2.69 “修改尺寸”对话框

2.6.2 尺寸的强化

操作要点

（1）选取要加强的弱尺寸（结合Ctrl键，可选取多个弱尺寸同时加强）。

（2）选取命令。

·在菜单栏选择【编辑】→【转换到】→【强】。

·在绘图区内，单击鼠标右键，系统打开快捷菜单，从快捷菜单中选择“强”。

（3）选中的尺寸由浅色变为深色，弱尺寸转化为强尺寸。

操作技巧

弱尺寸被修改或在一个关系中被使用，弱尺寸自动更新为强尺寸。

2.6.3 尺寸的显示与关闭

使用如下方法，可以控制尺寸的显示与关闭。

·单击工具栏上【显示尺寸】按钮。

·在菜单栏选择【草绘】→【选项】，系统打开“草绘器首选项”对话框，从“草绘器首选项”对话框中选择“尺寸”，控制尺寸的显示与关闭。

·在绘图区内，单击鼠标右键，系统打开“草绘器首选项”对话框，从“草绘器首选项”对话框中选“尺寸”，控制尺寸的显示与关闭。

·将配置文件config.pro中的变量sketcher_disp_dimensions设置为yes或no，控制尺寸的显示与关闭。

2.6.4 尺寸的锁定与解锁

操作要点

（1）选取要锁定的尺寸（结合Ctrl键，可选取多个尺寸同时锁定）。

（2）选取命令。

·在菜单栏选择【编辑】→【切换锁定】。

• 在绘图区内，单击鼠标右键，系统打开快捷菜单，从快捷菜单中选择“锁定或解锁”。

（3）选中的尺寸由浅色变为深色，尺寸锁定；选中的尺寸由深色变为浅色，尺寸解锁。

2.6.5　尺寸的删除

系统的弱尺寸不能被删除，只能删除强尺寸。

操作要点

（1）选取要删除的尺寸，按下“Delete”键。

（2）选取要删除的尺寸，在绘图区内，单击鼠标右键，系统打开快捷菜单，从快捷菜单中选择“删除”。

2.6.6　修改尺寸中的小数位数 

操作要点

（1）选取命令。

• 在菜单栏选择【草绘】→【选项】，系统打开“草绘器首选项”。

• 在绘图区内，单击鼠标右键，从快捷菜单中选择“选项”，系统打开“草绘器首选项”对话框。

（2）选择“参数”，进入“参数”选项界面，如图2.70所示。

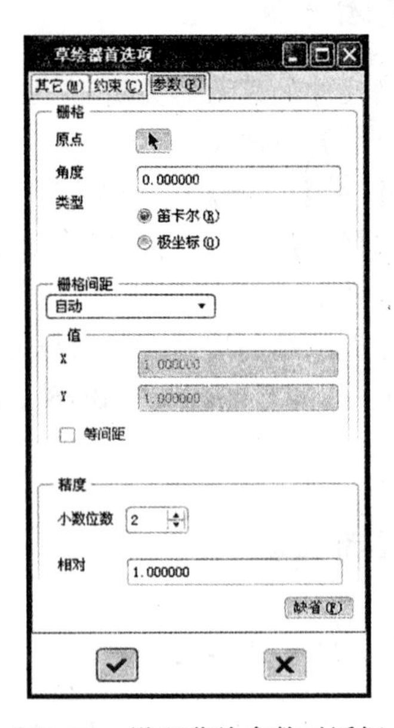

图2.70　设置草绘参数对话框

（3）在“小数位数”输入框中输入新的小数位数。

（4）单击✓按钮，完成小数位数的修改工作。

2.7 几何约束

2.7.1 几何约束类型

约束是参数化设计中的一种重要设计工具，在相关图元之间引入特定的关系来控制设计结果。系统约束种类如表2.1所示。

表2.1 约束种类

约束按钮	约束功能说明	约束显示符号
+	使线或两顶点垂直	V、|
+	使线或两顶点水平	H、--
⊥	使线两图元正交	⊥
♁	使线两图元相切	T
\	在线或弧的中间放置点	M
-◎-	创建相同点、图元上的或共线约束	-⊕-、`、
→¦←	使两点或顶点关于中心线对称	→|←
=	创建等长、等半径、等尺寸或相同曲率的约束	L1、R1
//	使各条线平行	//1

2.7.2 创建约束

操作要点

（1）选取命令。

• 单击工具栏上【垂直】按钮+。

• 在菜单栏选择【草绘】→【约束】。

（2）系统打开“约束”对话框。

（3）选择要创建约束的类型。

（4）根据系统的提示，选取要建立约束的图元。

（5）单击鼠标中键，完成约束的创建工作。

2.7.3 改变约束

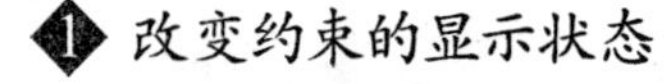

1 改变约束的显示状态

操作要点

（1）选取命令。

• 单击工具栏上【显示约束】按钮。

• 在菜单栏选择【草绘】→【选项】，系统打开“草绘器首选项”，选择“约束”。

• 在绘图区内，单击鼠标右键，从快捷菜单中选择“选项”，系统打开“草绘器首选项”对话框，选择“约束”。

（2）切换“约束”，控制约束符号的显示与关闭。

❷ 删除约束

操作要点

（1）单击鼠标左键，选取要删除约束的符号（结合Ctrl键选取多个约束符号），按Delete键删除选定的约束符号。

（2）选取要删除约束的符号（结合Ctrl键选取多个约束符号），在绘图区内，单击鼠标右键，系统打开“快捷菜单”，从快捷菜单中选择“删除”。

2.7.4　解决约束冲突

当图形所有的弱尺寸都标注为强尺寸时，再添加尺寸标注，就会出现过度约束，冲突尺寸或约束加亮显示，系统打开“解决草绘”对话框，如图2.71所示。

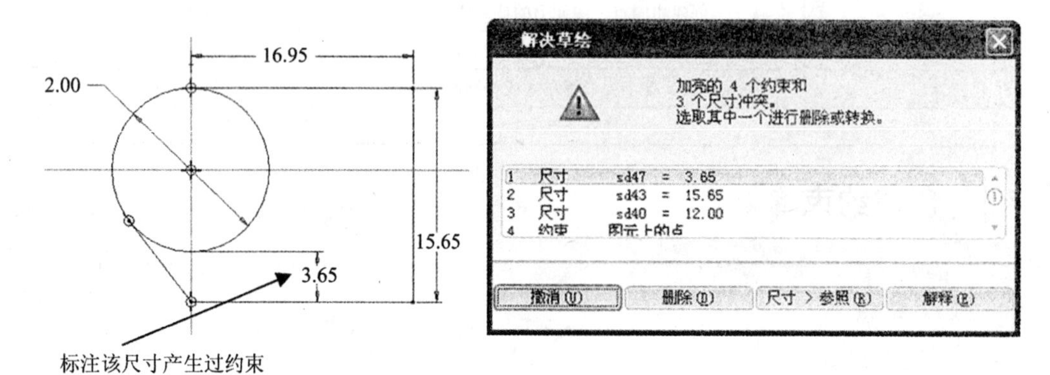

图2.71　“冲突约束与解决草绘”对话框

解决草绘各按钮功能的方法如下。

- 【撤销】：取消该标注，回到之前状态。
- 【删除】：从尺寸或约束列表中，选择一个尺寸或约束进行删除。
- 【尺寸>参照】：选取一个，转换为参照尺寸，该尺寸后面出现“参照”字样。参照尺寸不能被修改，只能删除。
- 【解释】：单击此按钮，在绘图区的消息窗口中出现该尺寸或约束的相关说明。

2.8　草绘应用实例

2.8.1　草绘应用实例1

❶ 步骤分析

1）草绘形状和参数

草绘实例外观形状、尺寸标注如图2.72所示。

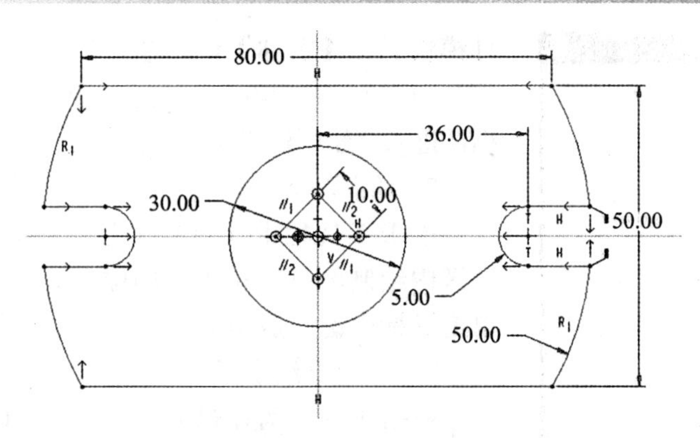

图2.72　草绘应用实例1

2）草绘绘制方法与流程

（1）创建草绘文件。

（2）绘制草绘中心线。

（3）确定草绘全局比例。

（4）绘制草绘截面基本形状。

（5）为草绘截面添加约束。

（6）为截面标注尺寸并修改尺寸值。

草绘应用实例1绘制的主要流程如表2.2所示。

表2.2　草绘应用实例1绘制的主要流程

（1）创建草绘文件	（2）绘制草绘中心线	（3）确定草绘全局比例
（4）绘制草绘截面基本形状	（5）为草绘截面添加约束	（6）完整的草绘

❷ 草绘实例1的绘制操作步骤

1）创建草绘文件

单击窗口工具栏的【新建】按钮，或者从“文件”菜单中选择【新建】，进入“新建”对话框，如图2.73所示。在【类型】栏中选择【草绘】，该选项对应于草绘设

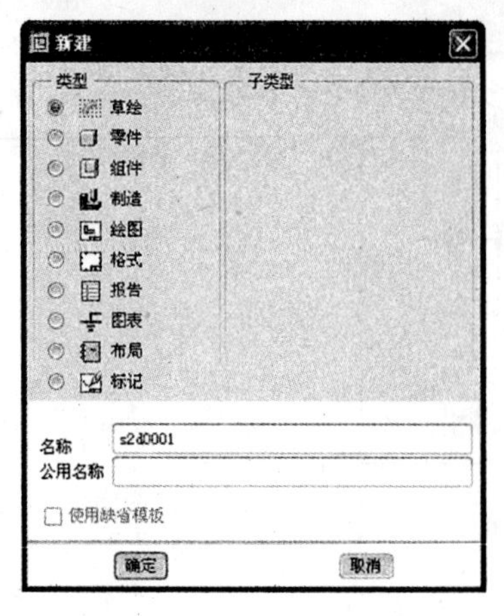

图2.73　“新建”对话框

计模块。在【名称】框中输入新的文件名（文件名不能为中文）“s2d0001”。然后单击确定按钮关闭对话框，进入草绘模块工作界面。

2）绘制两条中心线

单击工具栏上【直线】按钮→→，在绘图区内绘制两条互相垂直的中心线，如图2.74所示，单击鼠标中键，退出命令。

3）确定草绘全局比例

根据草绘实例外观形状、尺寸，以两条互相垂直的中心线的交点为圆心，绘制一个直径为ϕ30mm的圆，如图2.75所示。此圆用于确定草绘全局比例，方便草绘的后续绘制。

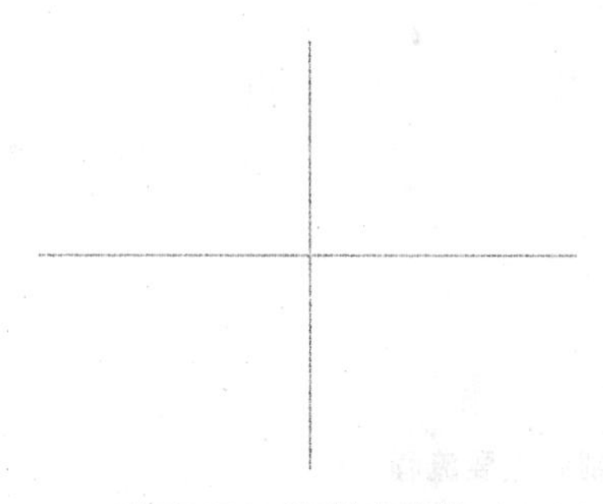

图2.74　绘制中心线

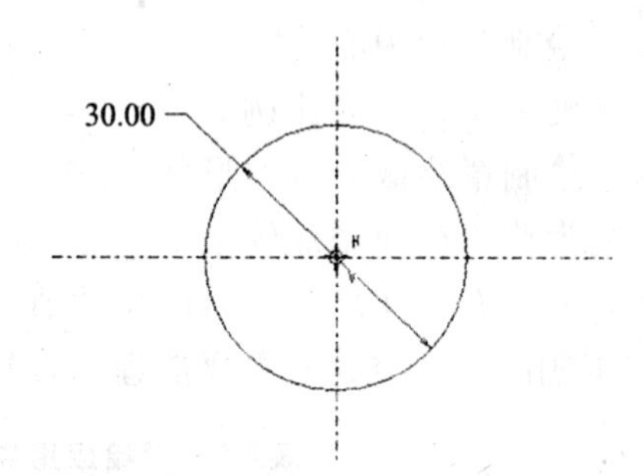

图2.75　绘制确定草绘全局比例的圆

4）绘制草绘截面基本形状

分别单击工具栏上【直线】按钮、【圆】按钮、【弧】按钮和【删除段】按钮在绘图区内绘制草绘截面，如图2.76所示。

5）为草绘截面添加约束

分别单击工具栏上【对称】按钮、【平行】按钮、【相切】按钮和【相等】按钮，为草绘截面添加约束，其结果如图2.77所示。

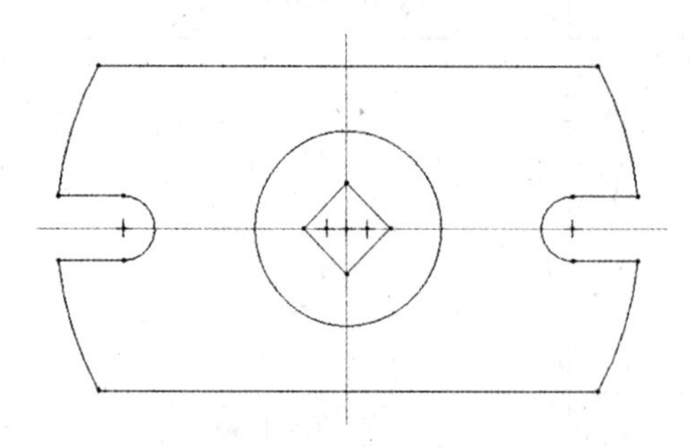

图2.76　绘制草绘截面

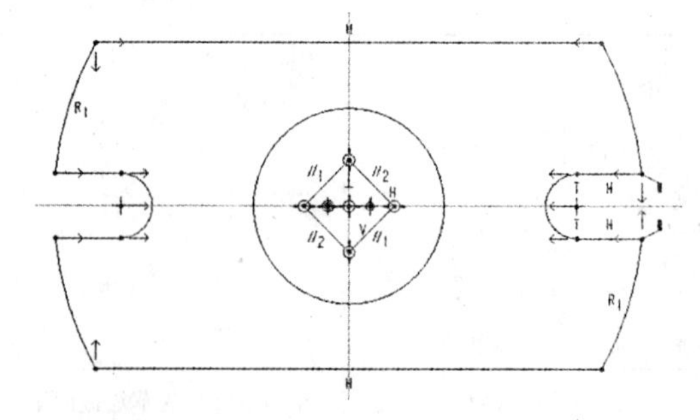

图2.77　添加约束后的草绘截面

6）为截面标注尺寸并修改尺寸值

单击工具栏上【法向】按钮，为截面标注尺寸。再单击工具栏上【依次】按钮，单击尺寸文本修改尺寸值，修改后的尺寸如图2.78所示。结果文件请参看模型文件中“第2章\范例结果文件\s2d0001.sec”。

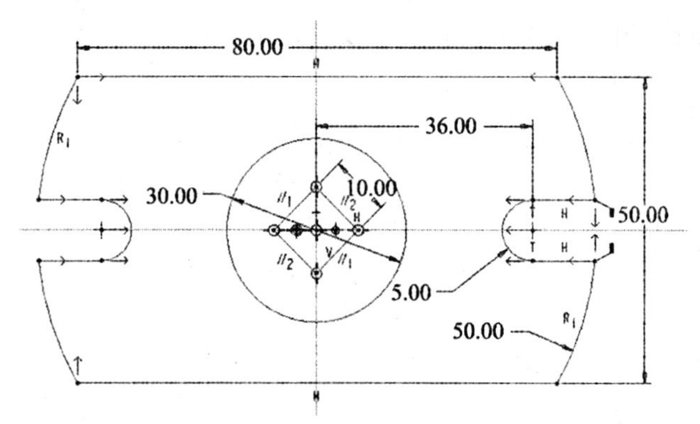

图2.78　修改尺寸后的草绘截面

2.8.2　草绘应用实例2

1 步骤分析

1）草绘形状和参数

草绘实例外观形状、尺寸标注如图2.79所示。

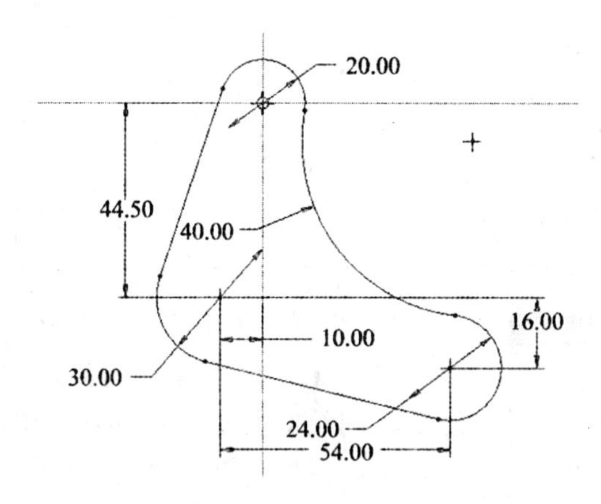

图2.79　草绘应用实例2

2）草绘绘制方法与流程

（1）创建草绘文件。

（2）绘制草绘中心线。

（3）确定草绘全局比例。

（4）绘制草绘截面基本形状。

（5）为草绘截面添加约束。

（6）为截面标注尺寸并修改尺寸值。

草绘应用实例2绘制的主要流程如表2.3所示。

2 草绘实例2的绘制操作步骤

1）创建草绘文件

单击窗口工具栏的【新建】按钮，或者从“文件”菜单中选择【新建】，进入“新建”对话框，如图2.80所示。在【类型】栏中选择【草绘】，该选项对应于草绘设计模块。在【名称】框中输入新的文件名（文件名不能为中文）“s2d0002”。然后单击确定按钮关闭对话框，进入草绘模块工作界面。

表2.3　草绘应用实例2绘制的主要流程

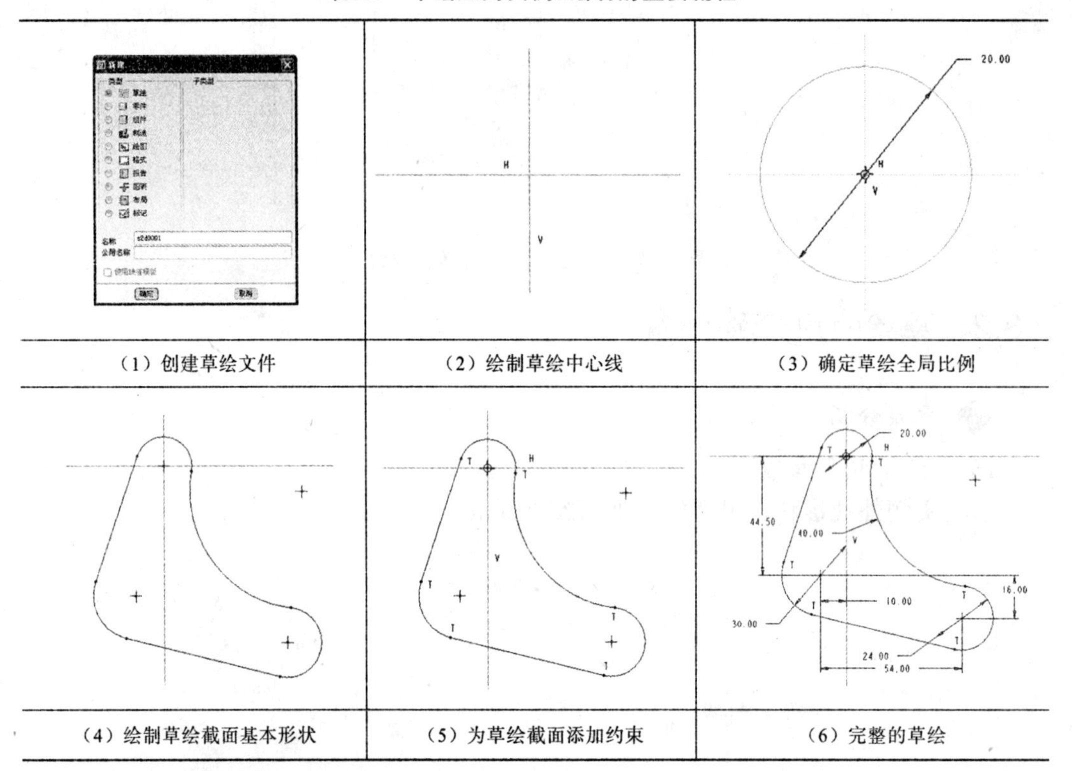

（1）创建草绘文件	（2）绘制草绘中心线	（3）确定草绘全局比例
（4）绘制草绘截面基本形状	（5）为草绘截面添加约束	（6）完整的草绘

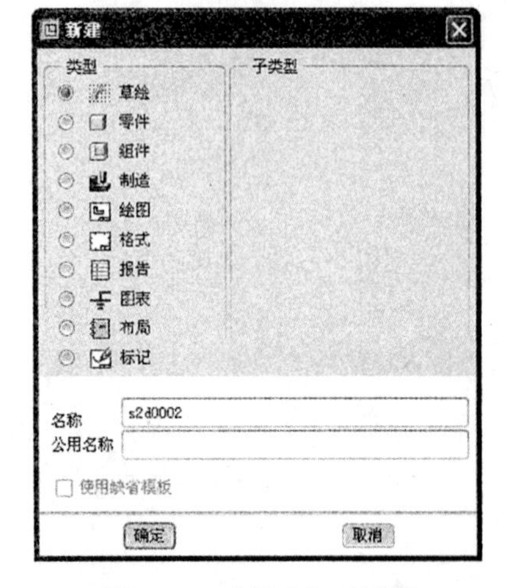

图2.80　“新建”对话框

2）绘制两条中心线

单击工具栏上【直线】按钮→→，在绘图区内绘制两条互相垂直的中心线，如图2.81所示，单击鼠标中键，退出命令。

3）确定草绘全局比例

根据草绘实例外观形状、尺寸，以两条互相垂直的中心线的交点为圆心，绘制一个直径为ϕ20mm的圆，如图2.82所示。此圆用于确定草绘全局比例，方便草绘的后续绘制。

4）绘制草绘截面基本形状

分别单击工具栏上【直线】按钮和【弧】按钮在绘图区内绘制草绘截面，如图2.83所示。

5）为草绘截面添加约束

单击工具栏上【相切】按钮，为草绘截面添加约束，其结果如图2.84所示。

6）为截面标注尺寸并修改尺寸值

单击工具栏上【法向】按钮，为截面标注尺寸。再单击工具栏上【依次】按钮，单击尺寸文本修改尺寸值，修改后的尺寸如图2.85所示。结果文件请参看模型文件中“第2章\范例结果文件\s2d0002.sec”。

图2.81　绘制中心线

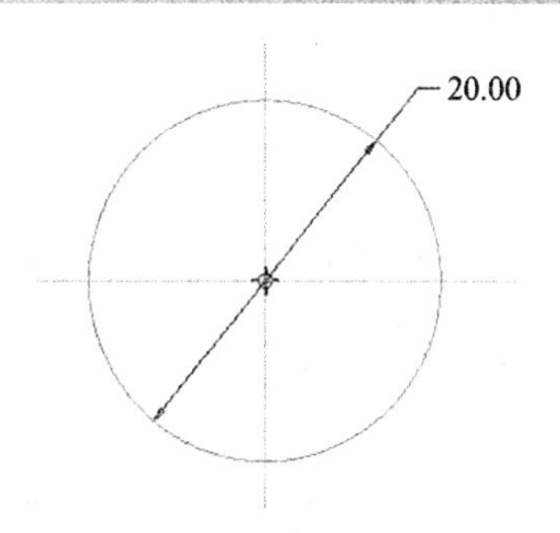

图2.82　绘制确定草绘全局比例的圆

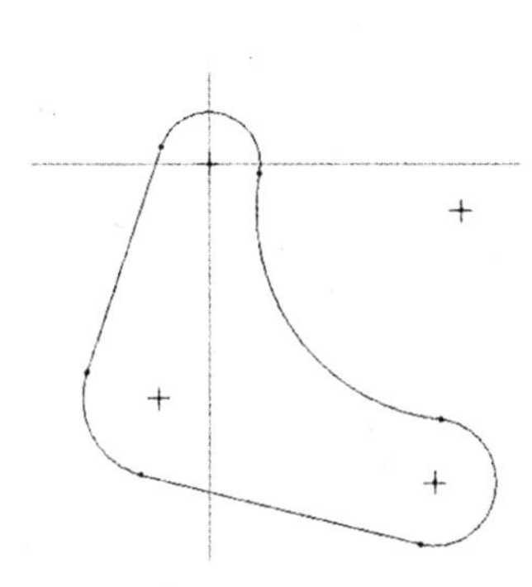

图2.83　绘制草绘截面

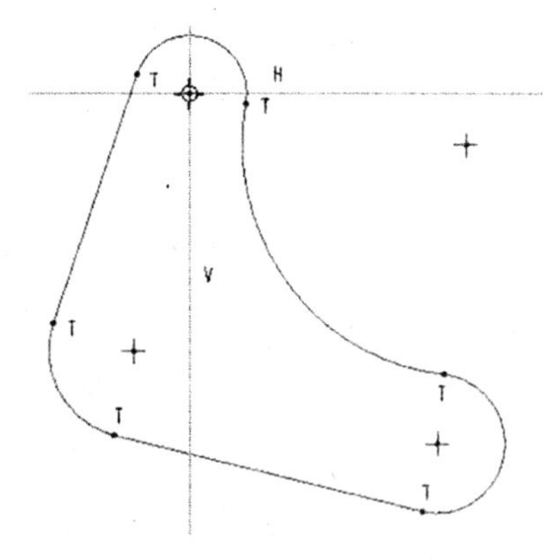

图2.84　添加约束后的草绘截面

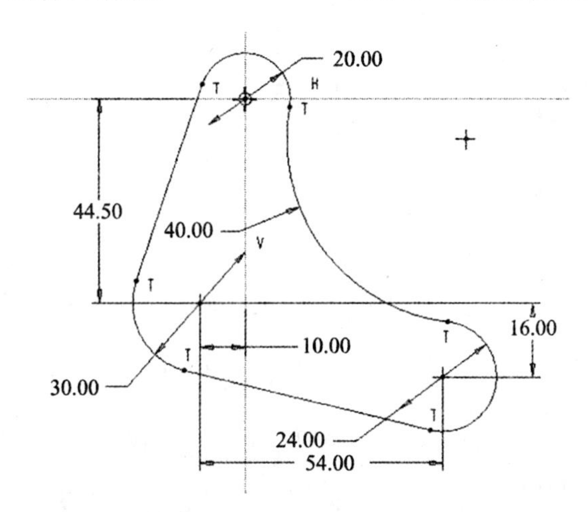

图2.85　修改尺寸后的草绘截面

思考与练习

1. 什么是弱尺寸？什么是强尺寸？弱尺寸与强尺寸的区别有哪些？

2. 什么是几何约束？几何约束的类型有哪些？

3.创建如图2.86所示的草绘截面（结果文件请参看模型文件中“第2章\思考与练习结果文件\s2d0003.sec”）。

4. 创建如图2.87所示的草绘截面（结果文件请参看模型文件中“第2章\思考与练习结果文件\s2d0004.sec”）。

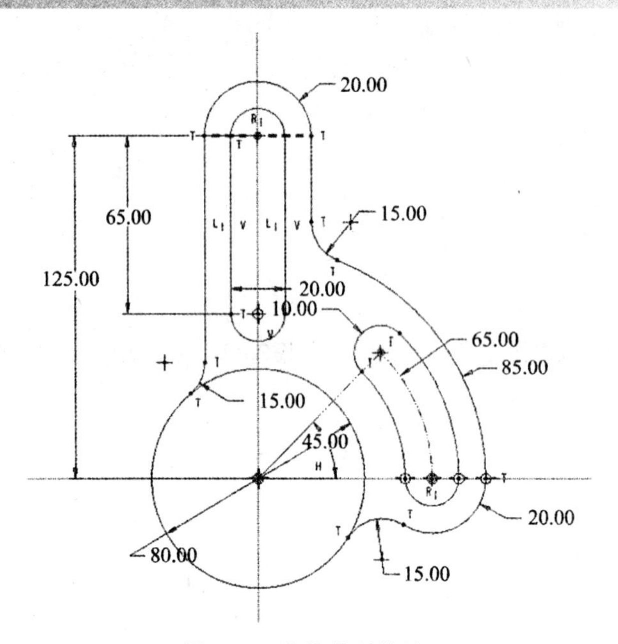

图2.86　草绘截面练习1

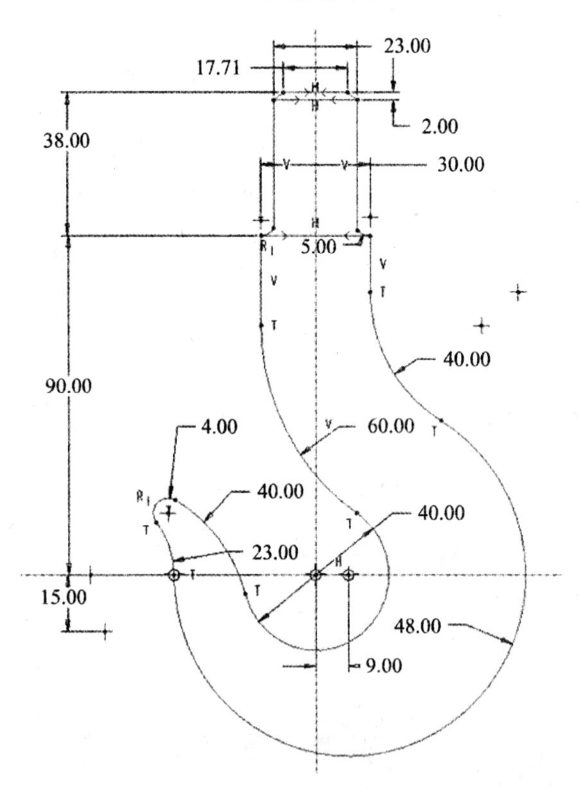

图2.87　草绘截面练习2

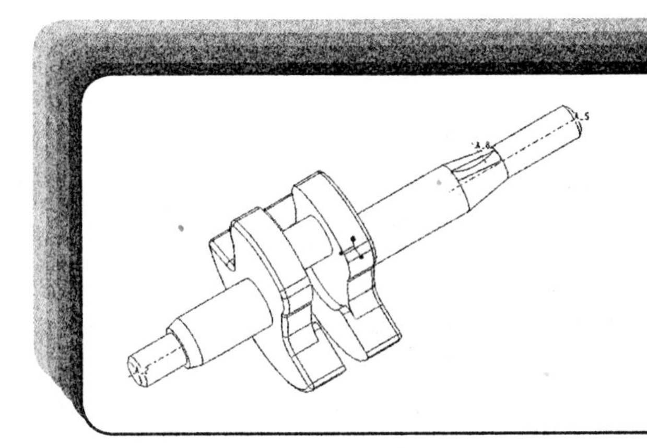

第3章 基础建模特征

本章主要内容

- 零件建模的设置
- 拉伸特征
- 旋转特征
- 扫描特征
- 混合特征

在Pro/ENGINEER中，零件模型是由各种特征叠加而成的。根据零件模型的不同特点，选择不同的建模特征，常用的建模特征包括：拉伸特征、旋转特征、扫描特征和混合特征。

本章通过实例介绍基础建模特征的设计方法和操作过程。实例包括端盖、轴、豆浆杯和斜刃铰刀。

端盖　　轴

豆浆杯　　斜刃铰刀

3.1 零件建模的设置

3.1.1 创建零件文件

单击【新建】按钮，或者从“文件”菜单中选择【新建】，进入“新建”对话框，如图3.1所示。在【类型】中选择【零件】，在【子类型】中选择【实体】，该选项对应于零件设计模块。在【名称】框中输入新的文件名（文件名不能为中文），或者接受缺省文件名，如“prt0001”。除去【使用缺省模板】的勾选，因为其对应于英制模板，单击确定按钮进入“新文件选项”对话框，如图3.2所示，在【模板】框中选择“mmns_part_solid”选项，再单击确定按钮，进入Pro/ENGINEER零件设计界面。

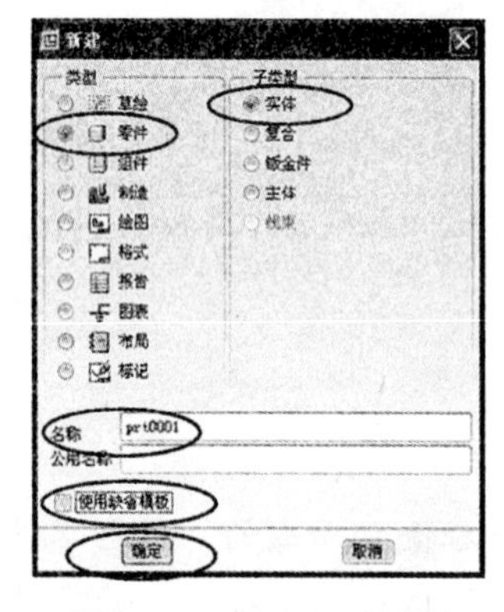

图3.1 “新建”对话框

图3.2 “新文件选项”对话框

3.1.2 单位的设置

进入零件设计界面，在菜单栏选择【文件】→【属性】，系统打开“模型属性”对话框，如图3.3所示。

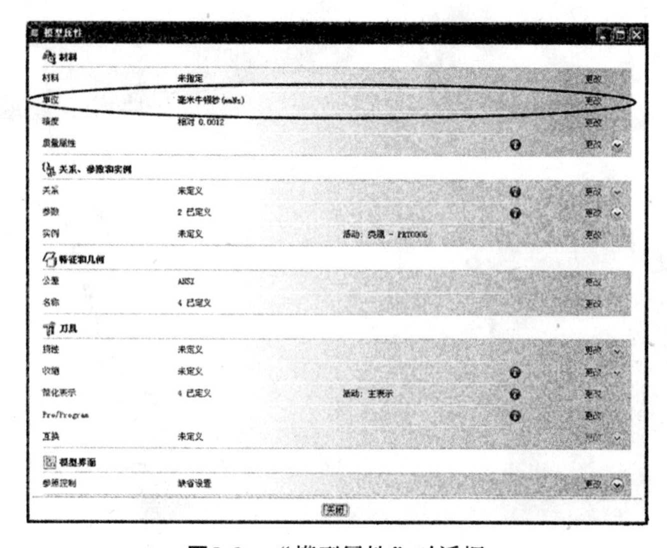

图3.3 “模型属性”对话框

在“模型属性”对话框中的“单位”选项卡中单击【更改】按钮，系统打开“单位管理器”对话框，如图3.4所示。在“单位制”选项卡中选取合适的单位制，单击【设置】按钮可以进行单位转换。在“单位”选项卡中，可以查看所有单位的属性，如图3.5所示。单击【新建】按钮，用户可以新建单位。

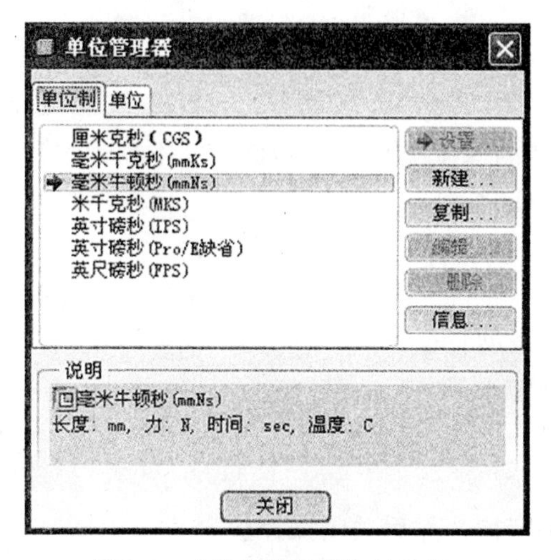

图3.4　“单位管理器”对话框1

图3.5　“单位管理器”对话框2

3.2　拉伸特征

3.2.1　拉伸特征的概述

❶ 拉伸特征

拉伸是定义三维几何的一种方法，通过将二维截面延伸到垂直于草绘平面的指定距离处来实现。拉伸特征如图3.6所示。结果文件请参看模型文件中“第3章\范例结果文件\lashen-1.prt”。

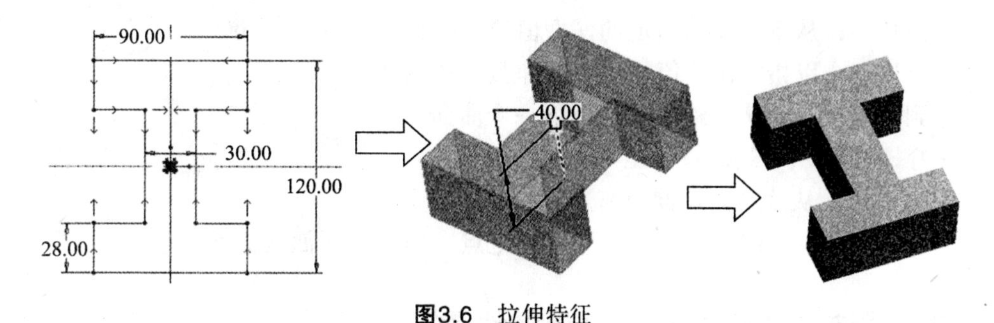

图3.6　拉伸特征

❷ 拉伸特征操控板

进入零件设计界面，在菜单栏选择【插入】→【拉伸】，或单击工具栏上【拉伸】按钮。打开拉伸特征操控板，如图3.7所示。

拉伸特征操控板分为两部分，上层为对话栏，下层为上滑面板。

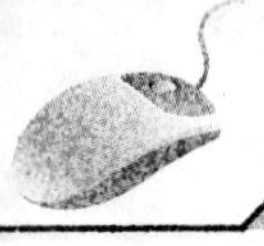

图3.7　拉伸特征操控板

上层对话栏功能如下。

- ：创建实体特征。
- ：创建曲面特征。
- ：单击按钮，选取特征的拉伸的深度类型，其后面的文本框中可以输入拉伸的深度值。
- ：改变相对于草绘平面的拉伸方向。
- ：用移除材料的方式创建拉伸特征。
- ：通过截面轮廓指定厚度创建薄壁类型特征。
- ：暂停当前工具以访问其他对象操作工具。
- ：退出暂停模式，继续使用此工具。
- ：特征预览。
- ：应用并保存使用当前工具创建的特征，然后关闭操控板。
- ：取消使用当前工具创建的特征，然后关闭操控板。

下层上滑面板功能如下。

- 放置：用来创建草绘截面。
- 选项：用来定义拉伸特征的深度类型或选取“封闭端”创建封闭曲面。
- 属性：表示特征在系统中的ID名称。

❸ 拉伸特征类型

拉伸特征类型包括：实体特征、曲面特征、移除材料特征和薄壁特征。

❹ 拉伸的深度类型

完成拉伸特征的“草绘截面”绘制之后，需要选取拉伸的深度类型，系统提供了以下6种方式。

- 盲孔：从草绘面以指定的深度值拉伸截面。
- 对称：以指定深度值的一半拉伸截面的两侧。
- 到下一个：从草绘面拉伸至下一个曲面。
- 穿透：从草绘面拉伸至与所有曲面相交。
- 穿至：从草绘面拉伸至与选定的曲面相交。
- 到选定项：将截面拉伸至一个选定点、曲线、平面或曲面。

3.2.2　拉伸特征实例——端盖零件

❶ 拉伸特征操作的要点

（1）选取拉伸命令，打开拉伸特征操控板。

（2）进入草绘模式，草绘一个要拉伸的开放截面或闭合截面。

（3）使用操控板定义拉伸方式。

（4）在操控板中输入拉伸的深度值，或者双击模型上的深度尺寸并在尺寸框中键入新值。

（5）要将拉伸的方向更改为草绘的另一侧，单击⊠按钮。

（6）如果拉伸特征类型为创建曲面特征，草绘的拉伸截面是闭合截面，单击操控板上的【选项】面板，然后选取【封闭端】，可以创建两端封闭的拉伸曲面。

（7）单击操控板的☑按钮，完成拉伸操作。

2 端盖零件设计分析

1）零件形状和参数

端盖零件外观形状如图3.8所示，长×宽×高为550mm×300mm×100mm。

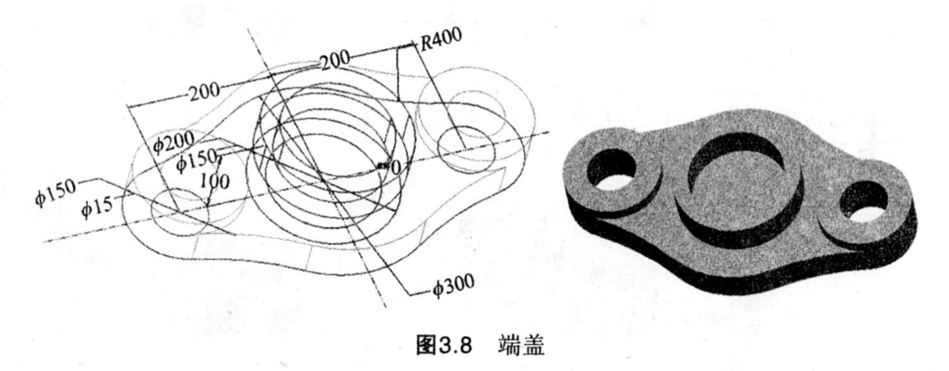

图3.8　端盖

2）零件设计方法与流程

（1）绘制端盖中心环形截面。

（2）指定端盖中心截面拉伸深度，创建端盖中心环形拉伸特征。

（3）绘制端盖两端环形截面。

（4）指定端盖两端截面拉伸深度，创建端盖两端环形拉伸特征。

（5）绘制端盖外形截面。

（6）指定端盖外形截面拉伸深度，得到完整的端盖零件。

端盖零件创建的主要流程如表3.1所示。

3 创建端盖零件的操作步骤

1）创建端盖中心环形实体特征

（1）选取命令。从菜单栏选择【插入】→【拉伸】，或从工具栏中单击【拉伸】按钮。打开拉伸特征操控板，再单击【拉伸为实体】按钮，如图3.9所示。

（2）定义草绘平面和方向。选择【放置】→【定义】，打开“草绘”对话框。在【平面】框中选择“FRONT”平面作为草绘平面，在【参照】框中选择“RIGHT”平面作为参照平面，在【方向】框中选择【右】，如图3.10所示。单击草绘按钮进入草绘模式。

表3.1　端盖零件创建的主要流程

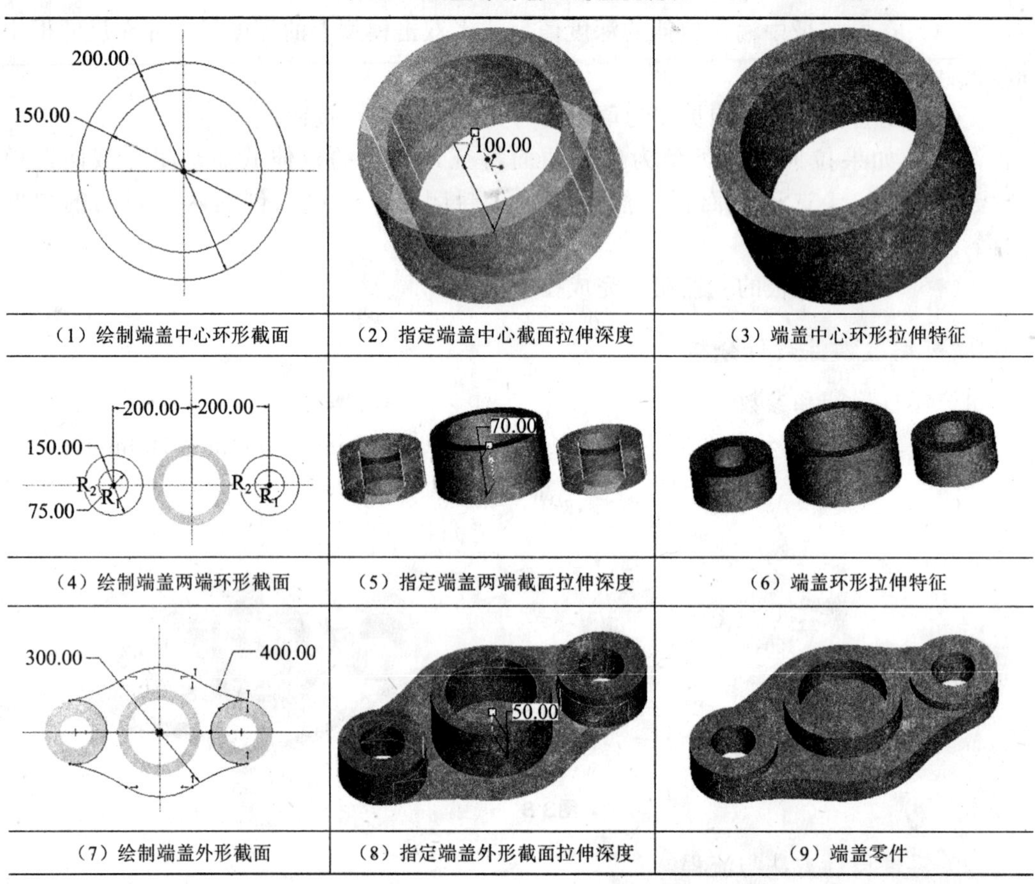

（1）绘制端盖中心环形截面	（2）指定端盖中心截面拉伸深度	（3）端盖中心环形拉伸特征
（4）绘制端盖两端环形截面	（5）指定端盖两端截面拉伸深度	（6）端盖环形拉伸特征
（7）绘制端盖外形截面	（8）指定端盖外形截面拉伸深度	（9）端盖零件

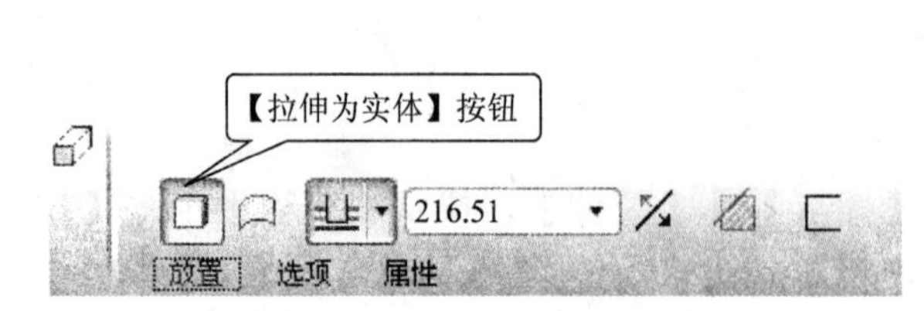

图3.9　“拉伸”操控板

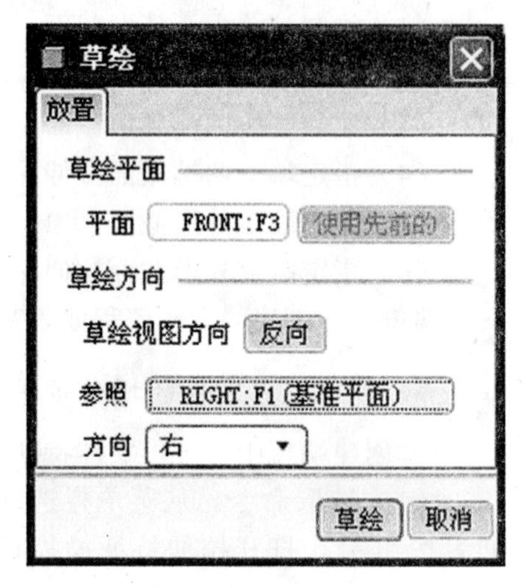

图3.10　“草绘”对话框

（3）绘制端盖中心环形截面。绘制“环形”截面，如图3.11所示。方法如下：

- 单击【中心线】按钮，绘制两条中心线。
- 单击【圆心和点】按钮，绘制出“环形”轮廓。
- 使用轮廓线上的外圆标注直径尺寸，如图3.11所示。
- 单击草绘器工具栏的按钮，退出草绘模式。

（4）指定拉伸方式和深度。在拉伸特征操控板中选择【盲孔】，然后输入拉伸深度“100”，在图形窗口中可以预览拉伸出的实体特征，如图3.12所示。

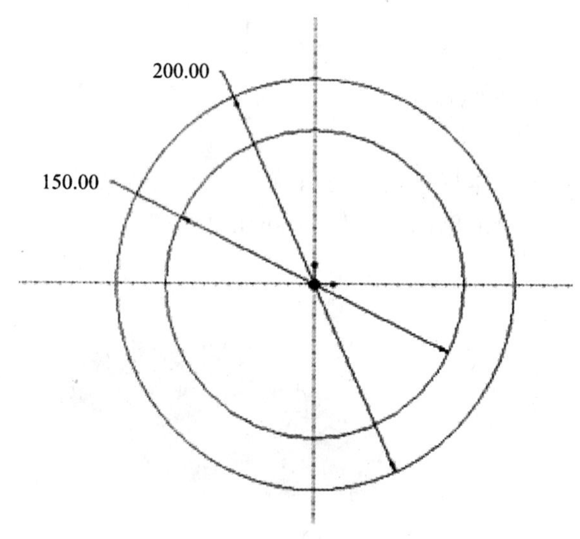

图3.11 绘制拉伸截面

图3.12 端盖中心环形实体

（5）完成端盖中心环形实体的创建工作。单击操控板的按钮，完成端盖中心环形实体特征的创建工作，实体形状如图3.12所示。

2）创建端盖两端环形实体特征

（1）选取命令。单击【拉伸】按钮。打开拉伸特征操控板，再单击【拉伸为实体】按钮。

（2）绘制端盖两端环形截面。绘制拉伸截面：选择“FRONT”作为草绘平面，绘制端盖两端环形截面，如图3.13所示。

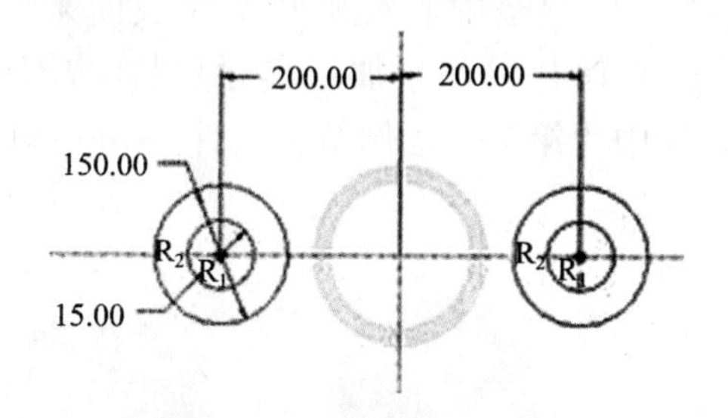

图3.13 绘制拉伸截面

图3.14 端盖环形实体

（3）指定拉伸方式和深度。在拉伸特征操控板中选择【盲孔】，然后输入拉伸深度“70”，在图形窗口中可以预览拉伸出的实体特征，如图3.14所示。

（4）完成端盖两端环形实体的创建工作。单击操控板的按钮，完成端盖两端环形实体特征的创建工作，实体形状如图3.14所示。

3）创建端盖外形实体特征

（1）选取命令。

单击【拉伸】按钮。打开拉伸特征操控板，再单击【拉伸为实体】按钮。

（2）绘制端盖外形截面。

绘制拉伸截面：选择“FRONT”作为草绘平面，绘制端盖外形截面，如图3.15所示。

（3）指定拉伸方式和深度。

在拉伸特征操控板中选择【盲孔】，然后输入拉伸深度“50”，在图形窗口中可以预览拉伸出的实体特征，如图3.16所示。

（4）完成端盖实体的创建工作。

单击操控板的按钮，完成端盖实体特征的创建工作，实体形状如图3.16所示。结果文件请参看模型文件中“第3章\范例结果文件\ lashen-2.prt”。

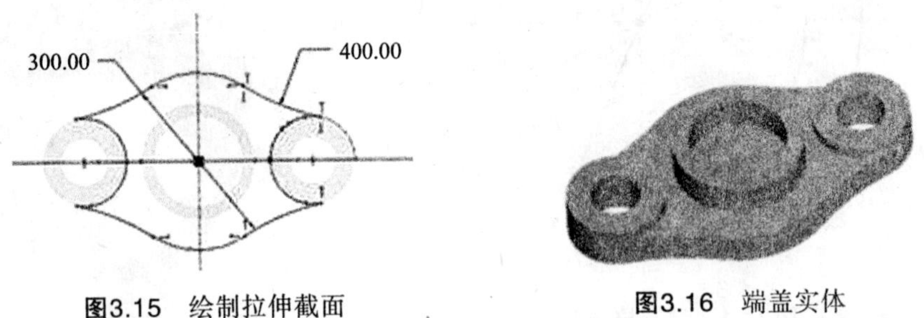

图3.15 绘制拉伸截面　　图3.16 端盖实体

3.3 旋转特征

3.3.1 旋转特征的概述

❶ 旋转特征

旋转是建立实体特征的基本方法之一，通过绕中心线旋转草绘截面来创建特征。它允许以实体或曲面的形式创建旋转几何，以及添加或移除材料。旋转特征如图3.17所示。结果文件请参看模型文件中“第3章\范例结果文件\ xuanzhuan-1.prt”。

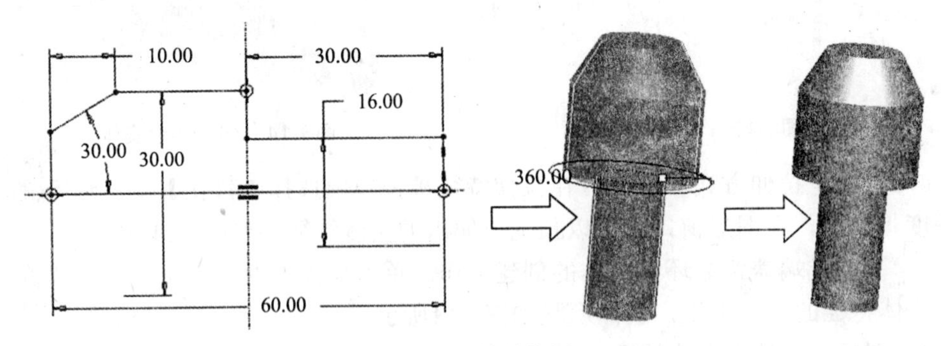

图3.17 旋转特征

❷ 旋转特征操控板

进入零件设计界面，在菜单栏选择【插入】→【旋转】，或单击工具栏上【旋转】按钮。打开旋转特征操控板，如图3.18所示。

图3.18 旋转特征操控板

旋转特征操控板分为两部分，上层为对话栏，下层为上滑面板。

上层对话栏功能如下。

- ▢：创建实体特征。
- ▢：创建曲面特征。
- ▢▾：单击▾按钮，选取特征的旋转的角度类型，其后面的文本框中可以输入旋转的角度值。
- ▢：改变相对于草绘平面的旋转方向。
- ▢：用移除材料的方式创建旋转特征。
- ▢：通过截面轮廓指定厚度创建薄壁类型特征。
- ▢：暂停当前工具以访问其他对象工具。
- ▢：退出暂停模式，继续使用此工具。
- ▢：特征预览。
- ▢：应用并保存使用当前工具创建的特征，然后关闭操控板。
- ▢：取消使用当前工具创建的特征，然后关闭操控板。

下层上滑面板功能如下。

- 放置：用来创建草绘截面。
- 选项：用来定义旋转特征的角度类型或选取“封闭端”创建封闭曲面。
- 属性：表示特征在系统中的ID名称。

❸ 旋转特征类型

旋转特征类型包括：实体特征、曲面特征、移除材料特征和薄壁特征。

❹ 旋转的角度类型

完成旋转特征的“草绘截面”绘制之后，需要选取旋转的角度类型，系统提供以下三种方式。

- 变量▢：在草绘平面上以指定的角度值旋转截面。
- 对称▢：在草绘平面的两个方向上以指定角度值的一半在草绘平面的两侧旋转截面。
- 到选定项▢：将截面旋转至一个选定点、平面或曲面。

3.3.2 旋转特征实例——轴

❶ 旋转特征操作的要点

（1）选取旋转命令，打开旋转特征操控板。

（2）进入草绘模式，草绘一个要旋转的开放截面或闭合截面。

（3）使用操控板定义旋转角度值。

（4）在操控板中输入旋转的角度值，或者双击模型上的角度尺寸并在尺寸框中键入新值。

（5）要将旋转的方向更改为草绘的另一侧，单击⁒按钮。

（6）如果草绘的旋转截面是闭合截面，单击操控板上的【选项】面板，然后选取【封闭端】，可以创建两端封闭的旋转曲面。

（7）单击操控板的✔按钮。

❷ 轴零件设计分析

1）零件形状和参数

轴零件外观形状如图3.19所示，直径×长为ϕ78mm×445mm。

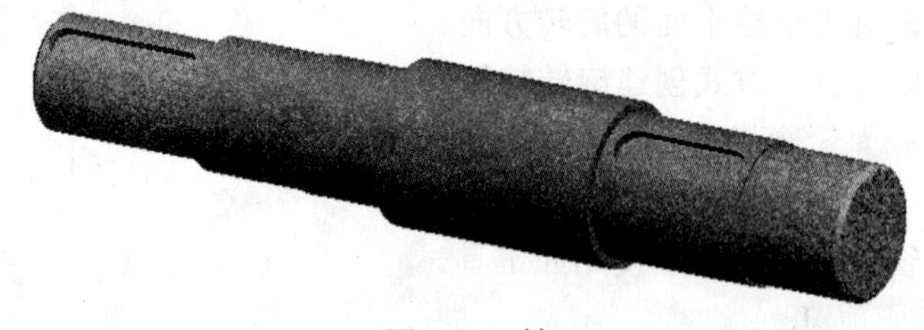

图3.19　轴

2）零件设计方法与流程

（1）绘制轴旋转截面。

（2）指定轴旋转角度，创建轴旋转特征。

（3）创建键槽的两个草绘平面。

（4）创建小键槽拉伸特征。

（5）创建大键槽拉伸特征。

（6）创建倒角特征，得到完整的轴零件。

轴零件创建的主要流程如表3.2所示。

❸ 创建轴零件操作步骤

1）创建轴旋转特征

（1）选取命令。从菜单栏选择【插入】→【旋转】，或从工具栏中单击【旋转】按钮。打开旋转特征操控板，再单击【作为实体旋转】按钮，如图3.20所示。

（2）定义草绘平面和方向。选择【放置】→【定义】，打开“草绘”对话框。在【平面】框中选择“FRONT”平面作为草绘平面，在【参照】框中选择“RIGHT”平面作为参照平面，在【方向】框中选择【右】，如图3.21所示。单击草绘按钮进入草绘模式。

（3）绘制旋转特征的截面。绘制旋转截面，如图3.22所示。方法如下：

- 单击【中心线】按钮┆，绘制旋转中心线。
- 单击【直线】按钮╲，绘制出旋转截面。
- 使用轮廓线上的外端点标注长度尺寸，如图3.22所示。
- 单击草绘器工具栏的✔按钮，退出草绘模式。

表3.2 轴零件创建的主要流程

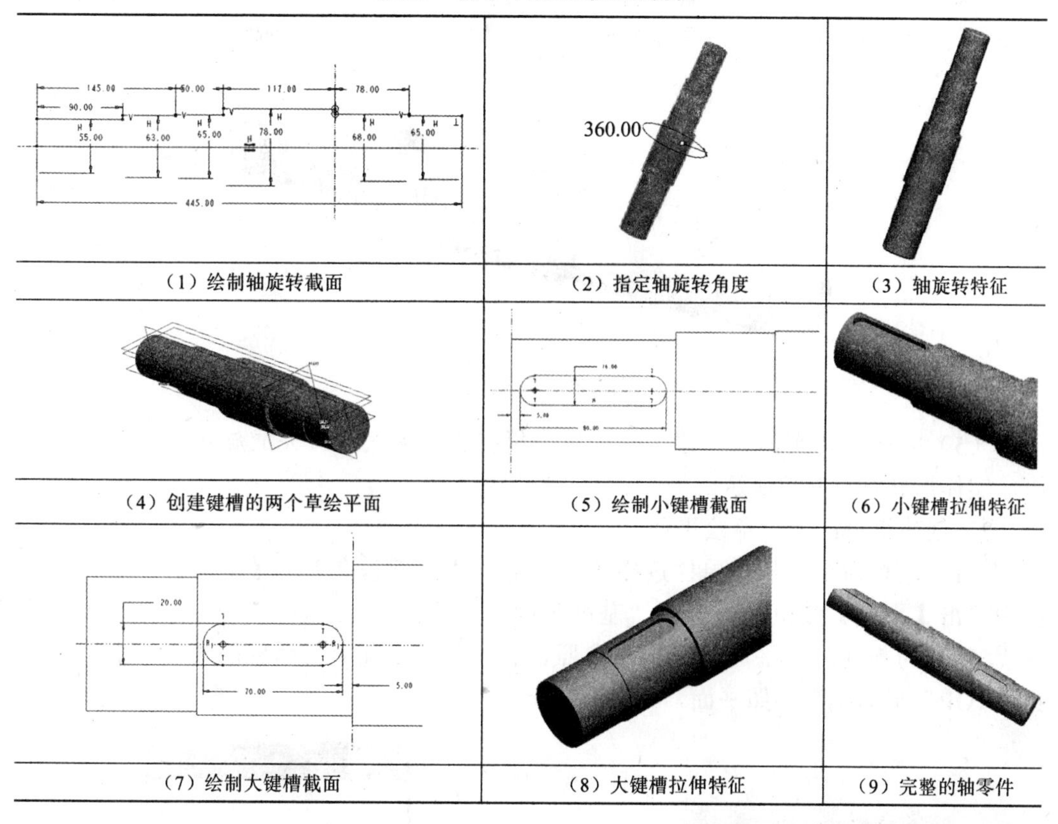

（1）绘制轴旋转截面	（2）指定轴旋转角度	（3）轴旋转特征
（4）创建键槽的两个草绘平面	（5）绘制小键槽截面	（6）小键槽拉伸特征
（7）绘制大键槽截面	（8）大键槽拉伸特征	（9）完整的轴零件

图3.20 旋转特征操控板

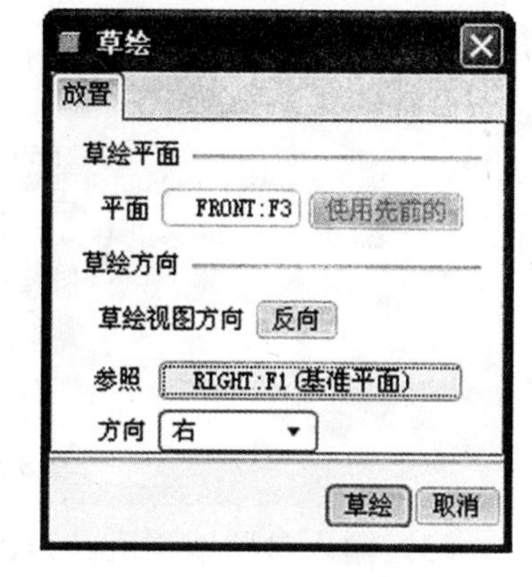

图3.21 “草绘”对话框

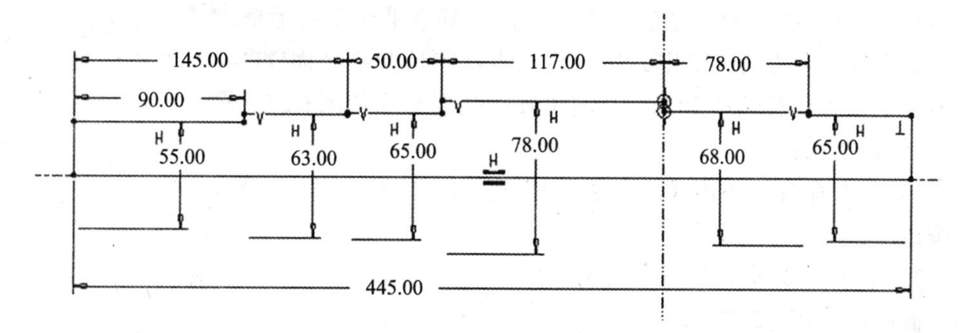

图3.22 绘制旋转截面

（4）定义旋转角度。在旋转特征操控板中选择【变量】，然后输入旋转角度“360”，在图形窗口中可以预览旋转出的实体特征，如图3.23所示。

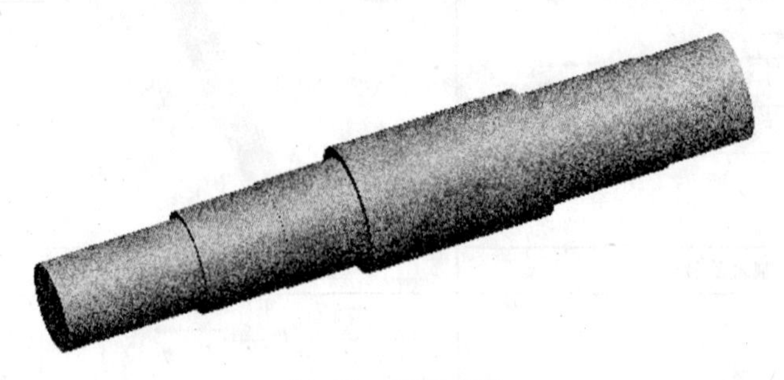

图3.23　旋转实体

（5）完成旋转实体的创建工作。单击操控板的按钮，完成旋转特征的创建工作，实体形状如图3.23所示。

2）创建键槽的两个草绘平面

（1）选择命令。从菜单栏选择【插入】→【模型基准】→【平面】，或从工具栏中单击【平面】按钮。打开“基准平面”对话框。

（2）为新建基准平面选择位置参照。在【基准平面】对话框的【参照】栏中选择“TOP”平面作为参照平面，如图3.24所示。

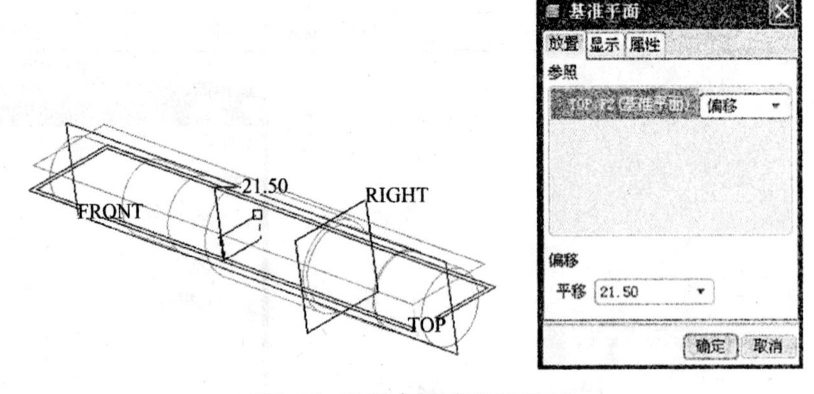

图3.24　选择参照平面“TOP”

（3）输入参照偏移值。为新建基准平面选择“偏移”参照，在“偏移”的平移文本框中输入偏移值“21.5”，如图3.24所示。

（4）完成基准平面的创建工作。单击“基准平面”对话框的【确定】按钮，完成基准平面DTM1的创建工作。用同样的方法创建基准平面DTM2，在“偏移”的平移文本框中输入偏移值“28.5”。创建好的基准平面如图3.25所示。

3）创建小键槽

（1）选取命令。单击【拉伸】按钮。打开拉伸特征操控板，再单击【移除材料】按钮。

（2）绘制端盖外形截面。绘制拉伸截面：选择“DTM1”作为草绘平面，绘制小键槽截面，如图3.26所示。

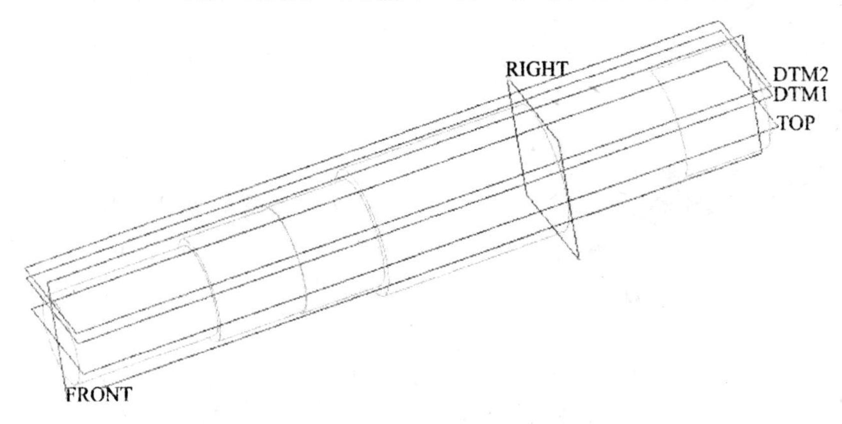

图3.25 创建基准平面“DTM1和DTM2”

（3）指定拉伸方式和深度。在拉伸特征操控板中选择【盲孔】，然后输入拉伸深度“10”，在图形窗口中可以预览拉伸出的实体特征，如图3.27所示。

（4）完成小键槽的创建工作。单击操控板的按钮，完成小键槽拉伸特征的创建工作，实体形状如图3.27所示。

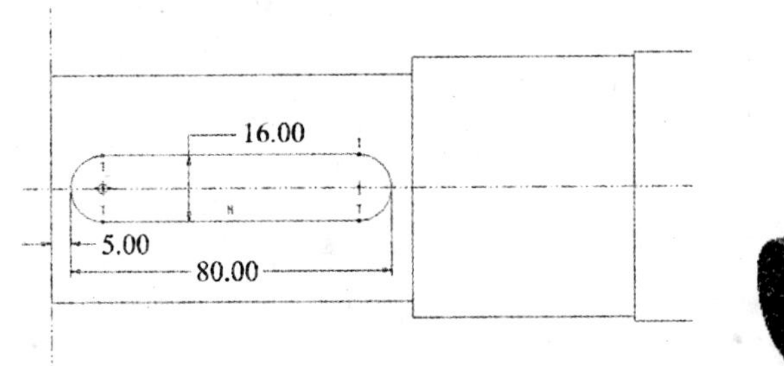

图3.26 小键槽截面

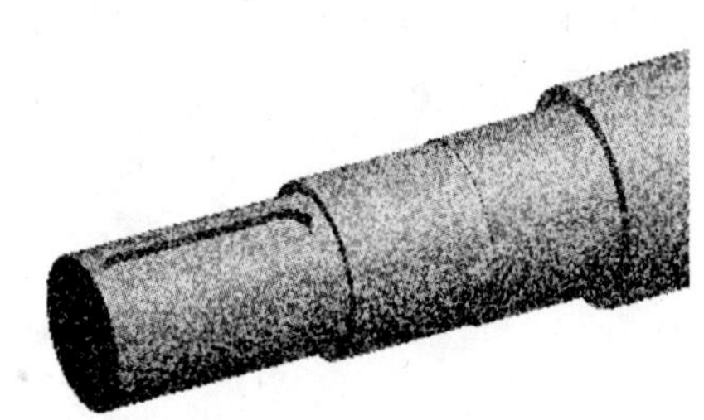

图3.27 小键槽拉伸特征

4）创建大键槽

（1）选取命令。单击【拉伸】按钮。打开拉伸特征操控板，再单击【移除材料】按钮。

（2）绘制端盖外形截面。绘制拉伸截面：选择“DTM2”作为草绘平面，绘制大键槽截面，如图3.28所示。

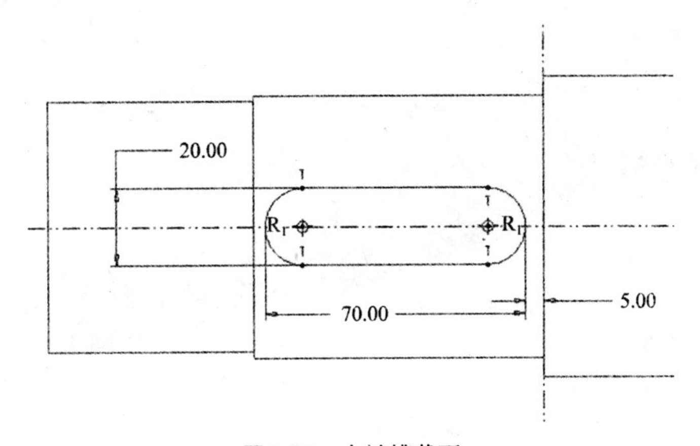

图3.28 大键槽截面

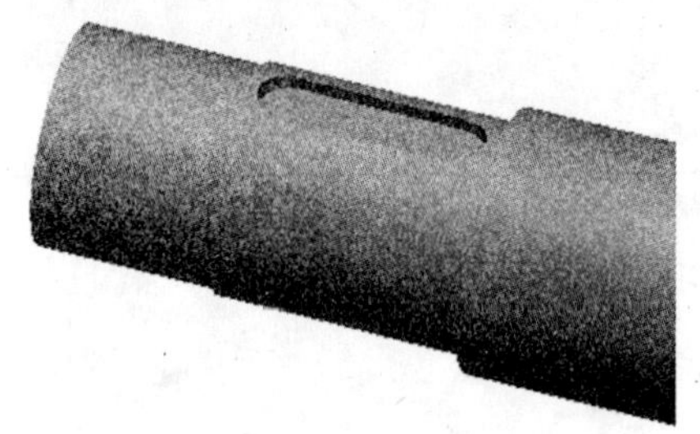

图3.29 大键槽拉伸特征

（3）指定拉伸方式和深度。在拉伸特征操控板中选择【盲孔】，然后输入拉伸深度“10”，在图形窗口中可以预览拉伸出的实体特征，如图3.29所示。

（4）完成大键槽的创建工作。单击操控板的按钮，完成大键槽拉伸特征的创建工作，实体形状如图3.29所示。

5）创建倒角特征，完善轴零件

（1）选择命令。从菜单栏选择【插入】→【倒角】→【边倒角】，或从工具栏中单击【边倒角】按钮。打开边倒角特征操控板，如图3.30所示。

（2）选取倒角参照。选取轴的两端边线，作为倒角参照，如图3.31所示。

图3.30 边倒角特征操控板

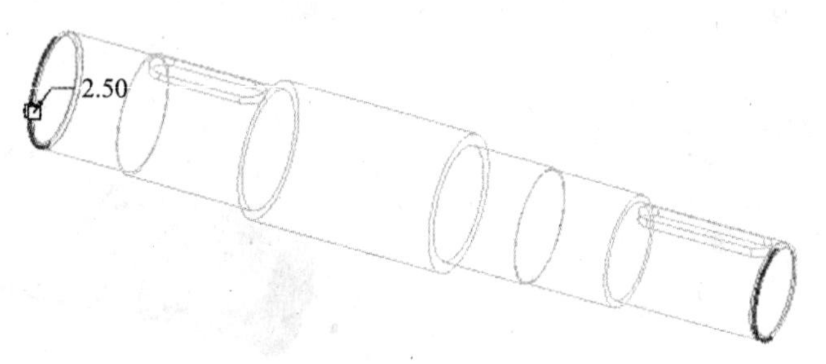

图3.31 选取要倒角的边线

（3）选取倒角的放置方式。在边倒角特征操控板中选取“D × D”定义倒角放置方式，在倒角尺寸文本框中输入D的数值为2.5，按Enter键确认。

（4）完成轴倒角特征的创建工作。单击操控板的按钮，完成轴倒角特征的创建工作，得到完整的轴零件，实体形状如图3.32所示。结果文件请参看模型文件中“第3章\范例结果文件\xuanzhuan-2.prt”。

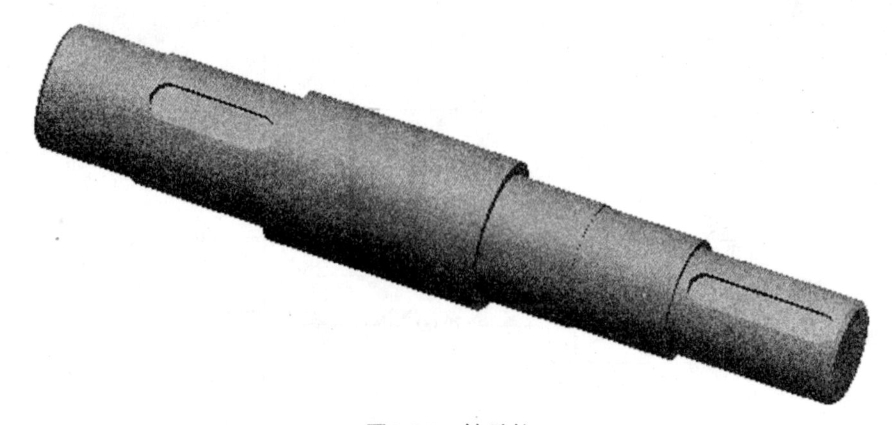

图3.32 轴零件

3.4 扫描特征

3.4.1 扫描特征的概述

❶ 扫描特征

扫描特征是指将截面沿着一条给定的轨迹线垂直移动而成形的实体特征，扫描轨迹和扫描截面是创建扫描特征的两个基本要素。扫描特征如图3.33所示。结果文件请参看模型文件中“第3章\范例结果文件\saomiao-1.prt”。

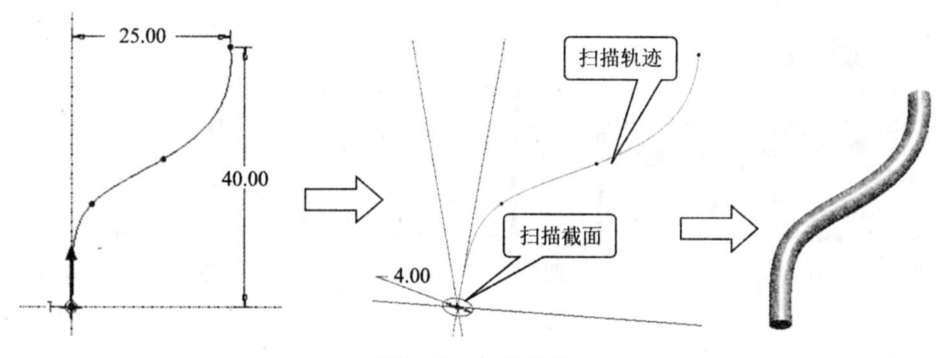

图3.33 扫描特征

❷ 扫描特征的基本操作

1）选取命令

进入零件设计界面，在菜单栏选择【插入】→【扫描】→【伸出项】，打开“扫描”操作对话框和“扫描轨迹”菜单管理器，开始定义扫描轨迹，如图3.34和图3.35所示。

图3.34 “扫描”操作对话框

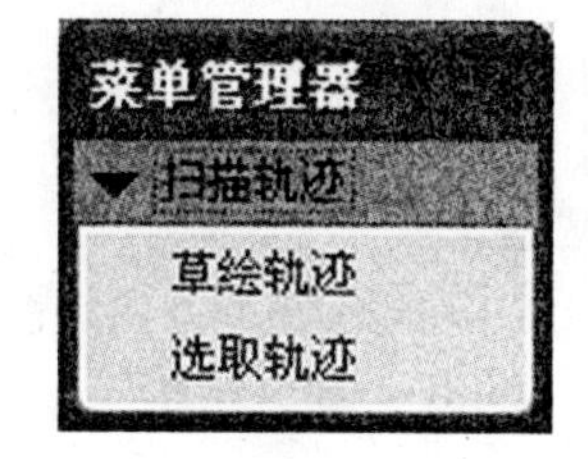

图3.35 “扫描轨迹”菜单管理器

- 草绘轨迹：在草绘环境中绘制扫描轨迹。
- 选取轨迹：选取已存在的曲线或边作为扫描轨迹。

注意：当轨迹线比较复杂，一般采取提前生成曲线的方法。

2）定义扫描轨迹的草绘平面和方向

选择【草绘轨迹】，打开“设置草绘平面”对话框，如图3.36所示。在【平面】选项中选择“FRONT”平面作为草绘平面，打开“设定方向”对话框，如图3.37所示。在【方向】选项中选择“确定”， 打开“草绘视图”对话框，如图3.38所示。在【草绘视图】选项中选择【缺省】，进入草绘模式。

图3.36 “设置草绘平面”对话框

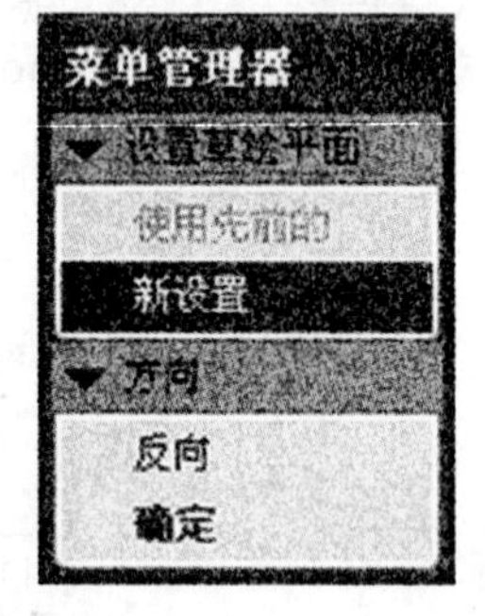

图3.37 “设定方向”对话框

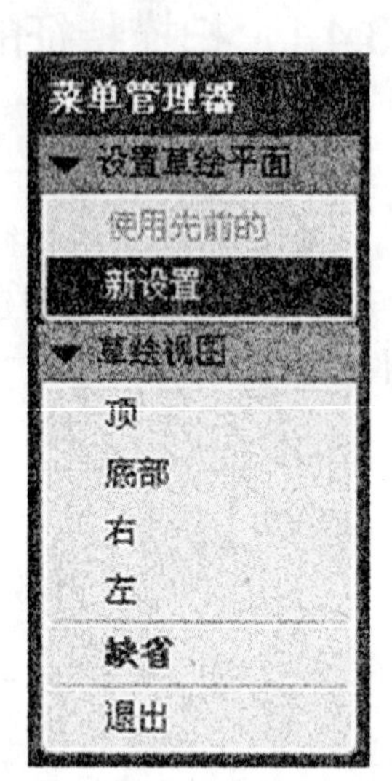

图3.38 “草绘视图”对话框

3）绘制扫描轨迹

绘制扫描轨迹，如图3.39所示。方法如下：

（1）单击【中心线】按钮，绘制两条中心线。

（2）单击【直线】按钮和【圆角】按钮，绘制出扫描轨迹。

（3）使用轮廓线上的外端点和圆弧标注长度和半径尺寸，如图3.39所示。

（4）单击草绘器工具栏的按钮，进入扫描截面的草绘模式。

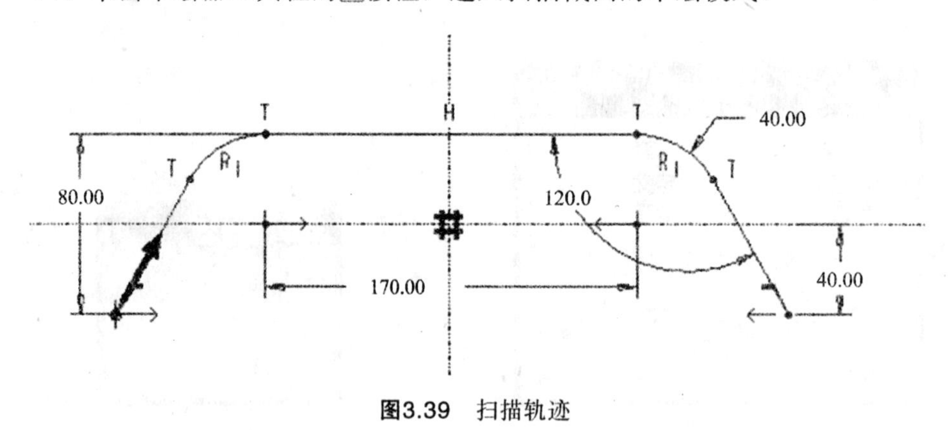

图3.39 扫描轨迹

绘制扫描轨迹操作的要点：

（1）轨迹不能自身相交。

（2）相对于扫描截面，扫描轨迹中的圆弧或曲线半径不能太小。

4）绘制扫描截面

（1）单击【圆】按钮，在扫描轨迹的起始点绘制直径为ϕ20mm的圆。

（2）单击草绘器工具栏的☑按钮退出草绘模式。

5）完成扫描实体的创建工作

单击扫描操作对话框的“确定”按钮，完成扫描特征的创建工作，实体形状如图3.40所示。扫描实体的结果文件请参看模型文件中“第3章\范例结果文件\saomiao-2.prt”。

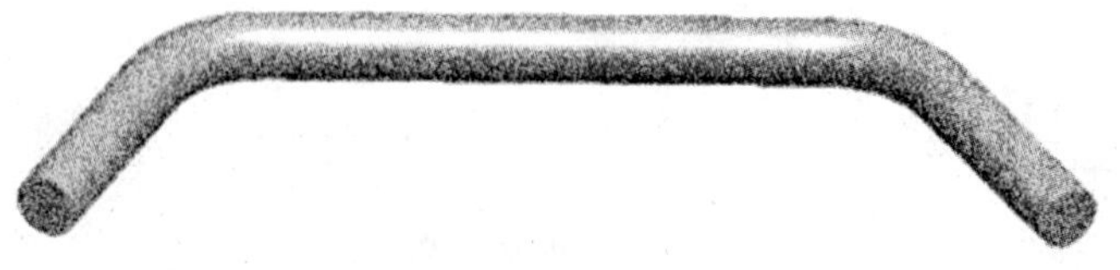

图3.40 扫描实体

❸ 扫描轨迹的分类

在草绘环境中绘制扫描轨迹，轨迹线可以是封闭的，也可以是开放的，分以下两种情况。

1）开放轨迹线

轨迹线开放时，扫描实体特征，其扫描的截面图形必须是封闭；扫描曲面特征，其扫描的截面图形可以封闭也可以开放。

轨迹线开放时，并且轨迹线的端点位于已有的特征实体上，结束轨迹绘制后，系统打开“属性”菜单，如图3.41所示。

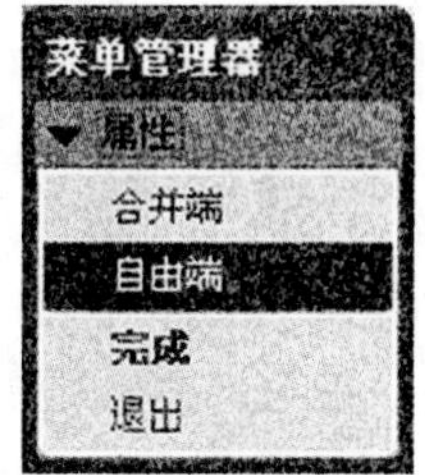

图3.41 开放轨迹扫描属性

· 自由端：扫描特征与已有的特征在连接端不合并，处于自由状态，如图3.42所示。结果文件请参看模型文件中“第3章\范例结果文件\saomiao-3.prt”。

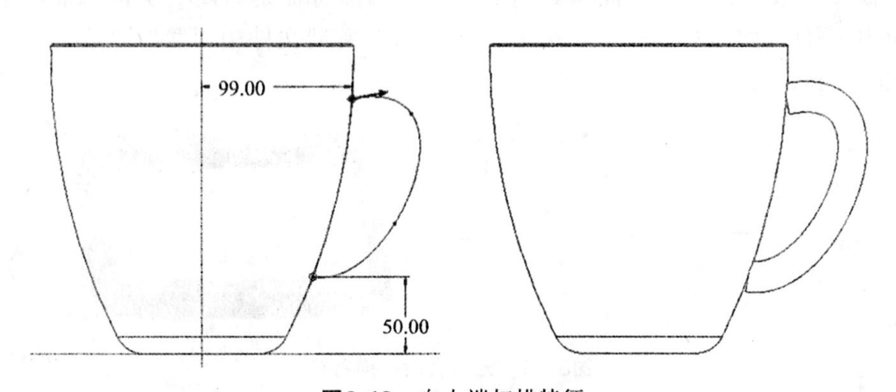

图3.42 自由端扫描特征

· 合并端：扫描特征与轨迹线相连的实体特征在连接端紧密结合，如图3.43所示。

结果文件请参看模型文件中“第3章\范例结果文件\saomiao-4.prt”。

2）封闭轨迹线

绘制的轨迹线封闭时，结束轨迹绘制后，系统打开“属性”菜单，如图3.44所示。

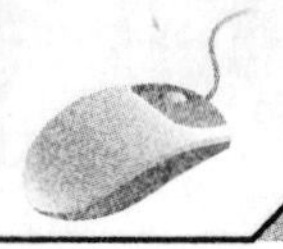

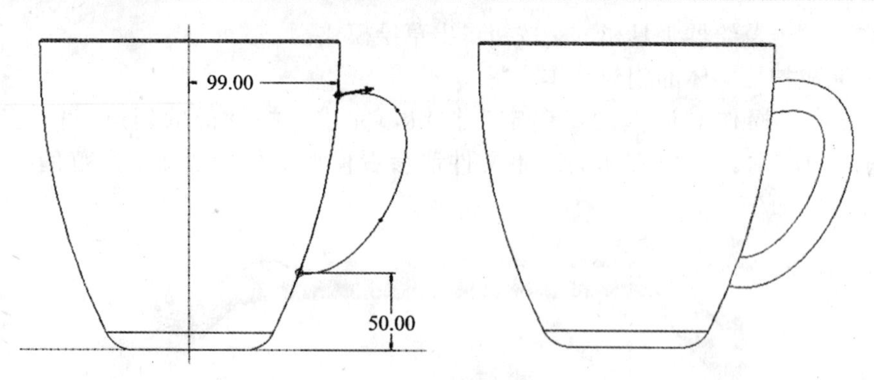

图3.43　合并端扫描特征

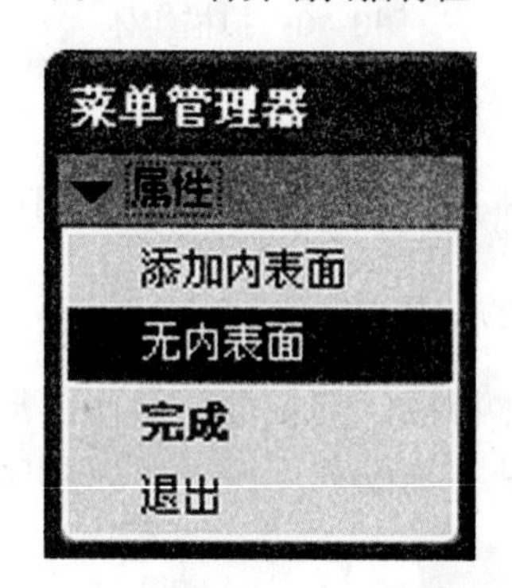

图3.44　封闭轨迹扫描属性

• 无内表面：要求截面封闭，生成的扫描特征不是封闭的实体特征，没有顶面和底面，如图3.45所示。结果文件请参看模型文件中“第3章\范例结果文件\saomiao-5.prt”。

• 添加内表面：要求截面不封闭，生成的扫描特征是封闭的实体特征，系统添加顶面和底面，如图3.46所示。结果文件请参看模型文件中“第3章\范例结果文件\saomiao-6.prt”。

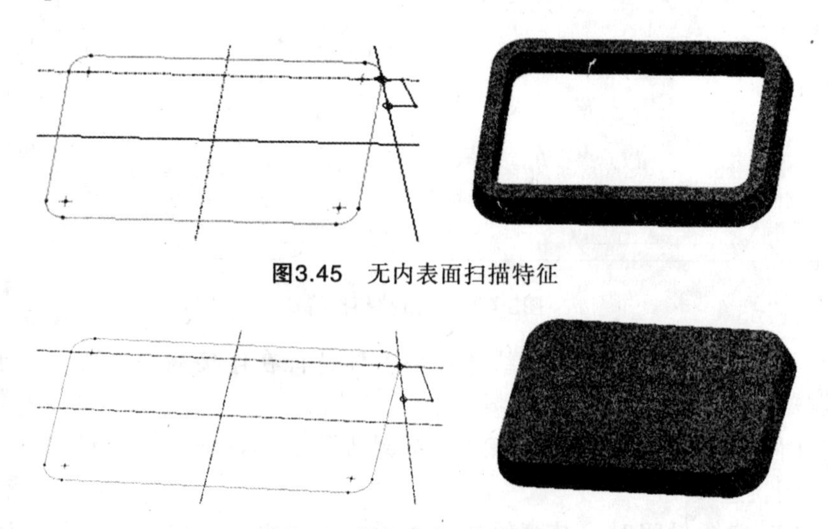

图3.45　无内表面扫描特征

图3.46　添加内表面扫描特征

3.4.2 扫描特征实例——豆浆杯

❶ 豆浆杯零件设计分析

1）零件形状和参数

豆浆杯零件外观形状如图3.47所示，长×宽×高为 349mm×203mm×270mm。

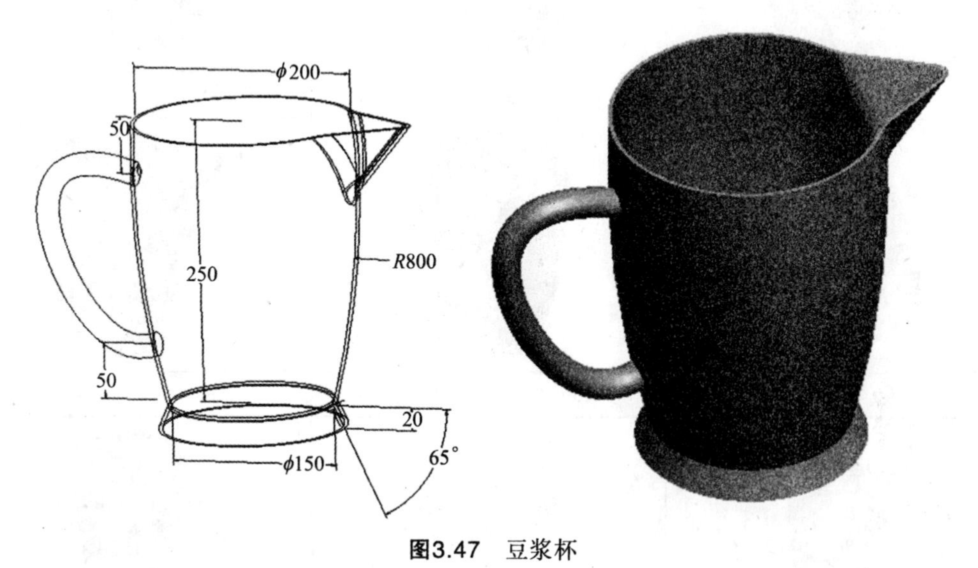

图3.47 豆浆杯

2）零件设计方法与流程

（1）使用旋转特征创建豆浆杯主体。

（2）使用扫描特征创建豆浆杯“豆浆出口”。

（3）创建豆浆出口圆角特征。

（4）创建豆浆杯主体壳特征。

（5）使用旋转特征创建豆浆杯底部支架。

（6）使用扫描特征创建豆浆杯“手柄”。

豆浆杯零件创建的主要流程如表3.3所示。

❷ 创建豆浆杯零件的操作步骤

1）使用旋转特征创建豆浆杯主体

（1）选取命令。从菜单栏选择【插入】→【旋转】，或从工具栏中单击【旋转】按钮。打开旋转特征操控板，单击【作为实体旋转】按钮，如图3.48所示。

（2）定义草绘平面和方向。选择【放置】→【定义】，打开“草绘”对话框。在【平面】框中选择“FRONT”平面作为草绘平面，在【参照】框中选择“RIGHT” 平面作为参照平面，在【方向】框中选择【右】，如图3.49所示。单击草绘按钮进入草绘模式。

（3）绘制旋转特征的截面。绘制旋转截面，如图3.50所示。方法如下：

• 单击【中心线】按钮，绘制旋转中心线。

表3.3　豆浆杯零件创建的主要流程

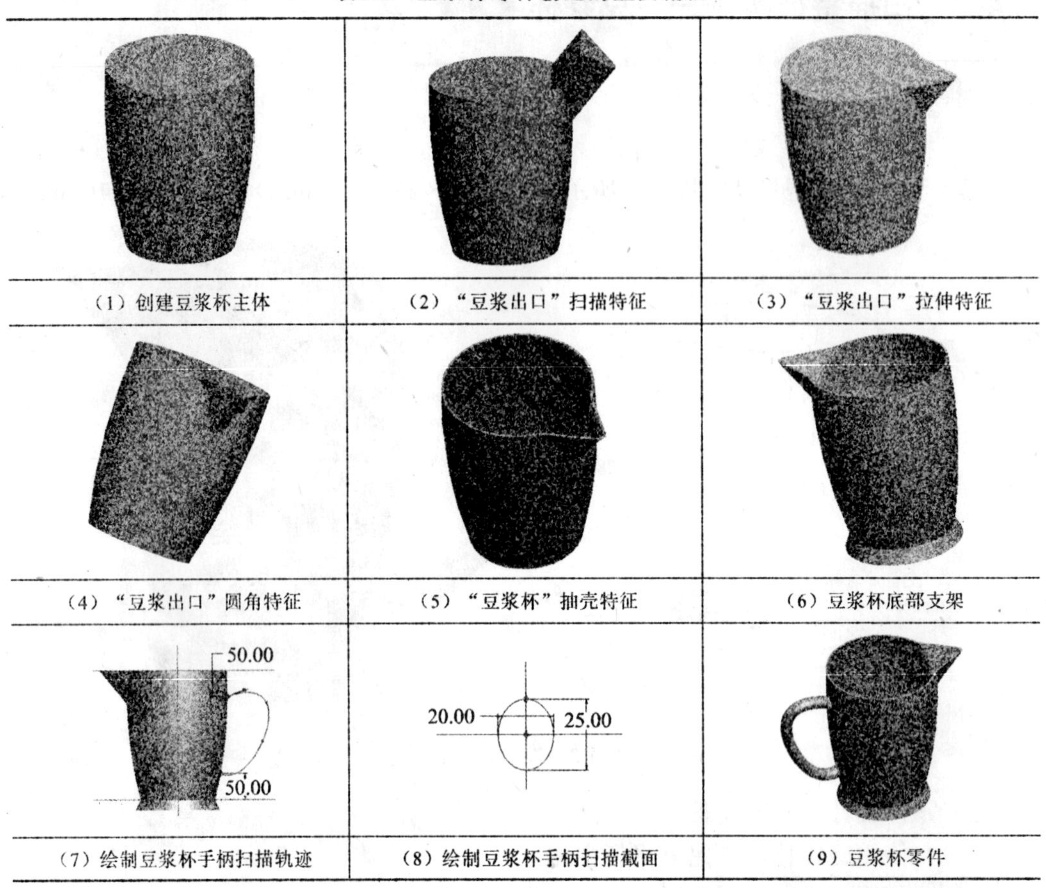

(1) 创建豆浆杯主体	(2) “豆浆出口”扫描特征	(3) “豆浆出口”拉伸特征
(4) “豆浆出口”圆角特征	(5) “豆浆杯”抽壳特征	(6) 豆浆杯底部支架
(7) 绘制豆浆杯手柄扫描轨迹	(8) 绘制豆浆杯手柄扫描截面	(9) 豆浆杯零件

图3.48　旋转特征操控板

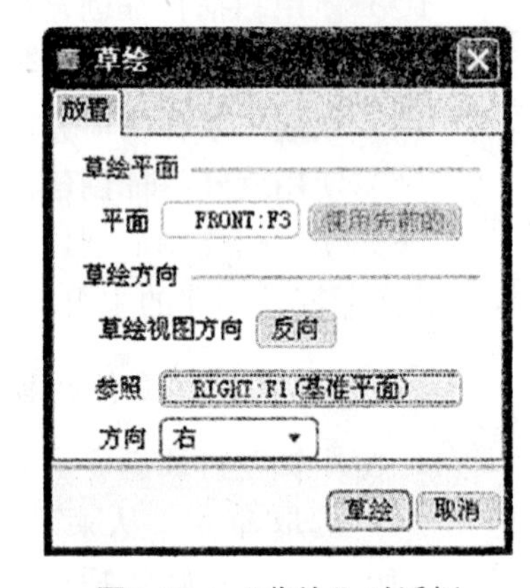

图3.49　“草绘”对话框

- 单击【直线】按钮和【弧】按钮，绘制出旋转截面。
- 使用轮廓线上的外端和圆弧标注长度和半径尺寸，如图3.50所示。
- 单击草绘器工具栏的按钮退出草绘模式。

(4) 定义旋转角度。在旋转特征操控板中选择【变量】，然后输入旋转角度“360”，在图形窗口中可以预览旋转出的豆浆杯主体实体特征，如图3.51所示。

(5) 完成旋转实体的创建工作。单击操控板的按钮，完成豆浆杯主体旋转特征的创建工作，实体形状如图3.51所示。

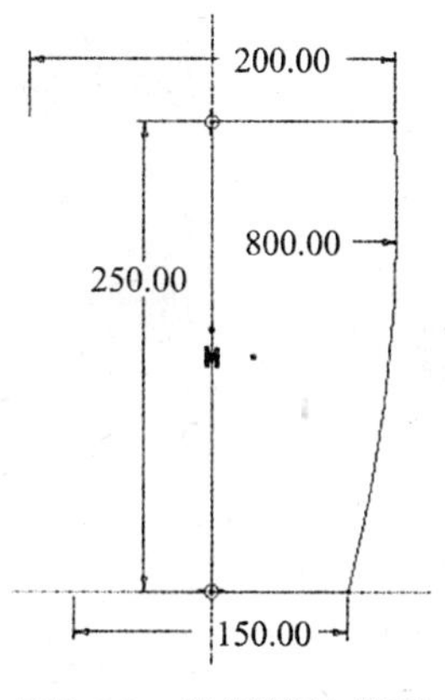

图3.50　绘制旋转截面

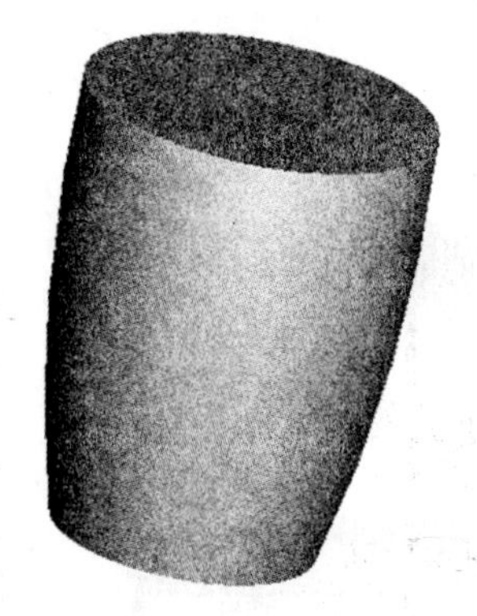

图3.51　豆浆杯主体旋转实体

2）使用扫描特征创建豆浆杯“豆浆出口”

（1）选取命令。进入零件设计界面，在菜单栏选择【插入】→【扫描】→【伸出项】，打开“扫描”操作对话框和“扫描轨迹”菜单管理器，定义扫描轨迹，如图3.52和图3.53所示。

图3.52　“扫描”操作对话框

图3.53　“扫描轨迹”菜单管理器

（2）定义扫描轨迹的草绘平面和方向。选择【草绘轨迹】，打开“设置草绘平面”对话框，如图3.54所示。在【平面】选项中选择“FRONT”平面作为草绘平面，打开“设定方向”对话框，如图3.55所示。在【方向】选项中选择“确定”，打开“草绘视图”对话框，如图3.56所示。在【草绘视图】选项中选择【缺省】，进入草绘模式。

（3）绘制扫描轨迹。绘制扫描轨迹，如图3.57所示。方法如下：

- 单击【中心线】按钮┆，绘制两条中心线。
- 单击【直线】按钮╲，绘制出扫描轨迹。
- 使用轮廓线上的外端点标注长度尺寸，如图3.57所示。
- 单击草绘器工具栏的☑按钮，从菜单管理器中选择【自由端】→【完成】，进入扫描截面的草绘模式。

（4）绘制扫描截面。

- 单击【直线】按钮╲和【弧】按钮◝，在扫描轨迹的起始点绘制出扫描截面。

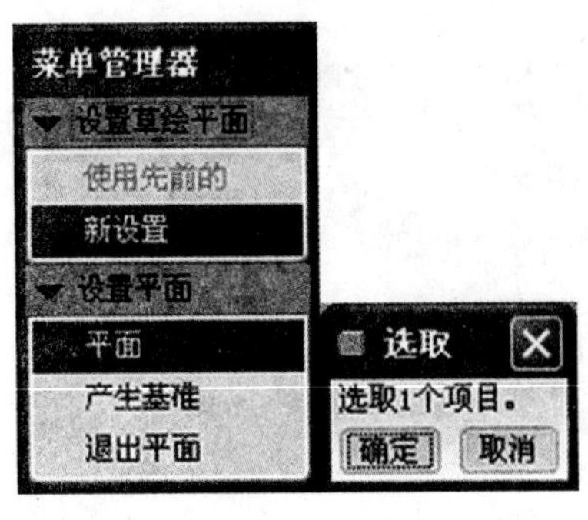

图3.54　“设置草绘平面”对话框

图3.55　“设定方向”对话框

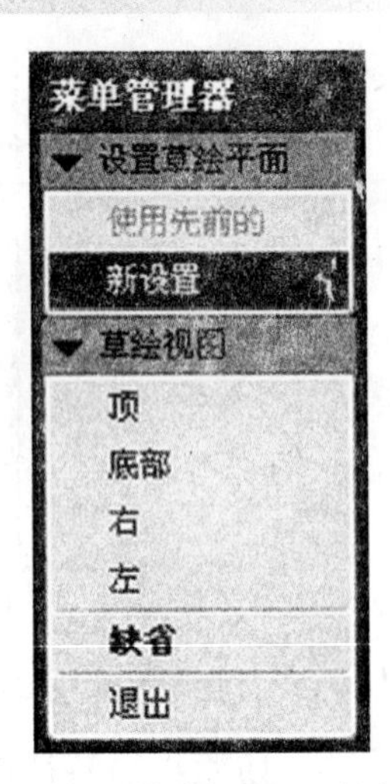

图3.56 “草绘视图”对话框

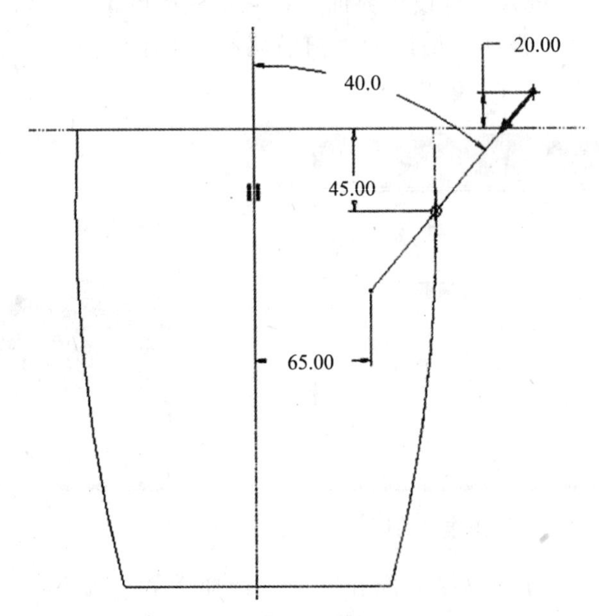

图3.57　豆浆出口特征扫描轨迹

- 使用轮廓线上的外端和圆弧标注长度和半径尺寸，如图3.58所示。
- 单击草绘器工具栏的✓按钮退出草绘模式。

（5）完成扫描实体的创建工作。单击扫描操作对话框的“确定”按钮，完成豆浆出口扫描特征的创建工作，实体形状如图3.59所示。

3）使用拉伸操作移除豆浆出口多余的扫描特征

（1）选取命令。单击【拉伸】按钮，打开拉伸特征操控板，再单击【移除材料】按钮。

（2）绘制拉伸截面。选择豆浆杯主体顶面作为草绘平面，如图3.59所示。绘制矩形轮廓线作为拉伸截面，如图3.60所示。

（3）设置拉伸参数。在拉伸特征操控板中的【选项】面板中将【侧1】设置为【盲孔】，输入尺寸值“100”，图形窗口显示拉伸出的移除材料的范围，如图3.61所示。

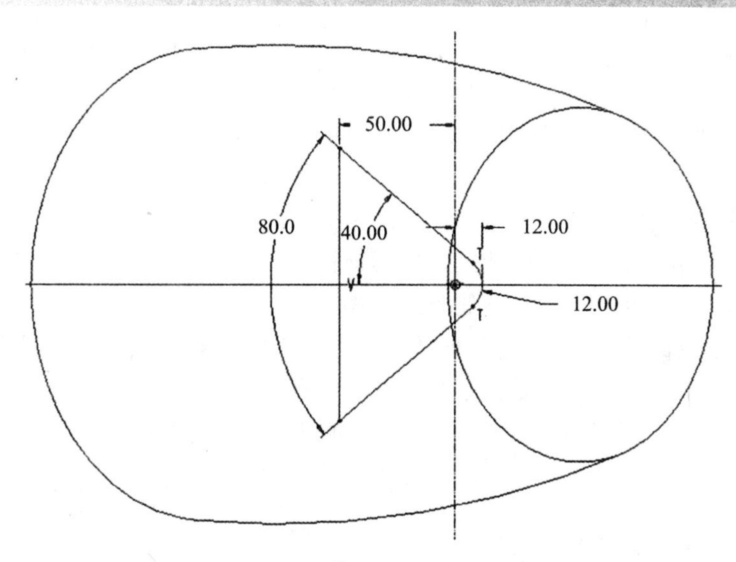

图3.58 豆浆出口特征扫描截面

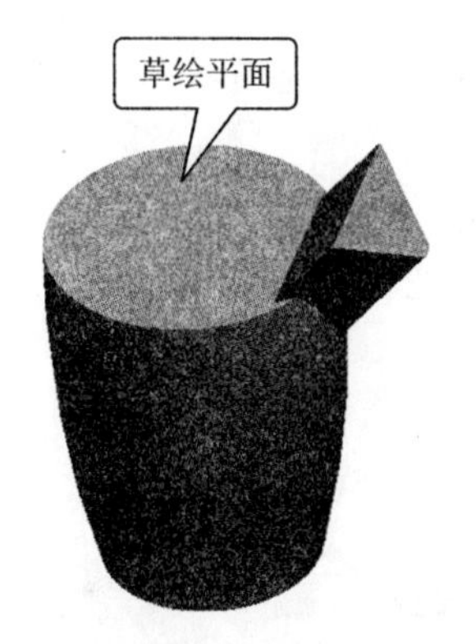

图3.59 豆浆出口特征扫描实体

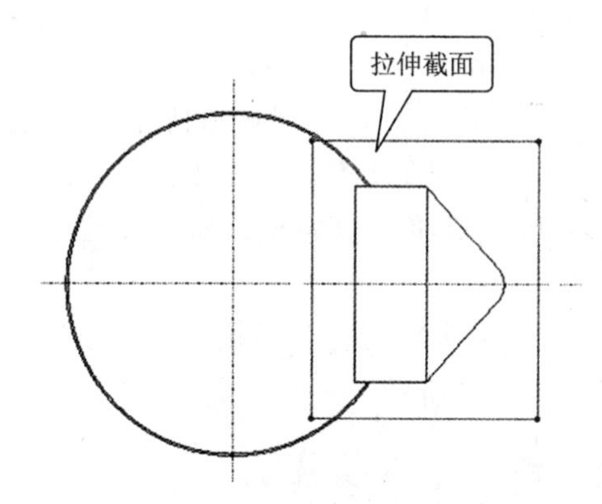

图3.60 拉伸截面

（4）完成创建工作。单击操控板的☑按钮，创建出移除多余扫描材料后的豆浆杯主体，如图3.62所示。

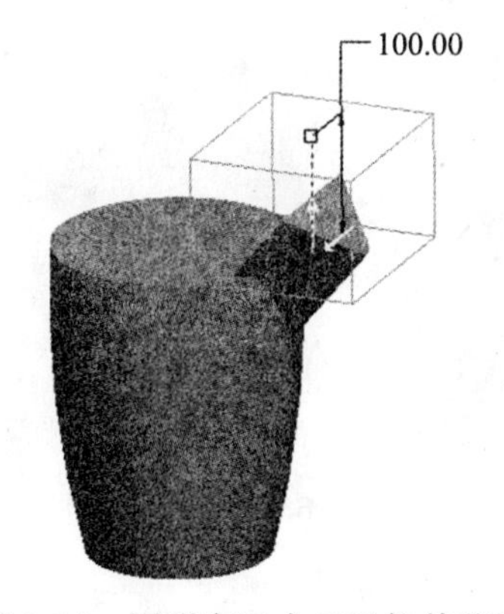

图3.61 图形窗口中显示拉伸范围

图3.62 移除材料后的豆浆杯主体

4）创建豆浆出口圆角

根据豆浆杯豆浆出口强度的需要，要对豆浆杯豆浆出口与豆浆杯主体的棱边进行倒圆角处理，消除锐边（圆角命令在第5章工程特征的创建中有详细介

绍）。

倒圆角是一种边处理特征，通过向一条或多条边、边链在实体或曲面之间添加半径形成（曲面可以是实体模型曲面或零厚度面组和曲面）。

操作要点

（1）选取倒圆角命令，打开倒圆角特征操控板。

（2）在图形窗口中选取要创建圆角的参照。

（3）选取倒圆角模式：有两种模式，“集”模式和“过渡”模式。“集”模式为缺省选项。在“集”面板中包含了所有具有“圆形”截面形状的倒圆角选项，可以进行选择。“过渡”模式允许用户定义倒圆角特征的所有过渡。

（4）选择倒圆角形状：缺省的倒圆角形状是“集”模式的“圆形”截面形状。

（5）定义倒圆角尺寸。

（6）单击操控板的按钮。

具体操作步骤如下：

（1）选取命令。从“插入”菜单中选择【倒圆角】选项，或从工具栏中单击【倒圆角】按钮，打开倒圆角特征操控板。

（2）指定圆角参数。在倒圆角特征操控板中输入圆角半径“20”，如图3.63所示。然后在豆浆杯豆浆出口与豆浆杯主体相连处选中要倒圆角的棱边，如图3.64所示。

（3）完成创建工作。单击操控板的按钮，完成豆浆杯豆浆出口处的圆角创建工作，如图3.65所示。

图3.63　“倒圆角”操控板

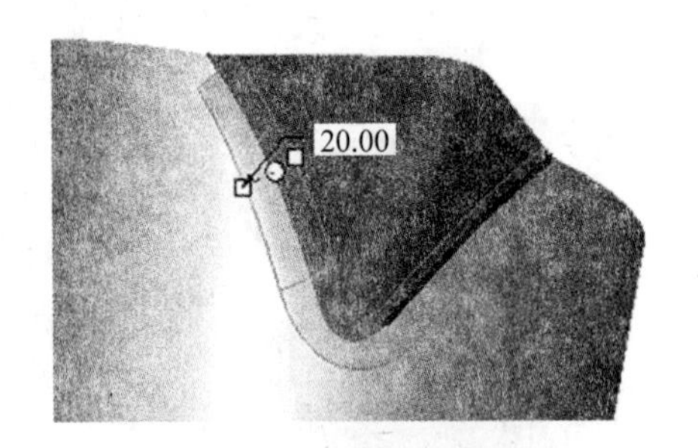

图3.64　选择棱边

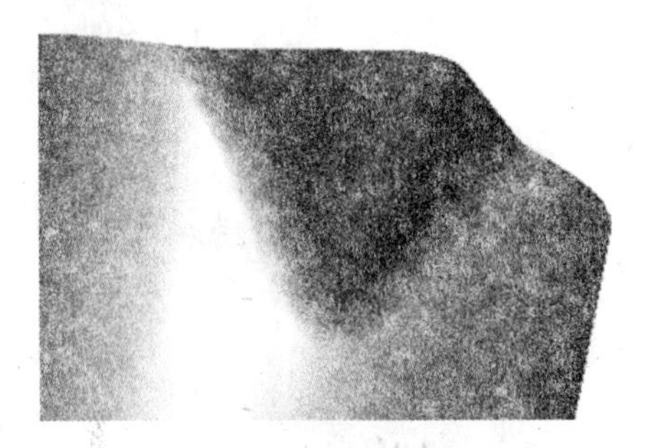

图3.65　创建出的圆角

5）创建豆浆杯主体壳特征

将豆浆杯主体内部和上表面掏空，成形均匀壁厚的壳体特征。其创建方法如下：

（1）选取命令。从“插入”菜单中选择【壳】选项，或从工具栏中单击【壳】按钮，打开抽壳特征操控板。

（2）指定壳的厚度。单击豆浆杯主体上表面，在抽壳特征操控板中输入壳厚度值“3”，如图3.66所示。

（3）完成创建工作。单击操控板的☑按钮，完成豆浆杯主体抽壳特征的创建工作，如图3.67所示。

图3.66 抽壳特征操控板

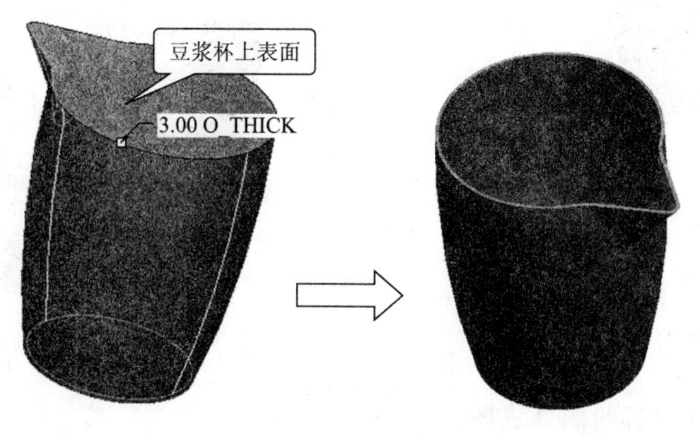

图3.67 抽壳操作

6）使用旋转特征绘制豆浆杯底部支架

（1）选取命令。从菜单栏选择【插入】→【旋转】，或从工具栏中单击【旋转】按钮。打开旋转特征操控板，单击【作为实体旋转】按钮，如图3.68所示。

（2）定义草绘平面和方向。选择【放置】→【定义】，打开“草绘”对话框。在【平面】框中选择“FRONT”平面作为草绘平面，在【参照】框中选择“RIGHT”平面作为参照平面，在【方向】框中选择【右】，如图3.69所示。单击草绘按钮进入草绘模式。

图3.68 旋转特征操控板

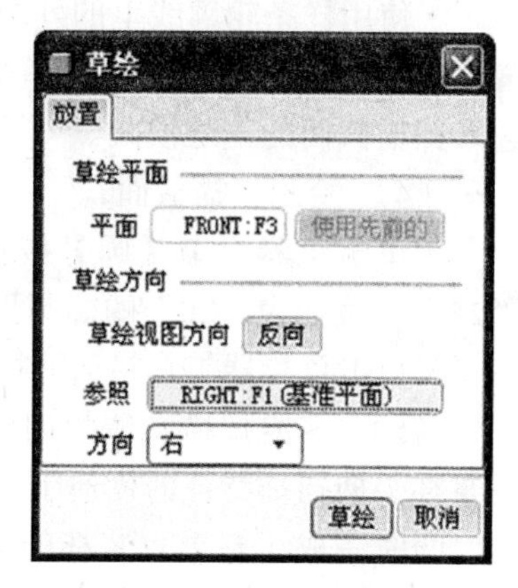

图3.69 “草绘”对话框

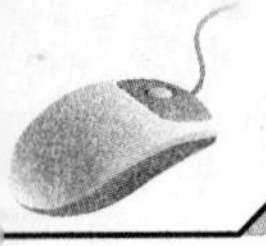

（3）绘制旋转特征的截面。绘制旋转截面，如图3.70所示。方法如下：

• 单击【中心线】按钮┆，绘制旋转中心线。

• 单击【直线】按钮＼，绘制出旋转截面。

• 使用轮廓线上的外端标注长度尺寸，如图3.70所示。

• 单击草绘器工具栏的☑按钮退出草绘模式。

（4）定义旋转角度。在旋转特征操控板中选择【变量】，然后输入旋转角度“360”，在图形窗口中可以预览旋转出的豆浆杯底部支架的实体特征，如图3.71所示。

（5）完成旋转实体的创建工作。单击操控板的☑按钮，完成豆浆杯底部支架旋转特征的创建工作，实体形状如图3.71所示。

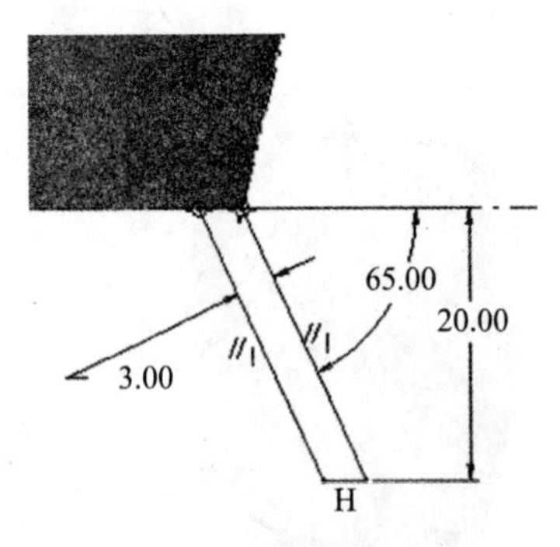

图3.70　绘制旋转截面

图3.71　豆浆杯底部旋转实体

7）使用扫描特征绘制豆浆杯“手柄”

（1）选取命令。从菜单栏选择【插入】→【扫描】→【伸出项】，打开“扫描”操作对话框和“扫描轨迹”菜单管理器，定义扫描轨迹。

（2）定义扫描轨迹的草绘平面和方向。选择【草绘轨迹】，打开“设置草绘平面”对话框，在【平面】选项中选择“FRONT”平面作为草绘平面。打开“设定方向”对话框，在【方向】选项中选择【反向】→【确定】，打开“草绘视图”对话框。在【草绘视图】选项中选择【缺省】，进入草绘模式。

（3）绘制扫描轨迹。绘制扫描轨迹，如图3.72所示。方法如下：

• 单击【中心线】按钮┆，绘制两条中心线。

• 单击【样条】按钮，绘制出扫描轨迹。

• 使用样条轮廓线上的外端点标注定位尺寸，如图3. 72所示。

• 单击草绘器工具栏的☑按钮，从菜单管理器中选择【合并端】→【完成】，进入扫描截面的草绘模式。

（4）绘制扫描截面。

• 单击工具栏上【圆】按钮○·→▸→⊘，在扫描轨迹的起始点绘制出长轴为“25”，短轴为“20”的椭圆形扫描截面，如图3.73所示。

• 单击草绘器工具栏的☑按钮退出草绘模式。

（5）完成扫描实体的创建工作。单击扫描操作对话框的“确定”按钮，完成豆浆杯手柄扫描特征的创建工作。

同时完成了整个豆浆杯的创建工作，如图3.74所示。结果文件请参看模型文件中“第3章\范例结果文件\saomiao-7.prt”。

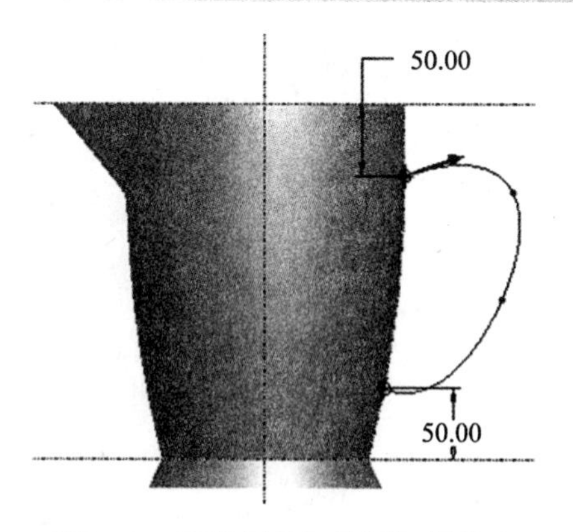

图3.72 豆浆杯手柄特征扫描轨迹

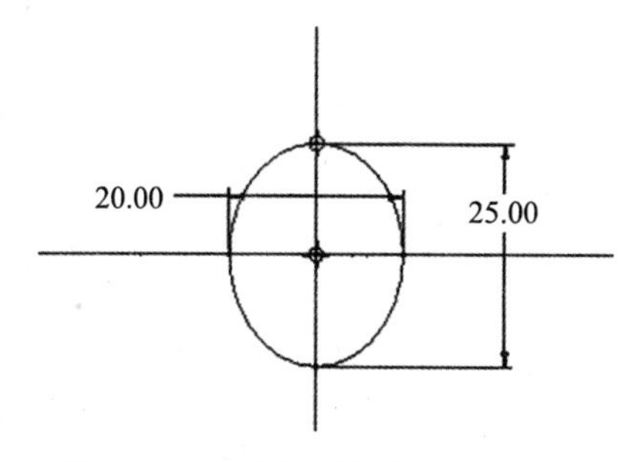

图3.73 豆浆杯手柄特征扫描截面

图3.74 豆浆杯效果图

3.5 混合特征

3.5.1 混合特征的概述

❶ 混合特征

混合特征是由两个或两个以上平面截面组成，Pro/ENGINEER 将这些平面截面在其边处用过渡曲面连接形成一个连续特征。混合特征包括：平行混合、旋转混合和一般混合三种类型。

混合特征如图3.75所示。结果文件请参看模型文件中“第3章\范例结果文件\hunhe-1.prt”。

❷ 混合特征的创建与设置

1）选取命令

从菜单栏选择【插入】→【混合】→【伸出项】，打开“混合”菜单管理器，如图3.76所示。

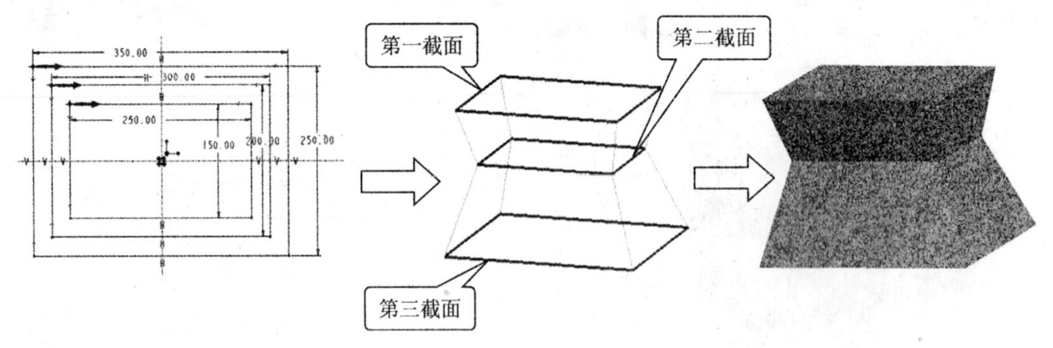

图3.75　混合特征

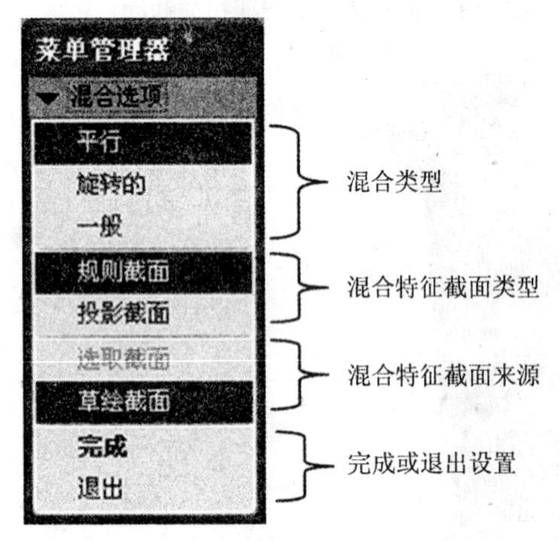

图3.76　混合菜单管理器

（1）混合类型。

• 平行混合特征：所有混合截面都位于截面草绘中的多个平行平面上。

• 旋转混合特征：混合截面绕y轴旋转，最大角度可达120°。每个截面都单独草绘并用截面坐标系对齐。

• 一般混合特征：一般混合截面可以绕x轴、y轴和z轴旋转，也可以沿这三个轴平移。每个截面都单独草绘，并用截面坐标系对齐。

（2）混合特征截面类型。

• 规则截面：特征截面使用草绘平面上的图形。

• 投影截面：特征截面使用选定曲面上的截面投影。该选项只用于平行混合。

（3）混合特征截面来源。

• 选取截面：选取截面图元，该选项对平行混合无效。

• 草绘截面：草绘截面图元。

（4）完成或退出设置。

• 完成：完成当前操作，进入混合特征属性菜单。

• 退出：取消当前操作。

2）混合特征属性

单击混合选项的“完成”按钮，打开“混合”特征属性菜单，混合特征属性包括“直”和“光滑”两个选项，如图3.77所示。

• 直：混合截面使用渐变的平面连接，如图3.78所示。

• 光滑：混合截面使用渐变的曲面连接，如图3.79所示。

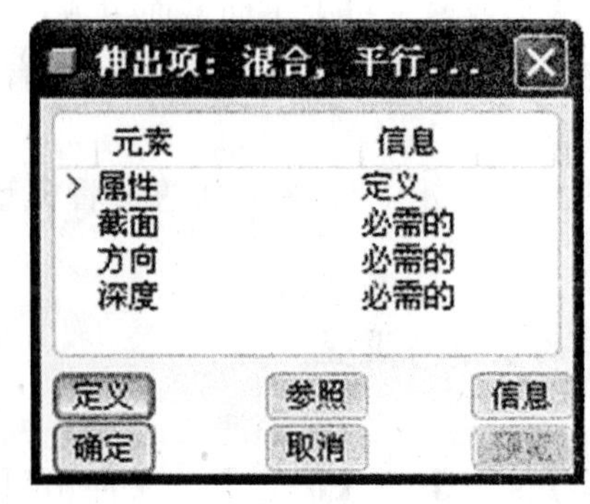

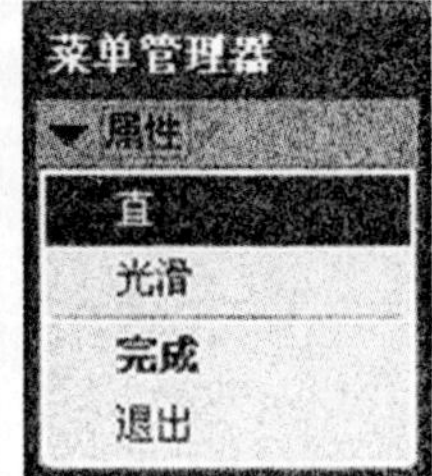

图3.77　混合特征对话框

3.5.2 平行混合特征操作步骤

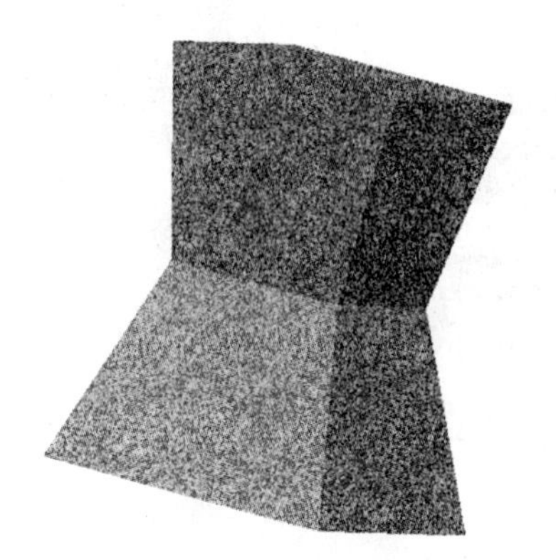

图3.78 直的混合特征

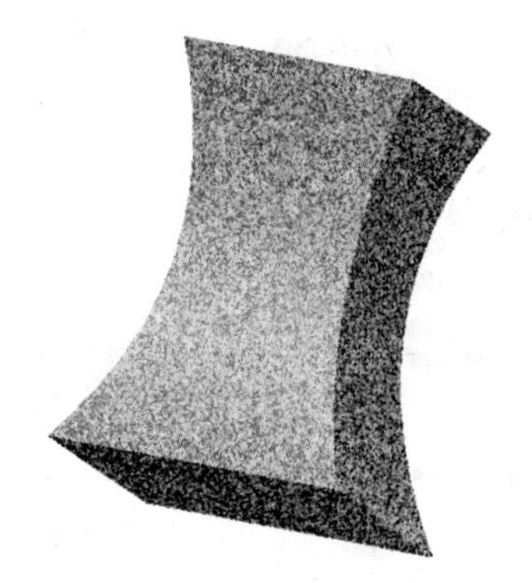

图3.79 光滑的混合特征

❶ 选取命令

从菜单栏选择【插入】→【混合】→【伸出项】，打开“混合”菜单管理器，如图3.80所示。

❷ 选择混合特征的类型和属性

从混合选项中选择【平行】→【规则截面】→【草绘截面】→【完成】，打开“混合”特征属性菜单，从混合特征属性菜单中选择【直】，如图3.81所示。

❸ 定义草绘平面和方向

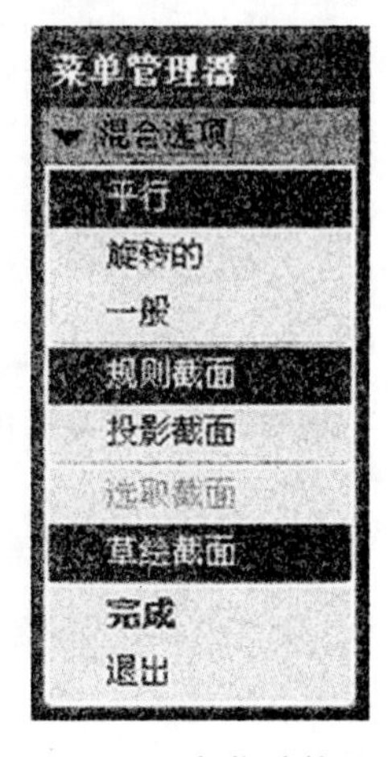

图3.80 混合菜单管理器

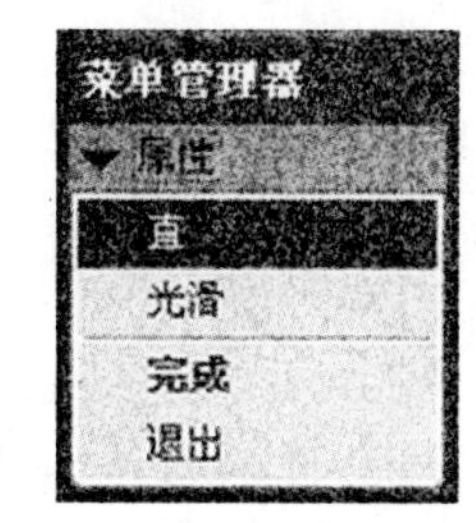

图3.81 混合特征属性菜单

选择【直】→【完成】，打开“设置草绘平面”菜单管理器。在【平面】框中选择“FRONT”平面作为草绘平面，打开“设定方向”对话框，在【方向】选项中选择【确定】，打开“草绘视图”对话框。在【草绘视图】选项中选择【缺省】，进入草绘模式，如图3.82所示。

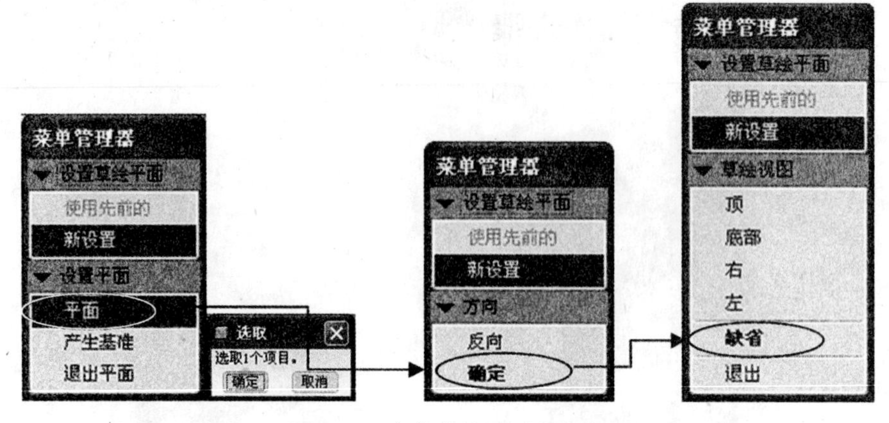

图3.82　定义草绘平面和方向

❹ 绘制平行混合特征的第一截面

绘制平行混合特征的第一截面，如图3.83所示。方法如下：

（1）单击【中心线】按钮，绘制两条中心线。

（2）单击【矩形】按钮，绘制出混合特征的第一截面。

（3）使用轮廓线上的外端标注长度尺寸，如图3.83所示。

❺ 绘制平行混合特征的第二截面

从菜单栏选择【草绘】→【特征工具】→【切换截面】，或在屏幕上单击“右键”，打开快捷菜单，在“快捷菜单”选项中选择“切换截面”，如图3.84所示。

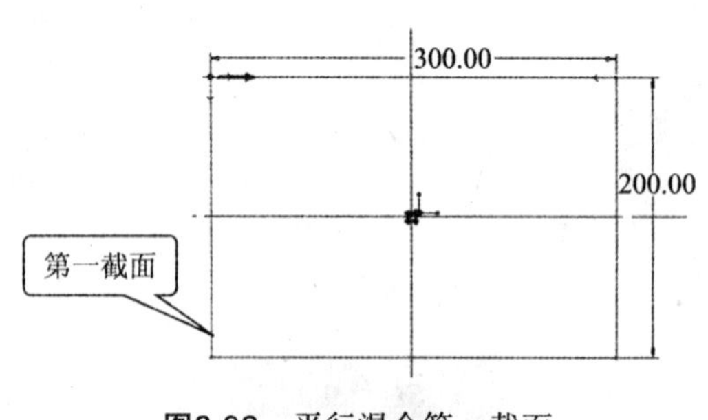

图3.83　平行混合第一截面

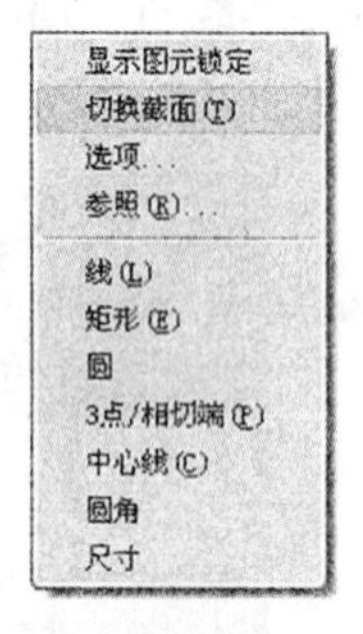

图3.84　切换截面快捷菜单

绘制平行混合特征的第二截面，如图3.85所示。与绘制平行混合特征的第一截面方法相同。

❻ 绘制平行混合特征的第三截面

使用步骤5同样的方法绘制平行混合特征的第三截面，如图3.86所示。单击草绘器工具栏的按钮退出草绘模式。

❼ 完成混合实体的创建工作

退出草绘模式后，系统打开“输入截面2的深度”文本框，如图3.87所示。输入截面2的深度值“100”，单击按钮关闭文本框。系统接着打开“输入截面3的深度”文本框，如图3.88所示。输入截面3的深度值“150”， 单击按钮关闭文本

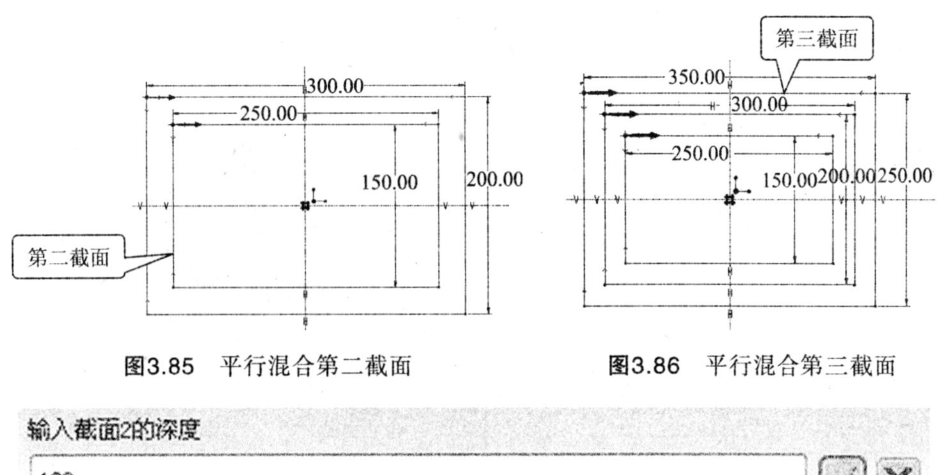

图3.85 平行混合第二截面　　图3.86 平行混合第三截面

图3.87 “输入截面2的深度”文本框

输入截面3的深度

150

图3.88 “输入截面3的深度”文本框

框，单击平行混合操作对话框的“确定”按钮，完成平行混合实体的创建工作。实体形状如图3.89所示。结果文件请参看模型文件中“第3章\范例结果文件\hunhe-1.prt”。

设置混合特征的属性为“光滑”，则各截面间实体为曲线混合，实体形状如图3.90所示。结果文件请参看模型文件中“第3章\范例结果文件\hunhe-2.prt”。

图3.89 平行混合特征（直）

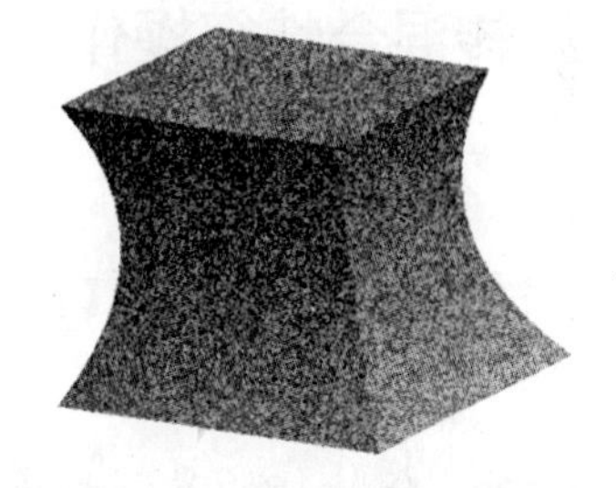

图3.90 平行混合特征（光滑）

操作技巧

（1）使用混合顶点。创建混合特征时，混合截面包含的图元数都必须始终保持相同（封闭混合除外）。

对于没有足够几何图元的截面，可以添加混合顶点。每个混合顶点给截面添加一个图元。但是，使用草绘或选定截面上的混合顶点可使混合曲面消失。

混合顶点可充当相应混合曲面的终止端，但被计算在截面图元的总数中。

可以在直混合或光滑混合中使用混合顶点（包括平行光滑混合），但只能用于第一个或最后一个截面中，如图3.91所示。

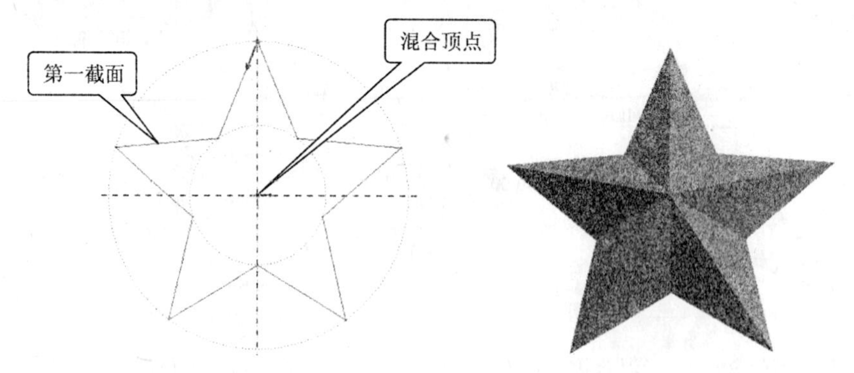

图3.91 使用混合顶点创建“五角星”

（2）添加混合顶点。从菜单栏选择【草绘】→【特征工具】→【混合顶点】，或在屏幕上单击“右键”，打开快捷菜单，在“快捷菜单”选项中选择“混合顶点”，如图3.92所示。

选取现有几何图元的顶点。在该顶点处将放置一个圆。在同一点可以创建多个混合顶点。每个附加顶点将创建一个直径渐增的同心圆，如图3.93所示。

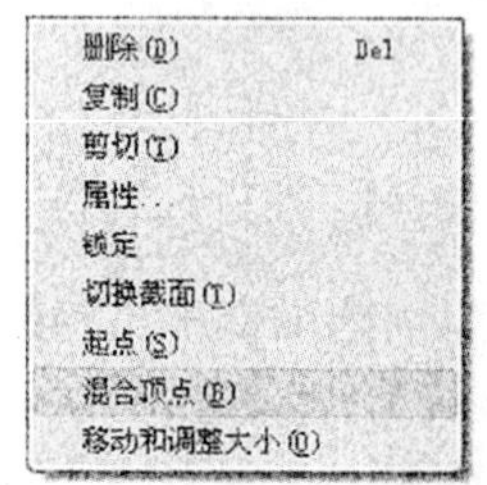

图3.92 添加混合顶点快捷菜单

2 1 3 4 截面1 + 2 1 3 4 截面2 + 2 (混合顶点) 1 3 4 截面3

图3.93 添加混合顶点示例

3.5.3 旋转混合特征操作步骤 

❶ 选取命令

从菜单栏选择【插入】→【混合】→【伸出项】，打开“混合”菜单管理器，如图3.94所示。

❷ 选择混合特征的类型和属性

从混合选项中选择【旋转的】→【规则截面】→【草绘截面】→【完成】，打开“混合”特征属性菜单，从混合特征属性菜单中选择【光滑】→【封闭的】，如图3.95所示。

❸ 定义草绘平面和方向

选择【完成】，打开“设置草绘平面”菜单管理器。在【平面】框中选择“FRONT”平面作为草绘平面，打开“设定方向”对话框，在【方向】选项中选择【确定】，打开“草绘视图”对话框。在【草绘视图】选项中选择【缺省】，进入草绘模式，如图3.96所示。

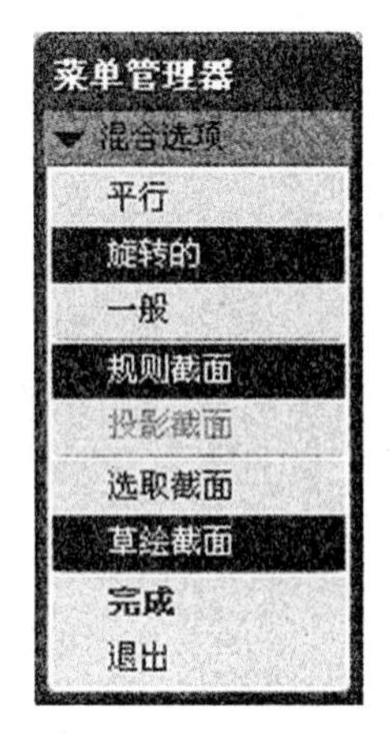

图3.94　混合菜单管理器

图3.95　混合特征属性菜单

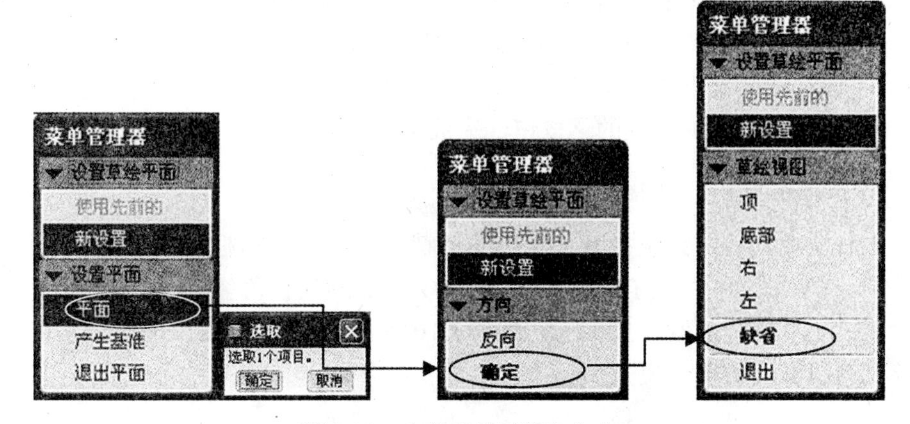

图3.96　定义草绘平面和方向

4 绘制旋转混合特征的第一截面

绘制旋转混合特征的第一截面，如图3.97所示。方法如下：

（1）单击【中心线】按钮，绘制两条中心线。

（2）单击工具栏上【点】按钮→→，在两条中心线相交点处创建坐标系。

（3）单击【圆】按钮，绘制出旋转混合特征的第一截面。

（4）标注圆的大小和定位尺寸，如图3.97所示。

（5）单击草绘器工具栏的按钮，完成第一截面的绘制工作，退出草绘模式。

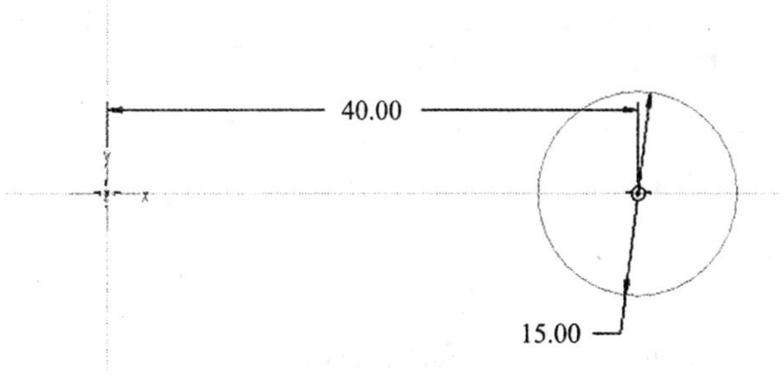

图3.97　旋转混合第一截面

❺ 绘制旋转混合特征的第二截面

退出草绘模式后，系统打开“为截面2输入y_axis旋转角（范围：0-120）”文本框，输入y_axis旋转角值“120”，如图3.98所示。单击☑按钮关闭文本框。系统进入绘制第二截面的草绘模式。

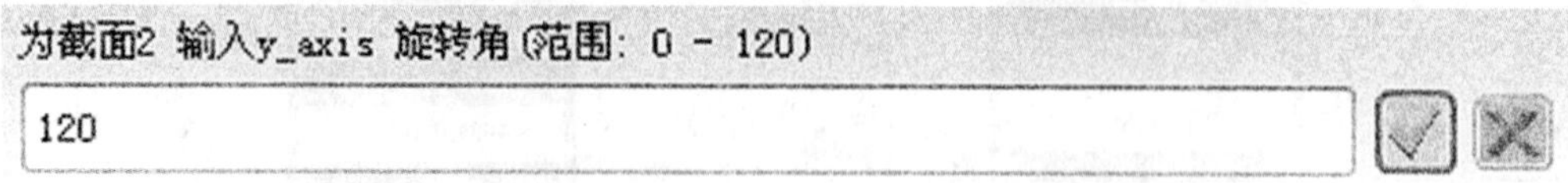

为截面2 输入y_axis 旋转角 (范围: 0 - 120)

120

图3.98 “输入截面2的y_axis旋转角”文本框

绘制旋转混合特征的第二截面，如图3.99所示。方法如下：

（1）单击工具栏上【点】按钮→→，创建坐标系。

（2）单击【中心线】按钮，在坐标系原点绘制两条中心线。

（3）单击【圆】按钮，绘制出旋转混合特征的第二截面。

（4）标注圆的大小和定位尺寸，如图3.99所示。

（5）单击草绘器工具栏的☑按钮，完成第二截面的绘制工作，退出草绘模式。

❻ 绘制旋转混合特征的第三截面

退出草绘模式后，系统打开“继续下一截面”确认对话框，如图3.100所示。在对话框中选择 是(Y) ，系统打开“为截面3输入y_axis旋转角（范围：0-120）”文本框，输入y_axis旋转角值“120”，如图3.101所示。单击☑按钮关闭文本框。系统进入绘制第三截面的草绘模式。

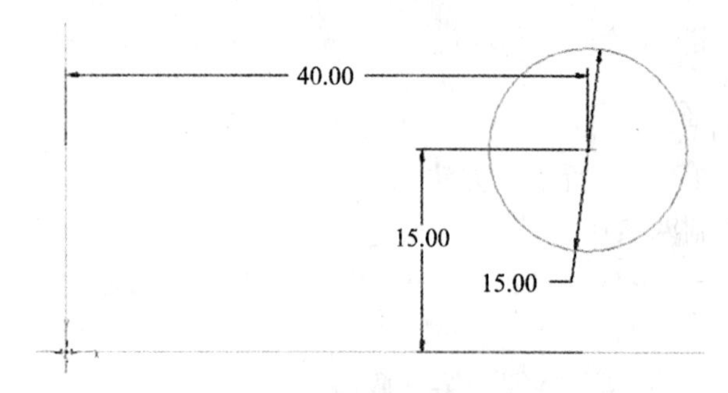

图3.99 旋转混合第二截面

图3.100 “继续下一截面”对话框

为截面3 输入y_axis 旋转角 (范围: 0 - 120)

120

图3.101 “输入截面3的y_axis旋转角”文本框

绘制旋转混合特征的第三截面，如图3.102所示。方法如下：

（1）单击工具栏上【点】按钮→→，创建坐标系。

（2）单击【中心线】按钮，在坐标系原点绘制两条中心线。

（3）单击【圆】按钮，绘制出旋转混合特征的第三截面。

（4）标注圆的大小和定位尺寸，如图3.102所示。

（5）单击草绘器工具栏的☑按钮，完成第三截面的绘制工作，退出草绘模式。

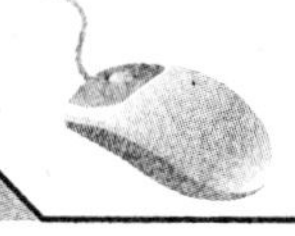

❼ 绘制旋转混合特征的第四、五、六截面

退出草绘模式后，系统打开“继续下一截面”确认对话框，在对话框中选择 是(Y)，系统打开“为截面4输入y_axis旋转角（范围：0-120）”文本框，输入y_axis旋转角度值“120”，单击☑按钮关闭文本框。系统进入绘制第四截面的草绘模式。绘制旋转混合特征的第四截面，如图3.103所示。

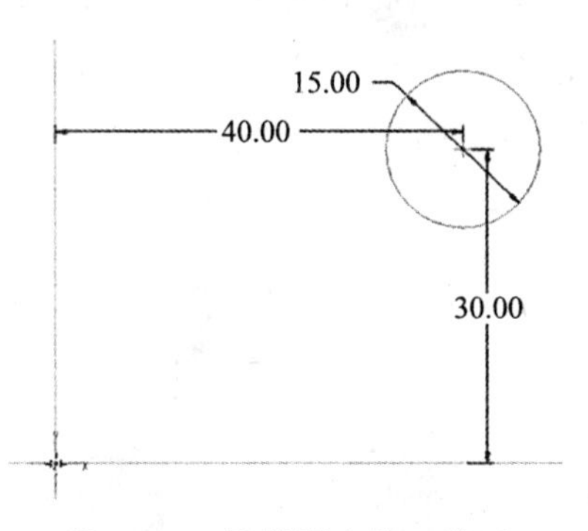

图3.102　旋转混合第三截面

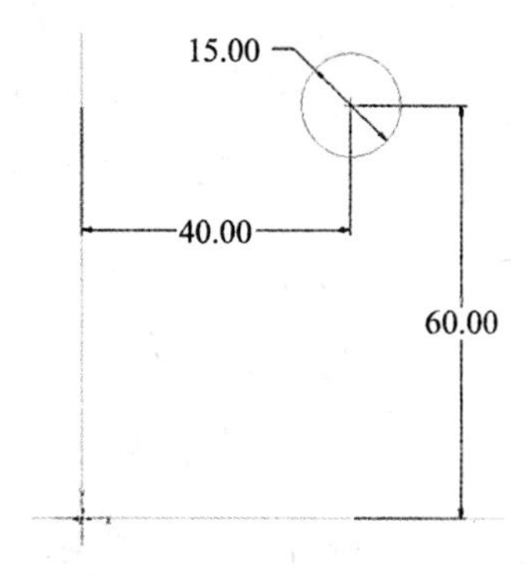

图3.103　旋转混合第四截面

使用步骤6同样的方法绘制旋转混合特征的第五截面和第六截面，如图3.104和图3.105所示。单击草绘器工具栏的☑按钮退出草绘模式。

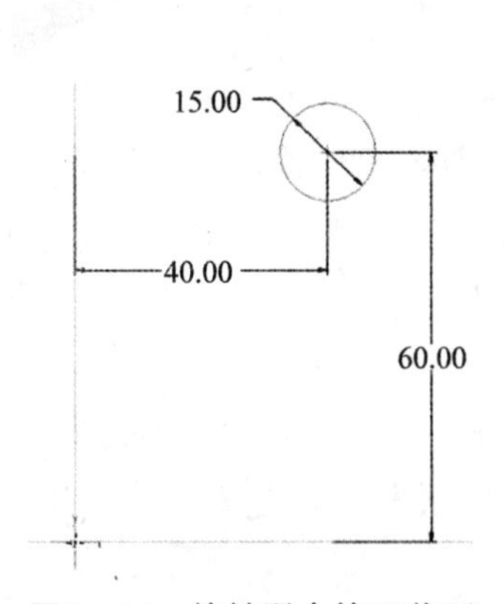

图3.104　旋转混合第五截面

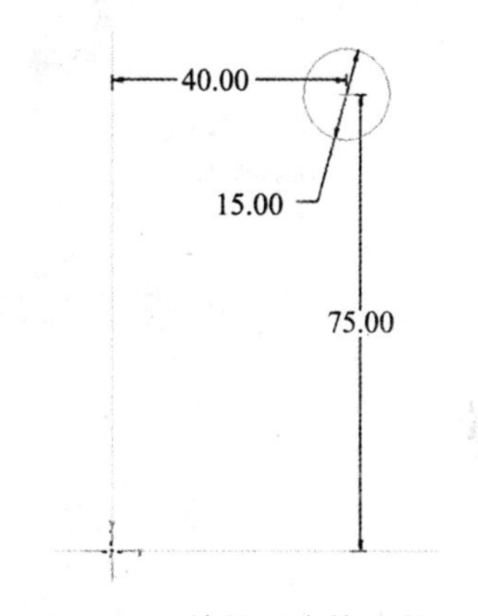

图3.105　旋转混合第六截面

❽ 完成旋转混合实体的创建工作

退出草绘模式后，系统打开“继续下一截面”确认对话框，在对话框中选择 否(N)。单击旋转混合操作对话框的“确定”按钮，完成旋转混合实体的创建工作。实体形状如图3.106所示。结果文件请参看模型文件中“第3章\范例结果文件\hunhe-3.prt”。

从混合特征属性菜单中选择【光滑】→【开放】，实体形状如图3.107所示。结果文件请参看模型文件中“第3章\范例结果文件\hunhe-4.prt”。

从混合特征属性菜单中选择【直】→【开放】，实体形状如图3.108所示。结果文件请参看模型文件中“第3章\范例结果文件\hunhe-5.prt”。

从混合特征属性菜单中选择【直】→【封闭的】，实体形状如图3.109所示。结果文件请参看模型文件中“第3章\范例结果文件\hunhe-6.prt”。

图3.106　光滑封闭旋转混合特征

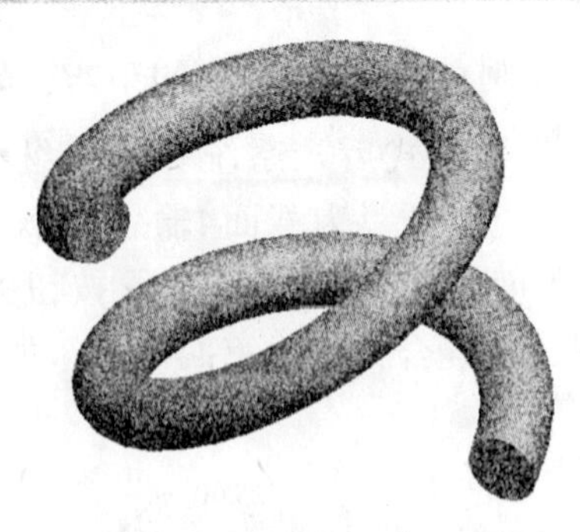

图3.107　光滑开放旋转混合特征

图3.108　直的开放旋转混合特征

图3.109　直的封闭旋转混合特征

3.5.4　一般混合特征操作步骤

1 选取命令

从菜单栏选择【插入】→【混合】→【伸出项】，打开“混合”菜单管理器，如图3.110所示。

2 选择混合特征的类型和属性

从混合选项中选择【一般】→【规则截面】→【草绘截面】→【完成】，打开“混合”特征属性菜单，从混合特征属性菜单中选择【光滑】，如图3.111所示。

3 定义草绘平面和方向

选择【完成】，打开“设置草绘平面”菜单管理器。在【平面】框中选择“FRONT”平面作为草绘平面，打开“设定方向”对话框，在【方向】选项中选择【确定】，打开“草绘视图”对话框。在【草绘视图】选项中选择【缺省】，进入草绘模式，如图3.112所示。

4 绘制一般混合特征的第一截面

绘制一般混合特征的第一截面，如图3.113所示。方法如下：

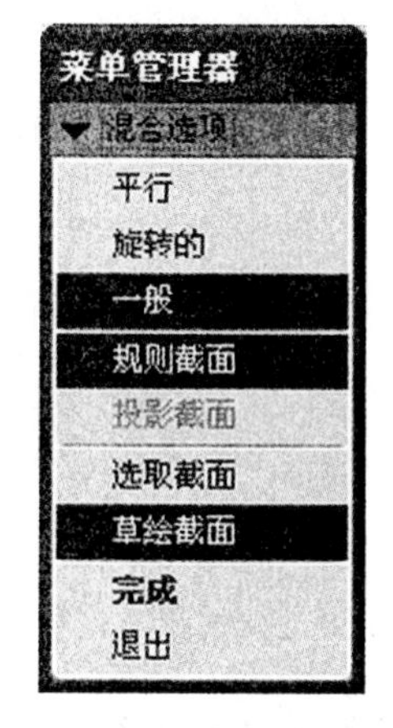

图3.110 混合菜单管理器

图3.111 混合特征属性菜单

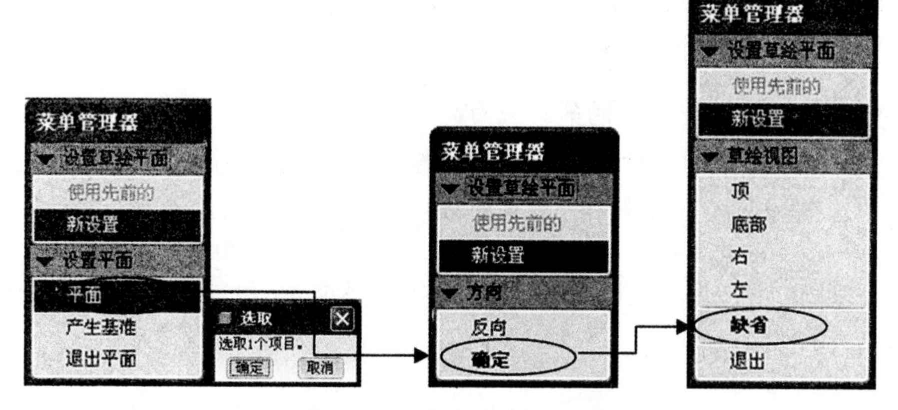

图3.112 定义草绘平面和方向

（1）单击【中心线】按钮，绘制两条中心线。

（2）单击工具栏上【点】按钮→→，在两条中心线相交点处创建坐标系。

（3）单击【圆】按钮，绘制出旋转混合特征的第一截面。

（4）标注圆的大小和定位尺寸，如图3.113所示。

（5）单击草绘器工具栏的按钮，完成第一截面的绘制工作，退出草绘模式。

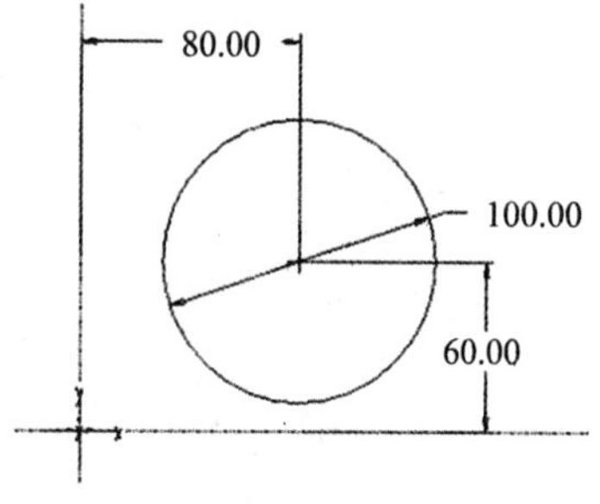

图3.113 一般混合第一截面

❺ 绘制一般混合特征的第二截面

退出草绘模式后，系统打开“为截面2输入x_axis、y_axis、z_axis旋转角（范围：+120-120）”文本框，输入x_axis、y_axis、z_axis旋转角值为“0”、“0”、“45”，如图3.114所示。单击按钮关闭文本框。系统进入绘制第二截面的草绘模式。

绘制一般混合特征的第二截面，如图3.115所示。方法如下：

（1）单击工具栏上【点】按钮→→，创建坐标系。

给截面2 输入 x_axis旋转角度 (范围:+-120)

0.00

给截面2 输入 y_axis旋转角度 (范围:+-120)

0.00

给截面2 输入 z_axis旋转角度 (范围:+-120)

45

图3.114　“输入截面2的x、y、z_axis旋转角”文本框

（2）单击【中心线】按钮，在坐标系原点绘制两条中心线。

（3）单击【圆】按钮，绘制出旋转混合特征的第二截面。

（4）标注圆的大小和定位尺寸，如图3.115所示。

（5）单击草绘器工具栏的按钮，完成第二截面的绘制工作，退出草绘模式。

6 绘制一般混合特征的第三截面

退出草绘模式后，系统打开“继续下一截面”确认对话框，如图3.116所示。在对话框中选择是(Y)，系统打开“为截面3输入x_axis、y_axis、z_axis旋转角度（范围：+120-120）”文本框，输入x_axis、y_axis、z_axis旋转角度值为“0”、“0”、“45”，如图3.117所示。单击按钮关闭文本框。系统进入绘制第三截面的草绘模式。

绘制一般混合特征的第三截面，如图3.118所示。方法如下。

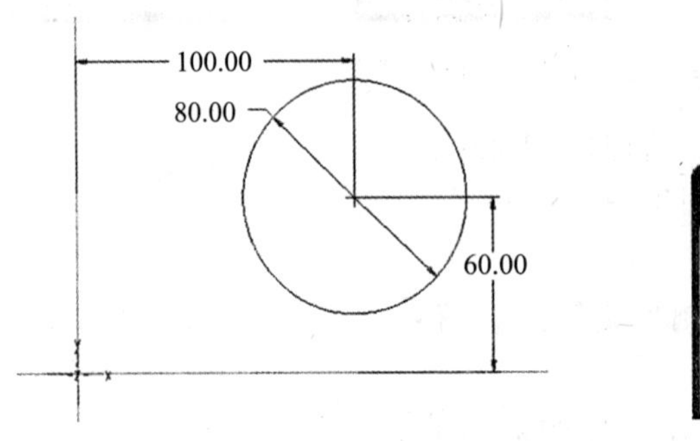

图3.115　一般混合第二截面

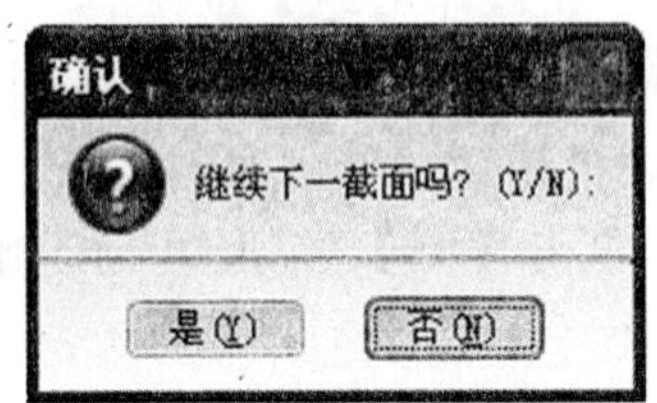

图3.116　“继续下一截面”对话框

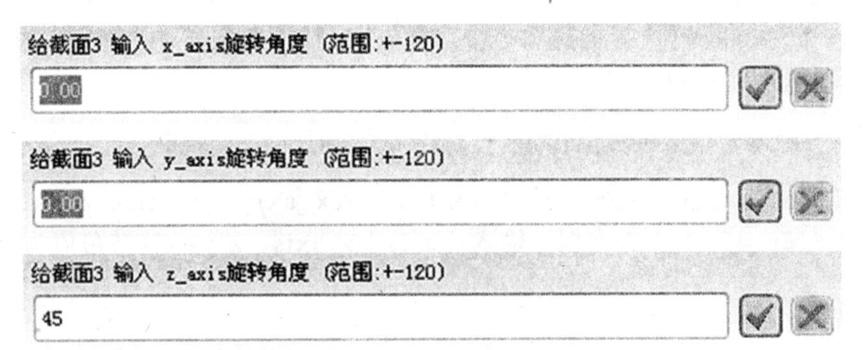

图3.117　“输入截面3的x、y、z_axis旋转角”文本框

（1）单击工具栏上【点】按钮 → → ，创建坐标系。

（2）单击【中心线】按钮 ，在坐标系原点绘制两条中心线。

（3）单击【圆】按钮 ，绘制出旋转混合特征的第三截面。

（4）标注圆的大小和定位尺寸，如图3.118所示。

（5）单击草绘器工具栏的 按钮，完成第三截面的绘制工作，退出草绘模式。

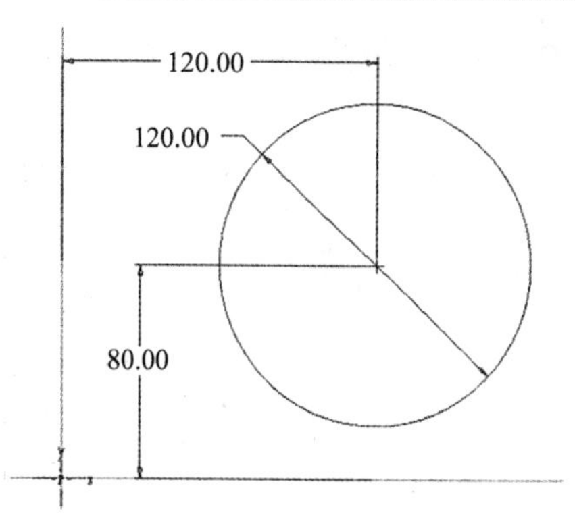

图3.118 一般混合第三截面

❼ 完成一般混合实体的创建工作

退出草绘模式后，系统打开“继续下一截面”确认对话框，在对话框中选择 否(N) 。系统打开“输入截面2的深度”文本框，如图3.119所示。输入截面2的深度值“100”，单击 按钮关闭文本框。系统接着打开“输入截面3的深度”文本框，如图3.120所示。输入截面3的深度值“120”， 单击 按钮关闭文本框，单击一般混合操作对话框的“确定”按钮，完成一般混合实体的创建工作。实体形状如图3.121所示。结果文件请参看模型文件中“第3章\范例结果文件\hunhe-7.prt”。

从混合特征属性菜单中选择【直】，实体形状如图3.122所示。结果文件请参看模型文件中“第3章\范例结果文件\hunhe-8.prt”。

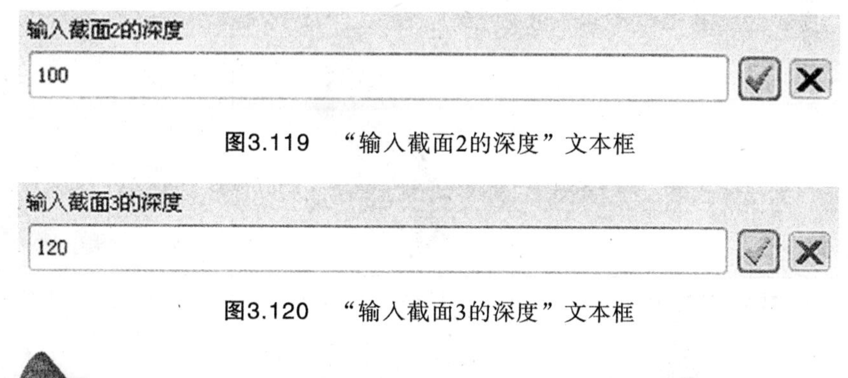

图3.119 “输入截面2的深度”文本框

图3.120 “输入截面3的深度”文本框

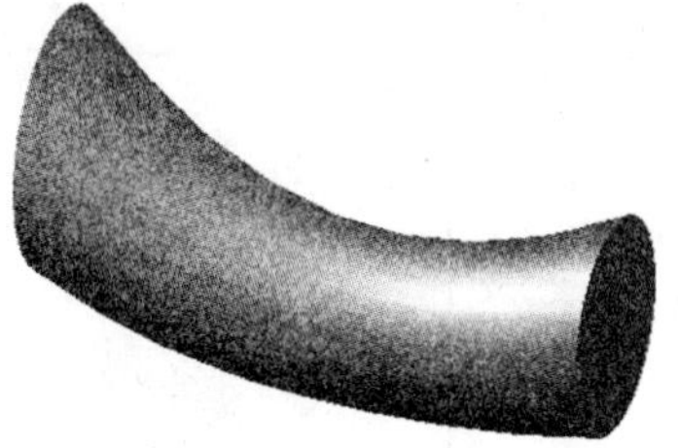

图3.121 光滑一般混合特征

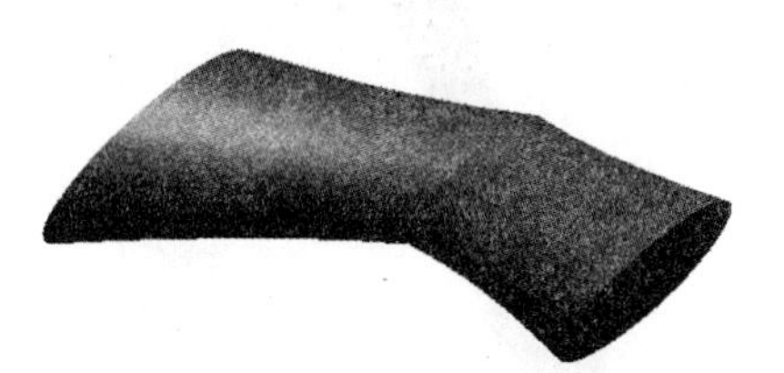

图3.122 直的一般混合特征

3.5.5 混合特征实例——斜刃铰刀

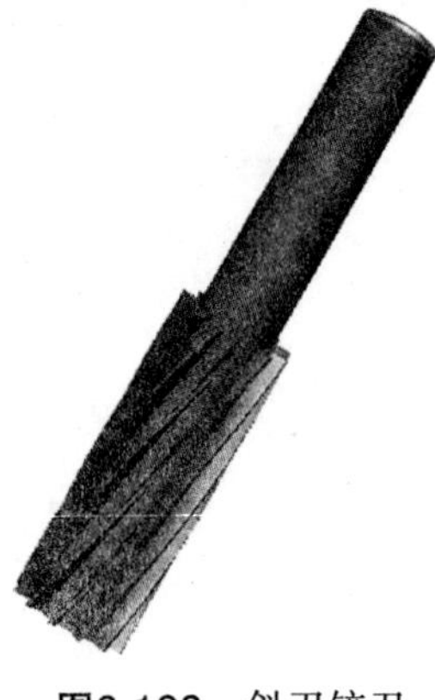

图3.123 斜刃铰刀

❶ 斜刃铰刀零件设计分析

1）零件形状和参数

斜刃铰刀零件外观形状如图3.123所示，直径×高为ϕ30mm×160mm。

2）零件设计方法与流程

（1）使用草绘模块绘制斜刃铰刀截面。

（2）使用一般混合创建斜刃铰刀刃口。

（3）使用拉伸法创建斜刃铰刀刀柄。

（4）使用旋转法完善斜刃铰刀结构。

斜刃铰刀零件创建的主要流程如表3.4所示。

表3.4 斜刃铰刀零件创建的主要流程

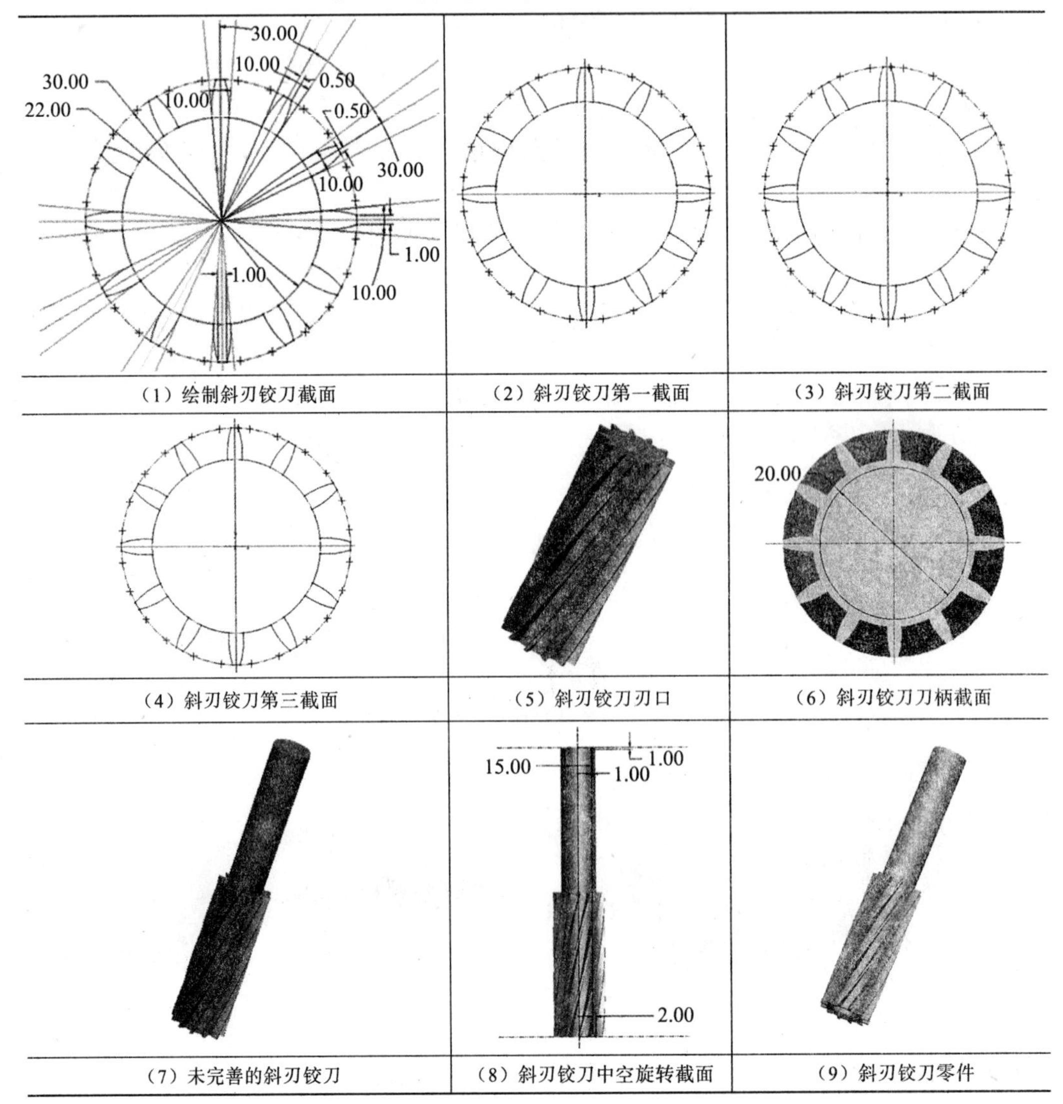

（1）绘制斜刃铰刀截面　（2）斜刃铰刀第一截面　（3）斜刃铰刀第二截面

（4）斜刃铰刀第三截面　（5）斜刃铰刀刃口　（6）斜刃铰刀刀柄截面

（7）未完善的斜刃铰刀　（8）斜刃铰刀中空旋转截面　（9）斜刃铰刀零件

❷ 创建斜刃铰刀零件的操作步骤

1）使用草绘模块绘制斜刃铰刀截面

（1）创建截面文件。单击【新建】按钮，进入“新建”对话框，在【类型】中选择【草绘】，在【名称】框中输入草绘截面文件名“s2dxieren”，如图3.124所示。单击确定按钮，进入Pro/ENGINEER二维草绘界面。

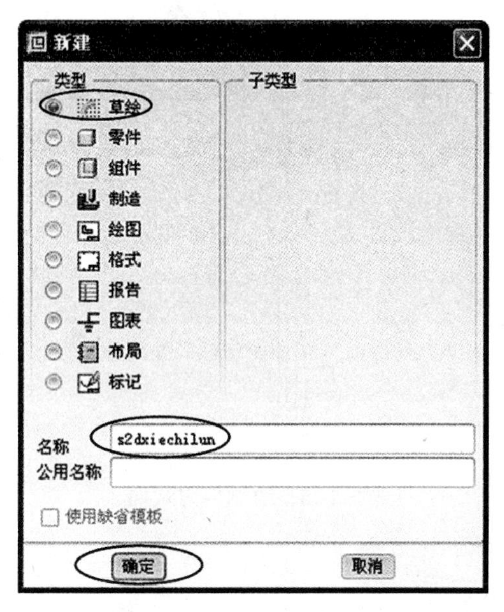

图3.124 “新建”对话框

（2）绘制斜刃铰刀截面。绘制斜刃铰刀截面，如图3.125所示。方法如下：

· 单击【中心线】按钮，绘制互相垂直的两条中心线。

· 单击【弧】按钮，绘制出斜刃铰刀截面。

· 标注圆的大小和定位尺寸，如图3.125所示。

· 单击工具栏的【保存】按钮，完成斜刃铰刀截面的绘制工作。结果文件请参看模型文件中“第3章\范例结果文件\ s2dxieren.sec”。

· 从菜单栏选择【文件】→【拭除】→【当前】，关闭草绘界面，退出草绘模式。

2）使用一般混合创建斜刃铰刀刃口

（1）选取命令。从菜单栏选择【插入】→【混合】→【伸出项】，打开“混合”菜单管理器，如图3.126所示。

（2）选择混合特征的类型和属性。从混合选项中选择【一般】→【规则截面】→【草绘截面】→【完成】，打开“混合”特征属性菜单，从混合特征属性菜单中选择【光滑】，如图3.127所示。

（3）定义草绘平面和方向。选择【完成】，打开“设置草绘平面”菜单管理器。在【平面】框中选择“FRONT”平面作为草绘平面，打开“设定方向”对话框，在【方向】选项中选择【确定】，打开“草绘视图”对话框。在【草绘视图】选项中选择【缺省】，进入草绘模式，如图3.128所示。

（4）绘制斜刃铰刀切削部分混合特征的第一截面。具体操作方法如下：

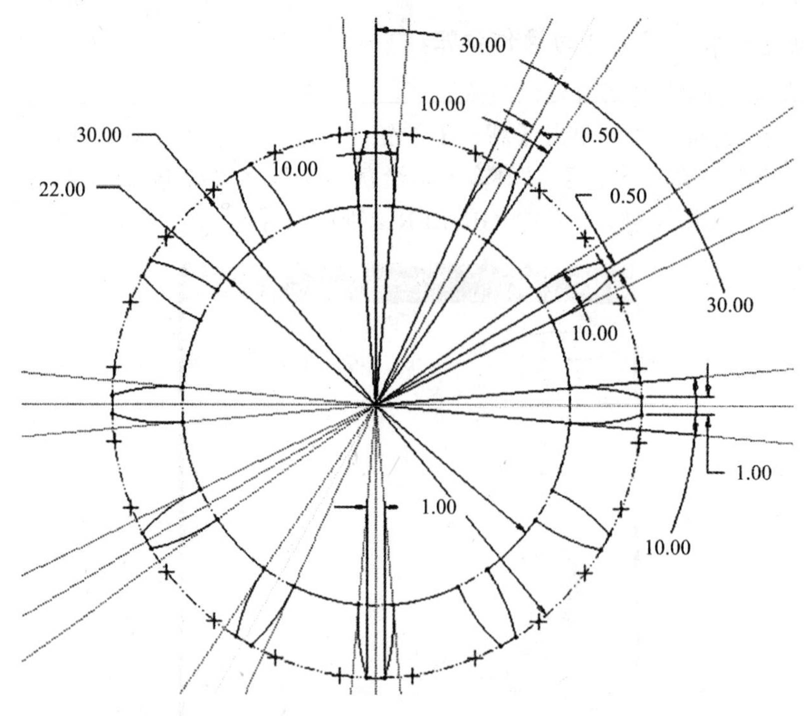

图3.125 绘制斜刃截面

图3.126 “混合”菜单管理器

图3.127 “混合”特征属性菜单

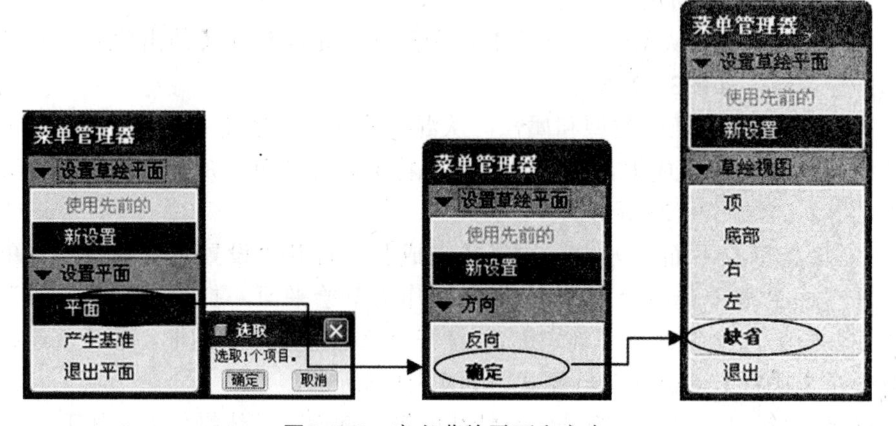

图3.128 定义草绘平面和方向

• 单击【中心线】按钮┆，绘制两条中心线。

• 单击工具栏上【点】按钮 → → ，在两条中心线相交点处创建坐标系。

• 单击【调色板】按钮，打开“草绘器调色板”管理器，如图3.129所示。

• 从“草绘器调色板”中选择【范例结果文件】，用鼠标左键连续两次单击“s2dxieren”，在作图区选择一点放置斜刃铰刀截面，打开“移动和调整大小”对话框，在缩放栏输入“缩放比例”值“1”，如图3.130所示。单击按钮关闭“移动和调整大小”对话框。

• 单击工具栏上【法向】按钮，将斜刃铰刀切削部分截面的中心标注至坐标原点重合，完成调用步骤1绘制的斜齿铰刀截面，如图3.131所示。

• 单击草绘器工具栏的按钮，完成第一截面的绘制工作，退出草绘模式。

图3.129 草绘器调色板

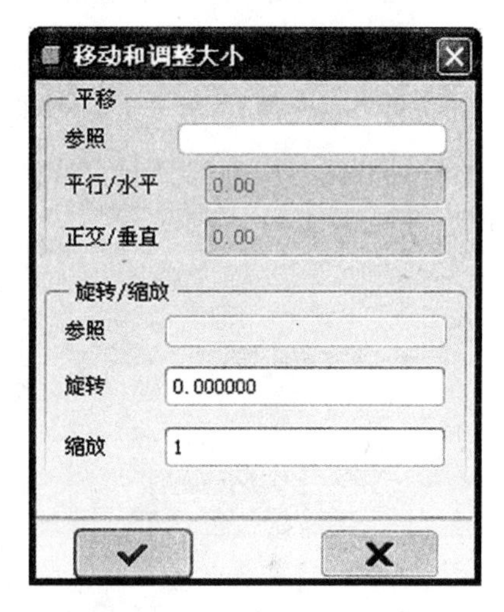

图3.130 “移动和调整大小”对话框

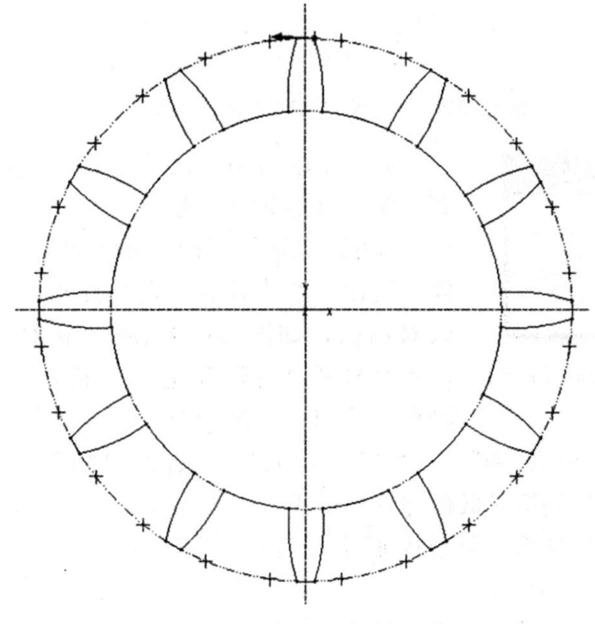

图3.131 斜刃铰刀切削部分混合第一截面

（5）绘制斜刃铰刀切削部分混合特征的第二截面。退出草绘模式后，系统打开“为截面2输入x_axis、y_axis、z_axis旋转角（范围：+120-120）”文本框，输入x_axis、y_axis、z_axis旋转角值为“0”、“0”、“45”，如图3.132所示。单击☑按钮关闭文本框。系统进入绘制第二截面的草绘模式。

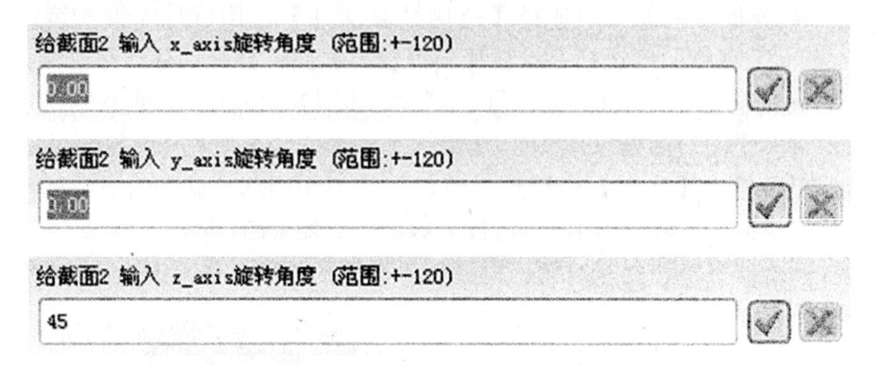

图3.132 “输入截面2的x、y、z_axis旋转角”文本框

绘制斜刃铰刀切削部分混合特征的第二截面，重复步骤（4）的方法，调用斜刃铰刀截面，如图3.133所示。

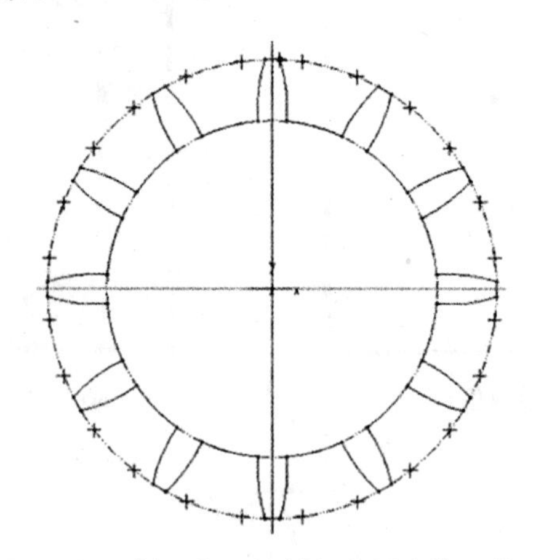

图3.133 斜刃铰刀切削部分混合第二截面

图3.134 继续下一截面对话框

单击草绘器工具栏的☑按钮，完成第二截面的绘制工作，退出草绘模式。

（6）绘制斜刃铰刀切削部分混合特征的第三截面。退出草绘模式后，系统打开“继续下一截面”确认对话框，如图3.134所示。在对话框中选择是(Y)，系统打开“为截面3输入x_axis、y_axis、z_axis旋转角（范围：+120-120）”文本框，输入x_axis、y_axis、z_axis旋转角值为“0”、“0”、“45”，如图3.135所示。单击☑按钮关闭文本框。系统进入绘制第三截面的草绘模式。

绘制斜刃铰刀切削部分混合特征的第三截面，重复步骤（4）的方法，调用斜刃铰刀截面，如图3.136所示。

单击草绘器工具栏的☑按钮，完成第三截面的绘制工作，退出草绘模式。

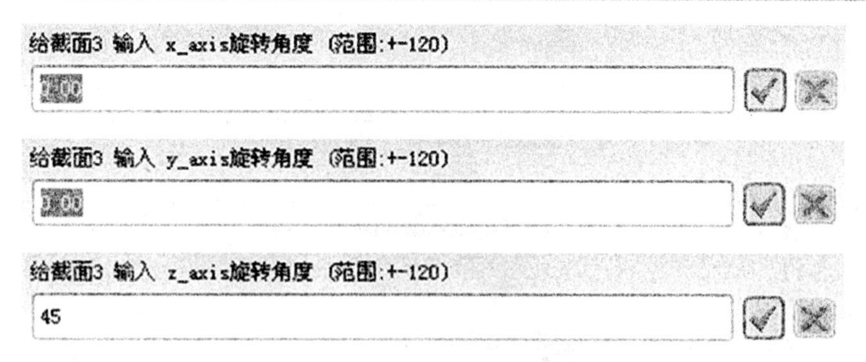

图3.135 “输入截面3的x、y、z_axis旋转角”文本框

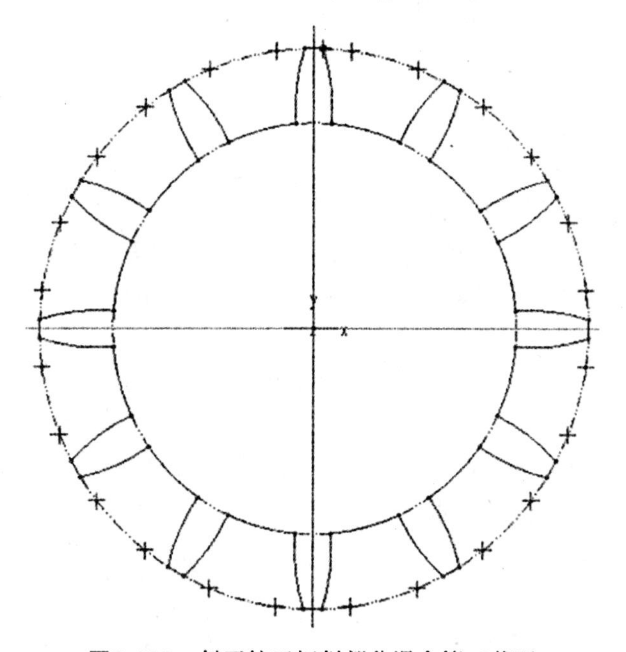

图3.136 斜刃铰刀切削部分混合第三截面

输入截面2的深度

40

图3.137 “输入截面2的深度”文本框

输入截面3的深度

40

图3.138 “输入截面3的深度”文本框

（7） 完成斜刃铰刀切削部分混合实体的创建工作。退出草绘模式后，系统打开“继续下一截面”确认对话框，在对话框中选择[否(N)]。系统打开“输入截面2的深度”文本框，如图3.137所示。输入截面2的深度值“40”，单击☑按钮关闭文本框。系统接着打开“输入截面3的深度”文本框，如图3.138所示。输入截面3的深度值“40”， 单击☑按钮关闭文本框，单击一般混合操作对话框的“确定”按钮，完成斜刃铰刀切削部分混合实体的创建工作。实体形状如图3.139所示。

图3.139 斜刃铰刀切削部分混合特征

3）使用拉伸法创建斜刃铰刀刀柄

（1）选取命令。从菜单栏选择【插入】→【拉伸】，或从工具栏中单击【拉伸】按钮。打开拉伸特征操控板，再单击【拉伸为实体】按钮，如图3.140所示。

（2）定义草绘平面和方向。选择【放置】→【定义】，打开“草绘”对话框。在【平面】框中选择“斜刃铰刀切削部分混合实体的一个表面”作为草绘平面，在【参照】框中选择“RIGHT” 平面作为参照平面，在【方向】框中选择【顶】，如图3.141所示。单击草绘按钮进入草绘模式。

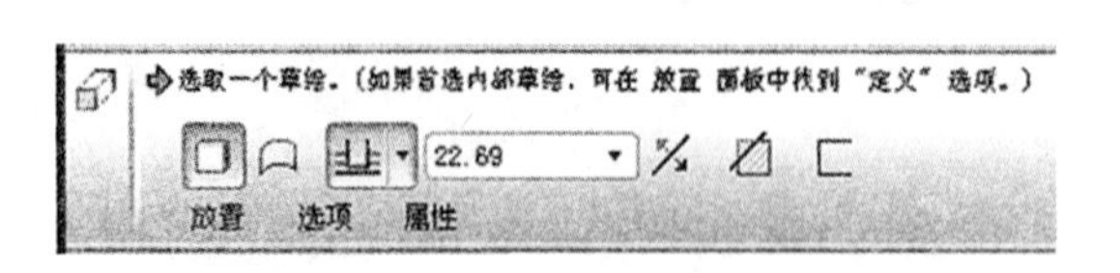

图3.140 拉伸特征操控板

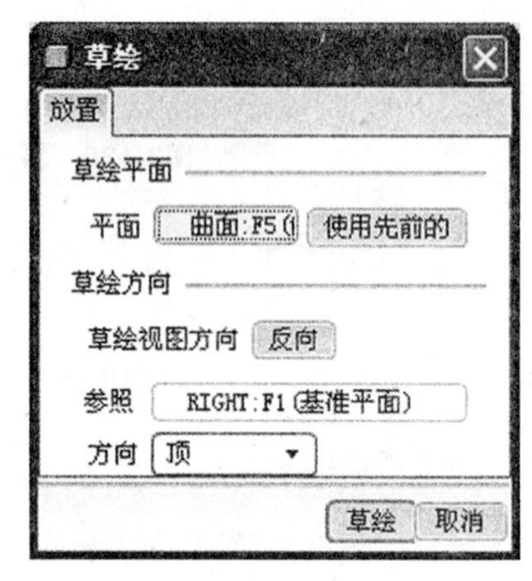

图3.141 “草绘”对话框

（3）绘制拉伸特征的截面。绘制“圆”形截面。方法如下：

• 单击【中心线】按钮，绘制两条中心线。

• 单击【圆】按钮，在两条中心线的相交处绘制出直径大小为ϕ20mm的圆，如图3.142所示。

• 单击草绘器工具栏的按钮退出草绘模式。

（4）指定拉伸方式和深度。在拉伸特征操控板中选择【盲孔】，然后输入拉

伸深度“80”，在图形窗口中可以预览拉伸出的斜刃铰刀刀柄实体特征，如图3.143所示。

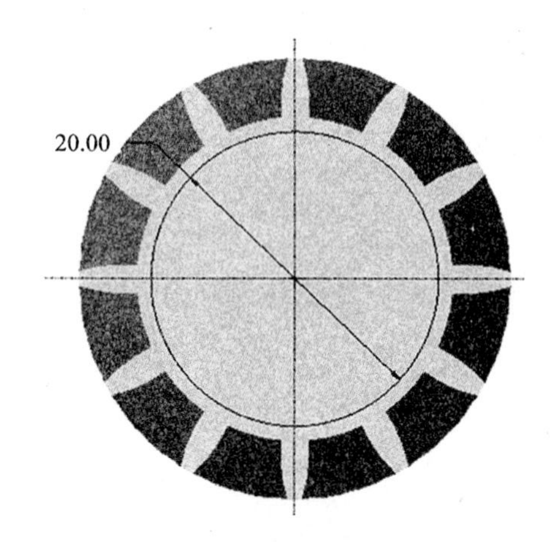

图3.142　绘制拉伸截面

图3.143　斜刃铰刀刀柄实体特征

（5）完成拉伸实体的创建工作。单击操控板的☑按钮，完成斜刃铰刀刀柄拉伸特征的创建工作。

4）使用旋转法完善斜刃铰刀结构

（1）选取命令。从菜单栏选择【插入】→【旋转】，或从工具栏中单击【旋转】按钮。打开旋转特征操控板，再单击【移除材料】按钮，如图3.144所示。

（2）定义草绘平面和方向。选择【放置】→【定义】，打开“草绘”对话框。在【平面】框中选择“TOP”平面作为草绘平面，在【参照】框中选择“RIGHT”平面作为参照平面，在【方向】框中选择【右】，如图3.145所示。单击草绘按钮进入草绘模式。

图3.144　旋转特征操控板

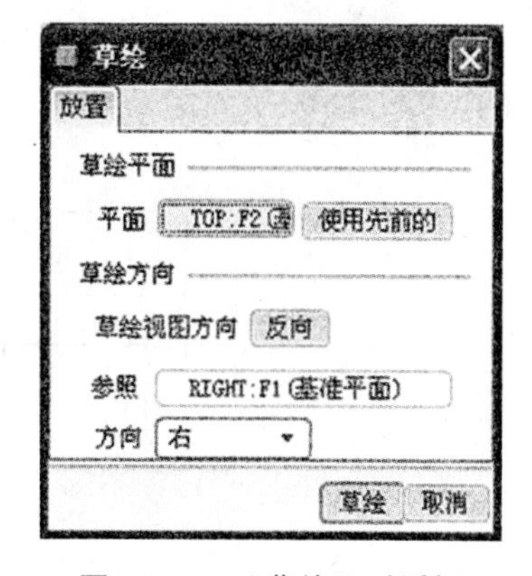

图3.145　“草绘”对话框

（3）绘制旋转特征的截面。具体操作方法如下：

- 单击【中心线】按钮，绘制旋转中心线。
- 单击【直线】按钮，绘制出旋转截面。
- 使用轮廓线上的外端点标注截面尺寸，如图3.146所示。
- 单击草绘器工具栏的☑按钮退出草绘模式。

（4）定义旋转角度。在旋转特征操控板中选择【变量】，然后输入旋转角度

"360"，在图形窗口中可以预览出完善的斜齿铰刀模型，如图3.147所示。

（5）完成旋转实体的创建工作。单击操控板的☑按钮，完成旋转特征的创建工作，完善的斜齿铰刀模型实体形状如图3.147所示。结果文件请参看模型文件中"第3章\范例结果文件\ hunhe-9.prt"。

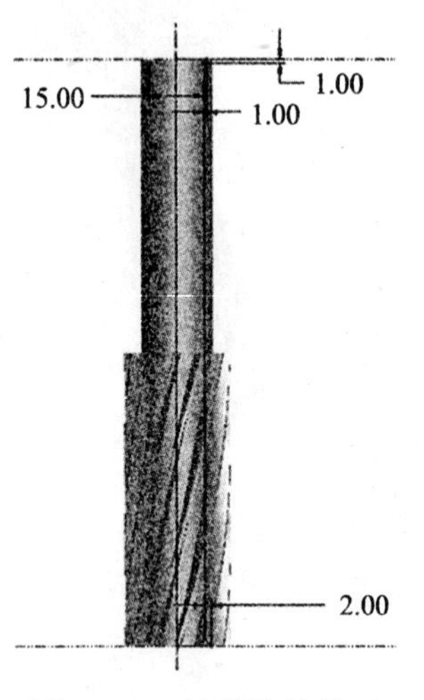

图3.146　绘制旋转截面

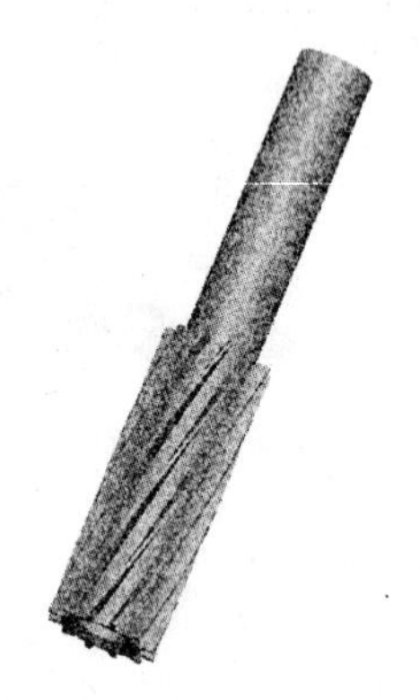
图3.147　完善的斜刃铰刀

思考与练习

1. 如何设置零件的单位？

2. 创建如图3.148所示的零件。结果文件请参看模型文件中"第3章\思考与练习结果文件\ ex03-1.prt"。

3. 创建如图3.149所示的零件。结果文件请参看模型文件中"第3章\思考与练习结果文件\ex03-2.prt"。

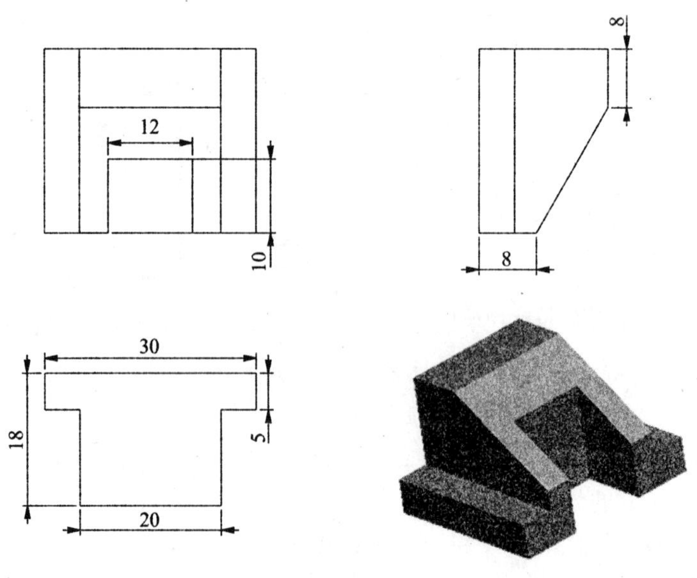

图3.148

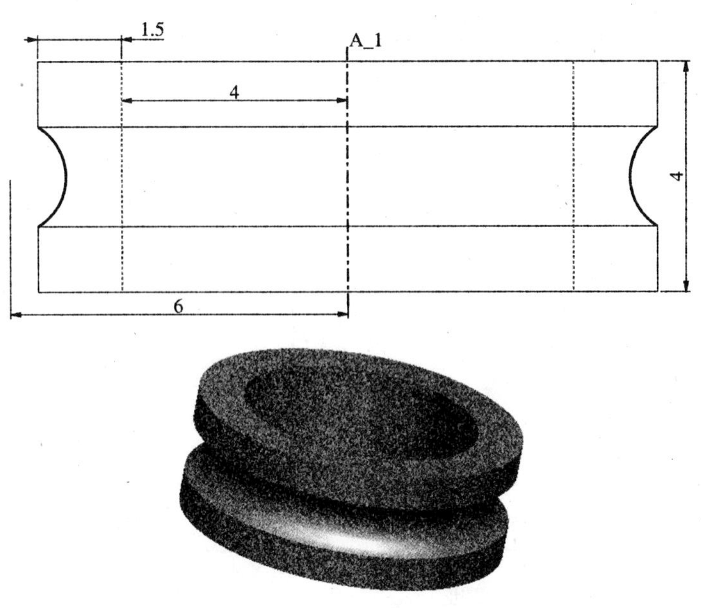

图3.149

4. 创建如图3.150所示的零件。结果文件请参看模型文件中“第3章\思考与练习结果文件\ex03-3.prt”。

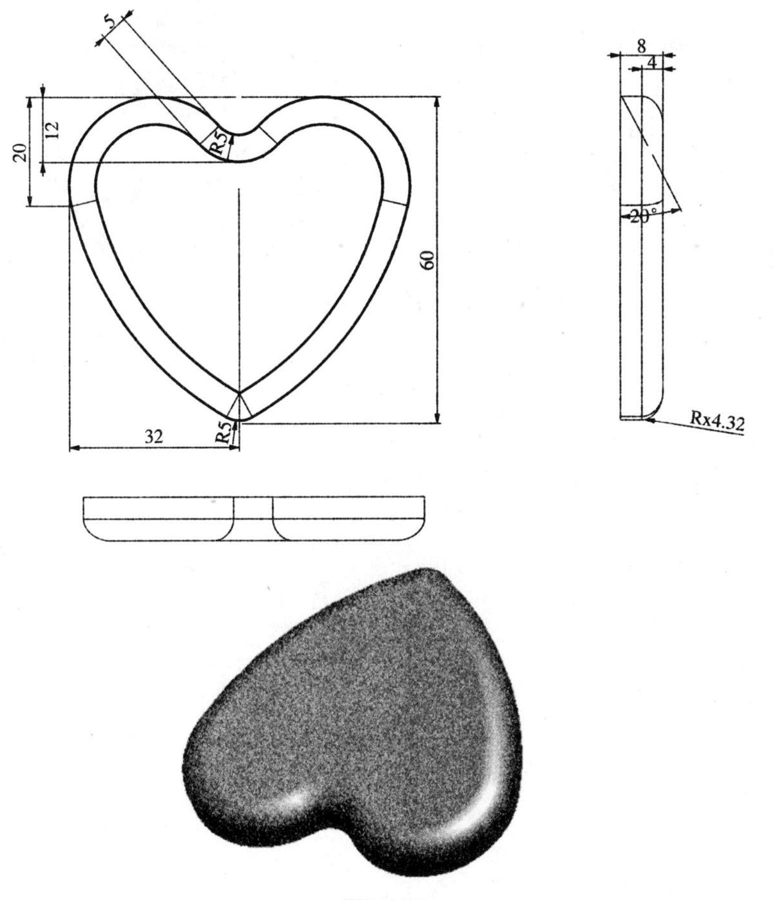

图3.150

5. 创建如图3.151所示的零件。结果文件请参看模型文件中“第3章\思考与练习结果文件\ex03-4.prt”。

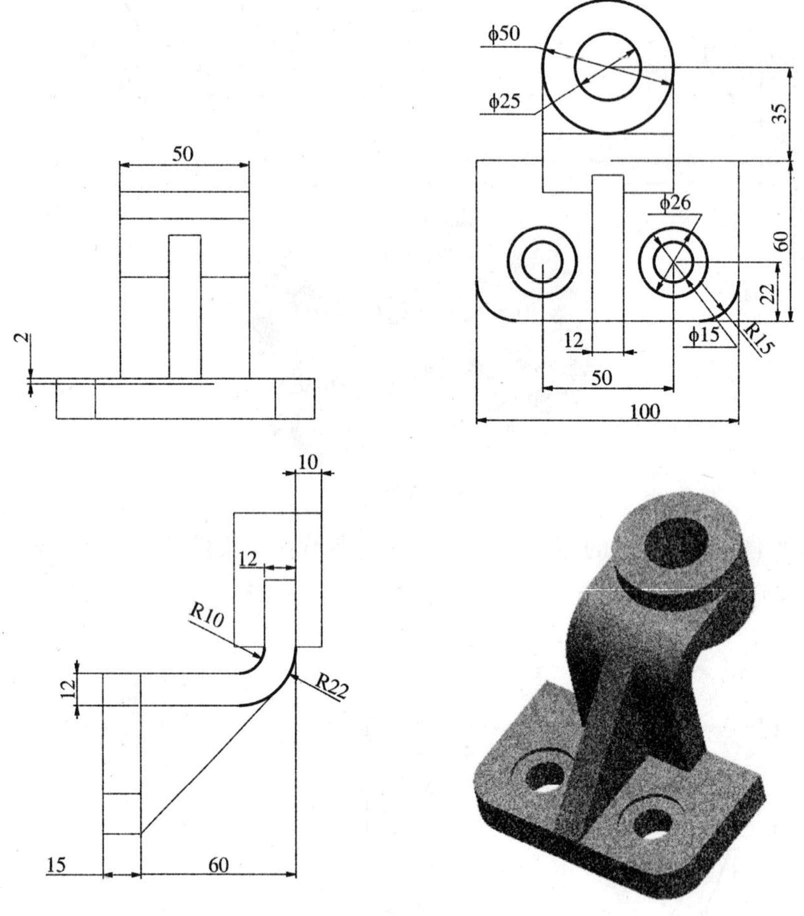

图3.151

第4章 基准特征

本章主要内容

- 基准平面
- 基准轴
- 基准点
- 基准曲线
- 坐标系

基准是特征的一种，它不构成零件的表面或者边界，只是用来起一个辅助的作用。基准特征没有质量和体积等物理特征。

本章通过实例介绍基准特征的设计方法和过程。实例包括基准平面、基准轴、基准点、基准曲线和坐标系，这些特征主要用于辅助建模。

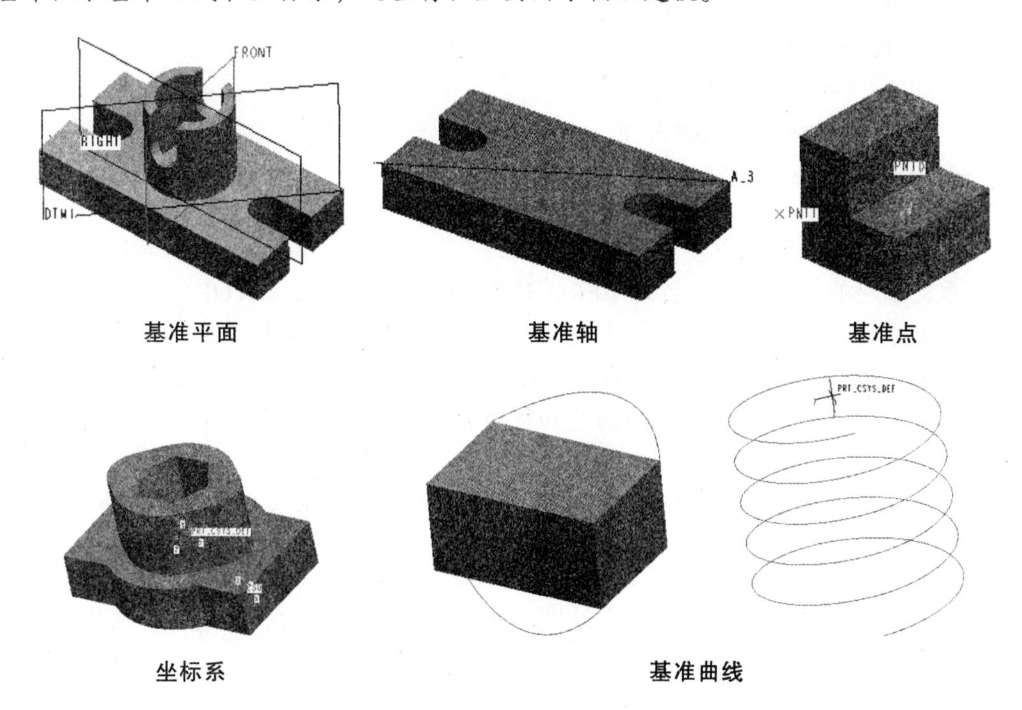

基准平面　基准轴　基准点

坐标系　基准曲线

4.1 基准平面

4.1.1 基准平面的概述

❶ 基准平面特征

基准平面是零件建模过程中使用最频繁的基准特征。在绘制二维图的过程中应用最多的参照是各种辅助线，在三维建模过程中最常用的参照就是基准平面。创建基准平面特征如图4.1所示。结果文件请参看模型文件中“第4章\范例结果文件\pingmian-1.prt”。

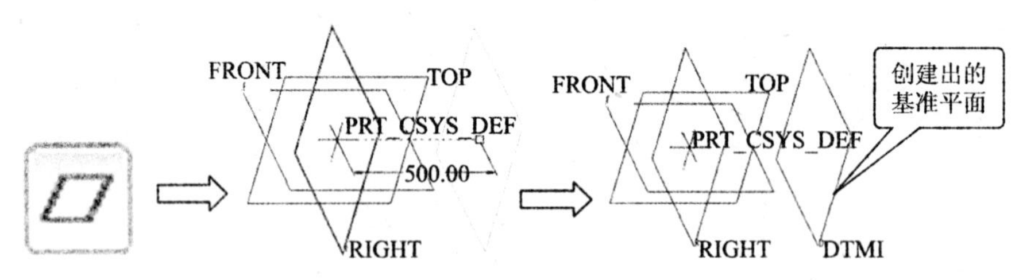

图4.1 创建基准平面特征

❷ 基准平面的用途

作为三维建模过程中最常用的参照，基准平面可以有多种用途，主要包括以下几个方面：

（1）作为草绘平面。

（2）作为草绘平面的参照面。

（3）作为放置特征的平面。

（4）作为尺寸标注的参照。

（5）作为视角方向的参考。

（6）作为定义组件的参考面。

（7）作为剖视图的剖切生成面。

❸ 基准平面的名称、大小和方向

系统创建的基准平面命名为“FRONT”、“RIGHT”、“TOP”。

基准平面理论上是一个无限大的面，为便于观察以设定其大小，使之与一个零件、特征、表面、边、轴或半径的显示大小一致。

基准平面有两个方向面，用褐色和灰色表示。褐色侧为基准平面的正向，灰色侧为基准平面的反向。

注解 选择基准平面的正向面或反向面进行作图，不会影响作图的结果。

❹ 选择基准平面

选择一个基准平面的方法：在绘图区内选择基准平面的一条边界，或选择基准平面的名称，也可以在“模型树”中选择基准平面。

4.1.2 基准平面的创建

❶ 创建基准平面的操作步骤

1）选择命令

从菜单栏选择【插入】→【模型基准】→【平面】，或从工具栏中单击【平面】按钮▱。打开“基准平面”对话框，如图4.2所示。

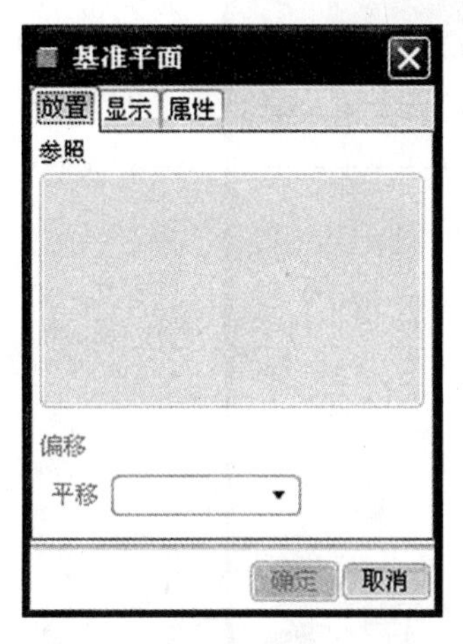

图4.2 “基准平面”对话框

2）为新建基准平面选择位置参照

在图形窗口中为新建基准平面选择参照，在【基准平面】对话框的【参照】栏中选择合适的约束（如偏移、穿过、平行、法向等）。

【基准平面】对话框包括【放置】、【显示】、【属性】三个选项。根据所选择的参照不同，该对话框各面板显示的内容也不相同。下面对该对话框中各选项进行简要介绍。

（1）放置：选择当前存在的平面、曲面、边、点、坐标、轴、顶点等作为参照，在【偏移】栏中输入相应的约束数据，在【参照】栏中根据选择的参照不同，可能显示如下4种类型的约束，如图4.3所示。

图4.3 “基准平面”放置选项

• 穿过：新建基准平面通过选定的参照。
• 偏移：新建基准平面偏离选定的参照。
• 平行：新建基准平面平行选定的参照。
• 法向：新建基准平面垂直选定的参照。

（2）显示：该面板包括反向按钮（垂直于基准面的相反方向）和调整轮廓选项（供用户调节基准面的外部轮廓尺寸），如图4.4所示。

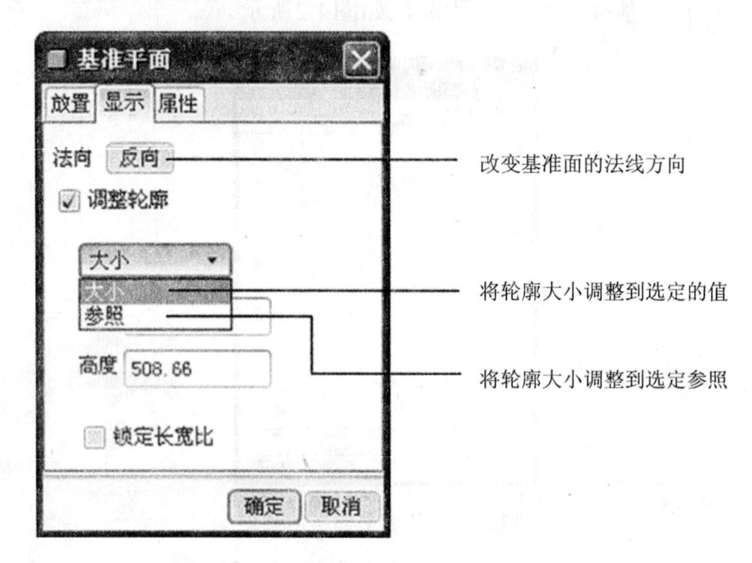

图4.4　“基准平面”显示选项

（3）属性：该面板显示当前基准特征的信息，也可对基准平面进行重命名，如图4.5所示。

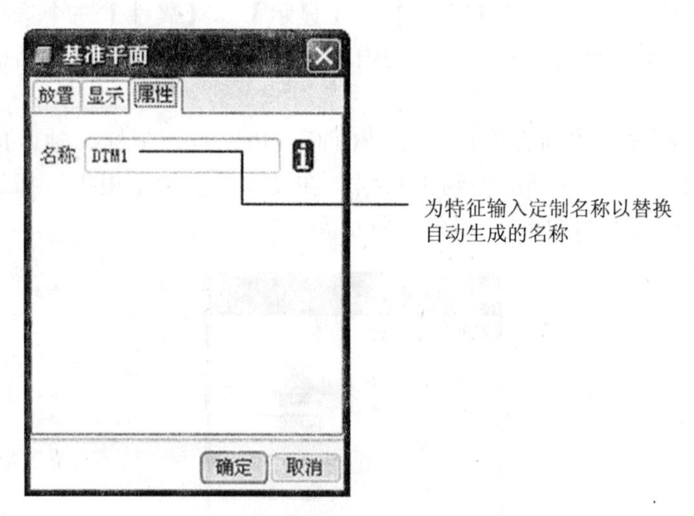

图4.5　“基准平面”属性选项

3）选择多个参照和约束

按住Ctrl键，为新建基准平面选择多个参照和约束。

4）完成基准平面的创建工作

重复步骤2）～3），直到必要的约束建立完毕，单击“基准平面”对话框的

【确定】按钮，完成基准平面的创建工作。

❷ 创建基准平面的参照组合

系统允许用户预先选定参照，然后从工具栏中单击【平面】按钮▱，即可创建符合条件的基准平面。可以建立基准平面的参照组合如下：

（1）选择两个共面的边、轴（但不能共线）或基准曲线作为参照，从工具栏中单击【平面】按钮▱，创建通过参照的基准平面。

（2）选择三个基准点或顶点作为参照，从工具栏中单击【平面】按钮▱，创建通过三点的基准平面。

（3）选择一个基准平面或平面以及两个基准点或两个顶点，从工具栏中单击【平面】按钮▱，创建过这两点并与参照平面垂直的基准平面。

（4）选择一个基准平面或平面以及一个基准点或一个顶点，从工具栏中单击【平面】按钮▱，创建过这两点并与参照平面平行的基准平面。

（5）选择一个基准点和一个基准轴或边（点与边不共线），从工具栏中单击【平面】按钮▱，【基准平面】对话框显示通过参照的约束，单击【确定】按钮即可创建基准平面。

4.1.3 创建基准平面实例

打开模型文件中“第4章\范例源文件\pingmian-2.prt”，创建通过轴的基准平面。

1）选择命令

从菜单栏选择【插入】→【模型基准】→【平面】，或从工具栏中单击【平面】按钮▱。打开“基准平面”对话框。

2）为新建基准平面选择位置参照

为新建基准平面选择参照，在【基准平面】对话框的【参照】栏中选择轴A_3，如图4.6所示。

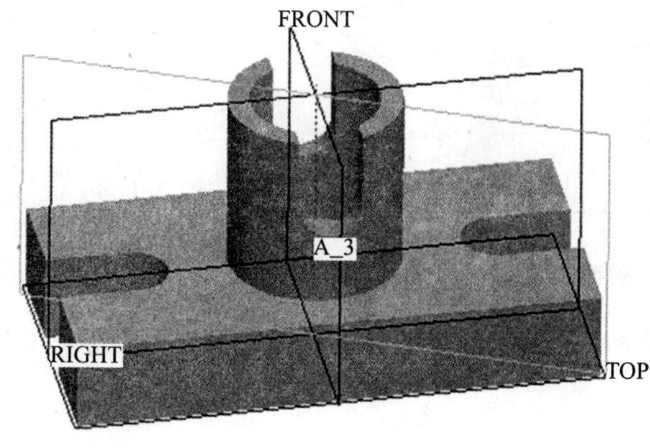

图4.6 选择参照轴A_3

3）选择多个参照和约束

为新建基准平面选择“偏移”参照，按住Ctrl键，选择长方体的一个侧面做参

照，在“偏移”的旋转文本框中输入角度值“45”，如图4.7所示。

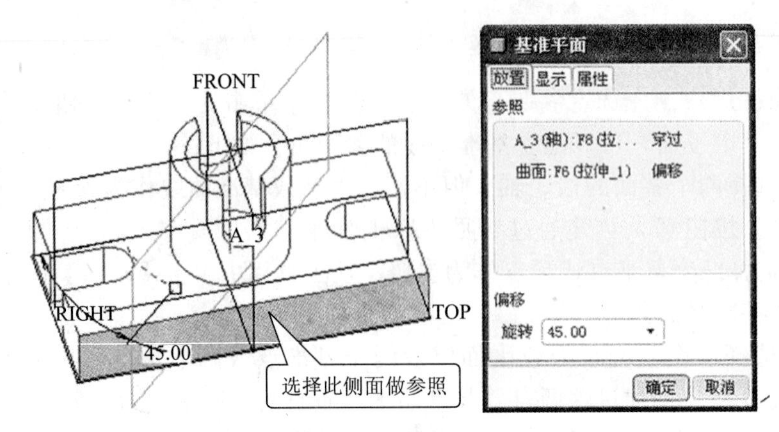

图4.7　选择偏移参照

4）完成基准平面的创建工作

单击“基准平面”对话框的【确定】按钮，完成基准平面DTM1的创建工作。结果文件请参看模型文件中“第4章\范例结果文件\ pingmian-2.prt”。

4.2　基准轴

4.2.1　基准轴的概述

❶ 基准轴特征

基准轴主要用于创建特征的参照，常用于创建基准面、同心放置的参照、创建旋转阵列特征等。创建基准轴特征如图4.8所示。结果文件请参看模型文件中“第4章\范例结果文件\ zhou -1.prt”。

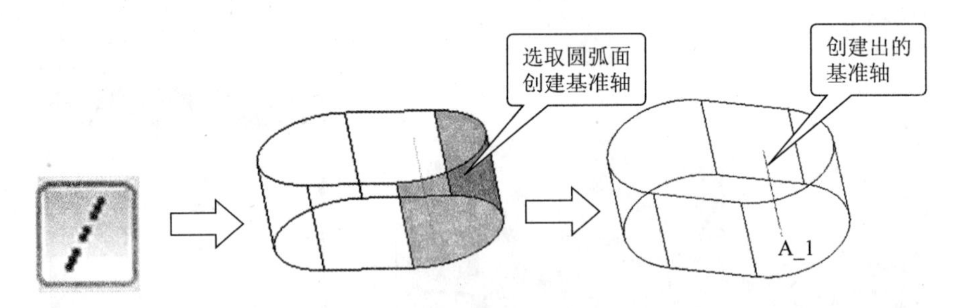

图4.8　创建基准轴特征

注解　基准轴与中心轴的不同之处在于基准轴是独立的特征，它能被重定义、压缩或删除。

❷ 基准轴特征的设置

对于利用拉伸特征建立的圆角形特征，系统会自动地在其中心产生中心轴。对于具有“圆弧界面”造型的特征，若要在其圆心位置自动产生基准轴，应在配置文

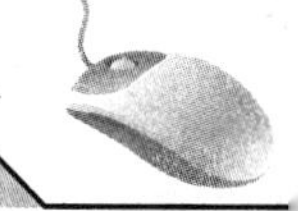

件中进行如下设置：将参数“show_axes_for_extr_arcs”选项的值设置为“Yes”。

4.2.2 基准轴的创建

❶ 创建基准轴的操作步骤

1）选择命令

从菜单栏选择【插入】→【模型基准】→【轴】，或从工具栏中单击【轴】按钮/。打开“基准轴”对话框，如图4.9所示。

2）为新建基准轴选择位置参照

在图形窗口中为新建基准轴选择参照，可选择已有的基准轴、平面、曲面、边、顶点、曲线、基准点，选择的参照显示在【基准轴】对话框的【参照】栏中。在【基准轴】对话框的【参照】栏中选择合适的约束（如穿过、法向、相切等）。

【基准轴】对话框包括【放置】、【显示】、【属性】三个选项。根据所选择的参照不同，该对话框各面板显示的内容也不相同。下面对该对话框中各选项进行简要介绍。

（1）放置：在放置面板中有“参照”和“偏移参照”两个选项，如图4.10所示。

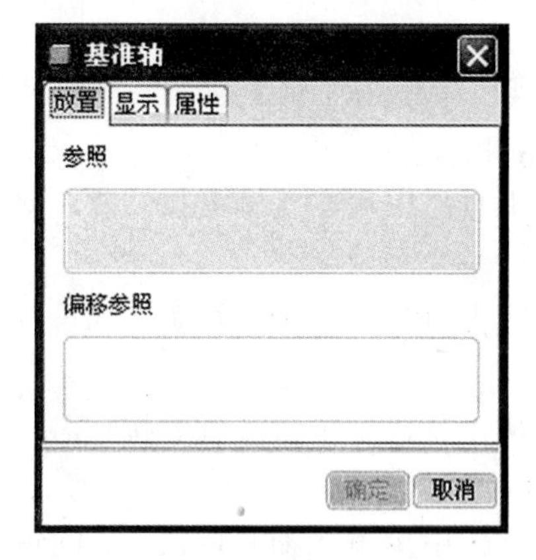

图4.9 “基准轴”对话框

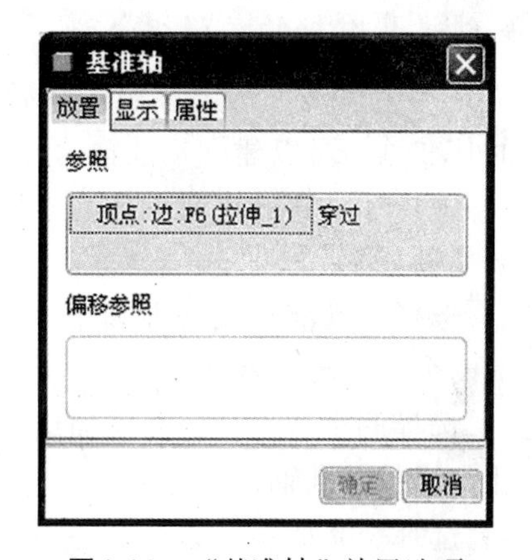

图4.10 “基准轴”放置选项

• 参照：在该栏中显示基准轴的放置参照，供用户选择使用的参照有如下三种类型。

穿过：新建基准轴通过指定的参照。

法向：新建基准轴垂直指定的参照，该类型还需要在“偏移”参照栏中进一步定义或者添加辅助的点或顶点，以完全约束基准轴。

相切：新建基准轴相切于指定的参照，该类型还需要添加辅助点或顶点，以完全约束基准轴。

• 偏移参照：在【参照】栏选用“法向”类型时该栏被激活，以选择偏移参照。

（2）显示：该面板可调整基准轴轮廓的长度，从而使基准轴轮廓与指定尺寸或选定参照相拟合，如图4.11所示。

（3）属性：显示基准轴的名称和信息，可以对基准轴进行重新命名。如图4.12所示。

图4.11　“基准轴”显示选项

图4.12　“基准平面”属性选项

3）选择多个参照和约束

按住Ctrl键，为新建基准轴选择其他参照和约束。

4）完成基准轴的创建工作

重复步骤2）～3），直到必要的约束建立完毕，单击“基准轴”对话框的【确定】按钮，完成基准轴的创建工作。

❷ 创建基准轴的参照组合

系统允许用户预先选定参照，然后从工具栏中单击【轴】按钮/，即可创建符合条件的基准轴。可以建立基准轴的参照组合如下：

（1）选择一垂直的边或轴作为参照，从工具栏中单击【轴】按钮/，创建通过参照的基准轴。

（2）选择两基准点或基准轴作为参照，从工具栏中单击【轴】按钮/，创建通过选定的两个点或轴的基准轴。

（3）选择两个非平行的基准面或平面，从工具栏中单击【轴】按钮/，创建通过选定相交线的基准轴。

（4）选择一条曲线或边及其终点，从工具栏中单击【轴】按钮/，创建通过终点和曲线切点的基准轴。

（5）选择一个基准点和一个面，从工具栏中单击【轴】按钮/，创建过该点且垂直于该面的基准轴。

4.2.3　创建基准轴实例

打开模型文件中“第4章\范例源文件\zhou-2.prt”，创建通过基准点的基准轴。

1）选择命令

从菜单栏选择【插入】→【模型基准】→【轴】，或从工具栏中单击【轴】按钮/，打开“基准轴”对话框。

2）为新建基准轴选择位置参照

为新建基准轴选择参照，在【基准轴】对话框的【参照】栏中选择如图4.13所示的顶点作为参照。

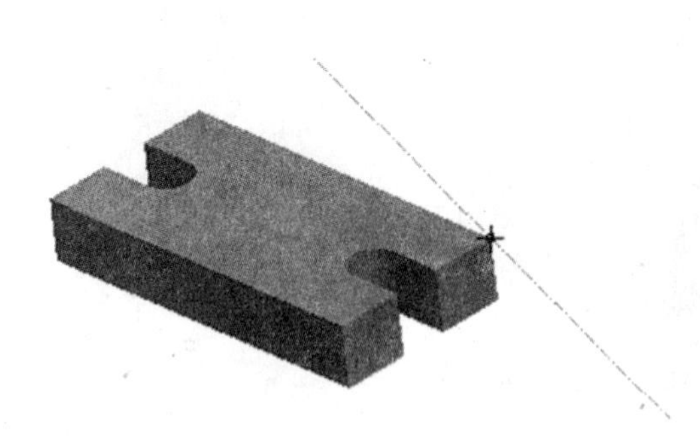

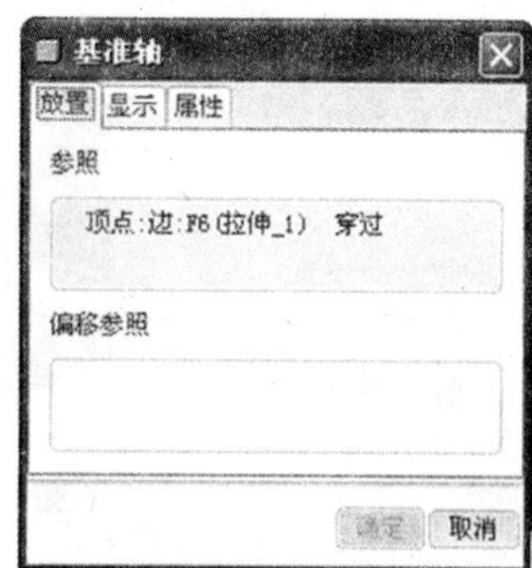

图4.13 选择顶点作为参照

3）选择多个参照和约束

按住Ctrl键，为新建基准轴选择“另一顶点”作为参照，如图4.14所示。

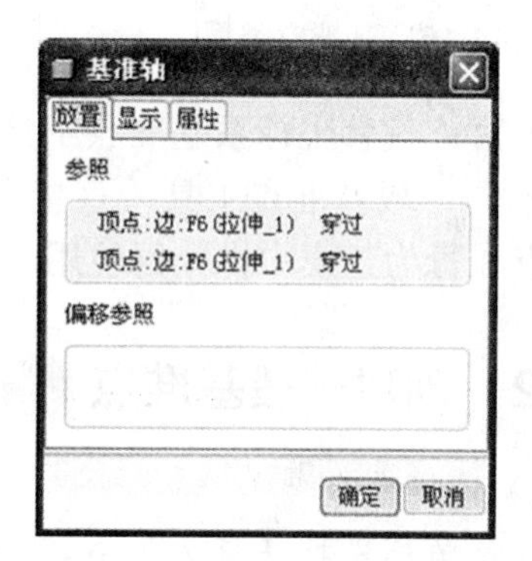

图4.14 选择另一顶点作为参照

4）完成基准轴的创建工作

单击“基准轴”对话框的【确定】按钮，完成基准轴A_3的创建工作。结果文件请参看模型文件中“第4章\范例结果文件\ zhou -2.prt”。

4.3 基准点

4.3.1 基准点的概述

❶ 基准点特征

基准点的用途非常广泛，可作为几何模型的构造图元，或特征创建的参照；也可辅助定义其他特征的位置。创建基准点特征如图4.15所示。结果文件请参看模型文件中“第4章\范例结果文件\ dian -1.prt”。

❷ 选取基准点

创建基准点后，系统依次将其命名为PNT0、PNT1、PNT2。

选取一个基准点，可以在绘图区内单击它，或单击它的名称，也可以在“模型树”中将其选中。

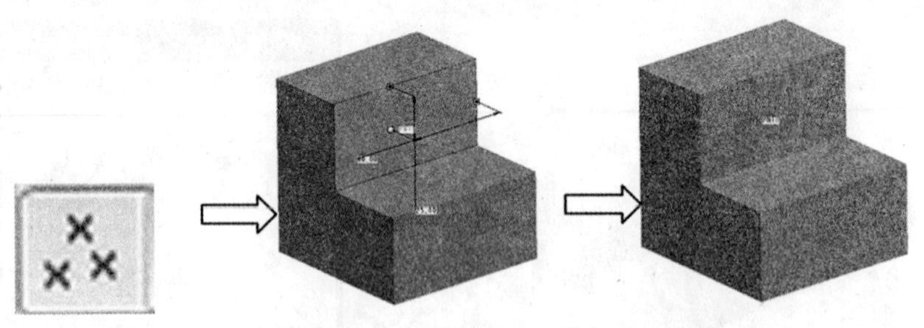

图4.15　创建基准点特征

❸ 基准点的类型

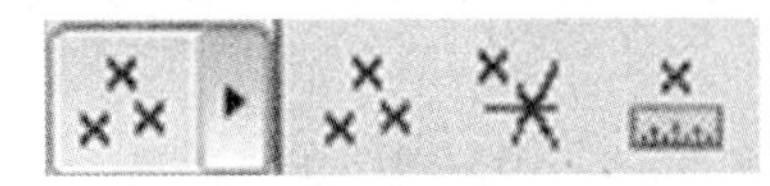

图4.16　基准点类型

Pro/ENGINEER Wildfire5.0提供三种类型的基准点，如图4.16所示。

- ：一般基准点工具，从实体或实体交点或从实体偏离创建的基准点。
- ：偏移坐标系基准点工具，通过选定的坐标系创建基准点。
- ：域基准点工具，直接在实体或曲面上单击鼠标左键即可创建基准点，该基准点在行为建模中供分析使用。

4.3.2　创建一般基准点

1）选择命令

从菜单栏选择【插入】→【模型基准】→【点】→【点】，或从工具栏中单击【点】按钮。打开“基准点”对话框，如图4.17所示。

【基准点】对话框，该对话框包括【放置】、【属性】两个选项。根据所选择的参照不同，该对话框各面板显示的内容也不相同。下面对该对话框中各选项进行简要介绍。

放置：放置面板用于定义基准点的位置，包括“参照”、“偏移”和“偏移参照”三个选项，如图4.17所示。

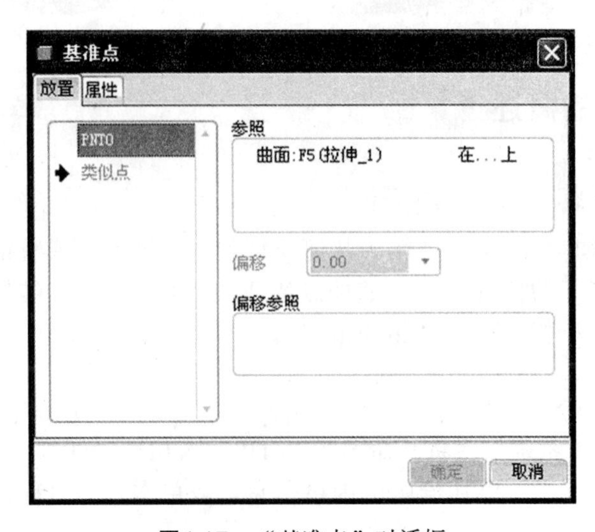

图4.17　“基准点”对话框

• 参照：在【基准点】对话框左侧的基准点列表中选择一个基准点，该栏列出生成该基准点的放置参照。

• 偏移：输入偏移值，可以从最近使用的数值的菜单中选取，也可以拖动控制滑板调整数值。

• 偏移参照：列出标注点到模型尺寸的参照。

属性：显示基准点的特征信息，可以对基准点进行重新命名。

2）为新建基准点选择位置参照

为新建基准点选择参照，所选取的参照出现在“基准点”对话框的参照列表栏中，系统自动为所选取的参照添加约束，如图4.18所示。

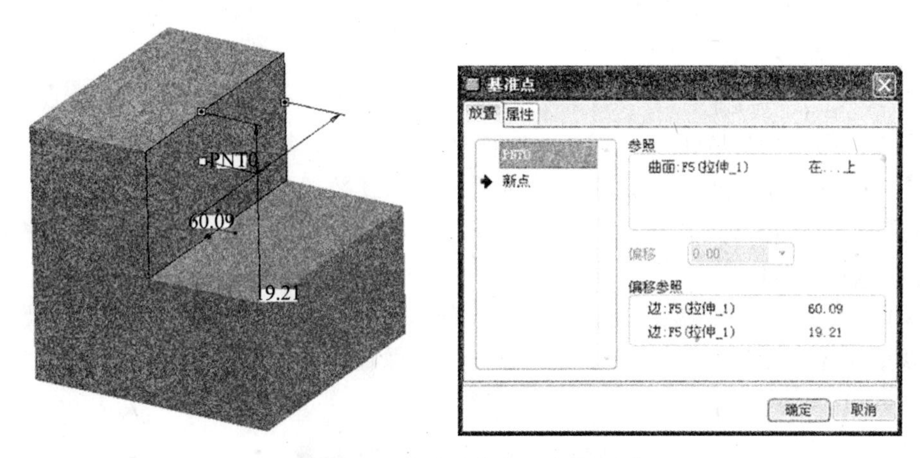

图4.18　为“基准点”选取参照

3）确定基准点在参照中的位置

通过拖动基准点定位手柄，手动调节基准点的位置，或者在偏移参照中输入数据，如图4.19所示。

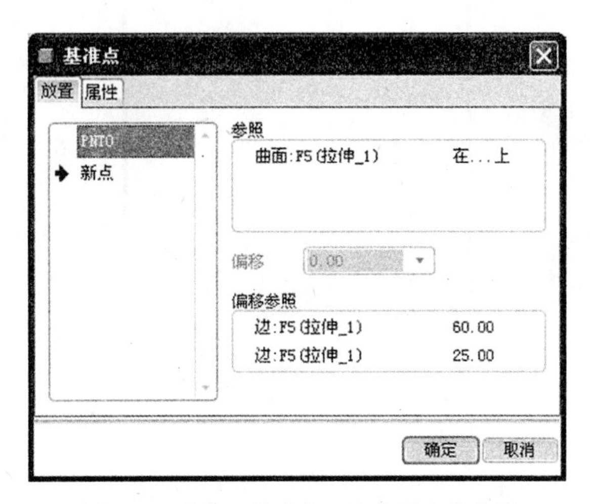

图4.19　确定“基准点”在参照中的位置

4）完成基准点的创建工作

单击“基准点”对话框的【确定】按钮，完成基准点PNT0的创建工作。结果文件请参看模型文件中“第4章\范例结果文件\ dian -1.prt”。

操作技巧

单击【基准点】对话框中的【新点】，可继续创建新的基准点。

（1）要添加一个新的基准点，应首先单击【基准点】对话框左栏显示的【新点】，然后选择一个参照（要添加多个参照，要按下Ctrl键进行选择）。

（2）要移走一个参照可使用如下方法之一：

• 选中【参照】，单击鼠标右键，在弹出的快捷菜单中单击【消除】选项。

• 在图形窗中选择一个新参照替换原来的参照。

4.3.3　创建偏移坐标系基准点 

1）选择命令

从菜单栏选择【插入】→【模型基准】→【点】→【偏移坐标】，或从工具栏中单击【偏移坐标】按钮。打开“偏移坐标基准点”对话框，如图4.20所示。

【偏移坐标基准点】对话框，该对话框包括【放置】、【属性】两个选项。根据所选择的参照不同，该对话框各面板显示的内容也不相同。下面对该对话框中各选项进行简要介绍。

（1）放置：放置面板用于定义基准点的位置，包括“参照”、“类型”、“使用非参数矩阵”、“导入”、“更新值”、“保存”和“确定”等选项，如图4.20所示。

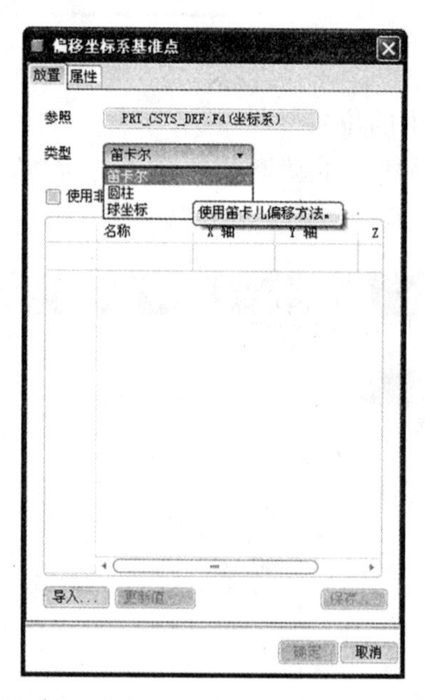

图4.20　“偏移坐标系基准点”对话框

• 参照：选择参照坐标系。

• 类型：在下拉列表中选择坐标系的类型，坐标系的类型有“笛卡尔”、“圆柱”和“球坐标”。

• 使用非参数矩阵：移走尺寸并将点数据转换为一个参数化、不可修改的数列。

• 导入：通过从文件读取偏移值来添加点。

· 更新值：使用文本编辑器输入坐标，建立基准点。

· 保存：将点的坐标保存为一个“.pts”文件。

· 确定：完成基准点的创建并退出对话框。

（2）属性：显示基准点的特征信息，可以对基准点进行重新命名。

2）为新建基准点选择参照

在图形窗口或模型树中选择要放置点的坐标系。

3）为新建基准点选择坐标系类型

在【类型】列表中选择要使用的坐标系类型。

4）新建基准点

单击【偏移坐标系基准点】对话框表区域中的单元框，系统自动添加一个点，然后修改坐标值即可，如图4.21所示。

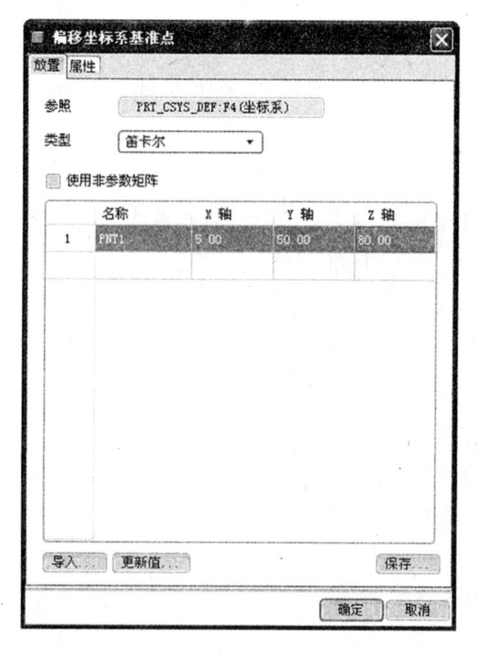

图4.21　新建基准点

5）完成基准点的创建工作

完成点的添加后，单击【确定】按钮，或单击【保存】按钮，保存添加的点。完成基准点PNT1的创建工作。结果文件请参看模型文件中“第4章\范例结果文件\dian-1.prt”。

4.4 基准曲线

4.4.1 基准曲线的概述 

❶ 基准曲线特征

基准曲线可以用来创建和修改曲面或辅助创建复杂曲面，也可以作为扫描特征

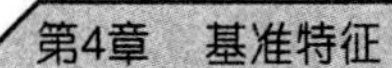

的轨迹、建立圆角、拔模、骨架和折弯等特征的参照；“基准曲线”允许创建2D截面，该截面可用于创建许多其他特征，例如拉伸或旋转。

创建基准曲线特征如图4.22所示。结果文件请参看模型文件中“第4章\范例结果文件\ quxian-1.prt”。

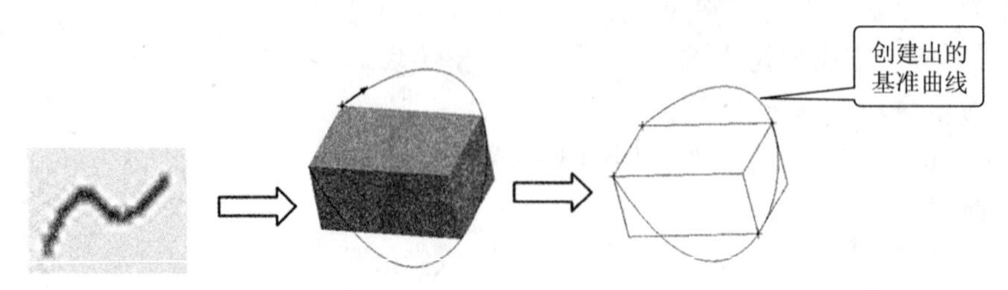

图4.22 创建基准曲线特征

❷ 创建基准曲线的方法

在Pro/ENGINEER中可以通过多种方式建立基准曲线。常用创建基准曲线的方法如下：

（1）使用草绘方法创建基准曲线。

（2）使用曲面与曲面相交的方法创建基准曲线。

（3）通过多个空间点创建基准曲线。

（4）利用数据文件创建基准曲线。

（5）使用多条相连的曲线或边创建基准曲线。

（6）使用剖面的边线创建基准曲线。

（7）使用投影的方法创建基准曲线。

（8）使用已有的曲线或曲面偏移一定距离创建基准曲线。

（9）使用公式方法创建基准曲线。

4.4.2 基准曲线的创建

❶ 使用草绘方法创建基准曲线

1）选择命令

从菜单栏选择【插入】→【模型基准】→【草绘】，或从工具栏中单击【草绘】按钮，打开“草绘”对话框，如图4.23所示。

图4.23 “草绘”对话框

2）定义草绘平面和方向

在【平面】框中选择“FRONT”平面作为草绘平面，在【参照】框中选择“RIGHT”平面作为参照平面，在【方向】框中选择【右】，如图4.23所示。单击草绘按钮进入草绘模式。

3）完成草绘曲线的创建工作

进入草绘工作界面，按要求进行曲线的绘制，单击

操控板的☑按钮，完成草绘曲线的创建工作。

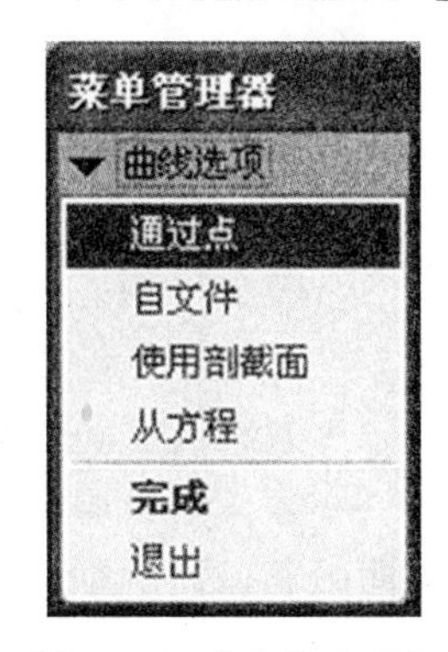

图4.24 “曲线选项”菜单管理器

❷ 创建基准曲线的操作步骤

1）选择命令

从菜单栏选择【插入】→【模型基准】→【曲线】，或从工具栏中单击【曲线】按钮，打开“曲线选项”菜单管理器，如图4.24所示。

- 通过点：通过一系列参照点建立基准曲线。
- 自文件：使用数据文件绘制一条基准曲线。
- 使用剖截面：用截面的边界来建立基准曲线。
- 从方程：通过输入方程式来建立基准曲线。

2）选择其中一种方法，单击【完成】，创建新的基准曲线

4.4.3 创建基准曲线实例

❶ “通过点”创建基准曲线

打开模型文件中“第4章\范例源文件\quxian-1.prt”，创建“通过点”的曲线。

1）选择命令

从菜单栏选择【插入】→【模型基准】→【曲线】，或从工具栏中单击【曲线】按钮～，打开“曲线选项”菜单管理器。

2）选择创建基准曲线的方法

从曲线选项中选择【通过点】→【完成】，打开“通过点”操作对话框和“连接类型”菜单管理器，开始创建通过点的基准曲线，如图4.25和图4.26所示。

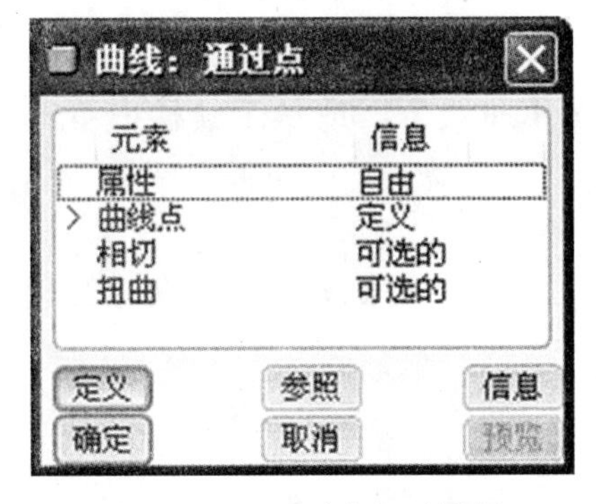

图4.25 “通过点”对话框

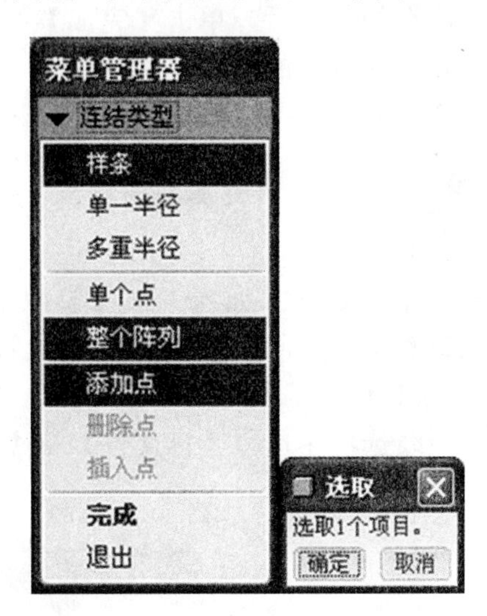

图4.26 “连接类型”菜单管理器

“连接类型”菜单中各命令的功能如下：

- 样条：使用通过选定点或顶点的三维样条构建曲线。
- 单一半径：使用贯穿所有折弯的同一半径构建曲线。

・多重半径：通过指定每个折弯的半径来构建曲线。

・单个点：选择单独的基准点或顶点，可以单独创建或作为基准点阵列创建这些点。

・整个阵列：以连续顺序，选择“基准点/偏距坐标系”特征中的所有点。

・添加点：给曲线定义增加一个该曲线将通过的现存点、顶点或曲线端点。

・删除点：从曲线定义中删除一个该曲线当前通过的已存点、顶点或曲线端点。

・插入点：在已选定的点、顶点和曲线端点之间插入一个点，该选项可修改定义曲线要通过的插入点。

3）创建基准曲线

从连接类型中选择【样条】→【整个阵列】→【添加点】，选择曲线通过的点，如图4.27所示。

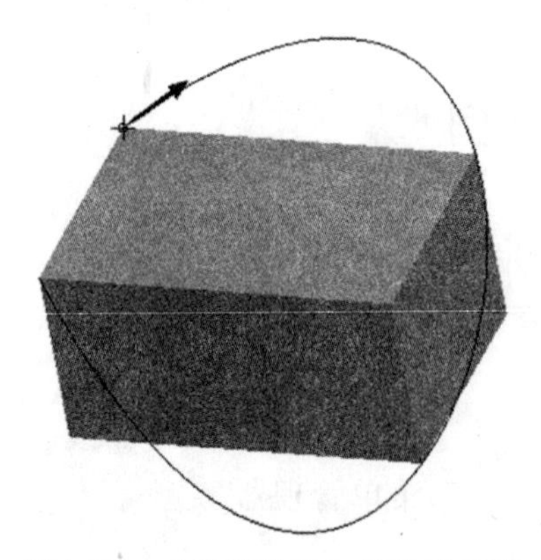

图4.27　“连接类型”菜单管理器

4）完成“通过点” 创建基准曲线的工作

完成点的选择后，单击【完成】按钮，退出【连接类型】菜单，再单击“通过点”操作对话框中的【确定】按钮，完成“通过点” 创建基准曲线的工作。结果文件请参看模型文件中“第4章\范例结果文件\ quxian -1.prt”。

❷ “自文件”创建基准曲线

1）选择命令

从菜单栏选择【插入】→【模型基准】→【曲线】，或从工具栏中单击【曲线】按钮，打开“曲线选项”菜单管理器。

2）选择创建基准曲线的方法

从曲线选项中选择【自文件】→【完成】，打开“得到坐标系”菜单管理器，如图4.28所示。

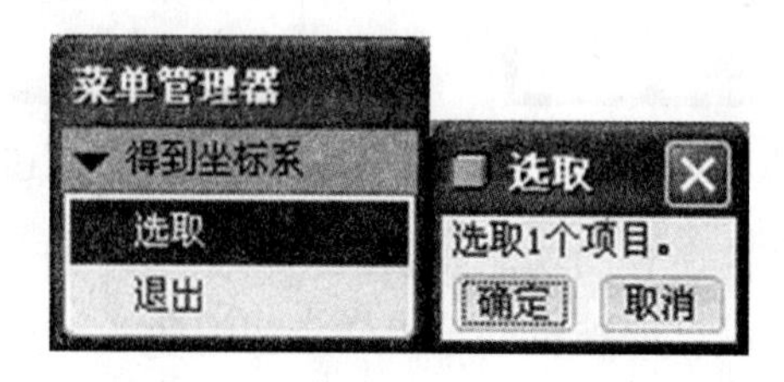

图4.28　“得到坐标系”菜单管理器

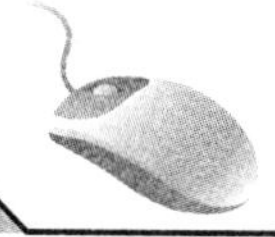

3）选择文件

从“得到坐标系”菜单管理器中选择【选取】，选取一个坐标系，打开一个“打开”已有的文件对话框，然后选择“quxian.ibl”文件，如图4.29所示。

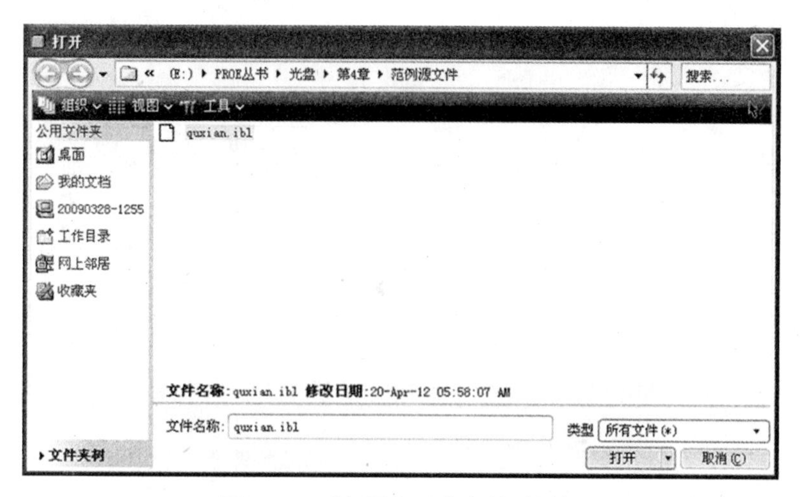

图4.29 “打开”已有文件对话框

“自文件”类型包括：“.ibl”、“.igest”和“.vda”三种类型。

4）完成“自文件”创建基准曲线的工作

单击 打开 按钮，完成“自文件”创建基准曲线的创建工作，其曲线形状如图4.30所示。结果文件请参看模型文件中“第4章\范例结果文件\ quxian -2.prt”。

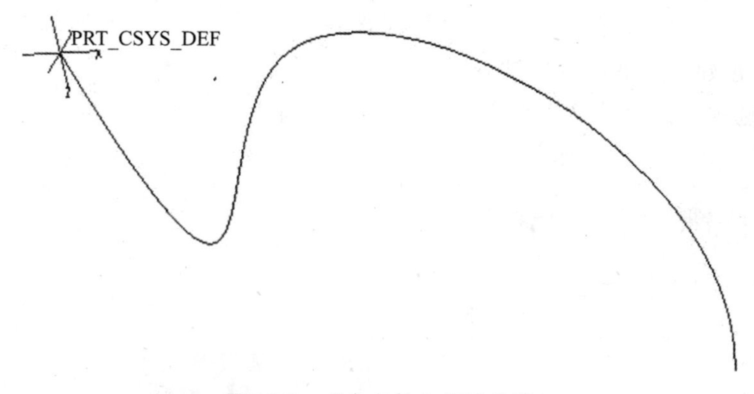

图4.30 “自文件”基准曲线

❸ “使用剖截面”创建基准曲线

打开模型文件中“第4章\范例源文件\quxian-3.prt”，创建“使用剖截面”的曲线。

1）选择命令

从菜单栏选择【插入】→【模型基准】→【曲线】，或从工具栏中单击【曲线】按钮，打开“曲线选项”菜单管理器。

2）选择创建基准曲线的方法

从曲线选项中选择【使用剖截面】→【完成】，打开“截面名称”菜单管理器，如图4.31所示。

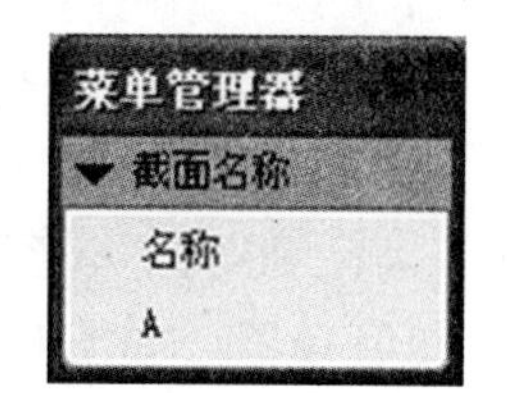

图4.31 “截面名称”菜单管理器

3）完成“使用剖截面”创建基准曲线的工作

选择截面名称“A”，绘图区中出现截面曲线，完成“使用剖截面”创建基准曲线的工作，其曲线形状如图4.32所示。结果文件请参看模型文件中“第4章\范例结果文件\ quxian -3.prt”。

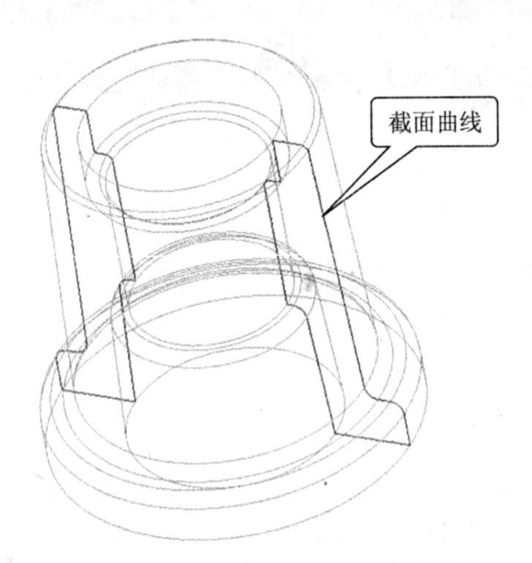

图4.32　“使用剖截面”基准曲线

4 “从方程”创建基准曲线

1）选择命令

从菜单栏选择【插入】→【模型基准】→【曲线】，或从工具栏中单击【曲线】按钮，打开“曲线选项”菜单管理器。

2）选择创建基准曲线的方法

从曲线选项中选择【从方程】→【完成】，打开“从方程”操作对话框和“得到坐标系”菜单管理器，如图4.33和图4.34所示。

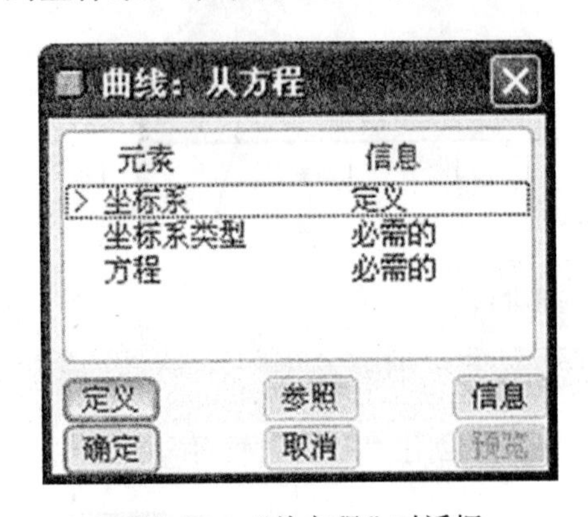

图4.33　“从方程”对话框

图4.34　“得到坐标系”菜单管理器

3）选取坐标系类型

从“得到坐标系”中选择【选取】，选取一个坐标系，打开“设置坐标类型”菜单管理器，如图4.35所示。例如从“设置坐标类型”中选择“笛卡尔”坐标，打开“文本编辑”记事本，如图4.36所示。

4）完成“从方程”创建基准曲线的工作

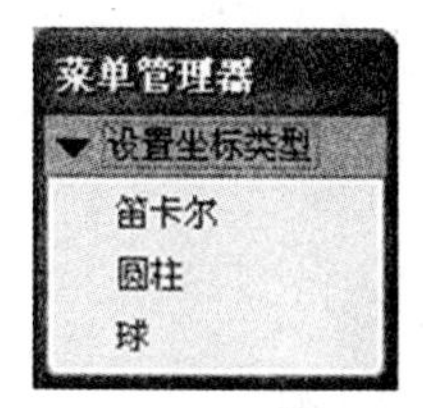

图4.35 “设置坐标类型”菜单管理器

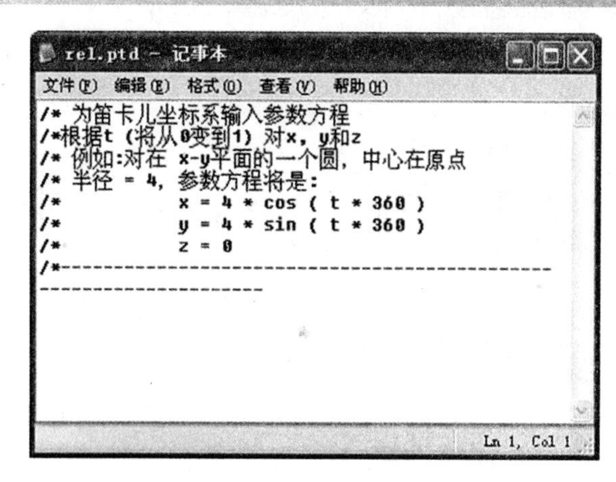

图4.36 “文本编辑”记事本

在文本编辑中输入如下方程：

x =5*cos(t*(5*360))

y =5*sin(t*(5*360))

z =10*t

在“文本编辑”中将文件保存，单击“从方程”操作对话框中的“确定”按钮，完成“从方程”创建基准曲线的工作，其曲线形状如图4.37所示。结果文件请参看模型文件中“第4章\范例结果文件\ quxian -4.prt”。

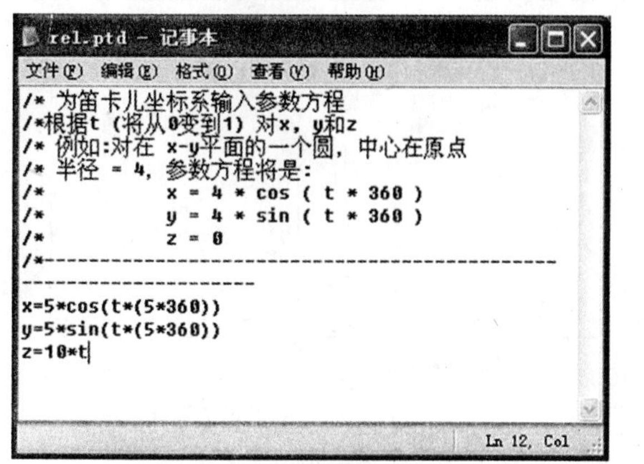

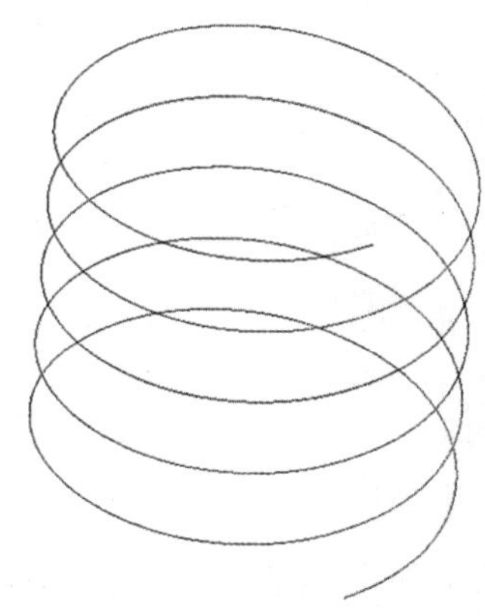

图4.37 “从方程”创建基准曲线

4.5 坐标系

4.5.1 坐标系的概述

❶ 坐标系特征

在Pro/ENGINEER中，坐标系的作用主要用来辅助建模、装配、模型质量属性分析、有限元分析等。创建坐标系特征如图4.38所示。结果文件请参看模型文件中“第4章\范例结果文件\ zuobiao -1.prt”。

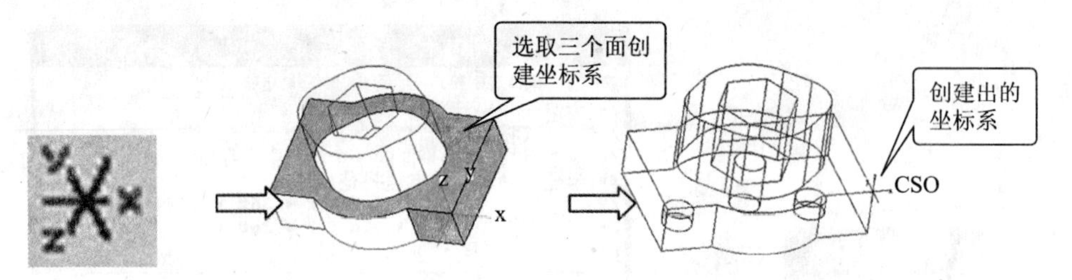

图4.38　创建坐标系

❷ 坐标系的用途

在零件的绘制或组件装配中，坐标系可用来辅助进行下列工作：

（1）辅助计算零件的质量、质心、体积等。

（2）在零件装配中建立坐标系的约束条件。

（3）在进行有限元分析时，辅助建立约束条件。

（4）使用加工模块时，用于设定程序原点。

（5）辅助建立其他基准特征。

（6）使用坐标系作为定位参照。

❸ 坐标系的类型

坐标系如图4.39所示，有三种类型。

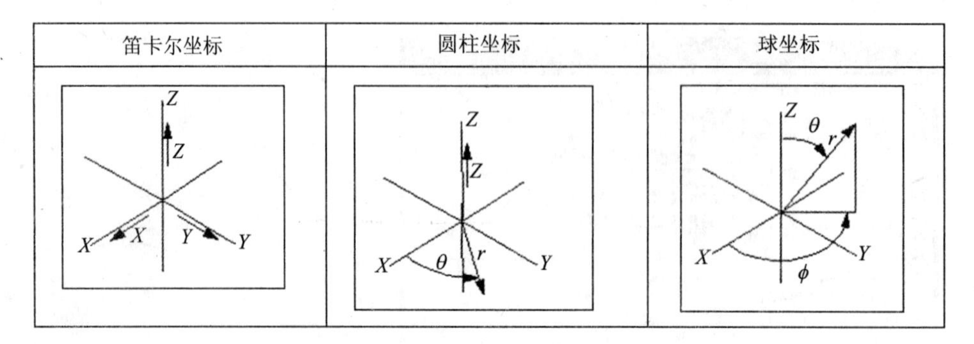

图4.39　“坐标系”三种类型

（1）笛卡尔坐标：系统用X、Y和Z表示坐标值。

（2）圆柱坐标：系统用r、θ和Z表示坐标值。

（3）球坐标：系统用r、θ和ϕ表示坐标值。

❹ 坐标系的名称

创建坐标系后，系统依次将其命名为CS0、 CS1 、CS2等。

4.5.2　坐标系的创建

打开模型文件中“第4章\范例源文件\zuobiao-1.prt”，创建“坐标系”。

❶ 选择命令

从菜单栏选择【插入】→【模型基准】→【坐标系】，或从工具栏中单击【坐

标系】按钮⚹，打开“坐标系”对话框，如图4.40所示。

❷ 选取创建“坐标系”的参照

在【原点】选项的【参照】编辑框中单击鼠标左键，然后在绘图区中选择建立基准坐标系的原点参考图元，如图4.41所示。

图4.40 “坐标系”对话框 1

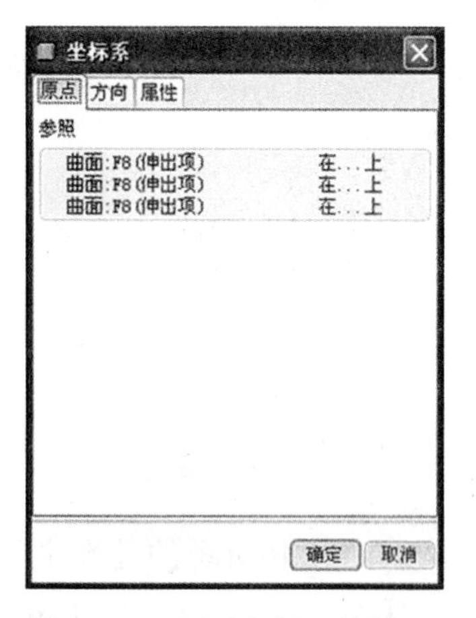

图4.41 “坐标系”对话框 2

❸ 定义“坐标系”的X轴 和Y轴方向

在【方向】选项卡中定义X轴和Y轴的方向，如图4.42所示。在【属性】选项卡中可修改基准坐标系名称和其他相关信息。

❹ 完成“坐标系”的创建工作

单击【坐标系】对话框的【确定】按钮，完成基准坐标系CS0的创建工作，如图4.43所示。结果文件请参看模型文件中“第4章\范例结果文件\ zuobiao -1.prt”。

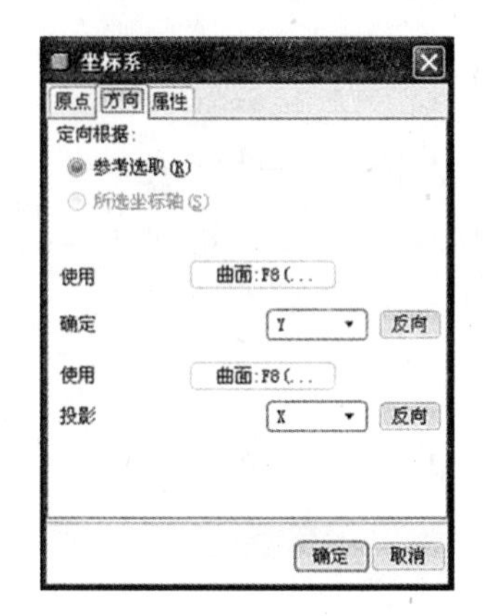

图4.42 定义“坐标系”方向对话框

图4.43 创建“坐标系”CS0

思考与练习

1. 基准特征的作用是什么？

2. 基准特征分为哪几类？

3. 简述创建基准轴、基准点和基准平面的各种方法。

4. 创建如图4.44所示的基准轴A_1、A_2、A_3、A_4。结果文件请参看模型文件中“第4章\思考与练习结果文件\ex04-1.prt”。

5. 创建如图4.45所示的基准平面DTM1、DTM2、DTM3。结果文件请参看模型文件中“第4章\思考与练习结果文件\ex04-1.prt”。

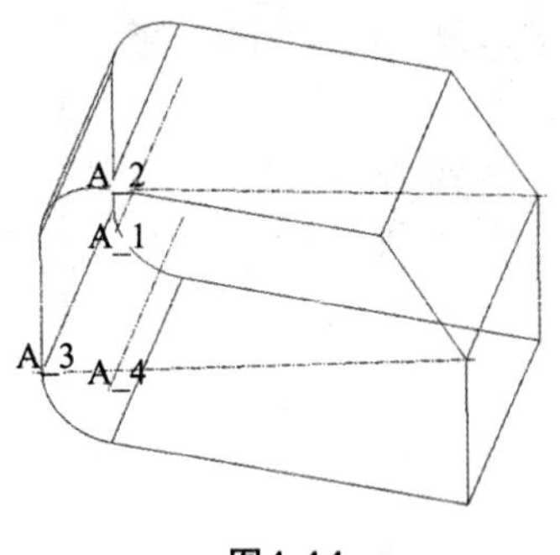

图4.44

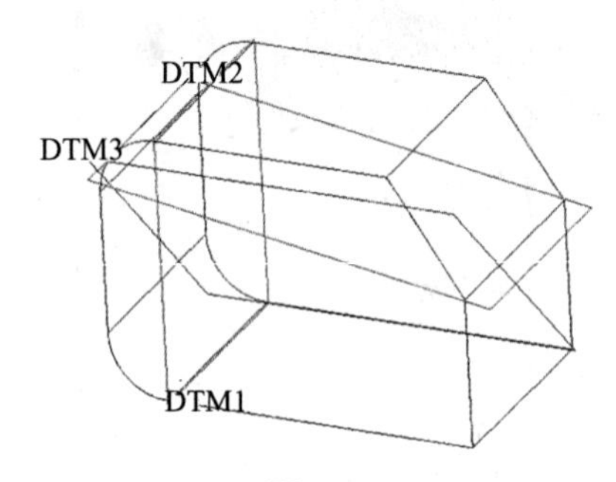

图4.45

6. 创建如图4.46所示的基准坐标系CS0、CS1。结果文件请参看模型文件中“第4章\思考与练习结果文件\ex04-1.prt”。

7. 创建如图4.47所示的基准曲线。结果文件请参看模型文件中“第4章\思考与练习结果文件\ex04-1.prt”。

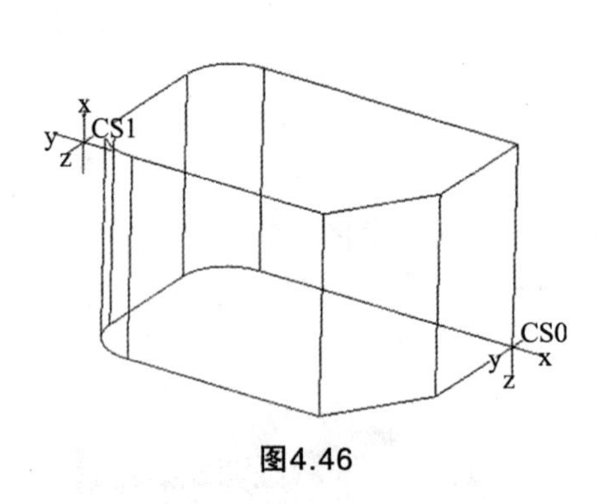

图4.46

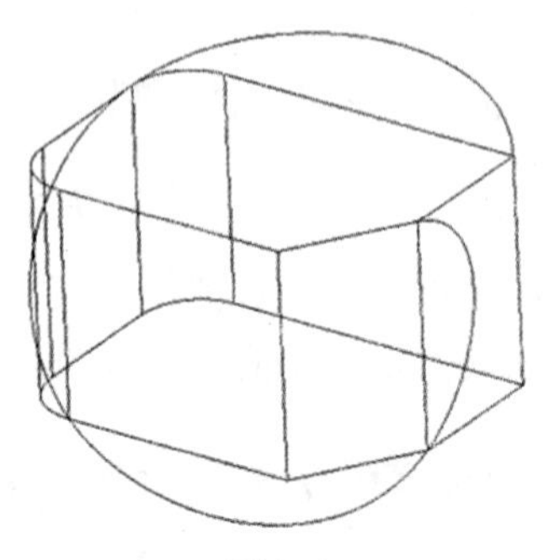

图4.47

8. 根据如图4.48所示的记事本方程，创建如图4.49所示的基准曲线。结果文件请参看模型文件中“第4章\思考与练习结果文件\ex04-2.prt”。

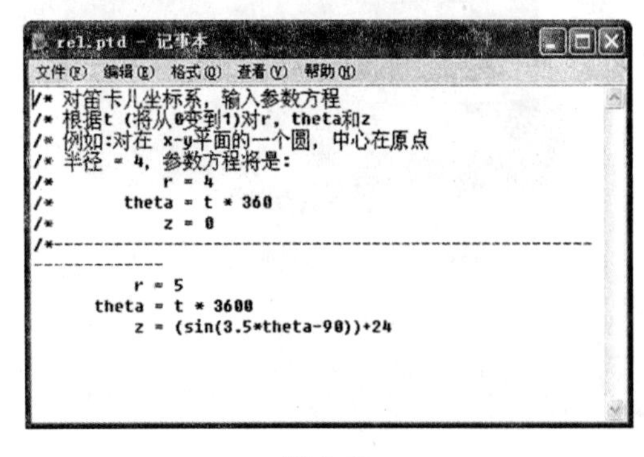

```
rel.ptd - 记事本
文件(F) 编辑(E) 格式(O) 查看(V) 帮助(H)
/* 对笛卡儿坐标系，输入参数方程
/* 根据t (将从0变到1)对r, theta和z
/* 例如:对在 x-y平面的一个圆，中心在原点
/* 半径 = 4, 参数方程将是:
/*          r = 4
/*      theta = t * 360
/*          z = 0
/*-----------------------------------------------------------
------------
        r = 5
    theta = t * 3600
        z = (sin(3.5*theta-90))+24
```

图4.48

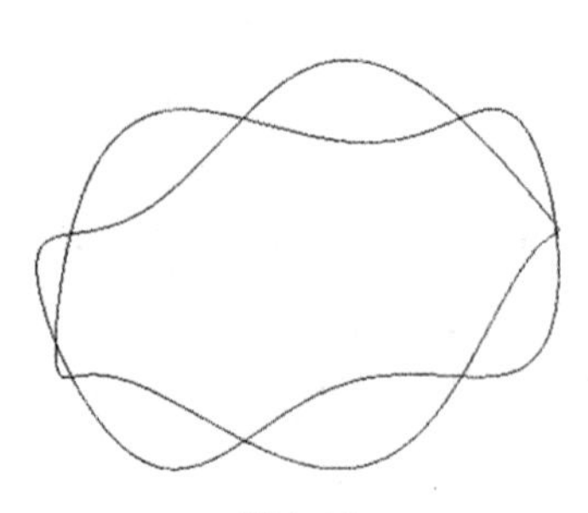

图4.49

第5章 工程特征的创建

本章主要内容

- 孔特征
- 倒圆角特征
- 倒角特征
- 抽壳特征
- 筋特征
- 拔模特征

工程特征不能单独存在，必须依附于其他特征之上。本章通过实例介绍工程特征的设计方法和操作步骤。Pro/ENGINEER中常用的工程特征包括孔特征、倒圆角特征、倒角特征、抽壳特征、筋特征和拔模特征。

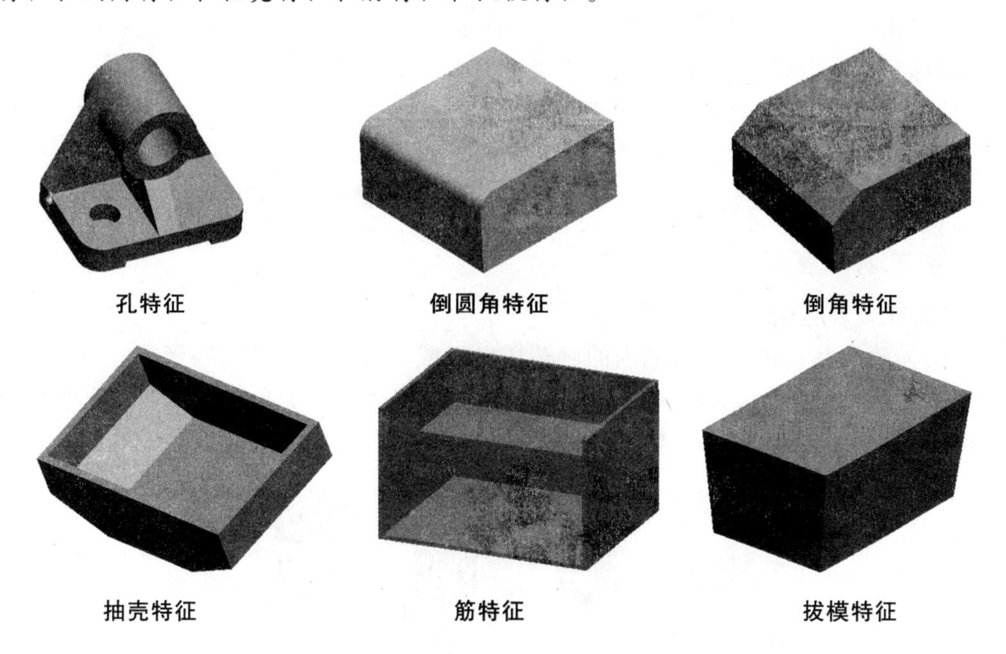

5.1　孔特征

利用“孔工具”可向模型中添加简单孔、草绘孔和标准孔。通过定义放置参照、设置偏移参照及定义孔的具体特性来添加孔；“孔”总是从放置参照位置开始延伸到指定的深度。可直接在图形窗口和操控板中操控并定义孔。

5.1.1　孔特征的概述

❶ 孔特征

孔特征具有典型的工程特征的性质，设计人员不需要把所有的孔都用拉伸去除材料来完成。

孔特征如图5.1所示。孔特征的结果文件请参看模型文件中“第5章\范例结果文件\ kong -1.prt”。

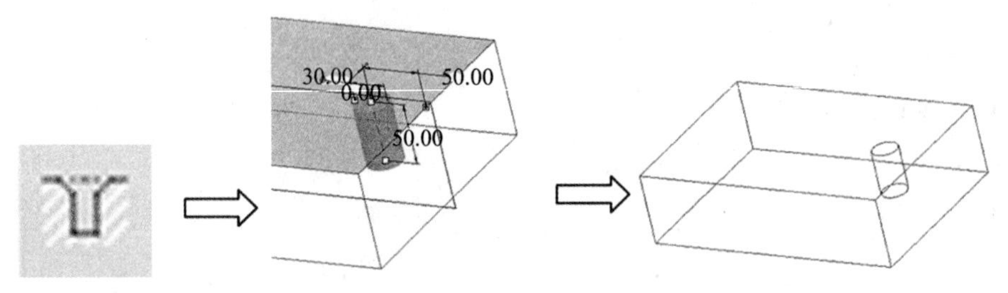

图5.1　孔特征

❷ 孔特征的放置方法与优点

放置孔特征时需确定好两类参数，一是定位参数，即确定该特征位置的参数；二是定形参数，即确定该特征的形状参数。

孔特征与切口特征相比，有以下优点：

（1）创建简单孔和标准孔时不需要进入二维草绘。

（2）孔特征采用更理想的预定义形式放置孔，可用鼠标直接操纵确定位置和形状。

❸ 孔特征类型

孔特征主要包括以下三种类型。

（1）简单孔：由带矩形剖面的旋转切口组成。可使用预定义矩形或标准孔轮廓作为钻孔轮廓，也可以为创建的孔指定埋头孔、扩孔和刀尖角度。“简单孔”的类型如图5.2所示。结果文件请参看模型文件中“第5章\范例结果文件\ kong -1.prt”。

图5.2　“简单孔”类型

（2）标准孔：创建符合工业标准以及螺纹或间隙直径的孔。对于“标准孔”，系统会创建螺纹注释。“标准孔”类型如图5.3所示。结果文件请参看模型文件中“第5章\范例结果文件\ kong -1.prt”。

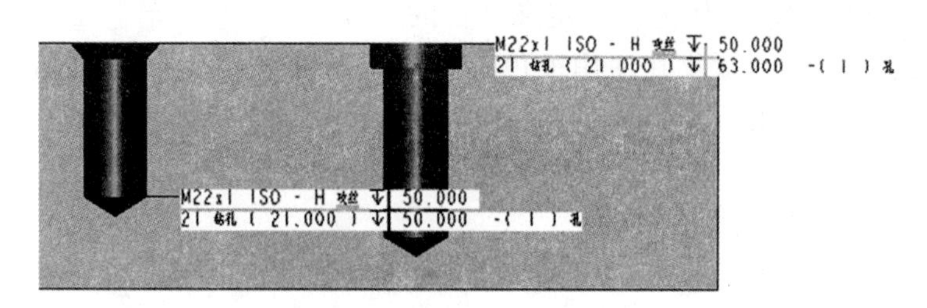

图5.3　“标准孔”类型

（3）草绘孔：使用“草绘器”创建不规则截面的孔。“草绘孔”类型如图5.4所示。结果文件请参看模型文件中“第5章\范例结果文件\ kong -1.prt”。

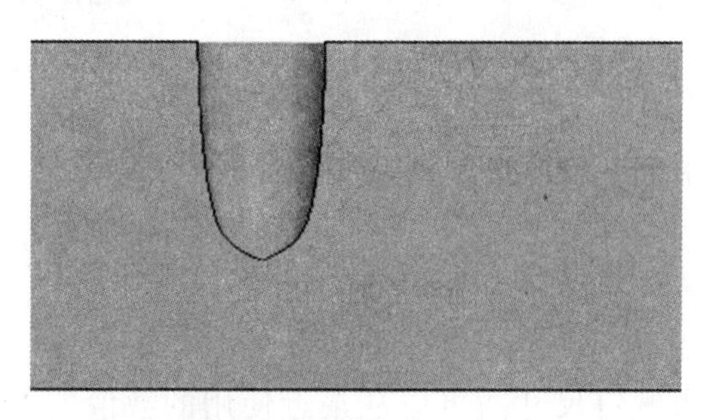

图5.4　“草绘孔”类型

4 孔特征操控板

1）简单孔特征操控板

从菜单栏选择【插入】→【孔】，或从工具栏中单击【孔】按钮。打开简单孔特征操控板，如图5.5所示。

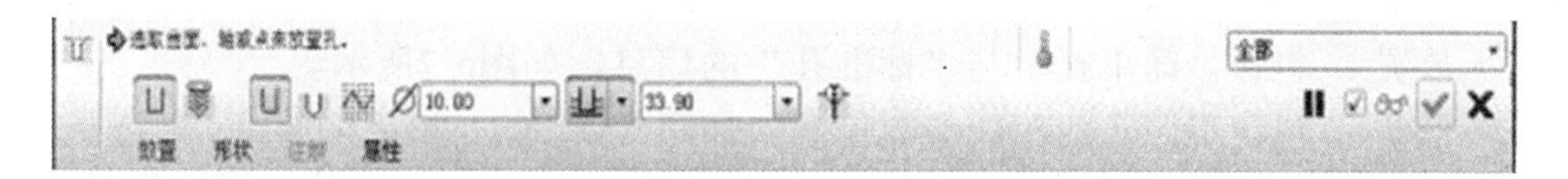

图5.5　简单孔特征操控板

孔特征操控板分为两部分，上层为对话栏，下层为上滑面板。

上层对话栏功能如下：

- ：创建简单孔。
- ：创建标准孔。
- ：使用预定义矩形作为钻孔轮廓。
- ：使用标准孔轮廓作为钻孔轮廓。
- ：使用草绘定义钻孔轮廓。
- 10.00：输入钻孔的直径值，可以从最近使用的值的菜单中选取，或拖动控制滑块调整数值。
- 33.90：从放置参照以指定的深度值钻孔。

• ：将孔几何表示设置为轻量化开或关。

在“零件”模式下，可以在任何时间将简单孔的几何从实体孔转换为轻量化孔，反之亦然。轻量化孔可以按照与使用具有实体几何的孔一样的方式来使用，包括用于搜索、阵列中以及作为用户定义特征的一部分。

在图形窗口中，轻量化孔使用橙色圆弧曲线和轴来表示。该曲线沿着孔圆周并位于孔放置平面上。在“模型树”中，轻量化孔使用图标来表示。

注解　模型质量计算不包括轻量化孔。

2）标准孔特征操控板

从菜单栏选择【插入】→【孔】，或从工具栏中单击【孔】按钮。再单击【标准孔】按钮，打开标准孔特征操控板，如图5.6所示。

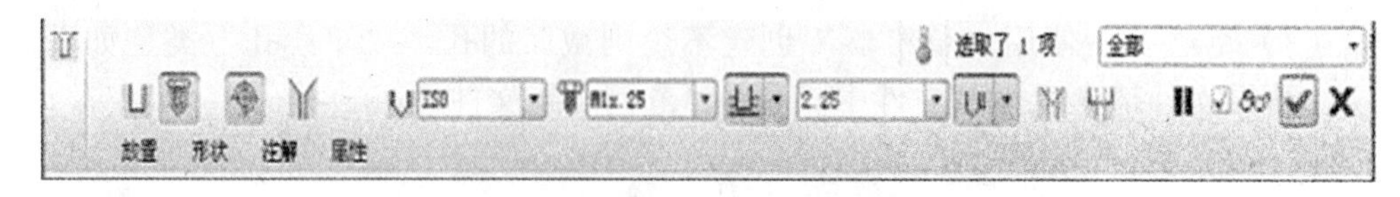

图5.6　标准孔特征操控板

标准孔特征操控板的上层对话栏功能如下。

• ：添加攻丝。
• ：创建锥孔。
• ：螺纹系列。
• ：输入螺钉尺寸，可以从最近使用的数值的菜单中选取，或拖动控制滑块调整数值。
• ：从放置参照以指定的深度值钻孔。
• ：钻孔肩部深度。
• ：添加埋头孔。
• ：添加沉孔。

下层上滑面板功能如下。

• 放置：包含“简单孔”与“标准孔”的信息，如图5.7所示。
• 形状：包含不同孔的相关参数信息，如图5.8所示。
• 注解：查看标准孔的螺纹注解，如图5.9所示。
• 属性：表示特征在系统中的ID名称。

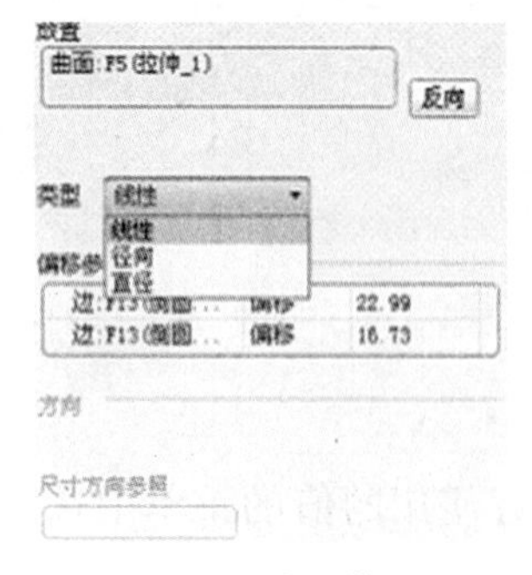

图5.7　放置信息

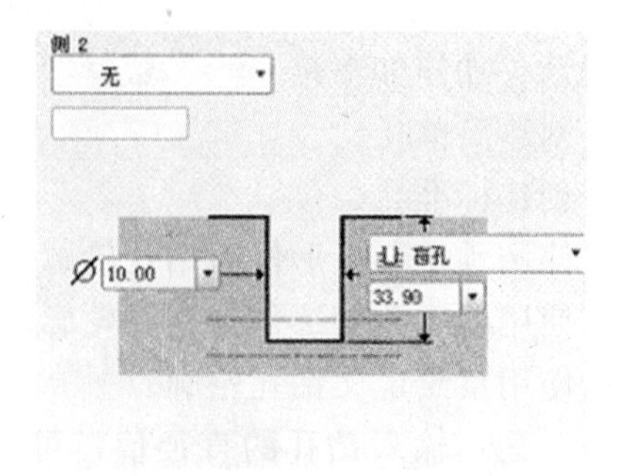

图5.8　形状信息

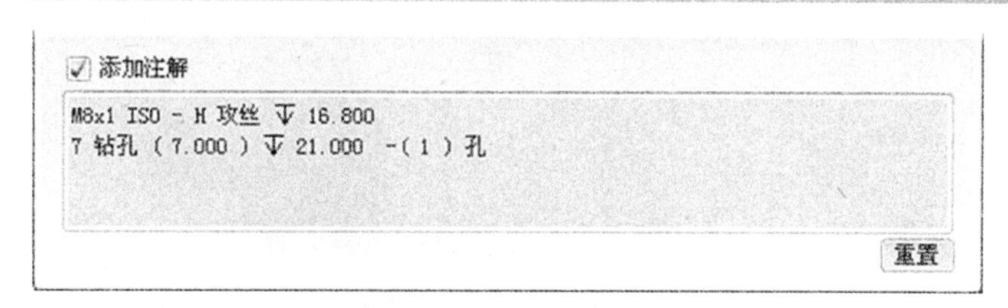

图5.9 注解

5.1.2 孔特征的创建与操作实例

❶ 简单孔的创建

打开模型文件中“第5章\范例源文件\ kong -2.prt”，创建“简单孔”。

（1）选择命令。从菜单栏选择【插入】→【孔】，或从工具栏中单击【孔】按钮。打开简单孔特征操控板，如图5.10所示。

图5.10 简单孔特征操控板

（2）为新建“简单孔”选择放置面。在简单孔特征操控板中选择【放置】，再选择要放置的平面，如图5.11所示。

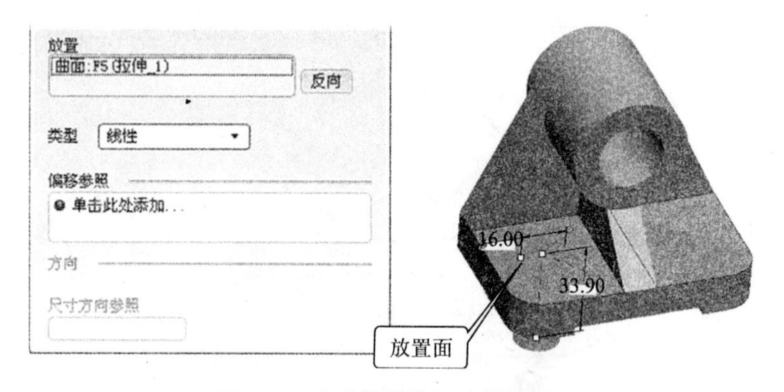

图5.11 为“简单孔”选择放置面

（3）为新建“简单孔”选择偏移参照。在放置选项卡“类型”中选择线性，在图形窗口拖动偏移参照按钮，选择模型的一个侧面（也可以选择边）作为第一个偏移参照，选择模型的另一个侧面（也可以选择边）作为第二个偏移参照，如图5.12所示。

（4）确定“简单孔”参数。为简单孔输入参数，如图5.13所示。

（5）完成“简单孔”的创建工作。单击操控板的按钮，完成简单孔的创建工作，其孔特征如图5.14所示。结果文件请参看模型文件中“第5章\范例结果文件\ kong -2.prt”。

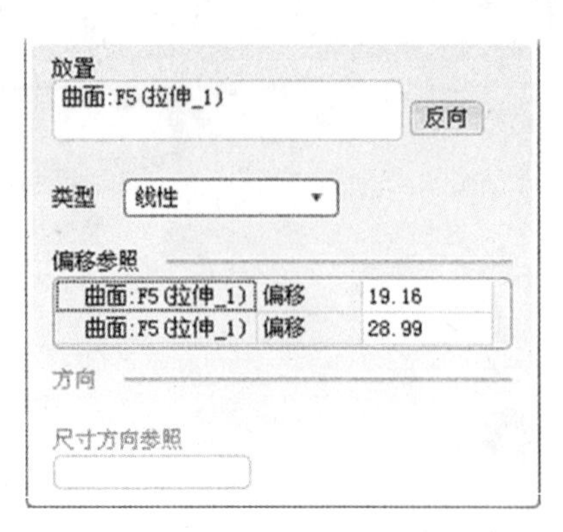

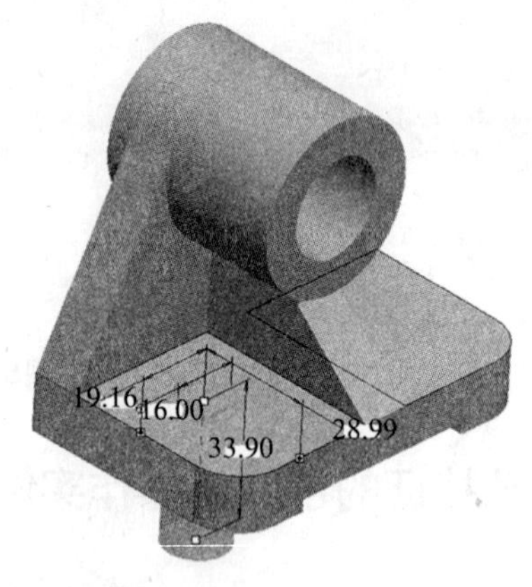

图5.12 为“简单孔”选择偏移参照

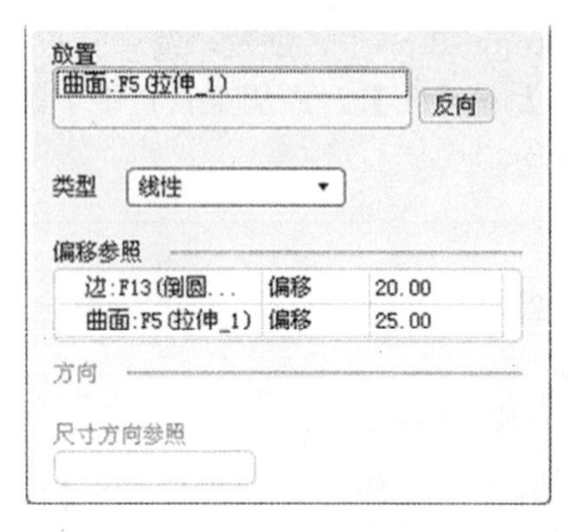

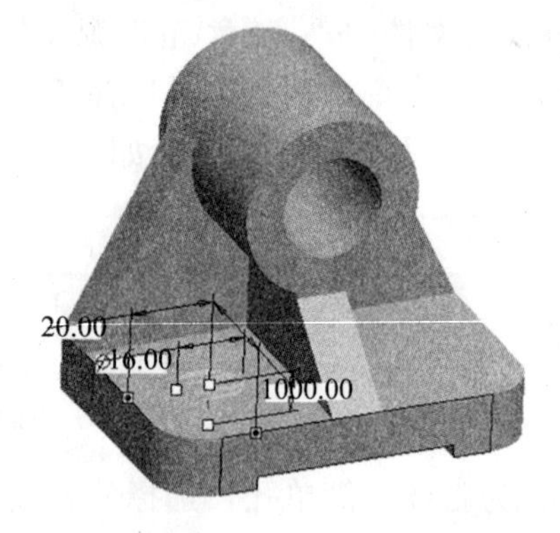

图5.13 为“简单孔”输入参数

图5.14 简单孔特征

❷ 标准孔的创建

（1）选择命令。从菜单栏选择【插入】→【孔】，或从工具栏中单击【孔】按钮。再单击【标准孔】按钮，打开标准孔特征操控板，选取螺纹参数M8×1，如图5.15所示。

（2）为新建“标准孔”选择放置面。在标准孔特征操控板中选择【放置】，再选择所要放置的面，如图5.16所示。

图5.15 标准孔特征操控板

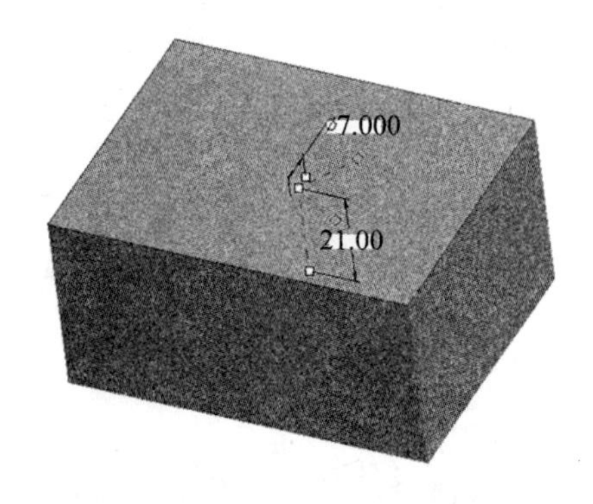

图5.16 为“标准孔”选择放置面

（3）为新建“标准孔”选择偏移参照。在放置选项卡“类型”中选择线性，在图形窗口拖动偏移参照按钮，选择模型的一个侧面（也可以选择边）作为第一个偏移参照，选择模型的另一个侧面（也可以选择边）作为第二个偏移参照，如图5.17所示。

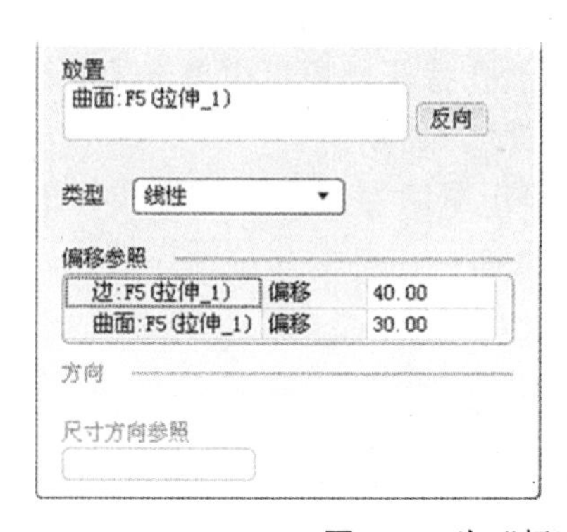

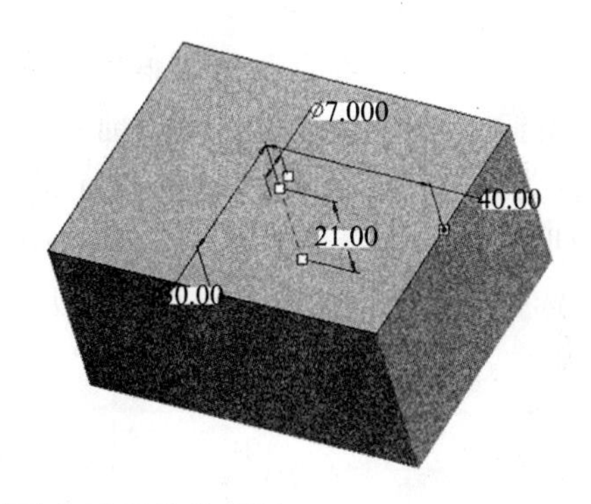

图5.17 为“标准孔”选择偏移参照

（4）确定“标准孔”参数。在形状选项卡“类型”中，输入螺纹参数，如图5.18所示。

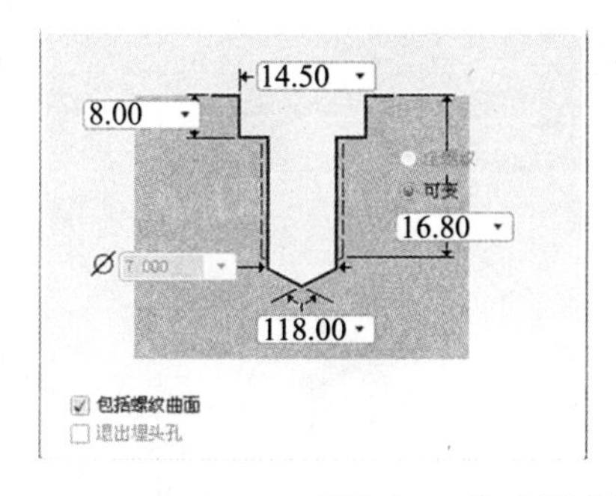

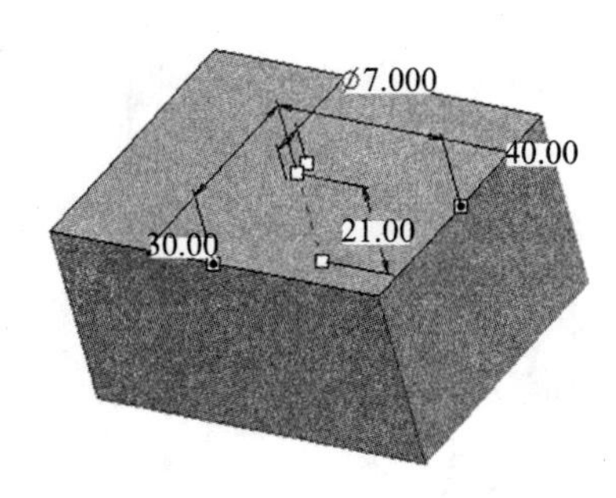

图5.18 为“标准孔”输入螺纹参数

（5）完成“标准孔”的创建工作。单击操控板的☑按钮，完成标准孔的创建工作，其孔特征如图5.19所示。结果文件请参看模型文件中“第5章\范例结果文件\kong-3.prt”。

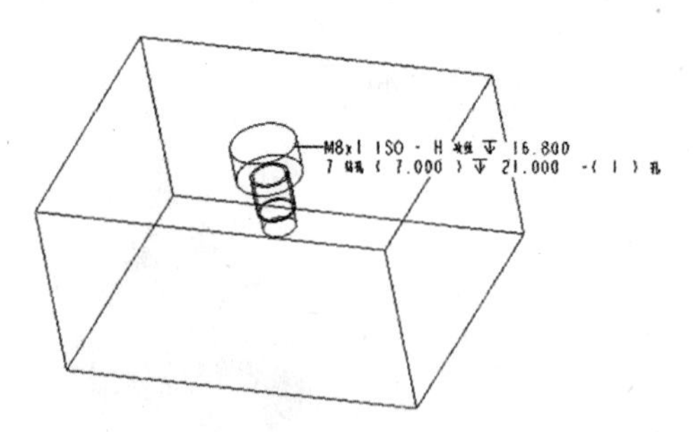

图5.19　标准孔特征

❸ 草绘孔的创建

（1）选择命令。从菜单栏选择【插入】→【孔】，或从工具栏中单击【孔】按钮 。再单击【草绘孔】按钮，打开草绘孔特征操控板，如图5.20所示。

图5.20　草绘孔特征操控板

（2）为新建“草绘孔”绘制截面。在草绘孔特征操控板中单击【激活草绘器创建剖面】按钮，绘制“草绘孔” 剖面，如图5.21所示。

（3）为新建“草绘孔”选择放置面。单击草绘器工具栏的按钮退出草绘模式。在图形窗口中为新建“草绘孔”选择放置面，在草绘孔特征操控板中选择【放置】，再选择所要放置的面，如图5.22所示。

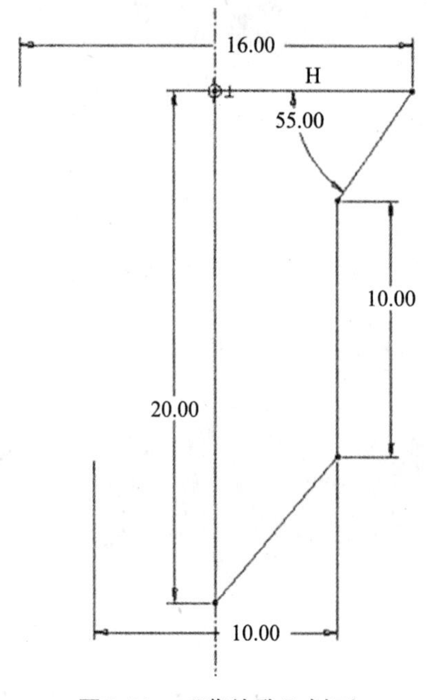

图5.21　“草绘孔”剖面

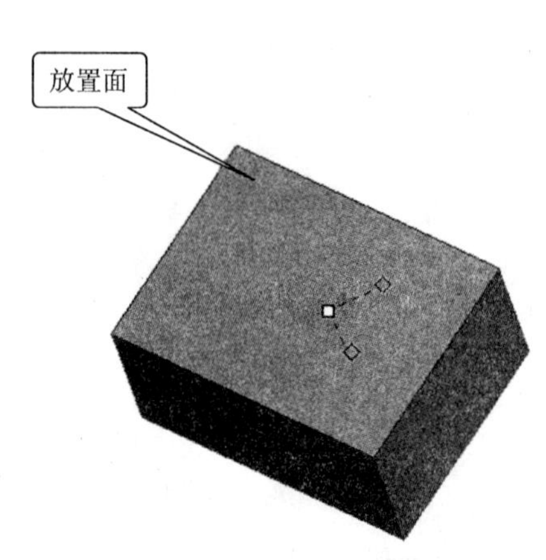

图5.22　为“草绘孔”选择放置面

（4）为新建“草绘孔”选择偏移参照。在放置选项卡“类型”中选择线性，在图形窗口拖动偏移参照按钮，选择模型的一个侧面（也可以选择边）作为第一个偏移参照，选择模型的另一个侧面（也可以选择边）作为第二个偏移参照，如图5.23所示。

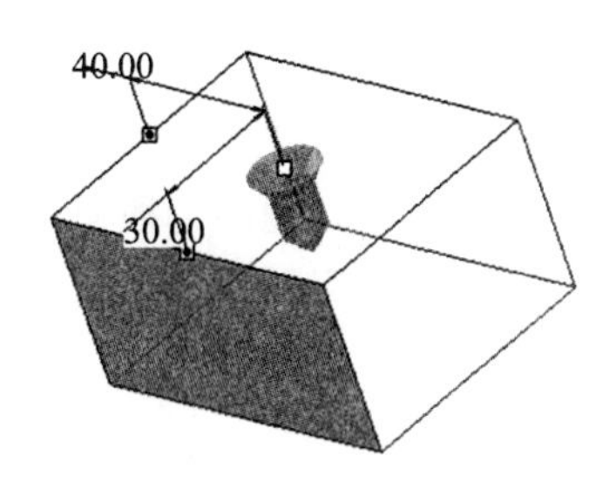

图5.23　为“草绘孔”选择偏移参照

（5）完成“标准孔”的创建工作。单击操控板的按钮，完成草绘孔的创建工作，其孔特征如图5.24所示。结果文件请参看模型文件中“第5章\范例结果文件\kong -4.prt”。

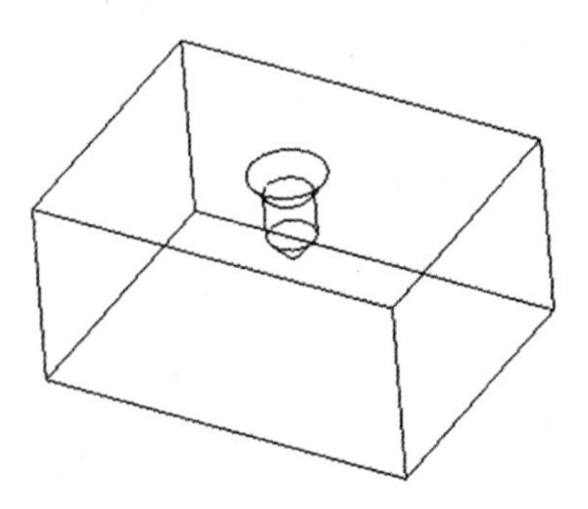

图5.24　草绘孔特征

5.2　倒圆角特征

5.2.1　倒圆角特征的概述 

❶ 倒圆角特征

倒圆角是一种边处理特征，通过向一条或多条边、边链或在曲面之间添加半径形成。曲面可以是实体模型面或常规的 Pro/ENGINEER 零厚度面组和曲面。

倒圆角特征如图5.25所示。结果文件请参看模型文件中“第5章\范例结果文件\yuanjiao-1.prt”。

❷ 倒圆角特征的类型

Pro/ENGINEER创建圆角方法包括4种类型：恒定半径倒圆角、变半径倒圆角、完全倒圆角和通过曲线驱动倒圆角。

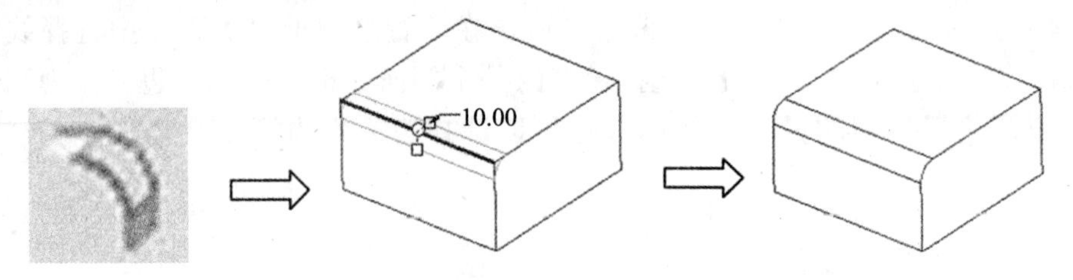

图5.25　倒圆角特征

（1）恒定半径倒圆角。倒圆角段具有恒定半径，如图5.26所示。

（2）变半径倒圆角。倒圆角段具有多个半径，如图5.27所示。

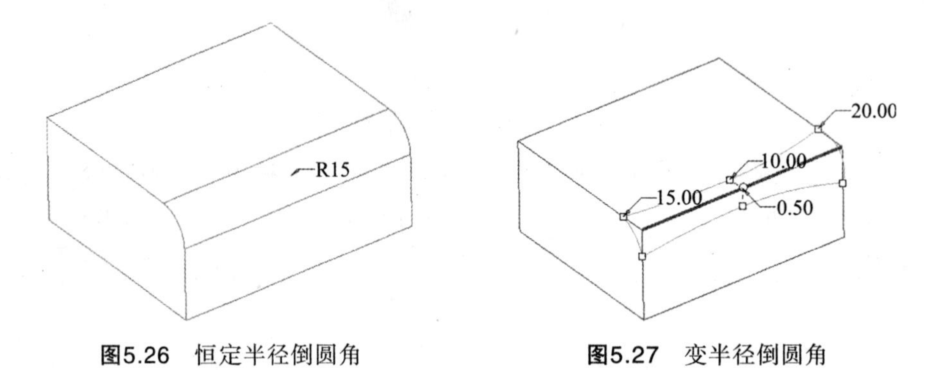

图5.26　恒定半径倒圆角　　图5.27　变半径倒圆角

（3）完全倒圆角。完全倒圆角会替换选定边所包含的面，如图5.28所示。

（4）通过曲线驱动倒圆角。倒圆角的半径由基准曲线驱动，如图5.29所示。

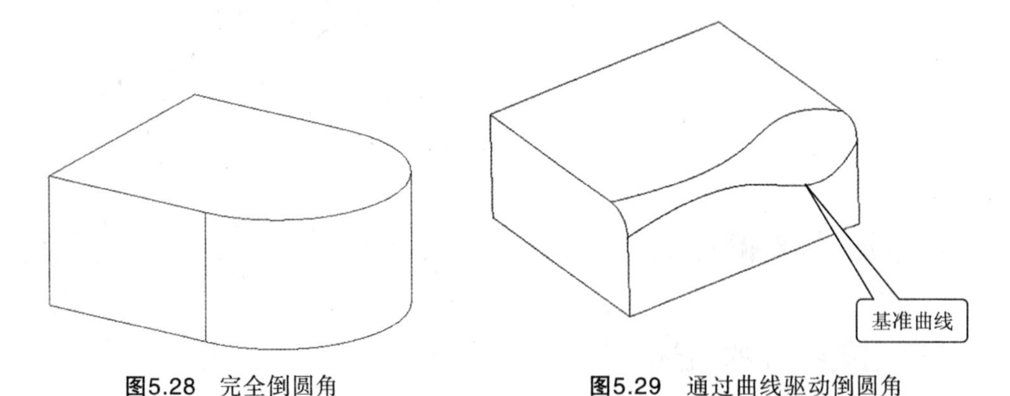

图5.28　完全倒圆角　　图5.29　通过曲线驱动倒圆角

3 倒圆角特征的参照

创建倒圆角类型取决于所选取的参照类型。Pro/ENGINEER创建圆角的参照包括3种类型：边或边链、曲面到边和曲面到曲面。

（1）边或边链参照。通过在一条边或多条边或者是一个边链上进行选取，来放置倒圆角。以边或链为参照的边界面将形成该圆角特征的滚动相切连接，圆角特征穿过相切的邻边进行传播，直至在倒圆角段中遇到断点，如图5.30和图5.31所示。

边或边链参照可创建的圆角类型包括：恒定半径、变半径、完全圆角和通过曲线驱动倒圆角。

（2）曲面到边参照。通过选取曲面，然后选取边来放置倒圆角。该倒圆角与曲

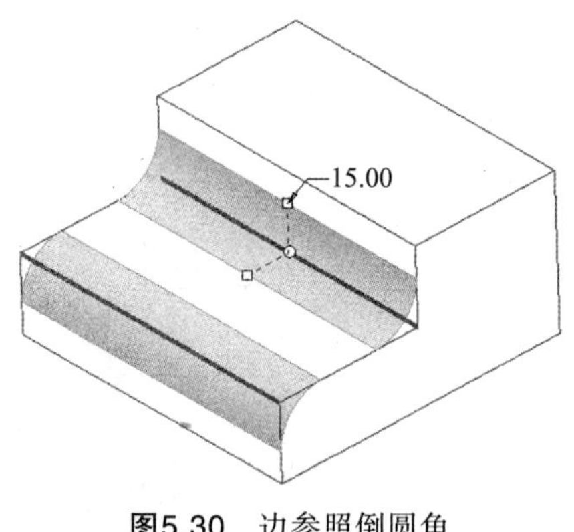

图5.30 边参照倒圆角

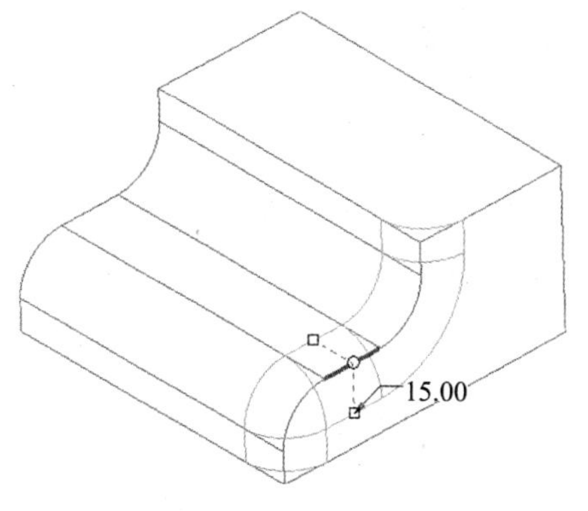

图5.31 边链参照倒圆角

面保持相切，边参照不保持相切，如图5.32所示。

曲面到边参照可创建的圆角类型包括：恒定半径、变半径和完全圆角。

（3）曲面到曲面参照。通过选取两个曲面来放置倒圆角。倒圆角的边与参照曲面保持相切，如图5.33所示。

曲面到曲面参照可创建的圆角类型包括：恒定半径、变半径、完全圆角和通过曲线驱动倒圆角。

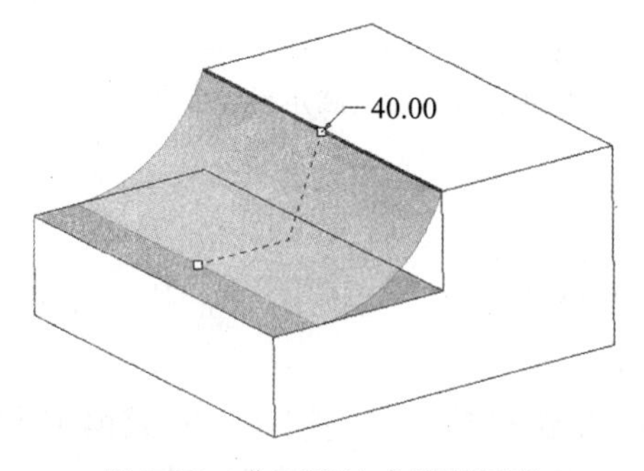

图5.32 曲面到边参照倒圆角

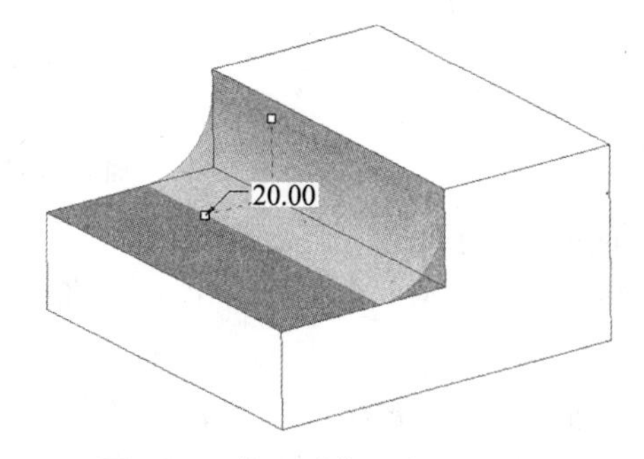

图5.33 曲面到曲面参照倒圆角

5.2.2 倒圆角特征的创建与操作实例

❶ 创建恒定半径倒圆角特征

（1）选择命令。从菜单栏选择【插入】→【倒圆角】，或从工具栏中单击【倒圆角】按钮。打开倒圆角特征操控板，如图5.34所示。

图5.34 倒圆角特征操控板

• 集：创建属于放置参照的倒圆角段（几何）。倒圆角段由唯一属性、几何参照以及一个或多个半径组成。集参数控制面板如图5.35所示。

• 过渡：连接倒圆角段的填充几何。过渡位于倒圆角段相交或终止处。创建倒圆角时，系统使用缺省过渡，并提供多种过渡类型，允许用户创建和修改过渡。

（2）设定圆角形状参数。从集参数控制面板选择圆角形状参数为“圆形”，如图5.36所示。

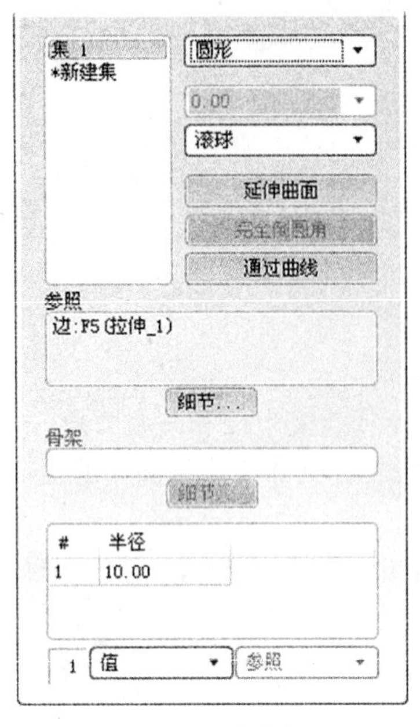

图5.35　“集”参数控制面板

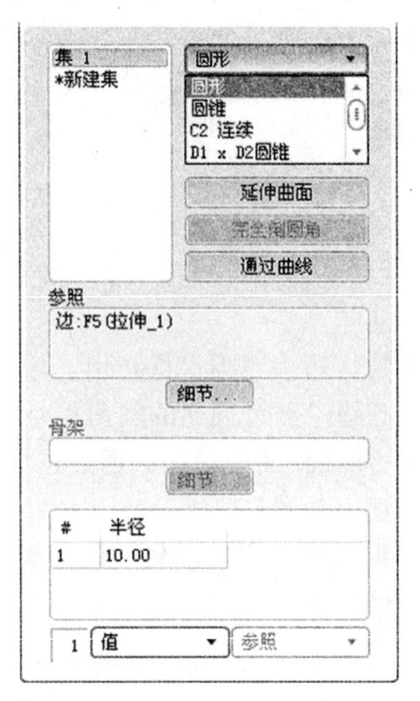

图5.36　设定圆角形状参数

（3）选取倒圆角参照。设定圆角形状参数后，在模型上选取一条边作为倒圆角特征的放置参照，如图5.37所示。

（4）定义倒圆角尺寸。在倒圆角尺寸文本框中输入半径值为10，按“Enter”键确认。

（5）完成恒定半径圆角特征的创建工作。单击操控板的☑按钮，完成恒定半径圆角特征的创建工作，实体形状如图5.38所示。结果文件请参看模型文件中“第5章\范例结果文件\yuanjiao-1.prt”。

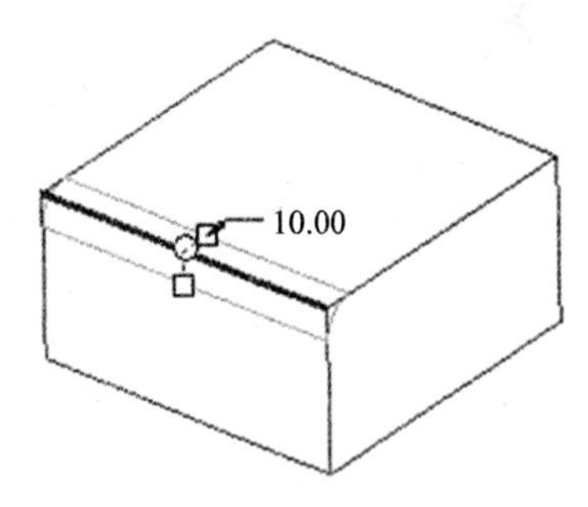

图5.37　选取倒圆角参照

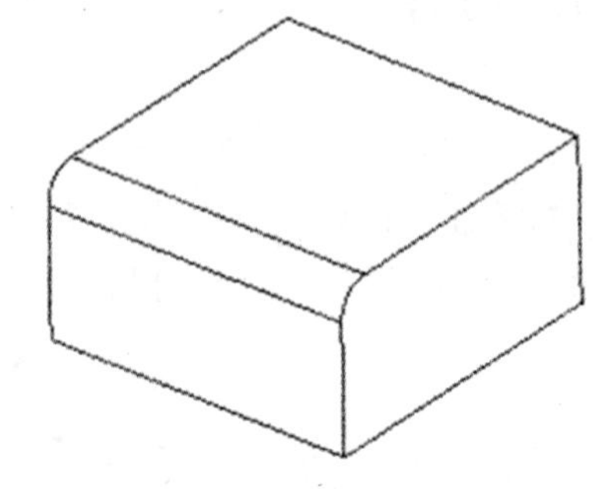

图5.38　恒定半径倒圆角特征

❷ 创建变半径倒圆角特征

（1）选择命令。从菜单栏选择【插入】→【倒圆角】，或从工具栏中单击【倒圆角】按钮。打开倒圆角特征操控板，如图5.39所示。

（2）设定圆角形状参数。从集参数控制面板选择圆角形状参数为“圆形”。

图5.39 倒圆角特征操控板

（3）选取倒圆角参照。设定圆角形状参数后，在模型上选取一条边作为倒圆角特征的放置参照。

（4）给倒圆角参照添加半径。在集参数控制面板半径文本框中单击右键，添加半径。重复操作可添加多个半径。添加半径后修改半径值，如图5.40所示。或在倒圆角参照的句柄上单击右键，添加半径。重复操作可添加多个半径，拖动句柄调节半径控制点的位置，如图5.41所示。

（5）完成变半径倒圆角特征。单击操控板的☑按钮，完成变半径倒圆角特征的创建工作，实体形状如图5.42所示。结果文件请参看模型文件中“第5章\范例结果文件\yuanjiao-2.prt”。

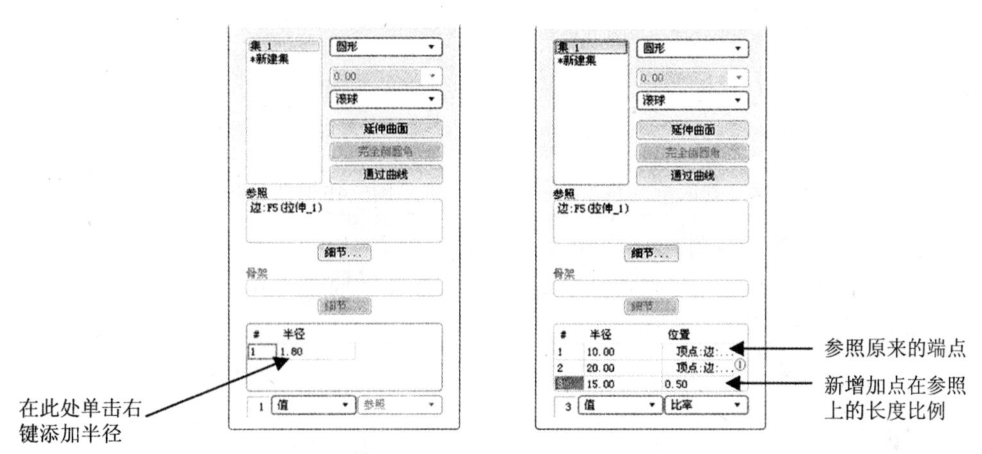

图5.40 添加半径控制面板

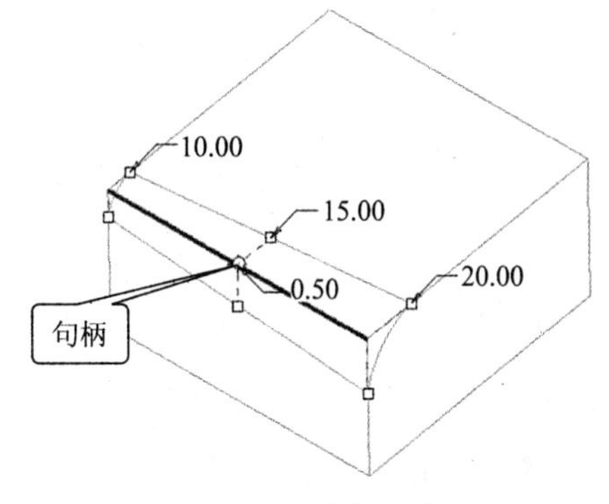

图5.41 添加半径

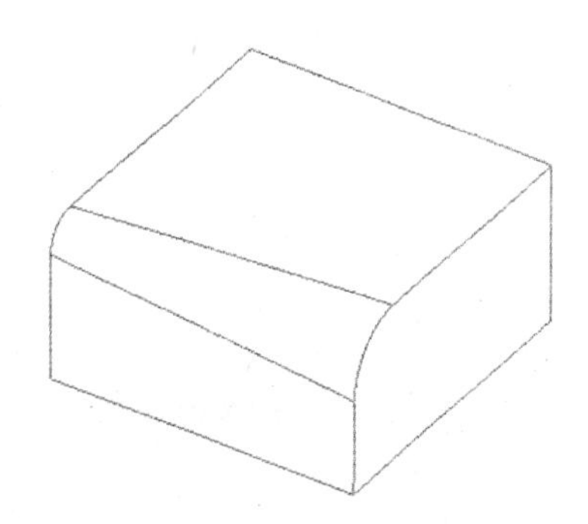

图5.42 变半径倒圆角特征

❸ 创建完全倒圆角特征

（1）选择命令。从菜单栏选择【插入】→【倒圆角】，或从工具栏中单击【倒圆角】按钮。打开倒圆角特征操控板，如图5.43所示。

（2）选取倒圆角参照。在模型上选取一对边（结合Ctrl键）作为完全倒圆角特

征的放置参照，如图5.44所示。

（3）选取“完全倒圆角”参数。在集参数控制面板中，选取“完全倒圆角”参数，如图5.45所示。

图5.43 倒圆角特征操控板

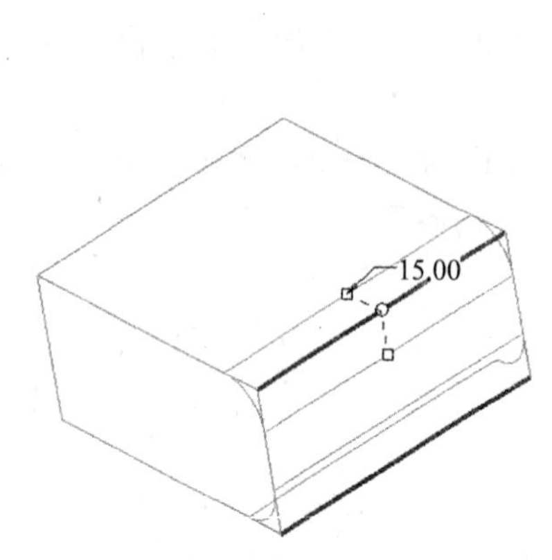

图5.44 选取倒圆角参照

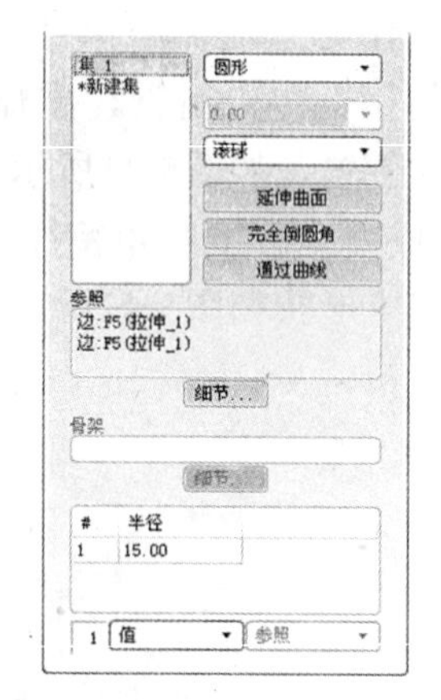

图5.45 完全倒圆角参数

（4）完成完全倒圆角特征。单击操控板的☑按钮，完成完全倒圆角特征的创建工作，实体形状如图5.46所示。结果文件请参看模型文件中“第5章\范例结果文件\yuanjiao-3.prt”。

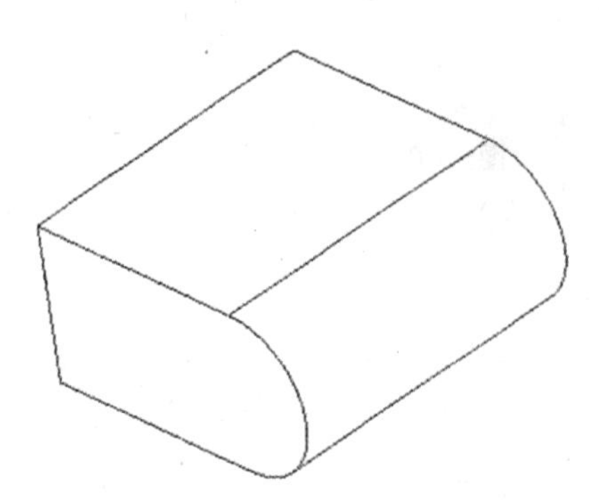

图5.46 完全倒圆角特征

❹ 创建通过曲线驱动倒圆角特征

（1）选择命令。从菜单栏选择【插入】→【倒圆角】，或从工具栏中单击【倒圆角】按钮。打开倒圆角特征操控板，如图5.47所示。

图5.47 倒圆角特征操控板

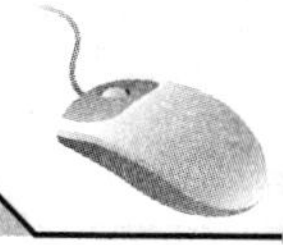

（2）选取倒圆角参照。在模型上选取一条边作为倒圆角特征的放置参照，如图5.48所示。

（3）选取“通过曲线”参数。在集参数控制面板中，单击“通过曲线”按钮，选取绘制好的草绘曲线，如图5.49所示。

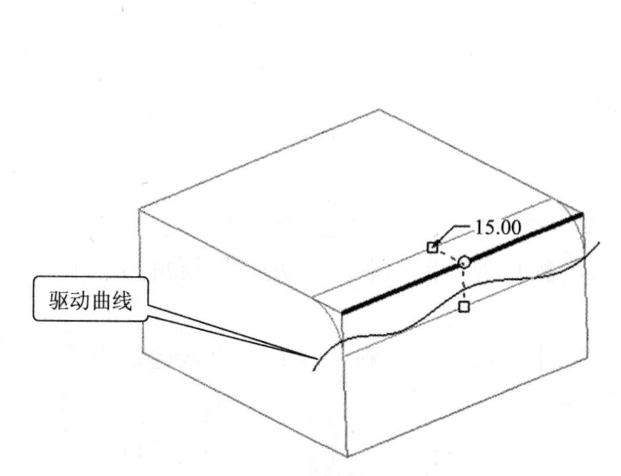

图5.48 选取倒圆角参照

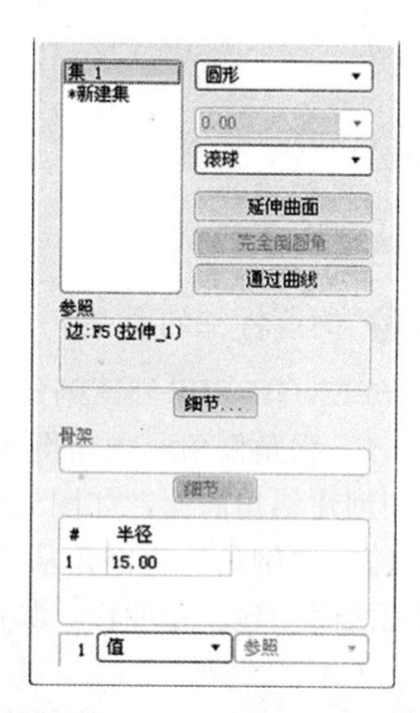

图5.49 通过曲线驱动倒圆角参数

（4）完成通过曲线驱动倒圆角特征的创建工作。单击操控板的☑按钮，完成通过曲线驱动倒圆角特征的创建工作，实体形状如图5.50所示。结果文件请参看模型文件中“第5章\范例结果文件\yuanjiao-4.prt”。

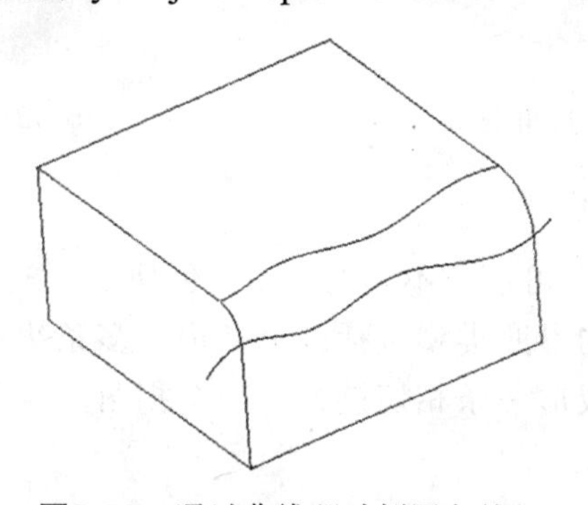

图5.50 通过曲线驱动倒圆角特征

5.3 倒角特征

5.3.1 倒角特征的概述

❶ 倒角特征

倒角是一类工程特征，在 Pro/ENGINEER 中可创建和修改倒角。倒角是对模型的实体边或拐角进行斜切削。

倒角特征如图5.51所示。结果文件请参看模型文件中“第5章\范例结果文件\

daojiao-1.prt”。

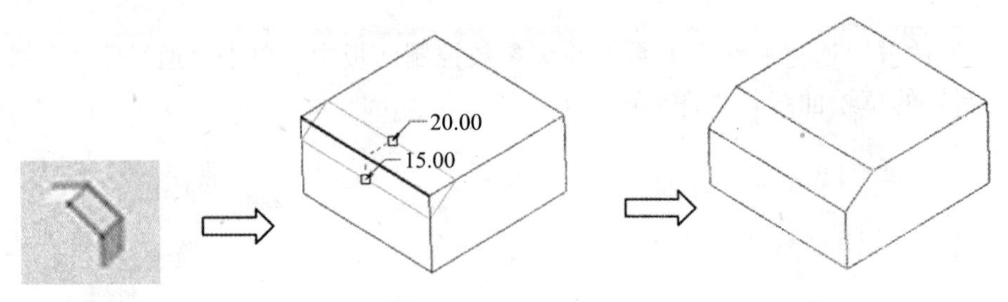

图5.51　倒角特征

❷ 倒角特征的类型

Pro/ENGINEER创建倒角的类型有两种：拐角倒角和边倒角。

（1）拐角倒角。拐角倒角从零件的拐角处移除材料，在共有该拐角的三个相邻曲面间创建斜角曲面，如图5.52所示。

（2）边倒角。边倒角从选定边移除平整部分的材料，以在共有该选定边的两个原曲面之间创建斜角曲面，如图5.53所示。

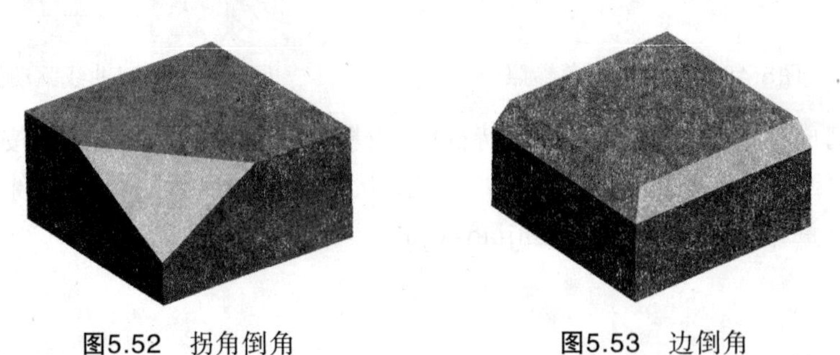

图5.52　拐角倒角　　　　图5.53　边倒角

❸ 倒角特征的参照

使用 Pro/ENGINEER 可创建不同的倒角，创建倒角的类型取决于选取的参照类型。一般来说创建倒角的参照类型包括：一条边、多条边或一个边链（一条边或多条边或圆弧组合在一起成形一条相切链）；一个拐角参照和指定拐角的三个边放置尺寸。

5.3.2　倒角特征的创建与操作实例

❶ 创建边倒角特征

（1）选择命令。从菜单栏选择【插入】→【倒角】→【边倒角】，或从工具栏中单击【边倒角】按钮。打开边倒角特征操控板，如图5.54所示。

图5.54　边倒角特征操控板

• 集：创建属于放置参照的倒角段（几何）。倒角段由唯一属性、几何参照、平面角及一个或多个倒角距离组成。“集”参数控制面板如图5.55所示。

• 过渡：连接倒角段的填充几何。过渡位于倒角段或倒角集端点会合或终止处。创建倒角时，系统使用缺省过渡，并提供多种过渡类型，允许用户创建和修改过渡。

（2）选取倒角参照。选取要倒角的边线，系统提示选取一条边或一个边链以创建倒角集，如图5.56所示。

图5.55 “集”参数控制面板

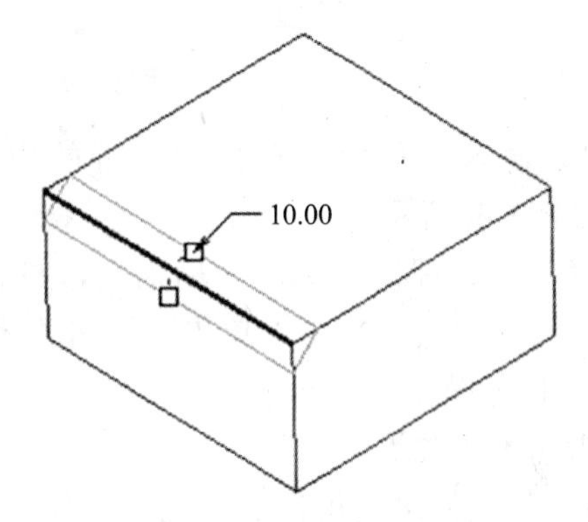

图5.56 选取倒角边线

（3）选取倒角的放置方式。Pro/ENGINEER 提供倒角的放置方式如下。

• D×D：在各曲面上与参照边相距为“D”处创建倒角特征。Pro/ENGINEER 会缺省选取该选项。

• D1×D2：在两个曲面上与参照边的距离分别为“D1”和“D2”处创建倒角特征。

• 角度 ×D：在一个曲面上与参照边相距为“D”，同时与另一个曲面呈指定角度创建倒角特征。

• 45×D：与两个曲面都呈 45° 角，且在两个曲面上与参照边的距离为“D”处创建倒角特征（该放置方式只能倒两曲面互相垂直的边）。

在边倒角特征操控板中选取“D1×D2”定义倒角放置方式，在倒角尺寸文本框中输入D1和D2的数值为20和15，按“Enter”键确认，如图5.57所示。

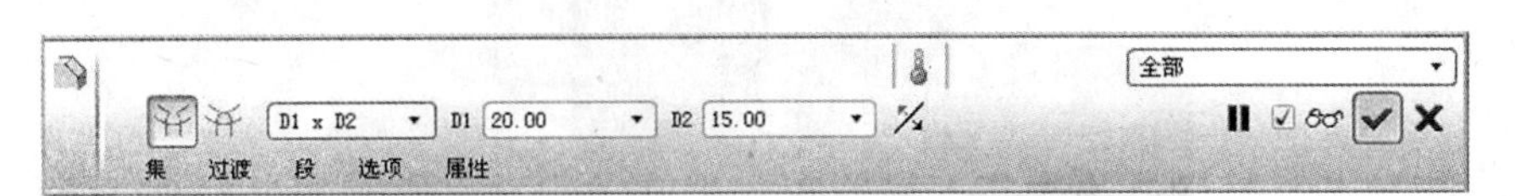

图5.57 输入尺寸文本

（4）完成边倒角特征。单击操控板的☑按钮，完成边倒角特征的创建工作，实体形状如图5.58所示。结果文件请参看模型文件中“第5章\范例结果文件\daojiao-1.prt”。

图5.58 边倒角特征

❷ 创建拐角倒角特征

（1）选择命令。从菜单栏选择【插入】→【倒角】

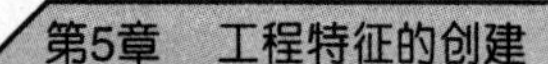

→【拐角倒角】，打开“拐角”对话框，如图5.59所示。

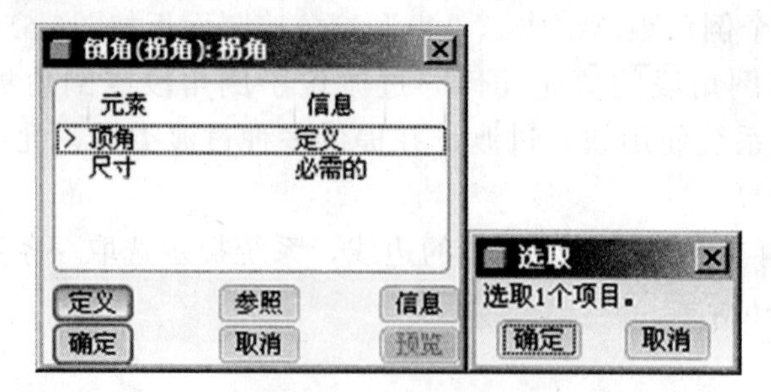

图5.59　拐角对话框

（2）输入拐角值。在顶角附近的边上单击鼠标左键，打开输入“菜单管理器”，如图5.60所示。

从“菜单管理器”单击“输入”，打开“输入沿加亮边标注的长度”文本框，输入文本尺寸值为“30”，单击☑按钮关闭文本框。

重复上述操作，输入相邻两边的文本尺寸值为“40”和“25”，如图5.61所示。单击☑按钮关闭文本框。

（3）完成拐角倒角特征的创建工作。单击“拐角”对话框[确定]按钮，完成拐角倒角特征的创建工作，实体形状如图5.62所示。结果文件请参看模型文件中“第5章\范例结果文件\daojiao-2.prt”。

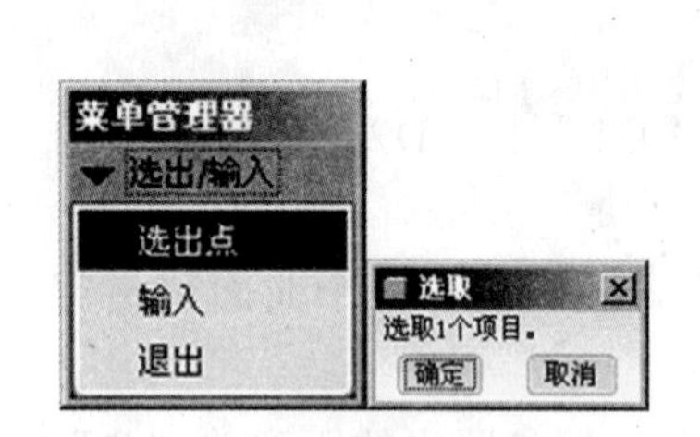

图5.60　输入菜单管理器

图5.61　输入拐角尺寸文本

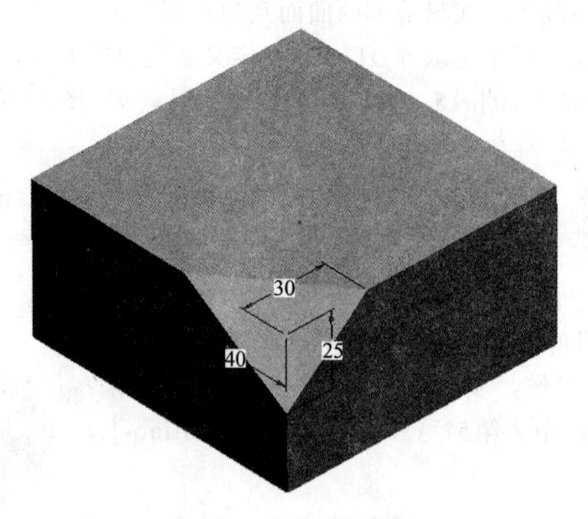

图5.62　拐角倒角特征

5.4 抽壳特征

5.4.1 抽壳特征的概述

❶ 抽壳特征

抽壳特征就是将实体特征的一个或多个表面除去，然后掏空实体内部材料，得到指定厚度的薄壁。Pro/ENGINEER提供两种类型的抽壳特征：等壁厚抽壳特征和不等壁厚抽壳特征。

抽壳特征如图5.63所示。结果文件请参看模型文件中“第5章\范例结果文件\ke-1.prt”。

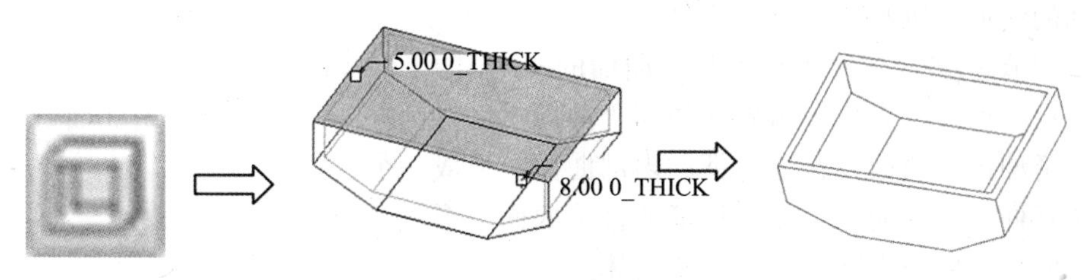

图5.63 抽壳特征

❷ 抽壳特征操控板

从菜单栏选择【插入】→【壳】，或从工具栏中单击【壳】按钮。打开抽壳特征操控板，如图5.64所示。

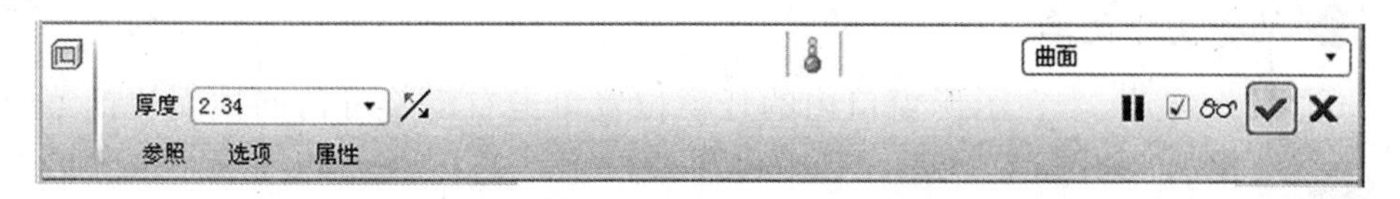

图5.64 抽壳特征操控板

抽壳特征操控板分为两部分，上层为对话栏，下层为上滑面板。

抽壳特征操控板上层对话栏功能如下。

（1）厚：可用来更改缺省壳厚度值。可输入新值，或从列表中选取一个最近使用的值。

（2）：反向“壳”特征的方向。

抽壳特征操控板下层上滑面板功能如下。

（1）参照：包含“壳”特征中所使用的参照的收集器，如图5.65所示。

• 移除的曲面：可用来选取要移除的曲面。如果未选取任何曲面，则会创建一个“封闭”壳，将零件的整个内部都掏空，且空心部分没有入口。

• 非缺省厚度：可用于选取要在其中指定不同厚度的曲面。可为包括在此收集器中的每个曲面指定单独的厚度值。

（2）选项：包含用于从抽壳特征中排除曲面的选项，如图5.66所示。

• 排除的曲面：可用于选取一个或多个要从壳中排除的曲面。如果未选取任何

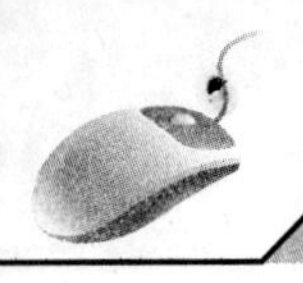

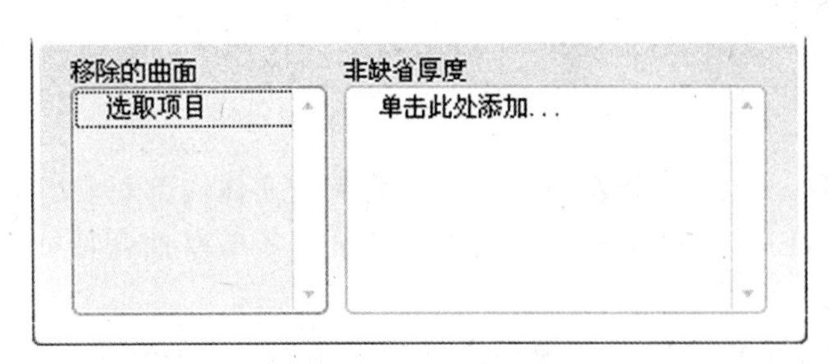

图5.65 “参照”面板

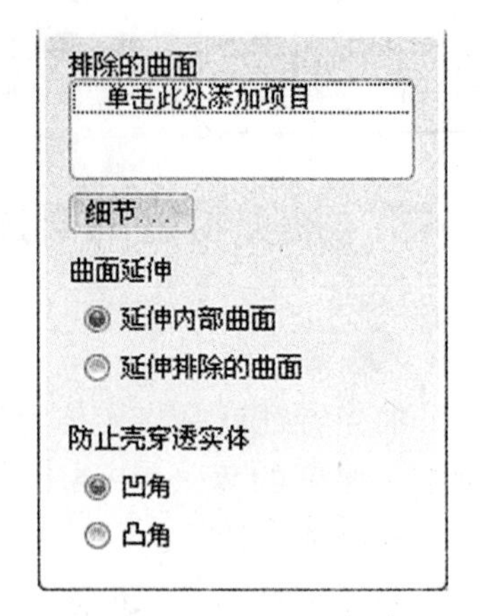

图5.66 “选项”面板

要排除的曲面，则将壳化整个零件。

- 细节：打开用来添加或移除曲面的“曲面集”对话框。

注意：通过“壳”用户界面访问“曲面集”对话框时不能选取面组曲面。

- 延伸内部曲面：在壳特征的内部曲面上形成一个盖。
- 延伸排除的曲面：在壳特征的排除曲面上形成一个盖。
- 凹角：防止壳在凹角处切割实体。
- 凸角：防止壳在凸角处切割实体。

（3）属性：包含特征名称和用于访问特征信息的图标。

- 名称：可在其中输入壳特征的定制名称，以替换自动生成的名称。
- 🛈：可单击它以显示关于特征的信息。

❸ 抽壳快捷菜单

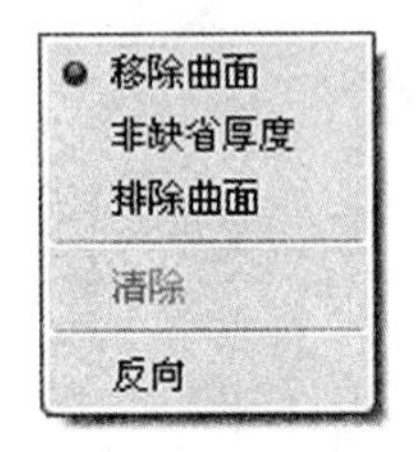

图5.67 快捷菜单

在图形窗口内的任意位置单击右键，可访问抽壳快捷菜单，如图5.67所示。其中包含以下命令。

- 移除曲面：激活“移除的曲面”收集器。
- 非缺省厚度：激活“非缺省厚度”收集器。
- 排除的曲面：激活“排除的曲面”收集器。
- 清除：从当前活动收集器中移除所有参照。
- 反向：反向壳侧。

操作要点

（1）右键单击与 O_THICK 标签连接的控制滑块或数值，则快捷菜单仅包含可反向壳侧的“反向”命令。

（2）右键单击与 THICK 标签连接的控制滑块或数值，则快捷菜单仅包含“移除”命令，它可将当前曲面从使用非缺省厚度的曲面收集器中移除。

（3）在图形窗口中右键单击“单个曲面”标签，则出现的快捷菜单会显示以下附加命令。

- 移除组：从“排除的曲面”收集器中移除选定曲面。

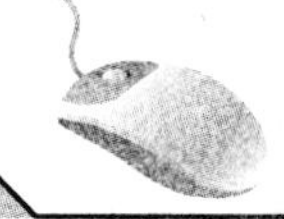

• 实体曲面 ： 构建曲面集并将所有实体曲面添加到该曲面集中。

（4）在图形窗口中右键单击“种子和边界曲面”标签，则出现的快捷菜单会显示以下附加命令。

• 激活组：激活选定集，以便将曲面添加到该集中或从中移除曲面。

• 移除组 ：从“排除的曲面”收集器中移除种子和边界曲面集。

5.4.2　抽壳特征的创建与操作实例

❶ 创建抽壳特征的操作过程

（1）选择命令。从菜单栏选择【插入】→【壳】，或从工具栏中单击【壳】按钮。打开抽壳特征操控板，如图5.68所示。

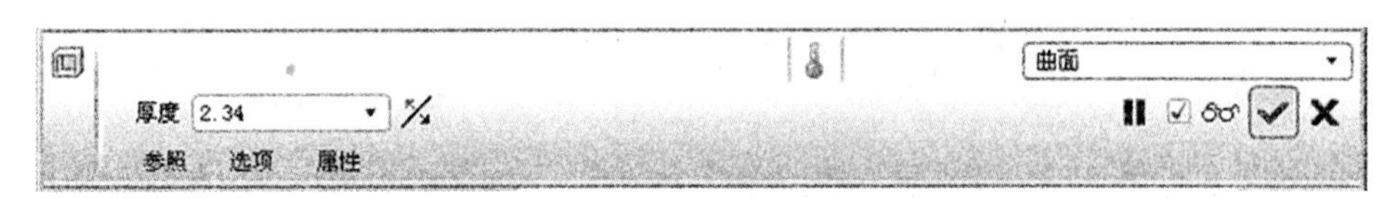

图5.68　抽壳特征操控板

Pro/ENGINEER 在所有曲面内部应用缺省厚度来创建“封闭”壳，然后显示预览几何。缺省厚度值显示在图形窗口中和操控板的框中。

（2）选择要移除的曲面。选取一个或多个要在抽壳特征创建过程中移除的曲面。Pro/ENGINEER 将移除选定曲面并会更新预览几何。

注解　也可在进入“壳”工具前选取要移除的曲面。创建或重定义抽壳特征时，通过在“参照”上滑面板中激活“移除的曲面”收集器，可随时选取要移除的其他曲面或清除某些先前选定曲面的选择。开始创建或重定义抽壳特征时，此收集器始终处于活动状态。

（3）输入抽壳“值”。要修改壳厚度，在操控板的框中输入或选择新值，也可以拖动控制滑块，或双击厚度值并输入或选择新值。

（4）调整抽壳方向。在对话栏中单击【更改厚度方向】按钮，调整抽壳方向。也可使用“壳”快捷菜单上的“反向”命令。

（5）选择不等壁厚的曲面。要指定具有不同厚度的曲面，可打开“参照”上滑面板，然后通过对其进行单击来激活“非缺省厚度”收集器。也可使用快捷菜单上的“非缺省厚度”命令，并选取曲面。

注解　对于每个具有非缺省厚度的选定曲面，Pro/ENGINEER 将显示一个控制滑块和一个关联的厚度值。系统还将在“参照”上滑面板的“非缺省厚度”收集器中添加带有曲面名称和厚度值 (初始值等于缺省壳厚度) 的线。要修改非缺省厚度，请拖动控制滑块。也可在“非缺省厚度”收集器或图形窗口的相应框中键入或选取一个新值。

（6）排除不进行壳化的曲面。要排除曲面，不对其进行壳化，请打开“选项”上滑面板，然后在操控板上通过单击“排除的曲面”收集器将其激活。或者，也可使用快捷菜单上的“排除曲面”命令，然后选取一个或多个要从壳中排除的曲面。

（7）完成抽壳特征的创建工作。单击操控板的☑按钮，完成抽壳特征的创建工作。

❷ 创建抽壳特征实例

打开模型文件中“第5章\范例源文件\ ke -1.prt”，创建抽壳特征实例。

（1）选择命令。从菜单栏选择【插入】→【壳】，或从工具栏中单击【壳】按钮▣。打开抽壳特征操控板。系统在所有曲面内部应用缺省厚度来创建“封闭”壳，然后显示预览几何，如图5.69所示。

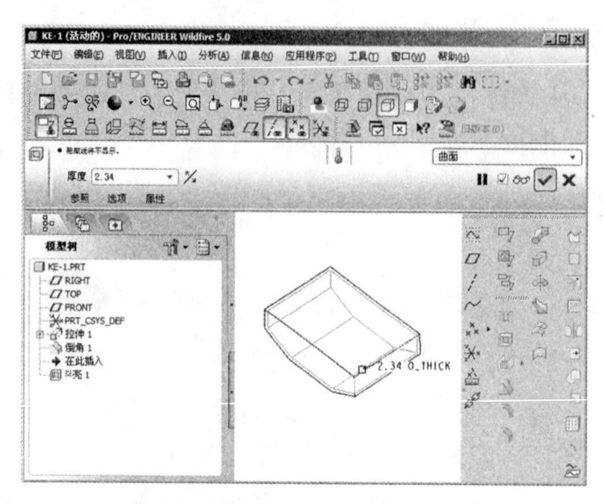

图5.69　“封闭”壳与预览几何

（2）选择要移除的曲面。选取顶部曲面作为要移除的曲面。

（3）输入抽壳“值”。在对话栏的组合框中输入“5”，修改壳厚度。系统将更新预览几何，如图5.70所示。

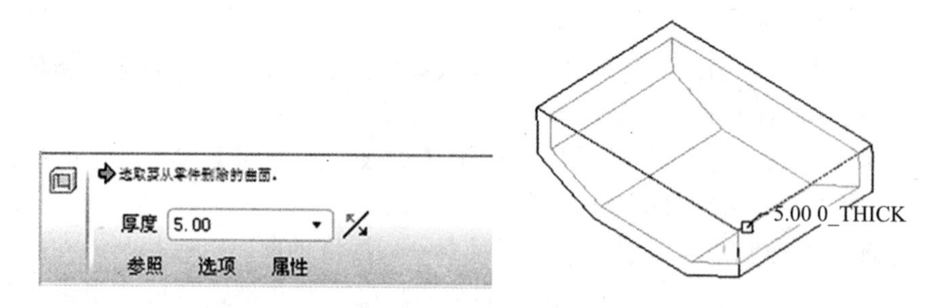

图5.70　输入壳厚度

（4）指定底部曲面厚度。要指定底部曲面具有不同的厚度，打开“参照”上滑面板，并在其中单击将“非缺省厚度”收集器激活，选取底部曲面。

系统还在“非缺省厚度”收集器中添加带有曲面名称和厚度值（初始值等于缺省壳厚度）的值。单击组合框并输入“8”指定底部厚度。系统即更新预览几何，如图5.71所示。

（5）完成抽壳特征的创建工作。单击操控板的☑按钮，完成抽壳特征的创建工作。实体形状如图5.72所示。结果文件请参看模型文件中“第5章\范例结果文件\ke-1.prt”。

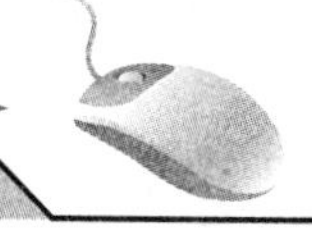

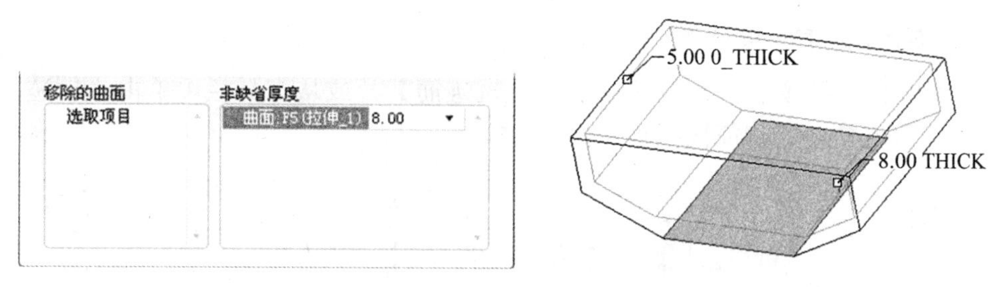

图5.71 指定底部曲面壳厚度

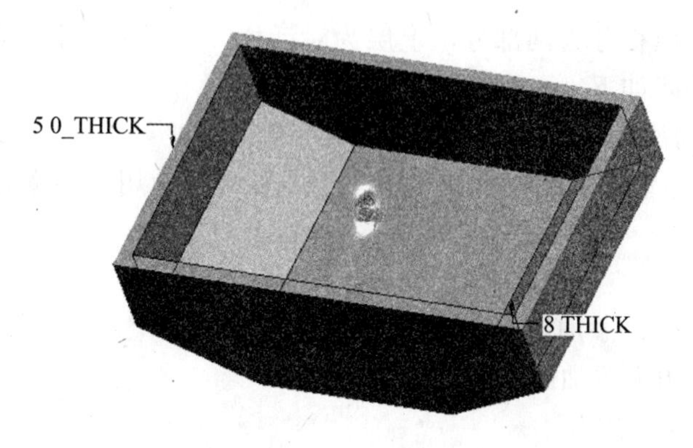

图5.72 抽壳特征

5.5 筋特征

5.5.1 筋特征的概述

❶ 筋特征

在设计过程中，筋特征通常用来增加零件的强度和刚度。与筋特征接触的实体表面只能是平面、圆柱面和球面。

筋特征如图5.73所示。结果文件请参看模型文件中“第5章\范例结果文件\ jin-1.prt”。

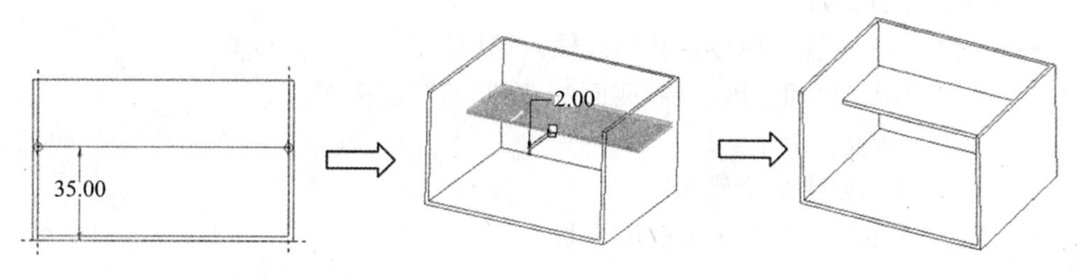

图5.73 筋特征

❷ 筋特征类型

筋特征类型包括轨迹筋和轮廓筋。

3 轨迹筋特征操控板

从菜单栏选择【插入】→【筋】→【轨迹筋】，或从工具栏中单击【轨迹筋】按钮。打开轨迹筋特征操控板，如图5.74所示。

图5.74　轨迹筋特征操控板

轨迹筋特征操控板分为两部分，上层为对话栏，下层为上滑面板。

上层对话栏功能如下。

- ：将筋的深度方向更改为草绘的另一侧。
- 2.00：拖动宽度控制滑快、输入值或从最近使用过的宽度值菜单中选择一个宽度数值。
- ：添加拔模。
- ：在内部边上添加倒圆角。
- ：在暴露边上添加倒圆角。

下层上滑面板功能如下。

- 放置 ：用来创建草绘截面。
- 形状 ：用来定义轨迹筋的宽度。
- 属性 ：表示特征在系统中的ID名称。

4 轮廓筋特征操控板

从菜单栏选择【插入】→【筋】→【轮廓筋】，或从工具栏中单击【轮廓筋】按钮。打开轮廓筋特征操控板，如图5.75所示。

图5.75　轮廓筋特征操控板

轮廓筋特征操控板分为两部分，上层为对话栏，下层为上滑面板。

上层对话栏功能如下。

- 1.70：拖动厚度调整柄或输入筋厚度值。
- ：更改两个侧面（侧面1和侧面2）之间的厚度选项。

下层上滑面板功能如下。

- 参照 ：用来创建草绘截面。
- 属性 ：表示特征在系统中的ID名称。

5.5.2　筋特征的创建与操作实例

1 创建轨迹筋

打开模型文件中“第5章\范例源文件\ jin -1.prt”，创建轨迹筋特征实例。

（1）选择命令。从菜单栏选择【插入】→【筋】→【轨迹筋】，或从工具栏中单击【轨迹筋】按钮。打开轨迹筋特征操控板，如图5.76所示。

图5.76 轨迹筋特征操控板

（2）定义草绘平面和方向。选择【放置】→【定义】，打开“草绘”对话框。在【平面】框中选择“TOP”平面作为草绘平面，在【参照】框中选择“RIGHT”平面作为参照平面，在【方向】框中选择【右】，如图5.77所示。单击草绘按钮进入草绘模式。

（3）绘制轨迹筋特征的截面。绘制“一”字形截面，如图5.78所示。方法如下：

- 单击【中心线】按钮，绘制两条中心线。
- 单击【直线】按钮，绘制出“一”字形轮廓。
- 标注轨迹筋的定位尺寸，如图5.78所示。
- 单击草绘器工具栏的按钮退出草绘模式。

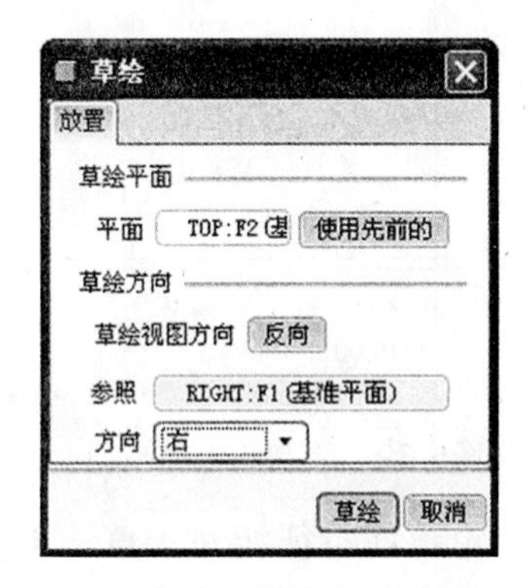

图5.77 “草绘”对话框

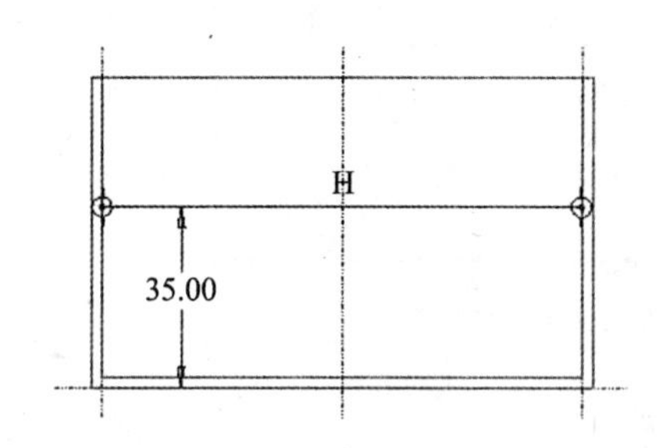

图5.78 绘制轨迹筋截面

（4）确定轨迹筋特征相对于草绘平面的生成侧。单击按钮，将轨迹筋的深度方向更改为草绘的另一侧。用于确定轨迹筋特征相对于草绘平面的生成侧。

（5）设置轨迹筋特征的厚度尺寸。在操控板的文本框中输入轨迹筋特征的厚度值为“2”，按“Enter”确认。

（6）完成轨迹筋特征的创建工作。单击操控板的按钮，完成轨迹筋特征的创建工作。实体形状如图5.79所示。结果文件请参看模型文件中“第5章\范例结果文件\jin-1.prt”。

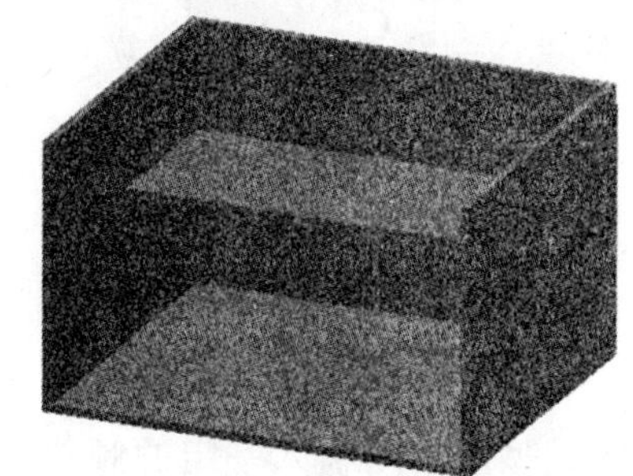

图5.79 轨迹筋特征

❷ 创建轮廓筋

打开模型文件中“第5章\范例源文件\jin -2.prt”，创建轮廓筋特征实例。

（1）选择命令。从菜单栏选择【插入】→【筋】→【轮廓筋】，或从工具栏中单击【轮廓筋】按钮。打开轮廓筋特征操控板，如图5.80所示。

图5.80　轮廓筋特征操控板

（2）定义草绘平面和方向。选择【参照】→【定义】，打开“草绘”对话框。在【平面】框中选择“TOP”平面作为草绘平面，在【参照】框中选择“RIGHT”平面作为参照平面，在【方向】框中选择【右】，如图5.81所示。单击草绘按钮进入草绘模式。

（3）绘制轮廓筋特征的截面。绘制“斜线”截面，如图5.82所示。方法如下：

- 单击【中心线】按钮，绘制两条中心线。
- 单击【直线】按钮，绘制出“斜线”轮廓。
- 标注轮廓筋的定位尺寸，如图5.82所示。
- 单击草绘器工具栏的按钮退出草绘模式。

图5.81　“草绘”对话框

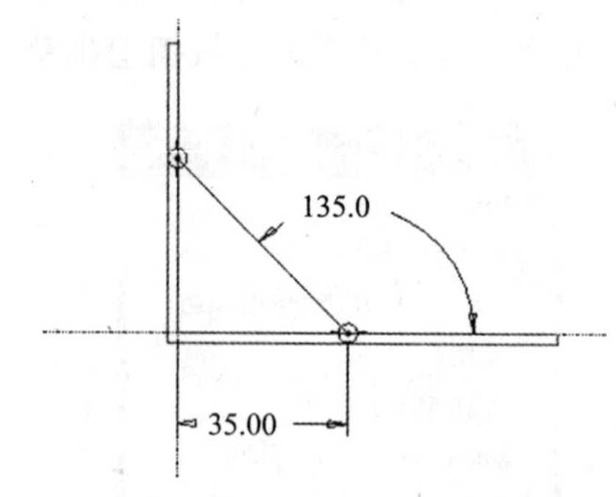

图5.82　绘制轮廓筋截面

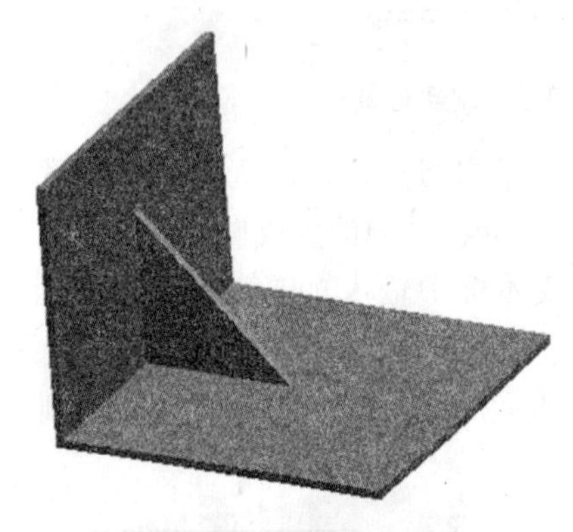

图5.83　轮廓筋特征

（4）确定轮廓筋特征相对于草绘平面的生成侧。单击按钮，将轮廓筋的深度方向更改为草绘的另一侧。

（5）设置轮廓筋特征的厚度尺寸。在操控板的文本框中输入轮廓筋特征的厚度值为“2”，按“Enter”确认。

（6）完成轮廓筋特征的创建工作。单击操控板的按钮，完成轮廓筋特征的创建工作。实体形状如图5.83所示。结果文件请参看模型文件中“第5章\范例结果文件\jin-2.prt”。

5.6　拔模特征

在塑料拉伸件、金属铸造件和锻造件中，为了便于加工脱模，通常会在成品与模具型腔之间引入一定的倾斜角，称为“拔模角”或“脱模角”。拔模特征就是为了解决此类问题，将单独曲面或一系列曲面中添加一个介于 -30° 和 +30° 之间的

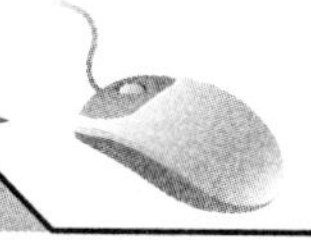

拔模角度。可以选择的拔模有平面或圆柱面。

5.6.1 拔模特征概述

❶ 拔模特征

拔模特征如图5.84所示。结果文件请参看模型文件中“第5章\范例结果文件\bamo-1.prt”。

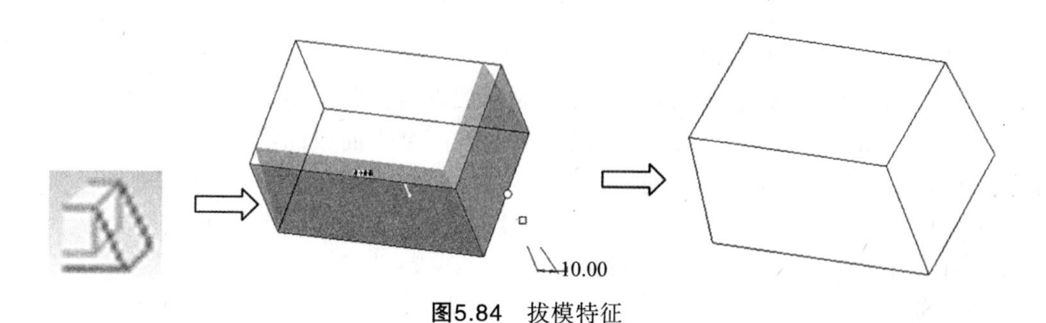

图5.84 拔模特征

❷ 拔模特征术语

拔模特征经常使用的术语如下。

- 拔模面：要拔模的模型的曲面。
- 拔模枢轴：曲面围绕其旋转的拔模曲面上的线或曲线 (也称作中立曲线)。可通过选取平面（在此情况下拔模曲面围绕它们与此平面的交线旋转）或选取拔模曲面上的单个曲线链来定义拔模枢轴。
- 拖拉方向 (也称作拔模方向)：用于测量拔模角度的方向。通常为模具开模的方向。可通过选取平面（在这种情况下拖动方向垂直于此平面）、直边、基准轴或坐标系的轴来定义拖拉方向。
- 拔模角度：拔模方向与生成的拔模曲面之间的角度。如果拔模曲面被分割，则可为拔模曲面的每侧定义两个独立的角度。拔模角度必须在 –30° 到 +30° 范围内。

注解　拔模曲面可按拔模曲面上的拔模枢轴或不同的曲线进行分割，如与面组或草绘曲线的交线。如果使用不在拔模曲面上的草绘分割，系统会以垂直于草绘平面的方向将其投影到拔模曲面上。如果拔模曲面被分割，可以：

- 为拔模曲面的每一侧指定两个独立的拔模角度。
- 指定一个拔模角度，第二侧以相反方向拔模。
- 仅拔模曲面的一侧（两侧均可），另一侧仍位于中性位置。

❸ 拔模特征操控板

从菜单栏选择【插入】→【斜度】，或从工具栏中单击【拔模】按钮。打开拔模特征操控板，如图5.85所示。添加拔模参照后的操控板，如图5.86所示。

拔模特征操控板分为两部分，上层为工具按钮，下层为上滑面板。

图5.85 拔模特征操控板

图5.86 添加拔模参照后的操控板

拔模特征操控板上层工具按钮功能如下。

- 拔模枢轴：用来指定拔模曲面上的中性直线或曲线，即曲面绕其旋转的直线或曲线。单击收集器可将其激活。最多可选取两个平面或曲线链。要选取第二枢轴，必须先用分割对象分割拔模曲面。
- 拖拉方向：用来指定测量拔模角所用的方向。单击收集器可将其激活。可选取平面、直边或基准轴，或坐标系的轴。
- 反转拖拉方向：用来反转拖拉方向 (以黄色箭头标明)。
- 角度：用来更改拔模角度值。可键入一个新值，也可从列表中选取最近使用过的一个数值。
- 反转角度以添加或去除材料： 可用来反转拔模角度方向，在添加和去除材料之间切换。

注解 对于具有独立拔模侧的分割拔模，该操控板包含另外一个“角度” 框和“反转角度”图标，以控制第二侧的拔模角度。

对于“可变”拔模，“角度”框和“反转角度”图标均不可用。

拔模特征操控板下层上滑面板功能如下。

1）参照

包含拔模特征中所使用的参照收集器，如图5.87所示。

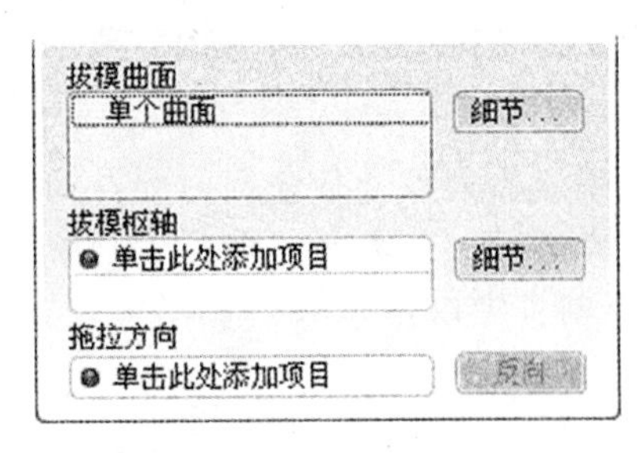

图5.87 “参照”面板

（1）拔模曲面：用来选取拔模曲面。仅当曲面是由列表圆柱面或平面形成时，才可拔模，可选取单个曲面或连续的曲面链。首先选中的曲面、实体或面组的类型将决定可选定作为此特征的拔模曲面的其他曲面的类型。

（2）细节：打开可添加或移除拔模曲面的“曲面集”对话框。

（3）拔模枢轴：可用来指定拔模曲面上的中性曲线，即曲面绕其旋转的直线或曲线。最多可选取两个拔模枢轴。要选取第二枢轴，必须先用分割对象分割拔模曲面。对于每个拔模枢轴，可选取以下选项之一。

- 平面，此时拔模曲面绕它与此平面的交线旋转。
- 拔模曲面上的曲线链。

（4）细节：打开可处理拔模枢轴链的“链”对话框。

（5）拖拉方向：用来指定测量拔模角所用的方向，可选取下列选项之一。

• 平面，此时拖动方向与此平面垂直。

• 直边或基准轴，此时拖动方向与此边或轴平行。

• 坐标轴，此时拖动方向平行于此轴。选取坐标系的具体轴，而非坐标系名称。

（6）反向：用来反转拖动方向（以黄色箭头标明）。

2）分割

包含分割选项，如图5.88所示。

（1）分割选项。可选取下列选项之一。

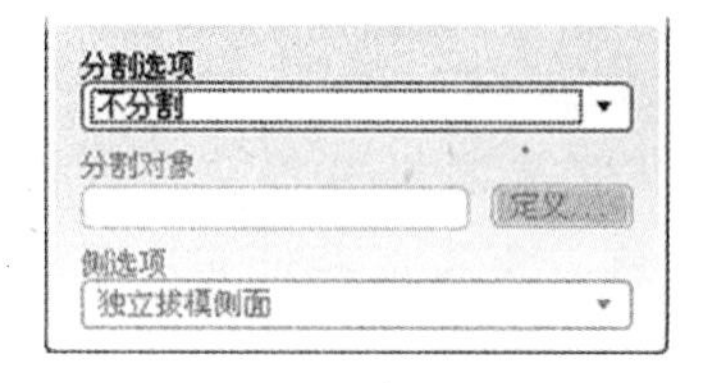

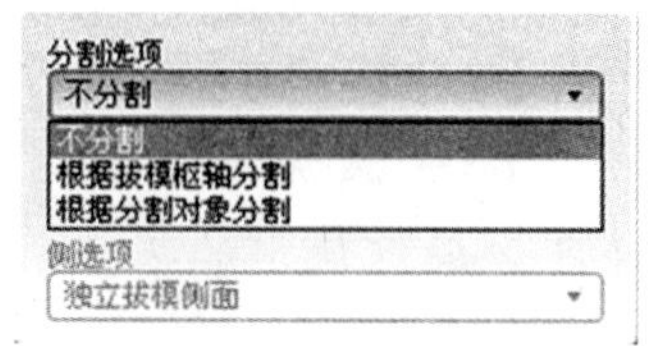

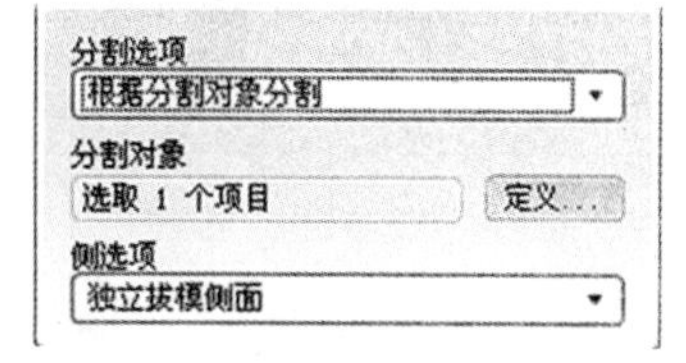

图5.88 “分割”面板

• 不分割：不分割拔模曲面。整个曲面绕拔模枢轴旋转。

• 根据拔模枢轴分割：沿拔模枢轴分割拔模曲面。

• 根据分割对象分割：使用面组或草绘分割拔模曲面。如果使用不在拔模曲面上的草绘分割，Pro/ENGINEER会以垂直于草绘平面的方向将其投影到拔模曲面上。如果选取此选项，则 Pro/ENGINEER 会激活“分割对象”收集器。

（2）分割对象。可使用收集器旁的“定义”按钮草绘分割曲线，或选取以下选项之一。

• 曲面面组，此时分割对象为此面组与拔模曲面的交线。

• 外部（现有的）草绘曲线。

（3）定义：在拔模曲面或其他平面上草绘分割曲线。如果草绘不在拔模曲面上，Pro/ENGINEER 会以垂直于草绘平面的方向将其投影到拔模曲面上。

（4）侧选项。可选取下列选项之一。

• 独立拔模侧面：为拔模曲面的每一侧指定独立的拔模角度。

• 从属拔模侧面：指定一个拔模角度，第二侧以相反方向拔模。此选项仅在拔模曲面以拔模枢轴分割或使用两个枢轴分割拔模时可用。

• 只拔模第一侧：仅拔模曲面的第一侧面 (由分割对象的正拖拉方向确定)，第二侧面保持中性位置。此选项不适用于使用两个枢轴的分割拔模。

• 只拔模第二侧：仅拔模曲面的第二侧面，第一侧面保持中性位置。此选项不适用于使用两个枢轴的分割拔模。

注解 如果选取了“分割选项”下的“不分割”，则“分割对象”和“侧选项”将不可用。

3）角度

包含拔模角度值及其位置的列表。

（1）对于“恒定”拔模，是一行包含带有拔模角度值的“角度”框。

（2）对于“可变”拔模，每一附加拔模角会附加一行。每行均包含带拔模角度

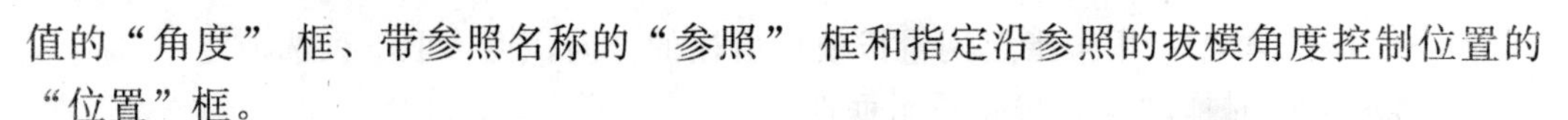

值的“角度”框、带参照名称的“参照”框和指定沿参照的拔模角度控制位置的“位置”框。

（3）对于带独立拔模侧面的“分割”拔模（“恒定”和“可变”），每行均包含两个框，“角度1”和“角度2”，而非“角度”框。

（4）调整角度保持相切：强制生成的拔模曲面相切。不适用于“可变”拔模。“可变”拔模始终保持曲面相切。

操作技巧

如果右键单击“角度”上滑面板，则会出现一个快捷菜单，如图5.89所示。其中包含以下命令。

图5.89　“角度”右击菜单

（1）添加角度：在缺省位置添加另一角度控制并包含最近使用的拔模角度值。角度值和位置均可修改。

（2）删除角度：删除所选的角度控制。仅在指定了多个角度控制时可用。

（3）反向角度：在选定角度控制位置处反向拔模方向。对于带独立拔模侧面的“分割”拔模，要使用此选项，必须在单独的角度单元格中右键单击。

（4）成为常数：删除第一角度控制外的所有角度控制项。此选项只对于“可变”拔模可用。

4）选项

包含定义拔模几何的选项，如图5.90所示。

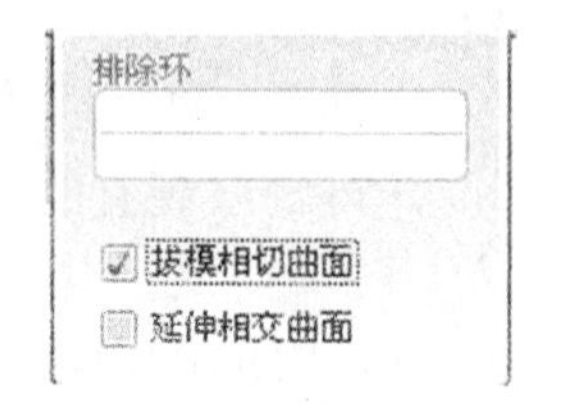

图5.90　“选项”面板

（1）排除环：可用来选取要从拔模曲面排除的轮廓。仅在所选曲面包含多个环时可用。

（2）拔模相切曲面：若选中，Pro/ENGINEER 会自动延伸拔模，以包含与所选拔模曲面相切的曲面。此复选框在缺省情况下被选中。如果生成的几何无效，请将其清除。

（3）延伸相交曲面：若选中，Pro/ENGINEER 将试图延伸拔模以与模型的相邻曲面相接触。如果拔模不能延伸到相邻的模型曲面，则模型曲面会延伸到拔模曲面中。如果以上情况均未出现，或如果未选中该复选框，则 Pro/ENGINEER 将创建悬于模型边上的拔模曲面。如果将开放曲面选取为拔模曲面，则该选项不可用。

5）属性

包含特征名称和用于访问特征信息的图标。

（1）名称文本框：可在其中键入拔模特征的定制名称，以替换自动生成的名称。

（2）i：可单击它以显示关于特征的信息。

4 “拔模”快捷菜单

在图形窗口内的任意位置单击右键，可访问“拔模”快捷菜单，如图5.91所

示。其中包含以下命令。

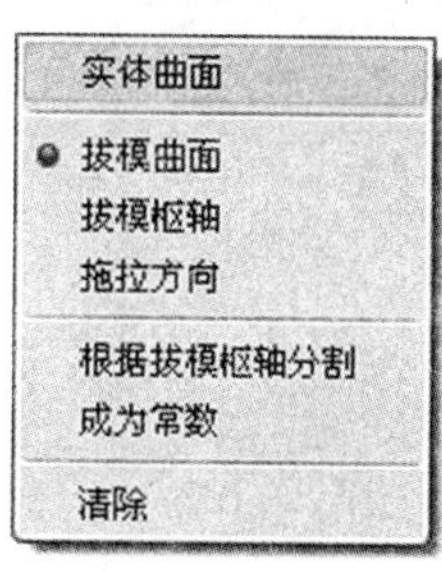

图5.91 快捷菜单

• 实体曲面：允许选取模型的所有实体曲面。此命令仅在模型具有多个实体曲面且其中一个实体曲面已被选中时可用。

• 拔模曲面 ：激活拔模曲面收集器，可使用它选取要拔模的曲面。仅当曲面是由列表圆柱面或平面形成时，才可拔模。可选取任意数量的单个曲面或连续的曲面链。首先选中的曲面、实体或面组的类型将决定可选定作为此特征的拔模曲面的其他曲面的类型。

• 拔模枢轴：激活拔模枢轴收集器。最多可选取两个平面或曲线链。要选取第二枢轴，必须先用分割对象分割拔模曲面。

• 拖拉方向：激活拖动方向收集器。此方向用于测量拔模角度。可选取平面、直边或基准轴，或坐标系的轴。

• 根据拔模枢轴分割：如果选中此复选框，Pro/ENGINEER 会自动使用拔模枢轴作为分割对象。

• 成为常数：此选项仅适用于“可变”拔模。它使拔模成为“恒定”拔模。

操作技巧

右键单击与拔模角度相连的圆形控制滑块，快捷菜单就会包含“添加角度”和“删除角度”命令。如果右键单击与拔模角度相连的方形控制滑块，快捷菜单就会包含“反向角度”命令。在“角度”上滑面板中右键单击时，也会出现这些命令。按住 Ctrl键，单击与拔模角相连的圆形控制滑块，并将其沿边拖动至所需位置，也可添加拔模角度。

在图形窗口中右键单击拖动位置箭头，则出现的快捷菜单中包含“反向” 命令。

5.6.2 拔模特征的创建与操作实例

❶ 创建恒定拔模特征的操作过程

（1）选择命令。从菜单栏选择【插入】→【斜度】，或从工具栏中单击【拔模】按钮。打开拔模特征操控板，如图5.92所示。

图5.92 拔模特征操控板

（2）选取拔模曲面。在拔模特征操控板选择参照上滑面板，单击【拔模曲面】下面的列表框，选取要创建拔模特征的两个侧面，如图5.93所示。

（3）选取拔模枢轴。在参照面板中单击【拔模枢轴】下面的列表框，选取模型上表面为拔模枢轴。如图5.94所示。

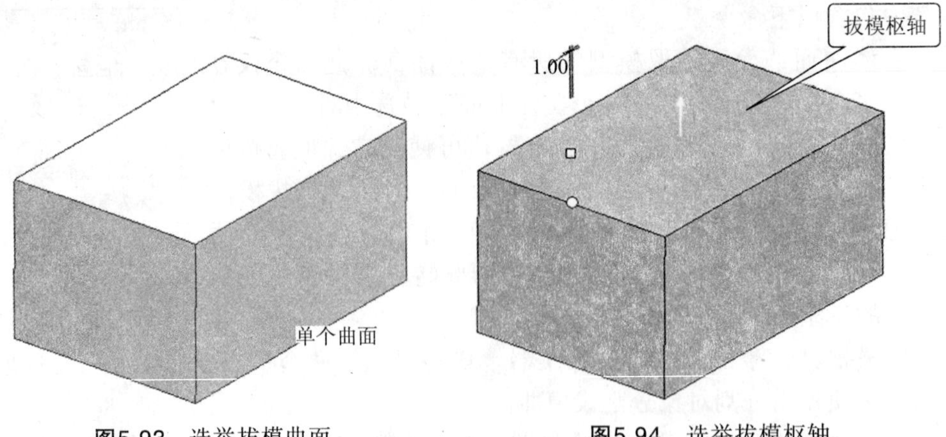

图5.93 选举拔模曲面　　图5.94 选举拔模枢轴

（4）确定拖拉方向。系统将拔模枢轴表面作为拔模角度的参照面，要改变拔模角度的参照，可单击【拖拉方向】下面的列表框，在模型上选择拔模角度参照。

（5）输入拔模角度。在拔模特征操控板的列表框中输入拔模角度值“10”。

（6）完成恒定拔模特征的创建工作。单击操控板的☑按钮，完成恒定拔模特征的创建工作。实体形状如图5.95所示。结果文件请参看模型文件中“第5章\范例结果文件\bamo-1.prt”。

图5.95 恒定拔模特征

2 创建可变拔模特征的操作过程

（1）选择命令。从菜单栏选择【插入】→【斜度】，或从工具栏中单击【拔模】按钮。打开拔模特征操控板，如图5.96所示。

图5.96 拔模特征操控板

（2）选取拔模曲面。在拔模特征操控板选择参照上滑面板，单击【拔模曲面】下面的列表框，选取要创建拔模特征的一个侧面，如图5.97所示。

（3）选取拔模枢轴。在参照面板中单击【拔模枢轴】下面的列表框，选取模型上表面为拔模枢轴。如图5.98所示。

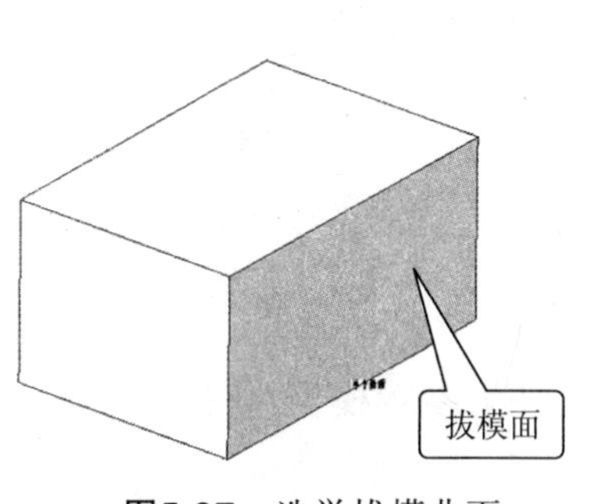

图5.97 选举拔模曲面

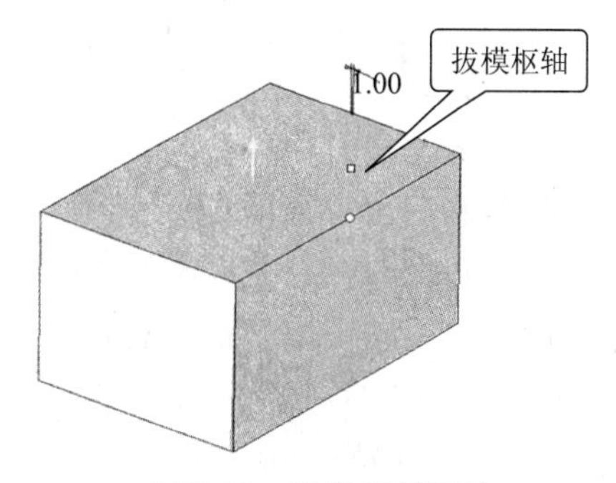

图5.98 选举拔模枢轴

（4）确定拖拉方向。系统将拔模枢轴表面作为拔模角度的参照面，要改变拔模角度的参照，可单击【拖拉方向】下面的列表框，在模型上选择拔模角度参照。

（5）设置可变拔模角度参数。在拔模特征操控板选择角度上滑面板，在角度参数上滑面板中单击右键，打开快捷菜单，在快捷菜单中选择【添加角度】，重复操作可添加多个角度，然后修改角度值和位置的长度比例参数，如图5.99所示。单击按钮，可调节拔模角度方向。

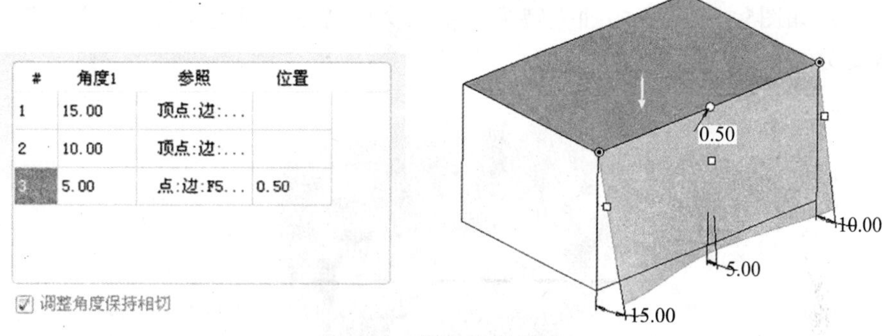

#	角度1	参照	位置
1	15.00	顶点:边:...	
2	10.00	顶点:边:...	
3	5.00	点:边:F5...	0.50

☑ 调整角度保持相切

图5.99 设定角度参数

（6）完成可变拔模特征的创建工作。单击操控板的按钮，完成可变拔模特征的创建工作。实体形状如图5.100所示。结果文件请参看模型文件中“第5章\范例结果文件\bamo-2.prt”。

图5.100 可变拔模特征

思考与练习

1. 孔特征的类型有哪些？

2. 倒圆角和倒角特征的类型有哪些？

3. 创建筋特征时，对截面有什么要求？

4. 如何生成不同壁厚的抽壳特征？

5. 创建如图5.101所示的倒圆角特征。结果文件请参看模型文件中“第5章\思考与练习结果文件\ex05-1.prt”。

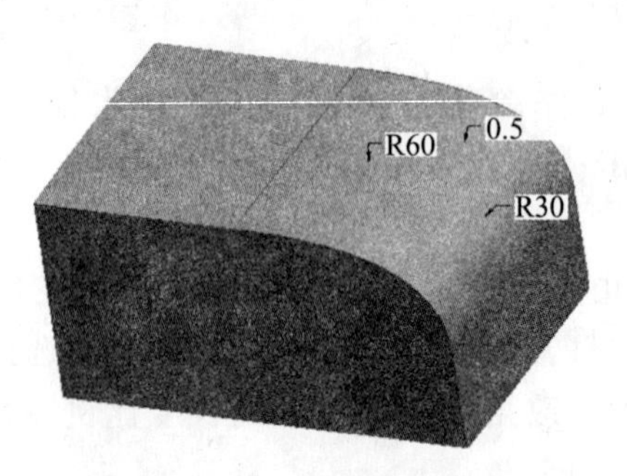

图5.101

6. 创建如图5.102所示的抽壳特征。结果文件请参看模型文件中“第5章\思考与练习结果文件\ex05-2.prt”。

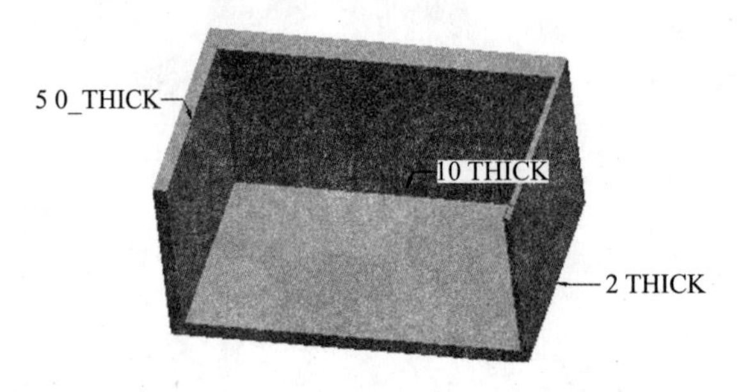

图5.102

7. 创建如图5.103所示的拔模特征。结果文件请参看模型文件中“第5章\思考与练习结果文件\ex05-3.prt”。

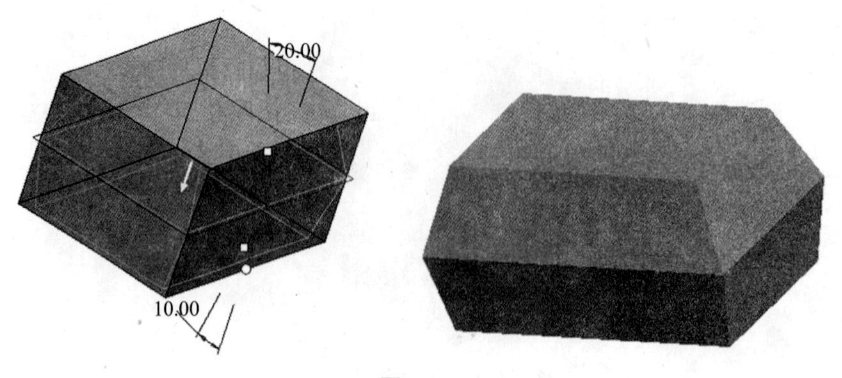

图5.103

第6章 特征操作

本章主要内容

- 复制与粘贴
- 特征镜像
- 特征阵列
- 特征成组
- 特征修改
- 特征排序
- 插入特征
- 删除特征
- 特征隐含与隐藏

在设计过程中，使用特征操作能够快速创建具有一定规律的重复特征。本章通过实例介绍特征操作的设计方法和过程。Pro/ENGINEER中常用的特征操作包括复制与粘贴、特征镜像、特征阵列、特征成组、特征修改、特征排序、插入特征、删除特征和特征隐含与隐藏。

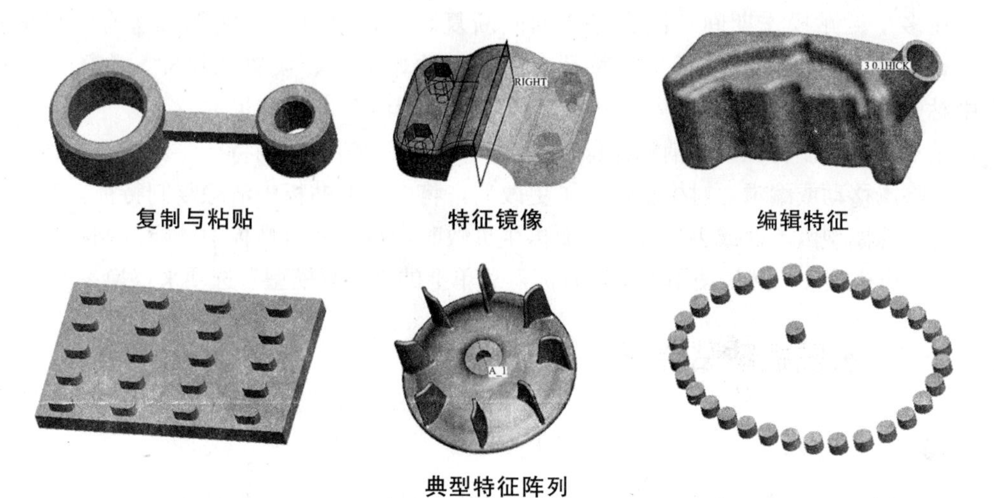

复制与粘贴　　特征镜像　　编辑特征

典型特征阵列

6.1 复制与粘贴

6.1.1 复制与粘贴的概述

操作要点

（1）选取要复制的特征。

（2）单击“编辑”→“复制”。该特征会被复制到剪贴板中。

（3）单击“编辑”→“粘贴”。原始特征的特征创建工具打开。

（4）根据需要编辑放置设置。

（5）单击操控板上的☑，或者当粘贴项目是一个基准特征时，单击对话框中的“确定”。Pro/ENGINEER 根据指定的参照放置复制的特征。

（6）单击“编辑”→“粘贴”以再次复制特征。

（7）在开启的特征创建工具中编辑放置参照，以放置特征的复制实例。

（8）重复步骤（3）~（5）可以多次粘贴复制特征，并创建多个复制特征副本。

使用“复制”、“粘贴”和“选择性粘贴”命令在同一模型内或跨模型复制并放置特征或特征集、几何、曲线和边链。

6.1.2 复制特征到剪贴板

❶ 操作命令

从菜单栏选择【编辑】→【复制】，或从工具栏中单击【复制】按钮。

快捷键：Ctrl+C。

❷ 操作说明

当复制特征或几何时，缺省情况下，会将其复制到剪贴板中，并且可连同其参照、设置和尺寸一起进行粘贴，直到将其他特征复制到剪贴板中为止。

在多个粘贴操作期间（没有特征的间断复制），更改一个实例或所有实例的参照、设置和尺寸时，剪贴板中的特征会保留其原始参照、设置和尺寸。在不同的模型中粘贴特征也不会影响剪贴板中的复制特征的参照、设置和尺寸。

重复粘贴复制特征或取消粘贴操作不会从剪贴板中清除复制特征。当特征操作（例如：删除、移动或编辑）对模型进行了更改后，将会从剪贴板中清除复制特征。当带有复制特征的模型因无效或丢失的参照而再生失败时，也会从剪贴板中清除复制特征，请进入“解决模式”，然后使用“解决特征”菜单上的“修复模型”选项来替换参照。

6.1.3 从剪贴板粘贴特征

❶ 操作命令

从菜单栏选择【编辑】→【粘贴】，或从工具栏中单击【粘贴】按钮。

快捷键：Ctrl+V。

❷ 操作说明

当剪切板中具有可以用于粘贴的特征时，使用【编辑】→【粘贴】，特征创建工具会打开，并且允许重定义复制的特征。

❸ 选择性粘贴

当剪切板中具有可以用于粘贴的特征时，使用【编辑】→【选择性粘贴】，或从工具栏中单击【粘贴选择性】按钮，可打开“选择性粘贴”对话框，如图6.1所示。

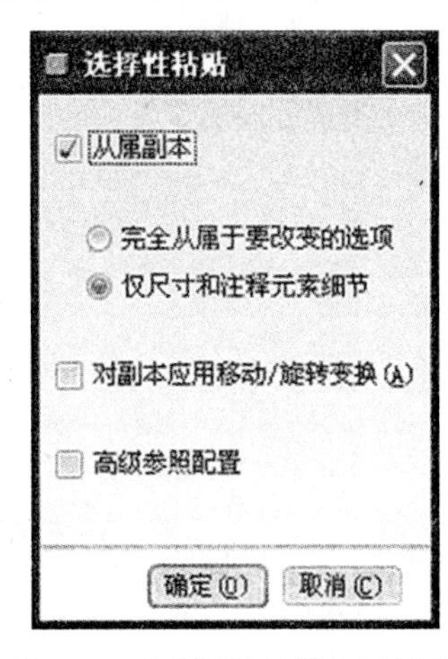

图6.1 “选择性粘贴”对话框

“选择性粘贴”对话框包括：

- 创建特征的完全从属副本，带有因原始特征的具体元素或属性（例如：尺寸、草绘、注释元素、参照和参数）而异的从属关系。
- 创建仅从属于尺寸或草绘（或两者）以及注释元素的特征的副本。
- 保留原始特征的参照，或使用复制实例中的新参照替换原始参照。
- 对粘贴实例应用移动或旋转变换。

6.1.4 复制与粘贴实例

以如图6.2所示的连杆零件为例，说明复制和粘贴特征的应用。

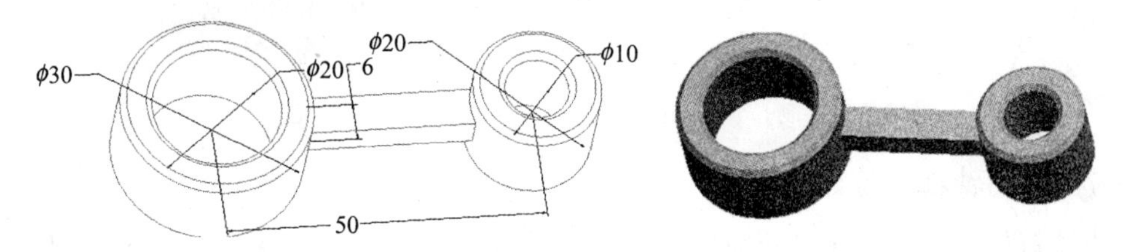

图6.2 连杆零件

❶ 创建拉伸特征

（1）选择命令。从菜单栏选择【插入】→【拉伸】，或从工具栏中单击【拉伸】按钮。打开拉伸特征操控板，再单击【拉伸为实体】按钮，如图6.3所示。

（2）定义草绘平面和方向。选择【放置】→【定义】，打开“草绘”对话框。在【平面】框中选择“FRONT”平面作为草绘平面，在【参照】框中选择“RIGHT”平面作为参照平面，在【方向】框中选择【右】，如图6.4所示。单击草绘按钮进入草绘模式。

（3）绘制拉伸特征的截面。使用【中心线】按钮和【圆】按钮，绘制“环形”截面，如图6.5所示。绘制截面后，单击草绘器工具栏的按钮退出草绘模式。

图6.3　拉伸特征操控板

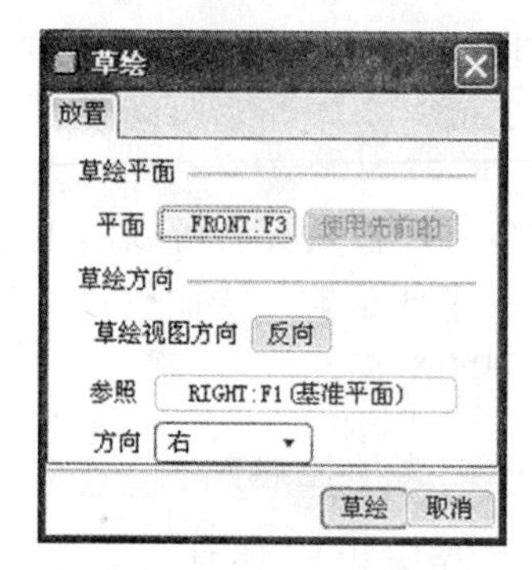

图6.4　"草绘"对话框

（4）指定拉伸方式和深度。在拉伸特征操控板中选择【对称】按钮，然后输入拉伸深度"15"，在图形窗口中可以预览拉伸出的实体特征，如图6.6所示。

（5）完成拉伸实体的创建工作。单击操控板的按钮，完成拉伸特征的创建工作，实体形状如图6.6所示。

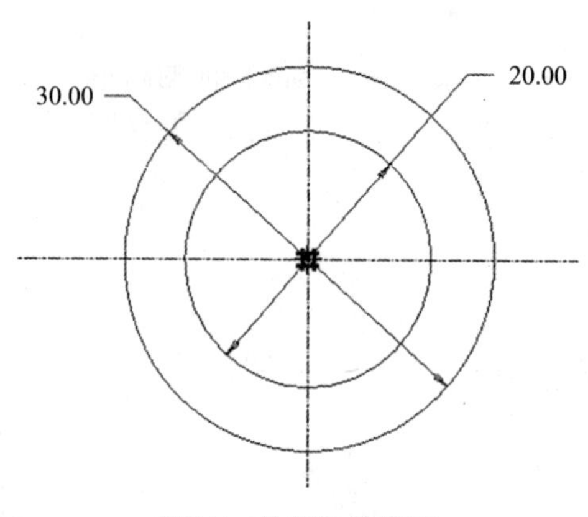

图6.5　绘制拉伸截面

图6.6　拉伸实体

❷ 复制特征到剪贴板

选择新创建的拉伸特征，从菜单栏选择【编辑】→【复制】，或从工具栏中单击【复制】按钮，或使用快捷键"Ctrl+C"，将新创建的拉伸特征复制到剪贴板中。

❸ 从剪贴板粘贴特征

（1）选择命令。从菜单栏选择【编辑】→【粘贴】，或从工具栏中单击【粘贴】按钮，或使用快捷键"Ctrl+ V"，打开拉伸特征操控板，如图6.7所示。

图6.7　拉伸特征操控板

（2）选择副本放置的基准和位置。选择【放置】→【编辑】，打开"草绘"对话框。在【平面】框中选择"FRONT"平面作为草绘平面，在【参照】框中选择

“RIGHT” 平面作为参照平面，在【方向】框中选择【右】，如图6.8所示。单击草绘按钮进入草绘模式，选择副本放置的位置，如图6.9所示。

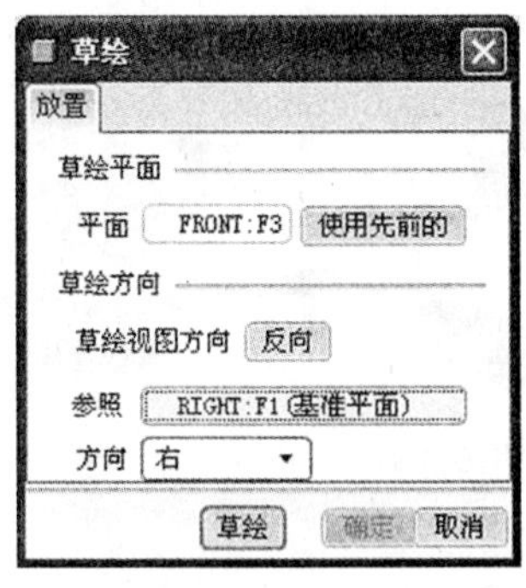

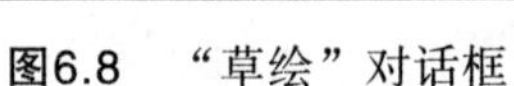

图6.8 “草绘”对话框

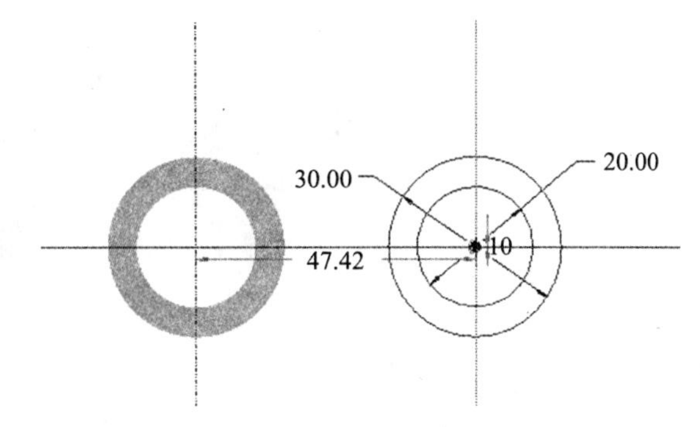

图6.9 放置副本

（3）确定副本尺寸。修改后的副本尺寸，如图6.10所示。确定副本后，单击草绘器工具栏的☑按钮退出草绘模式。

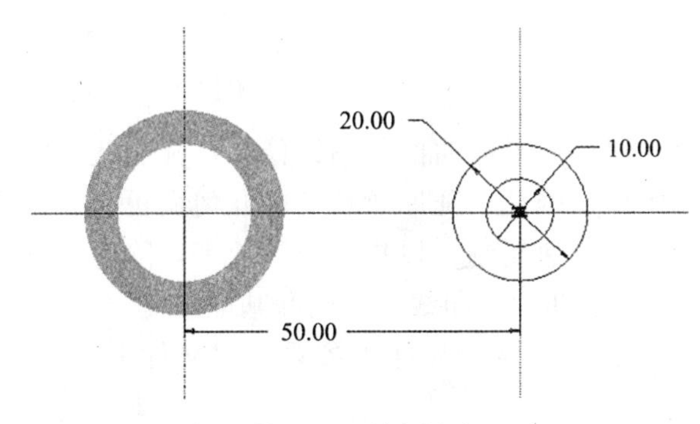

图6.10 副本尺寸

（4）指定副本拉伸方式和深度。在拉伸特征操控板中选择【对称】按钮⊟，然后输入拉伸深度“15”，在图形窗口中可以预览副本的实体特征，如图6.11所示。

（5）完成从剪贴板粘贴特征的创建工作。单击操控板的☑按钮，完成从剪贴板粘贴特征的创建工作，副本形状如图6.11所示。

图6.11 从剪贴板粘贴出副本特征

❹ 完善连杆零件

使用拉伸方法创建连杆的中间部位的筋，中间部位筋的截面如图6.12所示。筋拉伸方式为对称拉伸，拉伸深度值为“5”。

使用倒角工具，将连杆主体的棱边倒角，倒角类型为D×D, 倒角值为“1”。完善后的连杆零件如图6.13所示。结果文件请参看模型文件中“第6章\范例结果文件\fuzhi-1.prt”。

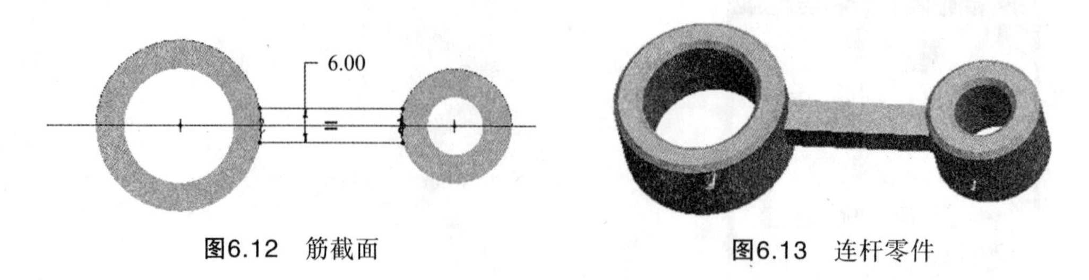

图6.12　筋截面　　图6.13　连杆零件

6.2　特征镜像

6.2.1　特征镜像的概述

1 特征镜像

“镜像”工具允许创建在平面曲面周围镜像的特征和几何的副本。镜像副本可以是独立镜像或从属镜像，因此它随原始特征或几何而更新。使用“镜像”工具可以将已经创建完成的特征快速复制，以提高设计效率。除了零件几何，“镜像”工具允许复制镜像平面周围的曲面、曲线、阵列和基准特征。

特征镜像如图6.14所示。结果文件请参看模型文件中“第6章\范例结果文件\jingxiang-1.prt”。

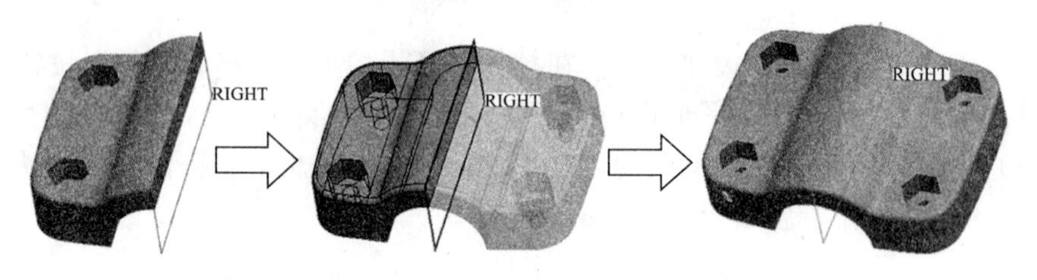

图6.14　特征镜像

注解　“镜像”工具可以镜像所有特征阵列、组阵列和阵列化阵列。

2 特征镜像类型

镜像类型包括：特征镜像和几何镜像。

（1）特征镜像：Pro/ENGINEER提供所有特征和选定的特征两种镜像方法。

• 所有特征：此方法可复制特征并创建包含模型所有特征几何的合并特征。要使用此方法，必须在“模型树”中选取所有特征和零件节点，如图6.15所示。结果文件请参看模型文件中“第6章\范例结果文件\jingxiang-1.prt”。

• 选定的特征：此方法仅复制选定的特征，如图6.16所示。结果文件请参看模型文件中“第6章\范例结果文件\jingxiang-2.prt”。

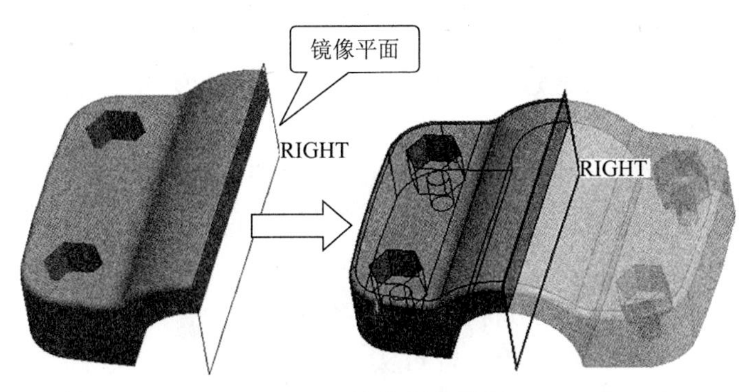

图6.15 镜像所有特征

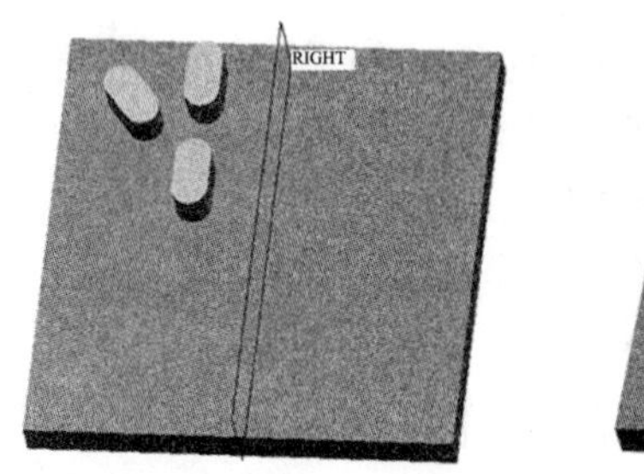

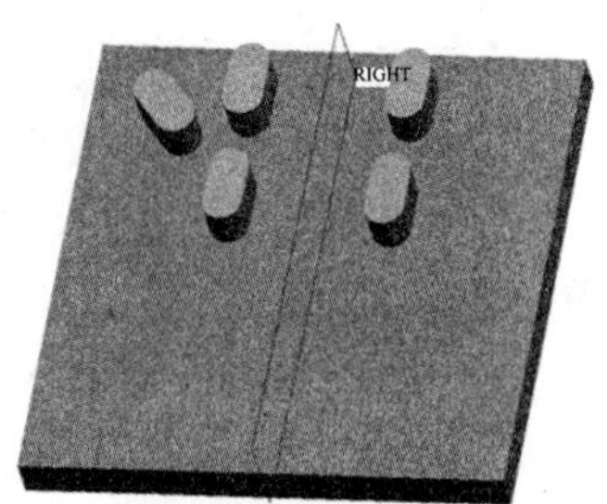

图6.16 镜像选定特征

（2）几何镜像：允许镜像诸如基准、面组和曲面等几何项目。也可通过在“模型树”中选取相应节点来镜像整个零件。

❸ 镜像特征操控板

选取要镜像的项目，从菜单栏选择【编辑】→【镜像】，或从工具栏中单击【镜像】按钮。打开镜像特征操控板，如图6.17所示。

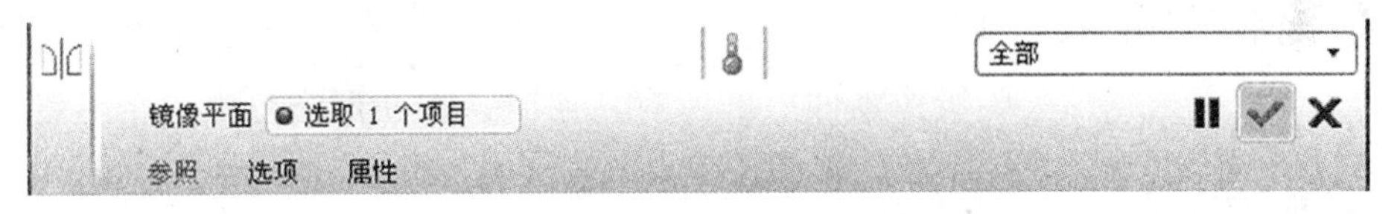

图6.17 镜像特征操控板

镜像特征操控板包括：特征图标、对话栏和上滑面板。

1）特征图标

对于从属镜像副本，镜像特征图标在“模型树”上显示为，而对于独立的镜像副本，该图标则显示为。“镜像”工具在“编辑特征”工具栏中用标识。

2）对话栏

“镜像”对话栏由“镜像平面”收集器组成。可随时单击该收集器以选取或替换镜像平面参照。

3）上滑面板

依据选定对象的类型及对象选取的方法，镜像特征操控板中可用的上滑面板会有所不同。

（1）镜像一个特征或一组特征时，操控板中将包含下列各项。

• 参照。使用此面板更改“镜像平面”参照。

• 选项。使用此面板可通过清除“复制为从属项”复选框来使镜像特征的尺寸与原始项目无关。

• 属性。在“属性”上滑面板中可实现以下目的：

在 Pro/ENGINEER 浏览器中查看关于“镜像”特征的信息；

重命名特征。

（2）镜像几何时，操控板中将包含以下各项。

• 参照。在“参照”上滑面板中，可实现以下目的：

改变“镜像项目”参照；

改变“镜像平面”参照。

• 选项。使用此面板选中“隐藏原始几何”。如果选定此选项，则在完成镜像特征时，系统只显示新镜像几何而隐藏原始几何。

• 属性。在“属性”上滑面板中可实现以下目的：

在 Pro/ENGINEER 浏览器中查看关于“镜像”特征的信息；

重命名特征。

（3）如果镜像零件中所有的几何，操控板中将包含以下各项。

• 参照。在“参照”上滑面板中，可实现以下目的：

改变“镜像项目”参照；

改变“镜像平面”参照。

• 属性。在“属性”上滑面板中可实现以下目的：

在 Pro/ENGINEER 浏览器中查看关于“镜像”特征的信息；

重命名特征。

注解　“选项”上滑面板对于此操作不可用。

4 特征镜像快捷菜单

要镜像零件中的所有几何时，在图形窗口中单击右键，打开快捷菜单，如图6.18所示。其中包含以下命令。

镜像项目收集器
镜像平面收集器
清除

图6.18　快捷菜单

• 镜像项目收集器：选取或重定义要被镜像的项目。可选取零件、曲面、轴或基准曲线。

• 镜像平面收集器：选取或重定义在其周围进行镜像项目复制的镜像平面。

6.2.2　特征镜像的创建与操作实例

1 创建特征镜像的操作过程

（1）选取要镜像的项目。

（2）选择命令。从菜单栏选择【编辑】→【镜像】，或从工具栏中单击【镜像】按钮。打开镜像特征操控板，如图6.19所示。

（3）选取一个镜像平面。

图6.19 镜像特征操控板

（4）完成特征镜像的创建工作。单击操控板的☑按钮，完成特征镜像的创建工作。

❷ 创建零件镜像实例

打开模型文件中“第6章\范例源文件\ jingxiang-3.prt”，创建特征镜像实例。

（1）选取要镜像的项目。从模型树中选取整个零件“JINGXIANG-3.PRT”作为镜像的项目。

（2）选择命令。从菜单栏选择【编辑】→【镜像】，或从工具栏中单击【镜像】按钮，打开镜像特征操控板。

（3）选取一个镜像平面。选取零件侧面曲面作为镜像平面，如图6.20所示。

（4）完成零件镜像的创建工作。单击操控板的☑按钮，完成零件镜像的创建工作。实体形状如图6.21所示。结果文件请参看模型文件中“第6章\范例结果文件\jingxiang-3.prt”。

图6.20 选取镜像平面

图6.21 镜像后的零件

6.3 特征阵列

6.3.1 特征阵列的概述

❶ 特征阵列

阵列由多个特征实例组成。选取阵列类型并定义尺寸、放置点或填充区域和形状以放置阵列成员，该操作的结果便是特征阵列。特征阵列也是一种快速复制特征，以提高设计效率的方法。

特征阵列如图6.22所示。结果文件请参看模型文件中“第6章\范例结果文件\zhenlie-1.prt”。

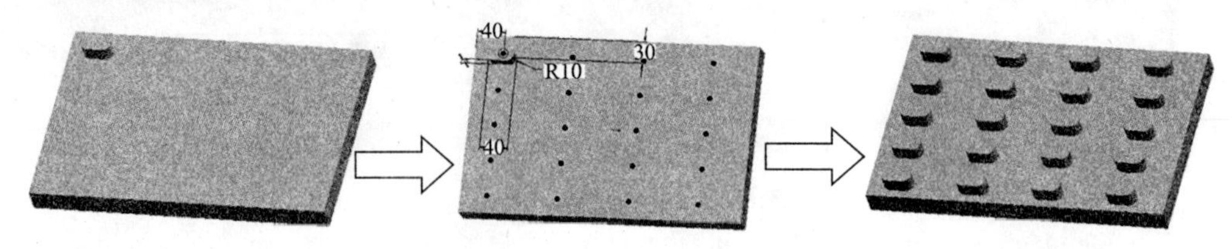

图6.22　特征阵列

❷ 特征阵列的优点

（1）创建阵列是重新生成特征的快捷方式。

（2）阵列是受参数控制的。因此，通过改变阵列参数，比如实例数、实例之间的间距和原始特征尺寸，可修改阵列。

（3）修改阵列比分别修改特征更为有效。在阵列中改变原始特征尺寸时，整个阵列都会被更新。

（4）对包含在一个阵列中的多个特征同时执行操作，比操作单独特征，更加方便和高效。例如，隐含阵列或将其添加到层。

❸ 特征阵列的类型

特征阵列的类型包括：尺寸阵列、方向阵列、轴阵列、填充阵列、表阵列、参照阵列、曲线阵列和点阵列。

• 尺寸阵列：通过使用驱动尺寸并指定阵列的增量变化来控制阵列。尺寸阵列可以为单向或双向。

• 方向阵列：通过指定方向并使用拖动控制滑块设置阵列增长的方向和增量来创建自由形式阵列。方向阵列可以为单向或双向。

• 轴阵列：通过使用拖动控制滑块设置阵列的角增量和径向增量来创建自由形式径向阵列，也可将阵列拖动成为螺旋形。

• 填充阵列：通过根据选定栅格用实例填充区域来控制阵列。

• 表阵列：通过使用阵列表并为每一阵列实例指定尺寸值来控制阵列。

• 参照阵列：通过参照另一阵列来控制阵列。

• 曲线阵列：通过指定沿着曲线的阵列成员间的距离或阵列成员的数目来控制阵列。

• 点阵列：将阵列成员放置在几何草绘点、几何草绘坐标系或基准点上。

❹ 特征阵列操控板

选取要阵列的特征，从菜单栏选择【编辑】→【阵列】，或从工具栏中单击【阵列】按钮。打开特征阵列操控板，如图6.23所示。

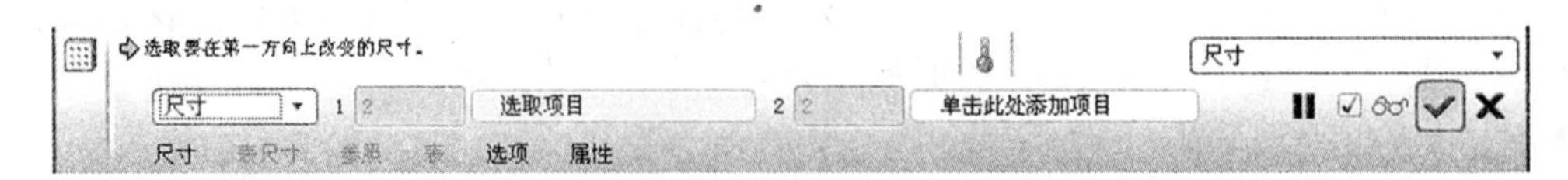

图6.23　特征阵列操控板

特征阵列操控板包括：特征图标、对话栏和上滑面板。

1）特征图标

在“编辑特征”工具栏中，阵列用图标标识，在“模型树”中，阵列用图标标识。

2）对话栏

从对话栏上的框中选取其中一个阵列类型。阵列类型不同，可用选项内容也不相同。

（1）对于“尺寸”阵列，对话栏由以下选项组成。

• 1-第一方向的阵列成员数，包括阵列导引。缺省值为 2。
• 阵列第一方向的尺寸收集器。单击收集器将其激活，然后选取尺寸。
• 反向第一方向的阵列增量的方向取决于尺寸的负值。
• 2-第二方向的阵列成员数。
• 阵列第二方向的尺寸收集器。
• 反向第二方向的阵列增量的方向取决于尺寸的负值。

（2）对于“方向”阵列，对话栏由以下选项组成。

• 1：第一方向的阵列成员数，包括阵列导引。缺省值为 2。
• 阵列第一方向的参照收集器。单击收集器将其激活，然后选取参照，输入阵列成员间距。
• 反向第一方向的阵列方向。
• 2：第二方向的阵列成员数。
• 阵列第二方向的参照收集器。单击收集器将其激活，然后选取参照，输入阵列成员间距。
• 反向第二方向的阵列方向。

（3）对于“轴”阵列，对话栏由以下选项组成。

• 1-第一方向参照收集器。单击收集器激活它，然后选取一个轴作为阵列的中心。
• 反向阵列的角度方向。
• 包含阵列第一方向成员数量的框，包括阵列导引。缺省值为 4。
• 在用于指定角度方向上的放置的两种方法之间进行切换。
• 2-第二方向参照收集器。单击收集器将其激活，然后选取参照。
• 包含阵列第二方向成员数量的文本框。
• 用于指定第二方向增量值的组合框。

（4）对于“填充”阵列，对话栏由以下选项组成。

• 草绘的参照收集器。
• 模板选项：

以方形阵列分隔各成员。

以菱形阵列分隔各成员。

以六边形阵列分隔各成员。

以同心圆阵列分隔各成员。

以螺旋线阵列分隔各成员。

以草绘曲线阵列分隔各成员。

• 阵列成员中心之间的间距。

• 阵列成员中心和草绘边界之间的最小距离。负值允许中心位于草绘之外。

• 栅格绕原点的旋转。

• 圆形或螺旋栅格的径向间距。

（5）对于“表”阵列，对话栏由以下选项组成。

• 在阵列表中包含的尺寸的收集器中，单击收集器将其激活，然后选取尺寸。

• 活动表：活动表即为驱动阵列的表。

• 编辑：编辑活动表。

（6）对于“参照”阵列，对话栏由以下选项组成。

• 参照类型：参照特征阵列、组阵列或同时参照两者。

注解　如果参照阵列对多个阵列或组具有参照，则此列表不可用。

（7）对于“曲线”阵列，对话栏由以下选项组成。

• 草绘收集器。该草绘收集器中只能包含一个草绘。

• 沿曲线的阵列成员中心之间的距离。

• 沿曲线的阵列成员数。

（8）对于“点”阵列，对话栏阵列成员放置选项如下。

• 草绘的点或坐标系。

• 基准点特征、导入特征或分析特征。

• 参照收集器：包含草绘、草绘特征或点特征。

3）上滑面板

特征阵列操控板中包括下列上滑面板。

（1）尺寸：用于在第一方向和第二方向上进行阵列。此上滑面板仅可用于“尺寸”阵列。

• 方向 1：包括至少一个尺寸并指定增量以创建阵列，或者使用以下选项控制尺寸增量。

按关系定义增量。

编辑：编辑驱动所选尺寸增量的关系。此按钮仅当选中“按关系定义增量”复选框时可用。

• 方向 2：创建双向阵列。此收集器还通过使用关系与指定尺寸增量的控制建立关联。

（2）表尺寸：包括在阵列表中的尺寸。此上滑面板仅可用于“表”阵列。

（3）参照：包含草绘名称和“定义”或“编辑”按钮。此上滑面板仅可用于“填充”、“点”和“曲线”阵列。

（4）表：每行包含一个表索引项 (从 1 开始) 及相关的表名称。可通过键入新名称更改表名。如果在收集器中的表索引项上右键单击，出现的快捷菜单中包含以下命令。

• 添加：编辑阵列的另一个表。退出编辑器时，新表即添加至收集器列表的底部。

• 移除：从收集器中移除选定表。

• 应用：激活所选表。活动表即为驱动阵列的表。

• 编辑：编辑所选表。编辑表时，可通过使用“文件”下的相应选项，将其以

.ptb 文件格式保存，或向表中读入先前保存的 .ptb 文件。完成编辑表后，单击【文件】→【退出】，表即保存到阵列中。

• 读取：读取保存的阵列表 (.ptb 文件)。

• 读取：读取保存的阵列表 (.ptb 文件)。

• 写入：保存所选阵列表。该表保存在当前工作目录下名为 <TableName.ptb> 的文件中，其中 <TableName> 是阵列表的名称。

此上滑面板仅可用于“表”阵列。

（5）选项：此面板与所选的阵列类型上下文相关。以下选项是适用于所有阵列类型的常用选项：

• 再生选项。

相同：所有的阵列成员尺寸相同，放置在相同的曲面上，且彼此之间或与零件边界不相交。

可变：阵列成员的尺寸可以不同或者可放置在不同的曲面上，但彼此之间或与零件边界不能相交。

一般：无任何阵列成员限制。

下面以曲线阵列为例对“选项”面板进行说明，当选择“曲线阵列”时，选项面板如图6.24所示。

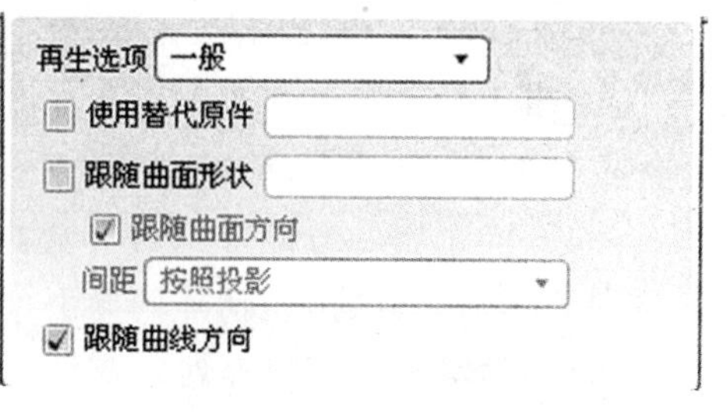

图6.24 选项面板

• 使用替代原件：重定义原件以更改阵列成员方向。

• 跟随曲面形状：每个阵列成员均使用与曲面一致的阵列导引方向。选取此选项时，以下两个选项变为可用。

• 跟随曲面方向：阵列成员沿曲面旋转。

• 间距：当把阵列设置为“跟随曲面方向”时，请从以下间距选项中选择一项。

按照投影 ：阵列成员被直接投影到曲面上。

映射到曲面空间：阵列导引被直接投影到曲面上，而其余的阵列成员会根据穿过阵列导引的 UV 线放置。对于位于阵列导引附近的阵列成员，此间距选项的效果最好。此选项仅对实体曲面可用。

映射到曲面 UV 空间 ：阵列导引被直接投影到曲面上。而对于其余的阵列成员，将根据它们相对于草绘平面中第一个成员的 XY 坐标将其映射到 UV 空间。

• 跟随曲线方向：旋转阵列成员，以跟随曲线方向。

（6）属性：该上滑面板包含特征名称，并可访问附加信息。

❺ 特征阵列快捷菜单

“阵列”快捷菜单包含的命令与所选的阵列类型上下文相关。

• “尺寸”、“方向”和“轴”阵列：激活阵列尺寸和参照收集器，并显示尺寸。

• “填充”、“曲线”和“点”阵列：激活草绘参照收集器、选取要放置阵列的曲面，并打开草绘器。

• “表” 阵列： 清除参照收集器并显示尺寸。

下面介绍四种常用阵列。

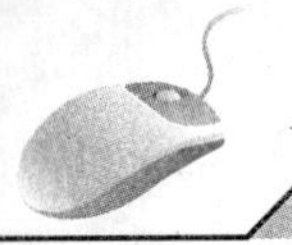

6.3.2 尺寸阵列

❶ 创建尺寸阵列的操作过程

（1）选取要阵列的特征。

（2）选择命令。从菜单栏选择【编辑】→【阵列】，或从工具栏中单击【阵列】按钮▦。打开特征阵列操控板，如图6.25所示。

图6.25 特征阵列操控板

（3）确定第一方向阵列尺寸。系统缺省阵列类型被设置为“尺寸”。在第一方向选取用于阵列的尺寸，图形窗口中的组合框打开，其中尺寸增量的初始值等于尺寸值。输入或选取一个值作为尺寸增量。

按住Ctrl键，可以在第一方向选取用于阵列的多个尺寸，为每个选定尺寸指定增量。

注解 只有第一次能在图形窗口中指定尺寸增量。要对其进行修改，可使用“尺寸”上滑面板中相应的“增量”字段。

（4）确定第一方向阵列成员数。在操控板上与标签1相邻的文本框中，输入第一方向的阵列成员数 (包括阵列导引)。缺省阵列成员数为2。

（5）确定第二方向阵列。要创建双向阵列，可单击第二方向上用于阵列的尺寸收集器将其激活，然后选取尺寸、指定尺寸增量，并在文本框中输入第二方向阵列成员数，此文本框位于标签 2 和第二方向用于阵列的尺寸收集器之间。

（6）完成尺寸阵列的创建工作。单击操控板的☑按钮，完成选定特征的尺寸阵列的创建工作。

❷ 创建尺寸阵列实例

打开模型文件中“第6章\范例源文件\ zhenlie-1.prt”，创建尺寸阵列实例。

（1）选取要阵列的特征。从模型树中选取阵列特征“拉伸2”作为要尺寸阵列的特征。

（2）选择命令。从菜单栏选择【编辑】→【阵列】，或从工具栏中单击【阵列】按钮▦。打开特征阵列操控板，如图6.25所示。

（3）确定第一方向阵列尺寸。选取“40”作为第一方向用于阵列的尺寸，打开图形窗口中的组合框，输入“100”作为尺寸增量，如图6.26所示。

（4）确定第一方向阵列成员数。在操控板上与标签 1 相邻的文本框中，输入第一方向的阵列成员数为“4”，如图6.27所示。

（5）确定第二方向阵列。选取“30”作为第二方向用于阵列的尺寸，打开图形窗口中的组合框，输入“50”作为尺寸增量，如图6.28所示，并在文本框中输入第二方向阵列成员数为“5”。

（6）完成尺寸阵列的创建工作。单击操控板的☑按钮，完成选定特征的尺寸阵列的创建工作。实体形状如图6.29所示。结果文件请参看模型文件中“第6章\范例结

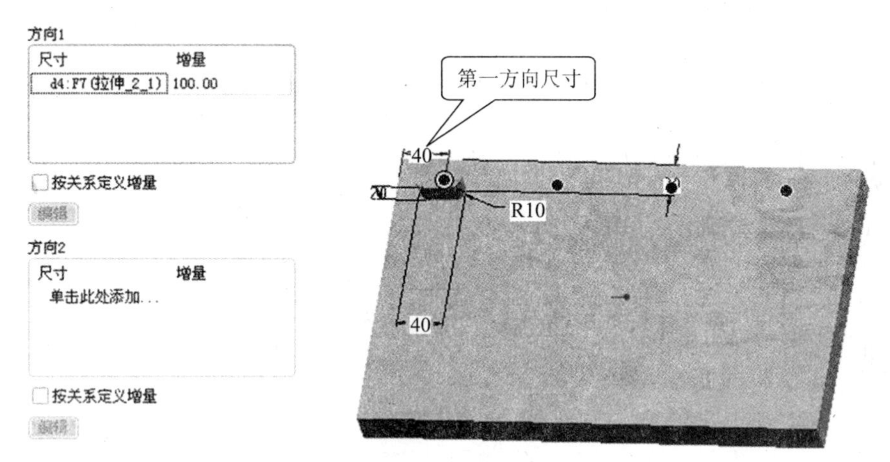

图6.26　第一方向尺寸

图6.27　确定第一方向成员数

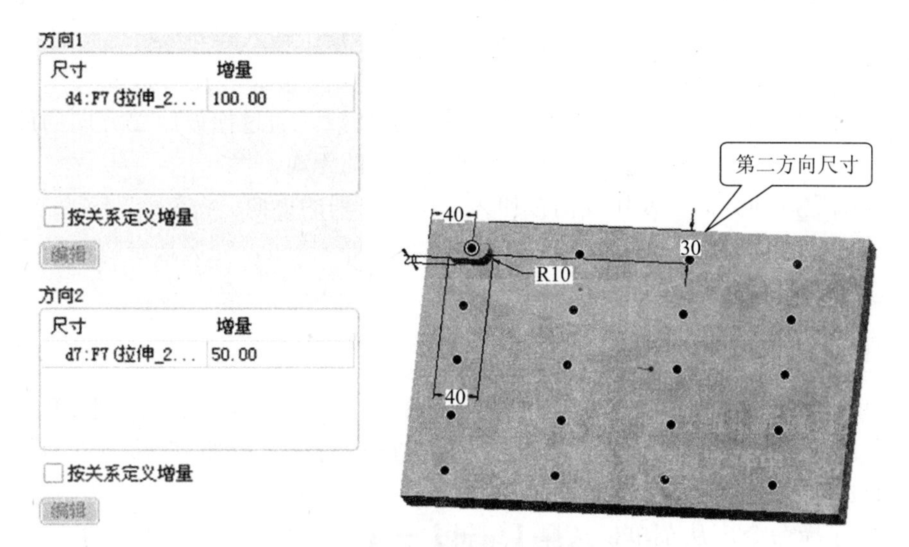

图6.28　第二方向尺寸

图6.29　尺寸阵列特征

果文件\zhenlie-1.prt”。

6.3.3 方向阵列

❶ 创建方向阵列的操作过程

（1）选取要阵列的特征。

（2）选择命令。从菜单栏选择【编辑】→【阵列】，或从工具栏中单击【阵列】按钮，打开特征阵列操控板。在对话栏中从阵列类型列表框内选取“方向”，对话栏的布局将发生变化，第一方向的收集器变为活动状态，如图6.30所示。

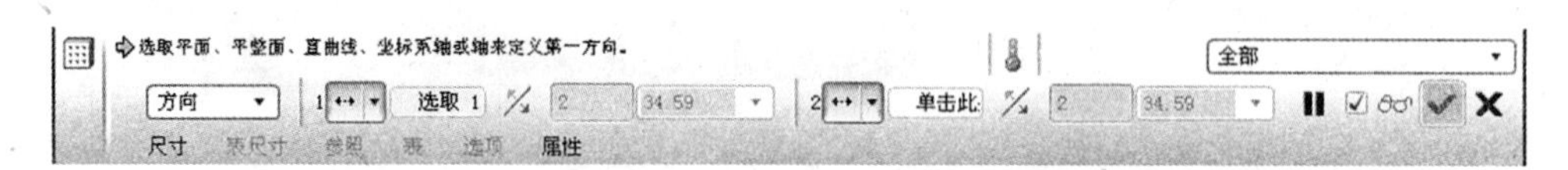

图6.30 “方向阵列”操控板

（3）选取方向参照。方向参照包括：直边、平面或曲面、线性曲线、坐标系的轴、基准轴。

（4）确定第一方向阵列成员数。输入第一方向的阵列成员数。要更改阵列成员之间的距离，可拖动放置控制滑块，也可在增量文本框中输入阵列成员之间的距离。

（5）确定第二方向阵列成员数。单击第二方向收集器，然后选取第二方向参照。在框中输入以标签 2 开头的第二方向阵列成员数。通过拖放第二方向的放置控制滑块或通过输入增量来调整第二方向各成员之间的距离。

（6）确定阵列方向。使用反向按钮，反向阵列的方向。

（7）完成方向阵列的创建工作。单击操控板的按钮，完成选定特征的方向阵列的创建工作。

❷ 创建方向阵列实例

打开模型文件中“第6章\范例源文件\ zhenlie-1.prt”，创建方向阵列实例。

（1）选取要阵列的特征。从模型树中选取阵列特征“拉伸2”作为要创建方向阵列的特征。

（2）选择命令。从菜单栏选择【编辑】→【阵列】，或从工具栏中单击【阵列】按钮，打开特征阵列操控板。在对话栏中从阵列类型列表框内选取“方向”，如图6.30所示。

（3）确定第一方向阵列参照和成员数。选取“RIGHT”平面作为第一方向用于阵列的参照，输入第一方向的阵列成员数为“6”，在增量文本框中输入阵列成员之间的距离为“65”， 如图6.31所示。

（4）确定第二方向阵列参照和成员数。选取“TOP”平面作为第二方向用于阵列的参照，输入第二方向的阵列成员数为“5”， 在增量文本框中输入阵列成员之间的距离为“50”， 使用反向按钮反向第二方向的阵列方向，如图6.32所示。

（5）完成方向阵列的创建工作。单击操控板的按钮，完成选定特征的方向阵列的创建工作。实体形状如图6.33所示。结果文件请参看模型文件中“第6章\范例结

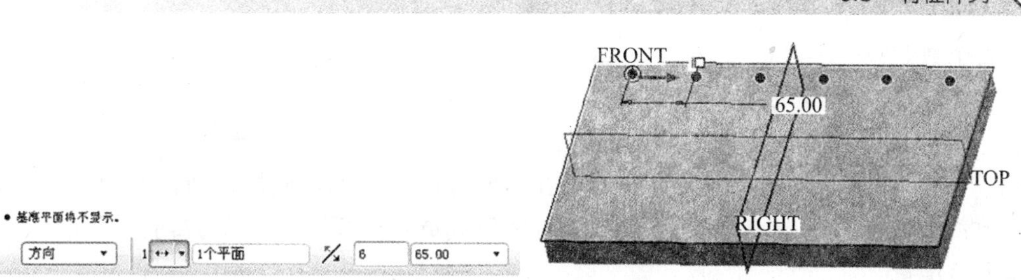

图6.31 第一方向阵列参数

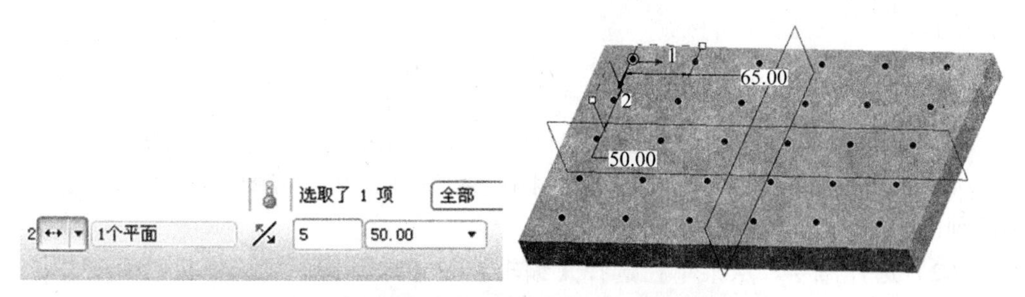

图6.32 第二方向阵列参数

图6.33 方向阵列特征

果文件\zhenlie-2.prt”。

6.3.4 轴阵列

❶ 创建轴阵列的操作过程

（1）选取要阵列的特征。

（2）选择命令。从菜单栏选择【编辑】→【阵列】，或从工具栏中单击【阵列】按钮。打开特征阵列操控板。在对话栏中从阵列类型列表框内选取“轴”，对话栏的布局将发生变化，第一方向的收集器变成活动状态，如图6.34所示。

（3）确定阵列基准轴。在阵列中心选取或创建基准轴。将预览角度方向上的缺省阵列，以黑点表示阵列成员。

（4）确定阵列成员数。要指定角度方向的阵列成员数，可在操控板的文本框内

图6.34 “轴阵列”操控板

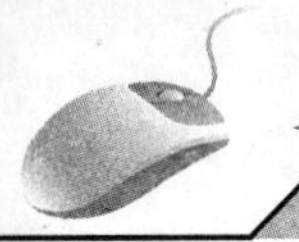
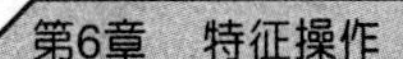

输入个数。

（5）确定阵列成员的排列方式。排列阵列成员的方法包括：在文本框中输入角度；单击△，并在框中输入角度范围。

（6）确定径向方向阵列参数。要在径向方向添加阵列成员，请在 2 框中输入成员数；在文本框内输入成员之间的距离排列成员；要反转阵列的方向，单击%，或输入负增量。

（7）完成轴阵列的创建工作。单击操控板的☑按钮，完成选定特征的轴阵列的创建工作。

❷ 创建轴阵列实例

打开模型文件中“第6章\范例源文件\ zhenlie-3.prt”，创建轴阵列实例。

（1）选取要阵列的特征。从模型树中选取阵列特征“组BLADE”作为要创建轴阵列的特征。

（2）选择命令。从菜单栏选择【编辑】→【阵列】，或从工具栏中单击【阵列】按钮▦，打开特征阵列操控板。在对话栏中从阵列类型列表框内选取“轴”，如图6.34所示。

（3）确定阵列基准轴。选取基准轴a_1作为阵列基准轴。

（4）确定阵列成员数。在操控板的文本框内输入阵列成员数为“8”，单击△，按缺省角度值360°均布，如图6.35所示。

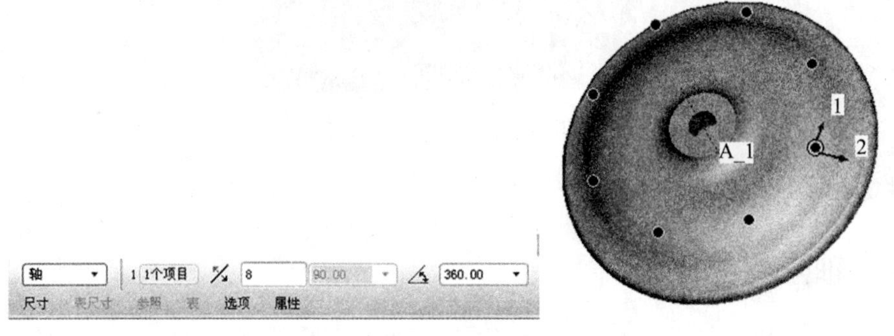

图6.35　“轴阵列”参数

图6.36　轴阵列特征

（5）完成轴阵列的创建工作。单击操控板的☑按钮，完成选定特征的轴阵列的创建工作。实体形状如图6.36所示。结果文件请参看模型文件中“第6章\范例结果文件\zhenlie-3.prt”。

6.3.5　填充阵列

❶ 创建填充阵列的操作过程

（1）选取要阵列的特征。

（2）选择命令。从菜单栏选择【编辑】→【阵列】，或从工具栏中单击【阵列】按钮▦，打

开特征阵列操控板。在对话栏中从阵列类型列表框内选取“填充”，对话栏的布局将发生变化，第一方向的收集器变成活动状态，如图6.37所示。

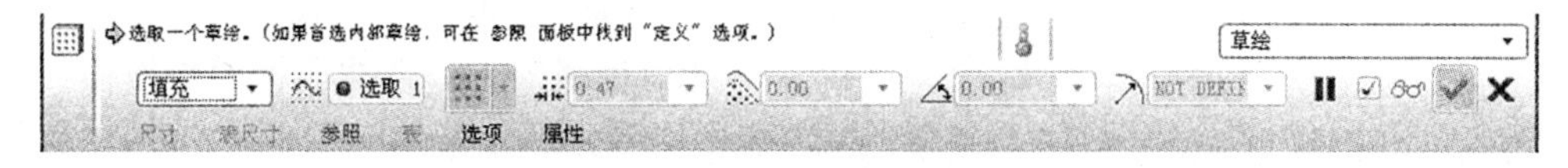

图6.37 “填充阵列”操控板

（3）确定填充区域。选取现有草绘曲线，或单击【参照】→【定义】，草绘要用于阵列的填充的区域。单击✔按钮完成草绘。当选取曲线或退出“草绘器”时，就会根据缺省值显示阵列栅格的预览。每个阵列成员均由●标识。

（4）选取栅格模板。单击⁝⁝⁝按钮旁边的箭头访问栅格模板。

（5）确定填充阵列参数。

• 要更改阵列成员中心之间的间隔，在旁的文本框中输入或选取一个值。或者在图形窗口中拖动控制滑块，或双击与“间距”相关的值并输入新值。

• 要更改阵列成员中心与草绘边界间的最小距离，在旁的文本框中输入或选取一个值。使用负值可使中心位于草绘的外面。或者在图形窗口中拖动控制滑块，或双击与控制滑块相关的值并输入新值。

• 要指定栅格绕原点的旋转角度，在旁的框中输入或选取一个值。或者在图形窗口中拖动控制滑块，或双击与控制滑块相关的值并输入数值。

• 为圆形和螺旋栅格设置以下可选参数之一或两者均设置：

要更改径向间隔，在操控板上旁的框中输入或选取一个数值。或者在图形窗口中拖动控制滑块，或双击与控制滑块相关的值并输入新值。

要绕原点旋转阵列成员，请在“选项”上滑面板上选择“跟随模板旋转”复选框。

• 在“选项”上滑面板上设置可选参数中的一个或多个。

• 要排除某个位置的阵列成员，可在图形窗口中单击指示阵列成员的相应黑点。黑点将变为白色○，表明阵列成员已被排除。可在重定义阵列时再次单击白点以重新包含该阵列成员。

（6）完成填充阵列的创建工作。单击操控板的✔按钮，完成选定特征的填充阵列的创建工作。

❷ 创建填充阵列实例

打开模型文件中“第6章\范例源文件\ zhenlie-4.prt”，创建填充阵列实例。

（1）选取要阵列的特征。从模型树中选取阵列特征“拉伸1”作为要填充阵列的特征。

（2）选择命令。从菜单栏选择【编辑】→【阵列】，或从工具栏中单击【阵列】按钮，打开特征阵列操控板。在对话栏中从阵列类型列表框内选取“填充”，如图6.38所示。

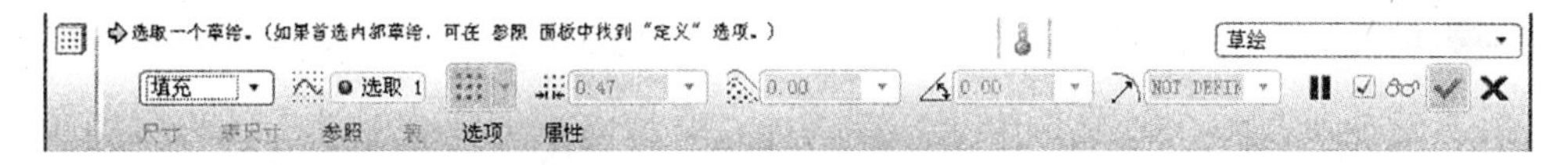

图6.38 从阵列类型列表框内选取“填充”

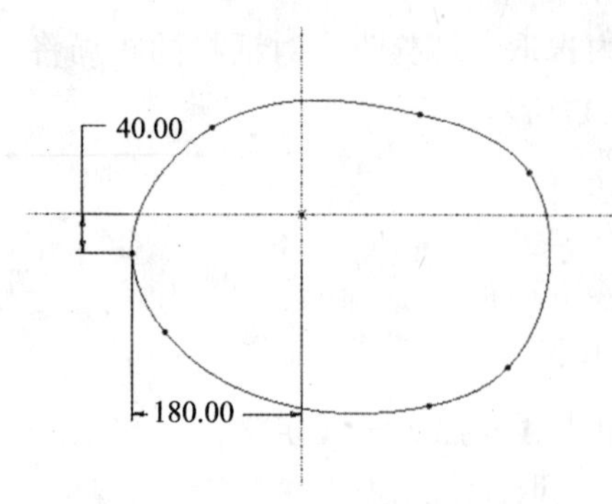

图6.39 填充区域

（3）确定填充区域。单击【参照】→【定义】，草绘要用于阵列的填充的区域，如图6.39所示。单击✔按钮，退出“草绘器”。

（4）选取栅格模板。选取栅格模板按钮，以草绘曲线阵列分隔各成员。

（5）确定填充阵列参数。在旁的文本框中输入阵列成员中心之间的间隔值为“40”，如图6.40所示。阵列效果如图6.41所示。

（6）完成填充阵列的创建工作。单击操控板的按钮，完成选定特征的填充阵列的创建工作。实体形状如图6.42所示。结果文件请参看模型文件中“第6章\范例结果文件\zhenlie-4.prt”。

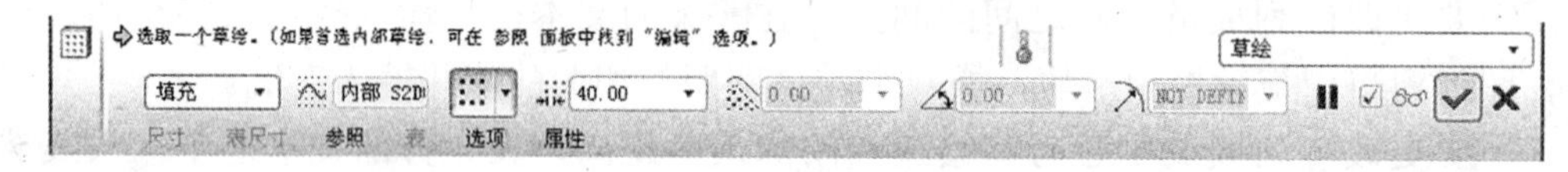

图6.40 填充阵列参数

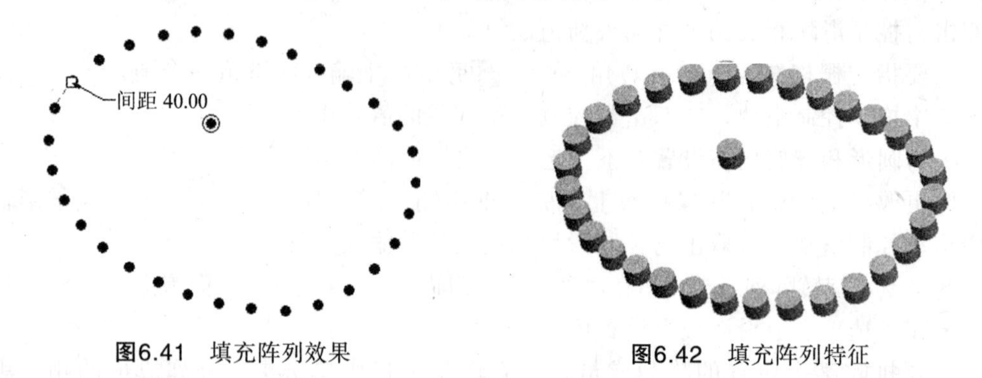

图6.41 填充阵列效果

图6.42 填充阵列特征

6.4 特征成组

6.4.1 特征成组的概述

❶ 特征成组

使用阵列命令，系统只允许阵列一个单独特征。要阵列多个特征，可创建一个“局部组”，然后阵列这个组。创建组阵列后，可取消阵列或取消分组实例以便可以对其进行独立修改。

特征成组如图6.43所示。模型结果文件请参看模型文件中“第6章\范例源文件\zhenlie-3.prt”。

❷ 特征成组的作用

特征成组通常用于阵列特征中，如图6.44所示的零件中，模型中的突起部分由一个混合伸出项特征和三个圆角特征组成，要对其进行阵列操作，必须为四个特征

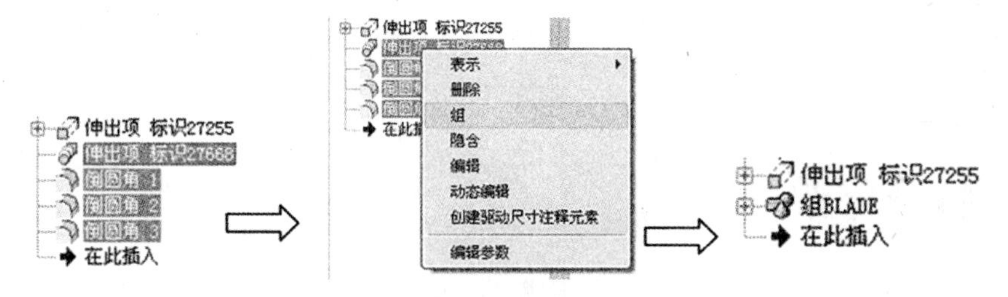

图6.43 特征成组

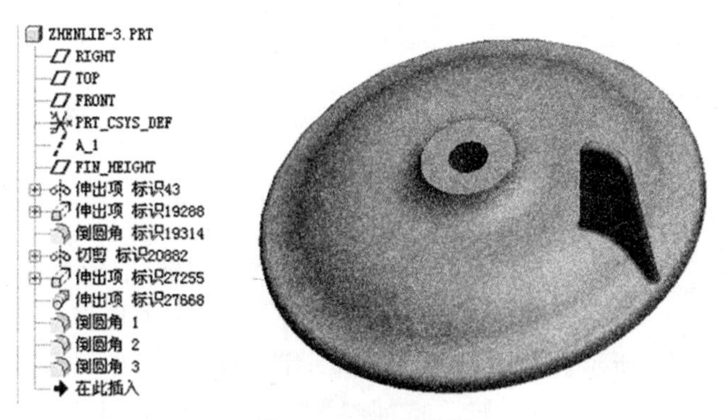

图6.44 成组零件

创建一个组。示例文件请参看模型文件中“第6章\范例源文件\ zhenlie-3.prt”。

6.4.2 创建组

❶ 创建组操作过程

（1）选取要创建组的特征（按住Ctrl键选择多个特征）。

（2）选择命令。从菜单栏选择【编辑】→【组】，或右击特征，打开快捷菜单，在快捷菜单中选择“组”。

（3）完成组的创建工作。选择命令后，模型树中出现“组特征”标识，完成选定特征“局部组”的创建工作。

❷ 创建组注意事项

（1）创建局部组时，不能有效放置参照。

（2）创建局部组时，必须按照再生列表的连续顺序来选择特征。如果在再生列表的指定特征之间还有特征，系统会询问是否将它们之间的所有特征分组。如果不想对连续顺序中的某些特征分组，则首先要对这些特征重新排序。

（3）已经在其他组中的特征不能再被分组。

（4）不能对阵列化的组进行取消归组操作。首先必须对组取消阵列，然后才可以对它们取消归组。

6.4.3 分解组

可以用分解组将组分解为多个特征。

分解组的方法如下：在模型树中选择要分解组的名称，单击右键，打开快捷菜单，在快捷菜单中选择“分解组”，组被分解出多个特征。

6.5　特征修改

在使用Pro/ENGINEER软件进行建模过程中，对特征尺寸进行修改的常用方法包括：编辑和编辑定义。

6.5.1　特征编辑

❶ 特征编辑的操作过程

（1）选取要编辑的特征。

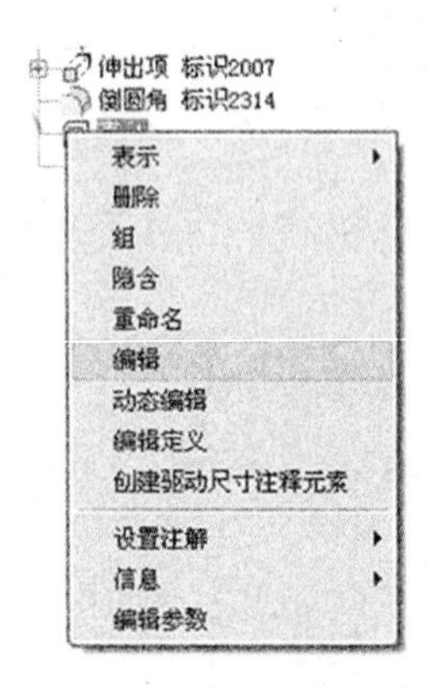

图6.45　编辑快捷菜单

（2）选择命令。在模型树中选取要编辑的特征后，单击右键，打开快捷菜单，在快捷菜单中选择“编辑”，如图6.45所示。此时在图形区显示该特征的所有尺寸参数。

（3）修改特征参数。使用鼠标左键双击要修改的特征尺寸，可以对特征尺寸进行修改。

（4）完成特征编辑的修改工作。在上工具箱中单击再生按钮，完成选定特征编辑的修改工作。

❷ 创建特征编辑实例

打开模型文件中“第6章\范例源文件\ bianji-1.prt”，创建特征编辑实例。

（1）选取要编辑的特征。从模型树中选取壳特征“壳1”作为要编辑的特征。

（2）选择命令。在模型树中选取壳特征“壳1”特征后，单击右键，打开快捷菜单，在快捷菜单中选择“编辑”，此时在图形区显示该特征的所有尺寸参数，如图6.46所示。

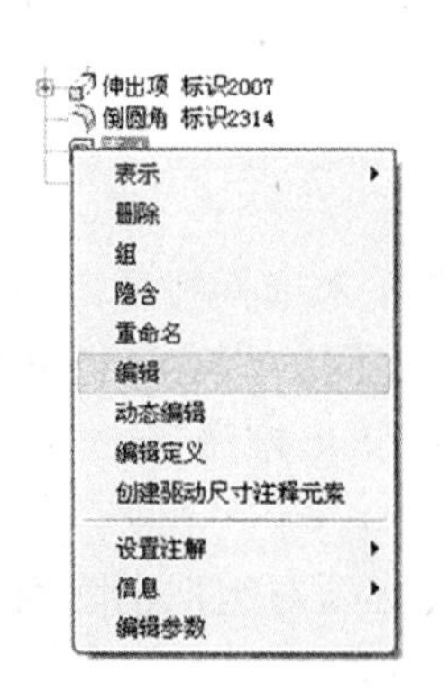

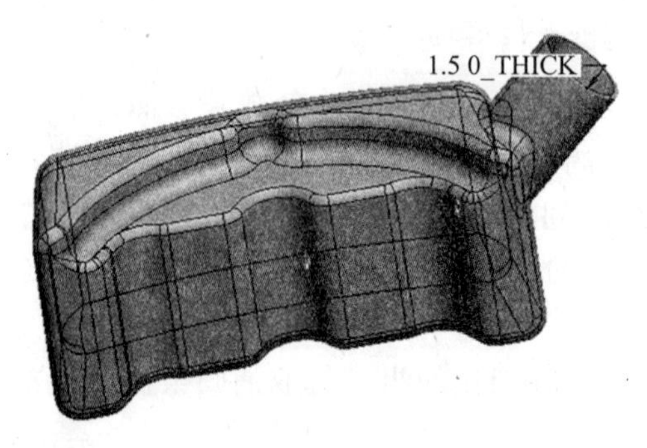

图6.46　编辑尺寸参数

（3）修改特征参数。使用鼠标左键双击“壳1”特征的尺寸，将“壳1”特征的尺寸值“1.5”改为“3”。

（4）完成特征编辑的修改工作。在上工具箱中单击再生按钮，完成选定特征

“壳1”特征的修改工作。实体形状如图6.47所示。结果文件请参看模型文件中“第6章\范例结果文件\bianji-1.prt”。

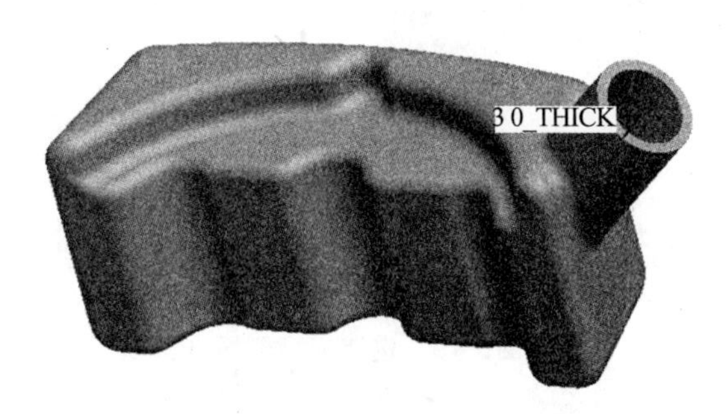

图6.47 编辑壳特征后的实体形状

6.5.2 特征编辑定义

❶ 特征编辑定义的操作过程

（1）选取要编辑定义的特征。

（2）选择命令。在模型树中选取要编辑定义的特征后，单击右键，打开快捷菜单，在快捷菜单中选择“编辑定义”，打开“编辑定义”特征操控板，此时操控板中显示该特征的参数。

（3）修改特征参数。按选定编辑定义特征的类型的操作方法对特征进行参数修改。

（4）完成特征编辑定义的修改工作。单击操控板的☑按钮，完成选定特征编辑定义的修改工作。

❷ 创建特征编辑定义实例

打开模型文件中“第6章\范例源文件\ bianji-1.prt”，创建特征编辑定义实例。

（1）选取要编辑的特征。从模型树中选取壳特征“壳1”作为要编辑定义的特征。

（2）选择命令。在模型树中选取壳特征“壳1”特征后，单击右键，打开快捷菜单，在快捷菜单中选择“编辑定义”，打开抽壳特征操控板，如图6.48所示。

图6.48 抽壳特征操控板

（3）修改特征参数。按住Ctrl键，选择模型的一个侧面，对“壳1”特征进行编辑定义，如图6.49所示。

注解 在对特征进行抽壳操作时，按住Ctrl键可选择多个面进行移除。

（4）完成特征编辑定义的修改工作。单击操控板的☑按钮，完成“壳1”特征编辑定义的修改工作。实体形状如图6.50所示。结果文件请参看模型文件中“第6章\范例结果文件\bianji-2.prt”。

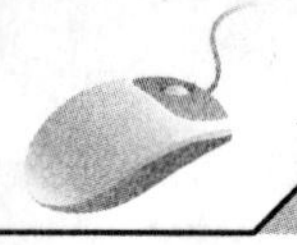

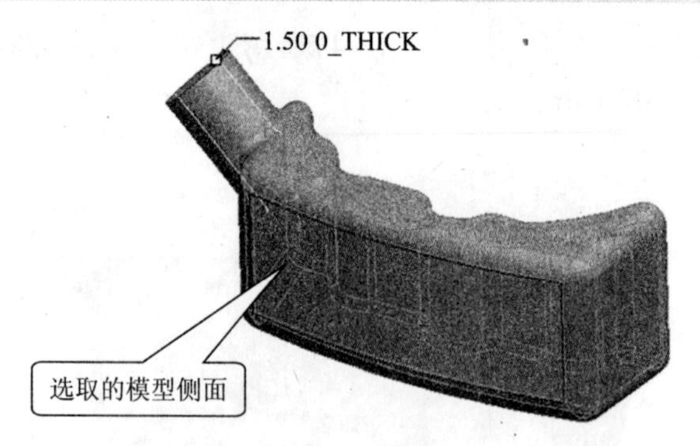

图6.49　选取模型侧面

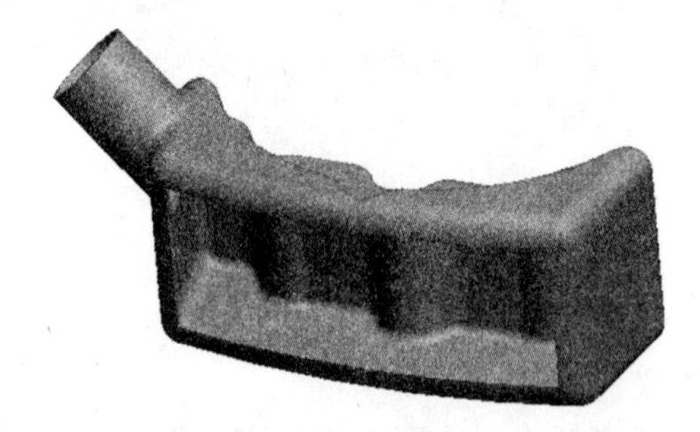

图6.50　编辑定义抽壳特征后的实体形状

6.6　特征排序

零件创建后，可以根据需要改变特征的生成顺序，即对特征进行排序，其操作方法如下：

（1）在模型树中选取一个要改变顺序特征，按住鼠标左键，在模型树上拖至想要放置的位置。

（2）松开鼠标左键，系统再生后，从模型树中可以观察到特征的顺序已经改变，如图6.51所示。

注解　特征排序，既可以将特征提前，也可以将特征排后。但在排序时需要注意，子特征不能排到父特征之前，如果要将子特征放到父特征之前，必须先解除

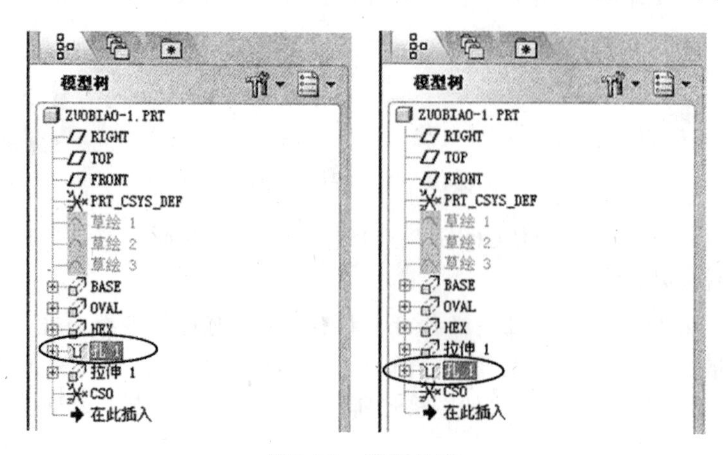

图6.51　特征排序

父子关系。

6.7　特征插入

在零件建模过程中，如果发现一个特征应创建在某些已创建的特征之前，可以利用模型树中的“在此插入”命令，将该特征插入到任何想插入的位置。其操作方法如下：

（1）在模型树中，将特征插入符号➔ **在此插入** 从模型树的底部拖至要插入特征的位置，如图6.52所示。

（2）选择特征创建命令创建新特征，完成新特征的创建后，将特征插入符号➔ **在此插入** 拖至模型树的底部。

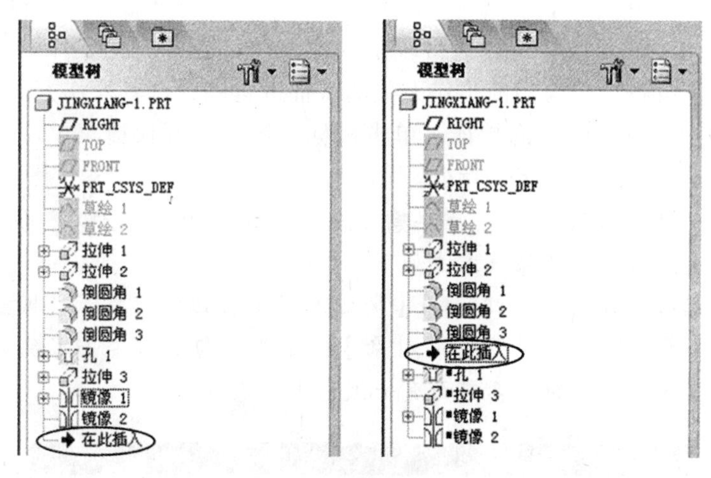

图6.52　特征插入

6.8　特征删除

在零件建模过程中，有时需要删除某一个特征或多个特征，此时可使用特征删除工具。下面介绍删除特征的两种快捷方法。

6.8.1　使用“Delete”键

在图形区或模型树中选取要删除的特征，按下键盘上的“Delete”键，打开【删除】对话框，如图6.53所示。单击对话框中的【确定】按钮，删除选定的特征。

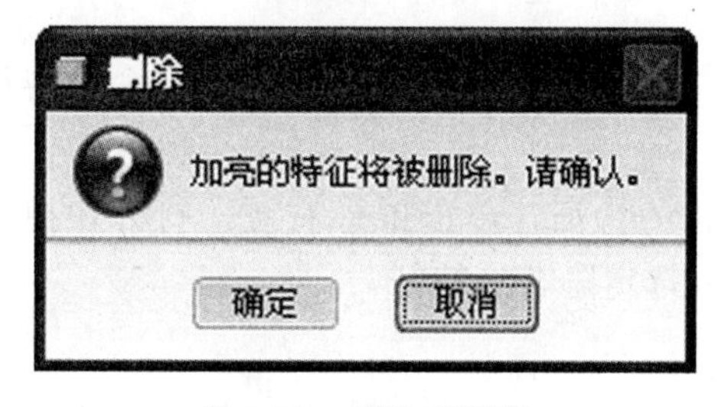

图6.53　删除对话框

6.8.2 使用右键快捷菜单

在模型树中选取要删除的特征，单击鼠标右键，打开快捷菜单，在快捷菜单中选择【删除】选项，打开【删除】对话框，单击对话框中的【确定】按钮，删除选定的特征。

6.9 特征的隐含与隐藏

6.9.1 特征的隐含与恢复

❶ 特征的隐含

在创建结构比较复杂、特征数目较多的零件时，为了简化零件模型显示和加快系统运行速度，可将一些与当前工作无关的特征进行隐含。其操作方法如下：

在模型树中选取要隐含的特征，单击鼠标右键，打开快捷菜单，在快捷菜单中选择【隐含】选项，隐含选定的特征。

注解 系统缺省状态下，特征隐含后，模型树中不显示隐含的特征，要在模型树中显示隐含的特征，其操作方法如下：

从导航卡选择【设置】按钮→【树过滤器】按钮，打开“模型树项目”对话框，如图6.54所示。选中【隐含的对象】复选框的勾选，单击【确定】按钮，隐含特征显示在模型树中，特征名前面有一黑色小方块标记。

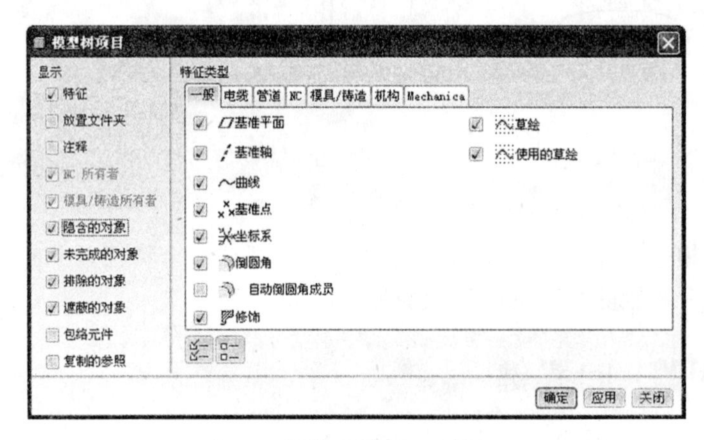

图6.54 模型树项目对话框

❷ 特征的恢复

当零件建模完成后或在建模过程中需要用到被隐含的特征时，可将隐含的特征恢复。其操作方法如下：

在模型树中选取隐含的特征，单击鼠标右键，打开快捷菜单，在快捷菜单中选择【恢复】选项，即恢复选定隐含的特征。

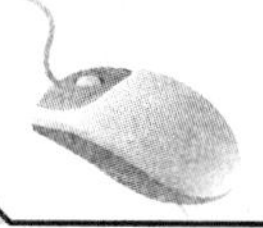

6.9.2 特征的隐藏与取消

使用Pro/ENGINEER建模过程中，当创建的零件结构比较复杂，特征数目较多时，为了便于查看，可以将单个或多个基准特征、坐标系、曲线和曲面等特征进行隐藏。其操作方法如下：

在模型树中选取要隐藏的特征，单击鼠标右键，打开快捷菜单，在快捷菜单中选择【隐藏】选项，即隐藏选定的特征。

如果要取消隐藏的特征，在模型树中选取隐藏的特征，单击鼠标右键，打开快捷菜单，在快捷菜单中选择【取消隐藏】选项，即取消选定隐藏的特征。

思考与练习

1. 简述复制与粘贴操作的要点。
2. 特征镜像的类型有哪些？
3. 特征阵列的优点有哪些？特征阵列的类型有哪些？
4. 如何修改特征？
5. 创建如图6.55所示的阵列特征。结果文件请参看模型文件中“第6章\思考与练习结果文件\ ex06-1.prt”。

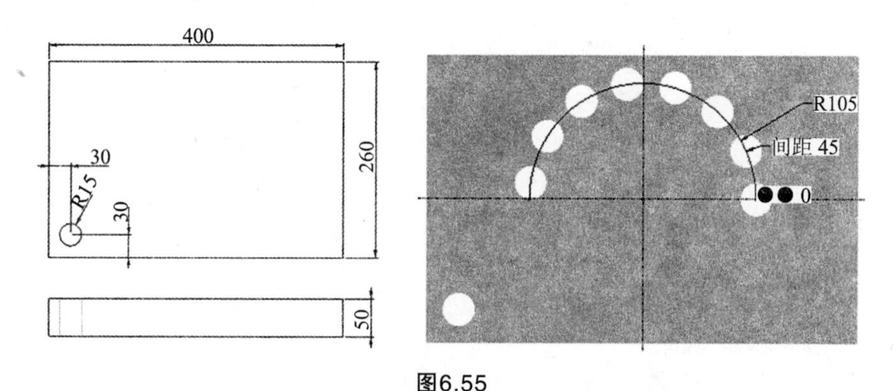

图6.55

6. 打开模型文件中“第6章\思考与练习源文件\ex06-2.prt”，创建如图6.56所示的镜像特征。结果文件请参看模型文件中“第6章\思考与练习结果文件\ex06-2.prt”。

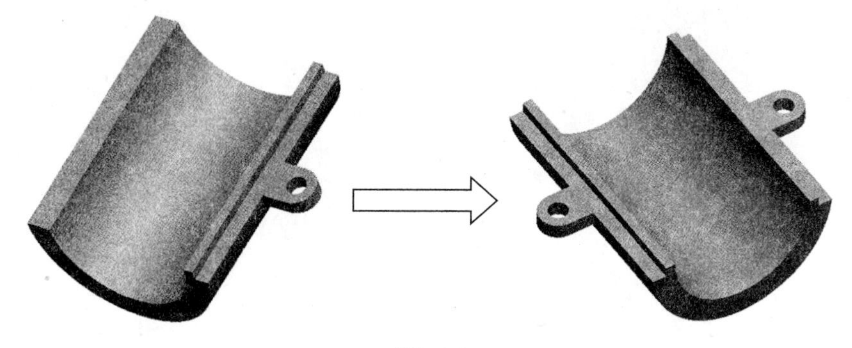

图6.56

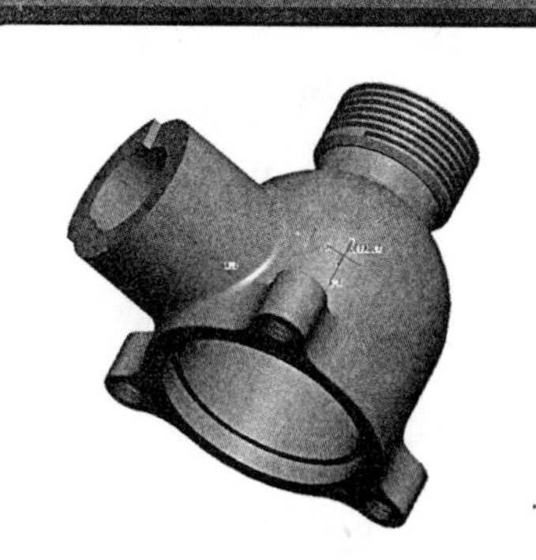

第7章 高级建模特征

本章主要内容

- 可变截面扫描特征
- 扫描混合特征
- 螺旋扫描特征

可变截面扫描特征、扫描混合特征和螺旋扫描特征是Pro/ENGINEER提供的高级建模特征。与扫描特征、混合特征相比，可变截面扫描特征和扫描混合特征允许在扫描过程中改变截面，螺旋扫描特征可以创建一个具有螺旋特征的零件。

本章通过实例介绍高级建模特征的设计方法和操作过程。实例包括显示器外壳、烟斗和六角螺栓。零件在设计过程的共同特点是：都需要用到扫描特征。

显示器外壳

烟斗

六角螺栓

7.1　可变截面扫描特征

使用“可变截面扫描”特征可创建实体或曲面特征。可沿一个或多个选定轨迹扫描截面时通过控制截面的方向、旋转和几何来添加或移除材料。可使用恒定截面或可变截面创建扫描。

7.1.1　可变截面扫描特征概述 

1 可变截面扫描特征

可变截面扫描特征是由一个截面沿着一条原点轨迹线和多条链轨迹进行扫描得到的特征。可变截面扫描特征如图7.1所示。结果文件请参看模型文件中“第7章\范例结果文件\ kbsm-1.prt”。

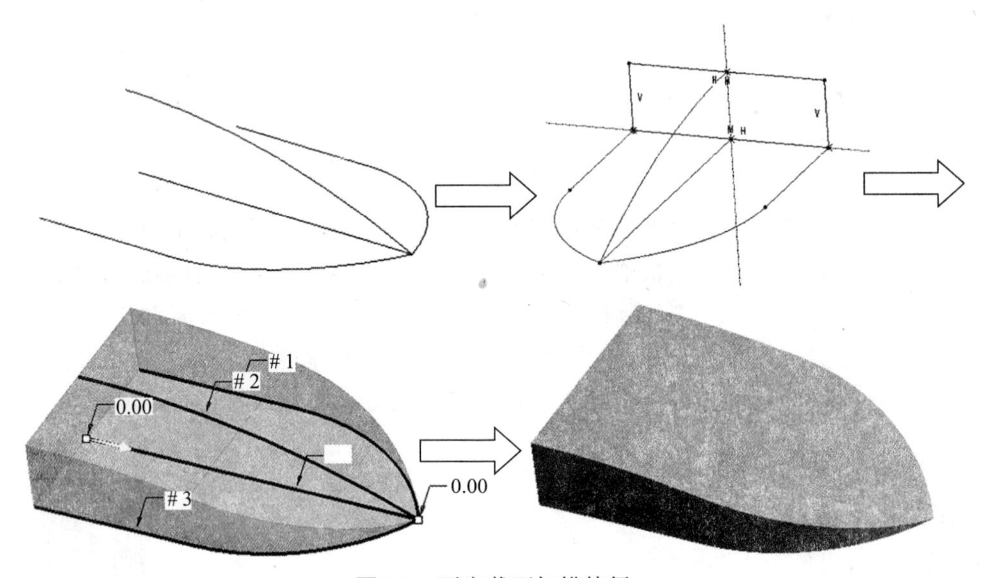

图7.1　可变截面扫描特征

2 可变截面扫描特征类型

可变截面扫描特征包括以下两种类型。

（1）可变截面 ：将草绘图元约束到其他轨迹 (中心平面或现有几何)，或使用由 trajpar 参数设置的截面关系来使草绘可变。草绘所约束到的参照可改变截面形状。另外，以图形或关系 (由 trajpar 设置) 定义标注形式也能使草绘可变。草绘在轨迹点处再生，并相应更新其形状。

（2）恒定截面：在沿轨迹扫描的过程中，草绘的形状不变。仅截面所在框架的方向发生变化。

注解　可变截面扫描工具的主元件是截面轨迹。草绘截面定位于附加至原点轨迹的框架上，并沿轨迹长度方向移动以创建几何。原点轨迹以及其他轨迹和其他参照 (如平面、轴、边或坐标系的轴) 定义截面沿扫描的方向。

框架实质上是沿着原点轨迹滑动并且自身带有要被扫描截面的坐标系。坐标系

的轴由辅助轨迹和其他参照定义。“框架”非常重要，因为它决定着草绘沿原点轨迹移动时的方向。“框架”由附加约束和参照 (如“垂直于轨迹”、“垂直于投影”和“恒定法向”) 定向 (沿轴、边或平面)。

Pro/ENGINEER 将草绘截面相对于这些参照放置到某个方向，并将其附加到沿原点轨迹和扫描截面移动的坐标系中。

创建剪切、修剪或薄板特征时，在图形窗口中使用箭头来指示刀具操作的方向。

❸ 可变截面扫描特征操控板

在菜单栏选择【插入】→【可变截面扫描】，或单击工具栏上【可变截面扫描】按钮。打开可变截面扫描特征操控板，如图7.2所示。

图7.2 可变截面扫描特征操控板

可变截面扫描特征操控板分为两部分，上层为对话栏，下层为上滑面板。

上层对话栏的功能如下。

- ：扫描为实体。
- ：扫描为曲面。
- ：打开内部截面草绘器以创建或编辑扫描截面。
- ：实体或曲面切口。
- ：薄伸出项、薄曲面或曲面切口。

下层上滑面板的功能如下。

- 参照：打开参照面板，选取轨迹线和截面控制参数。参照面板如图7.3所示。

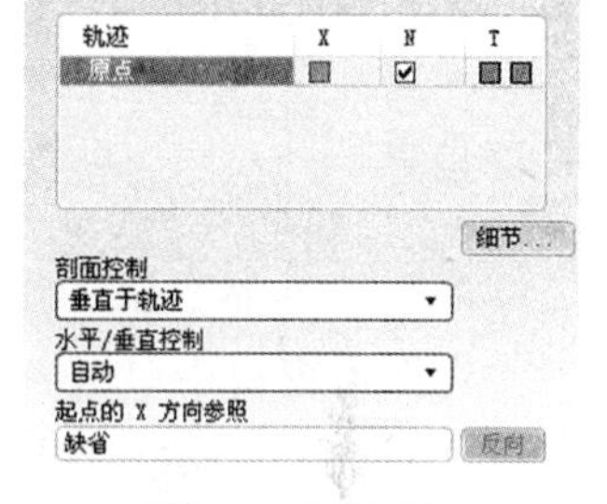

图7.3 参照面板

轨迹收集器：显示作为原点轨迹选取的轨迹，并允许指定轨迹类型。

细节：打开“链”对话框以修改链属性。

剖面控制：确定如何定向剖面。

垂直于轨迹：移动框架总是垂直于指定的轨迹。

垂直于投影：移动框架的 Y 轴平行于指定方向，且 Z 轴沿指定方向与原点轨迹的投影相切。可利用方向参照收集器添加或删除参照。

恒定法向：移动框架的 Z 轴平行于指定方向。可利用方向参照收集器添加或删除参照。

水平/垂直控制：确定如何沿可变剖面扫描控制绕草绘平面法向的框架旋转。

自动：截面由 XY 方向自动定向。Pro/ENGINEER 可计算 X 向量的方向，最大程度地降低扫描几何的扭曲。对于没有参照任何曲面的原点轨迹，“自动”为缺省选项。方向参照收集器允许设计人员定义扫描起始处的初始剖面或框架的 X 轴方向。有时需要指定 X 轴方向，例如，对于直线轨迹或在起始处存在直线段的轨迹即是如此。

垂直于曲面：截面 Y 轴垂直于“原点轨迹”所在的曲面。如果“原点轨迹”参照为曲面上的曲线、曲面的单侧边、曲面的双侧边或实体边、由曲面相交创建的曲线或两条投影曲线，则此为缺省选项。“下一个”允许移动到下一个法向曲面。

X 轨迹：截面的 X 轴通过指定的 X 轨迹和沿扫描的截面的交点。

• 选项：打开选项面板，设置截面形状和草绘放置点。

可变截面：将草绘图元约束到其他轨迹 (中心平面或现有几何)，或使用由 trajpar 参数设置的截面关系来使草绘可变。草绘所约束到的参照可改变截面形状。另外，以图形或关系 (由 trajpar 设置) 定义标注形式也能使草绘可变。草绘在轨迹点处再生，并相应更新其形状。

恒定剖面：在沿轨迹扫描的过程中，草绘的形状不变。仅截面所在框架的方向发生变化。

“封闭端点”复选框：向扫描添加封闭端点（注意：要使用此选项，必须选取具有封闭截面的曲面参照）。

“合并终点”复选框：合并扫描的端点。（为执行合并，扫描端点处必须要有实体曲面。此外，扫描必须选中“恒定剖面”和单个平面轨迹。）

草绘放置点：指定“原点轨迹”上要草绘剖面的点。不影响扫描的起始点。如果“草绘放置点”为空，则将扫描的起始点用作草绘剖面的缺省位置。

• 相切：用相切轨迹选取及控制曲面。

• 属性：重命名扫描特征或在 Pro/ENGINEER 嵌入式浏览器中查看关于扫描特征的信息。

❹ 可变截面扫描快捷菜单

在图形窗口中单击右键，打开快捷菜单，如图7.4所示。其中包含以下命令。

• 轨迹：显示和选取用于可变截面扫描的轨迹。

• 起始 X 方向：选取一个参照来定义初始剖面的 X 轴方向。

• 放置点：沿原点轨迹选取一个基准点来放置草绘。

• 清除：清除所有活动收集器。不能清除“原点轨迹”参照或“法向”、X 向和“相切”轨迹。

• 垂直于轨迹：移动框架总是垂直于指定的轨迹。

• 垂直于投影：移动框架的 Y 轴平行于指定方向，且 Z 轴沿指定方向与原始轨迹的投影相切。

• 恒定法向：移动框架的 Z 轴平行于指定方向。

• X轨迹：轨迹截面的X向量。

• 自动：截面由 XY 方向自动定向。

• 草绘：打开内部截面草绘器。

• 可变截面：指定沿轨迹扫描时，截面形状可变。

• 恒定剖面：指定沿轨迹扫描时，截面形状不变。

轨迹
起始X方向
清除
垂直于轨迹
垂直于投影
恒定法向
X轨迹
自动
草绘
可变截面
恒定剖面

图7.4 快捷菜单

7.1.2 可变截面扫描实例——显示器外壳

❶ 可变截面扫描特征操作的要点

（1）选取可变截面扫描命令，打开可变截面扫描特征操控板。

（2）选取原点轨迹。

（3）根据需要添加轨迹。

（4）指定截面以及水平和垂直方向控制。

（5）草绘截面进行扫描。

（6）预览几何并完成特征。

❷ 显示器外壳零件设计分析

1）零件形状和参数

显示器外壳零件外观形状如图7.5所示，长×宽×高为400mm×400mm×320mm。

图7.5 显示器外壳

2）零件设计方法与流程

（1）绘制显示器外壳可变截面扫描曲线。

（2）创建显示器外壳零件模型：使用“可变截面扫描”方法创建显示器外壳零件模型。

（3）设计显示屏尺寸：使用“拉伸”方法设计显示屏尺寸。

（4）完善显示器外观结构：使用“倒圆角”方法完善显示器外观结构。

（5）使用抽壳方法得到完整显示器外壳零件模型。

显示器外壳零件创建的主要流程如表7.1所示。

表7.1 显示器外壳零件创建的主要流程

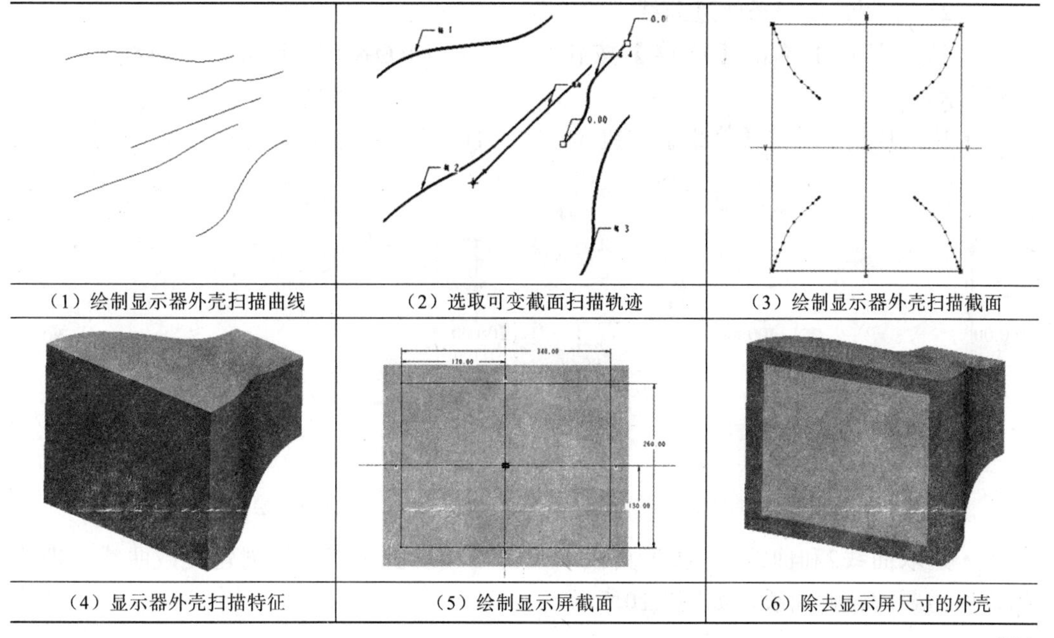

（1）绘制显示器外壳扫描曲线	（2）选取可变截面扫描轨迹	（3）绘制显示器外壳扫描截面
（4）显示器外壳扫描特征	（5）绘制显示屏截面	（6）除去显示屏尺寸的外壳

续表7.1

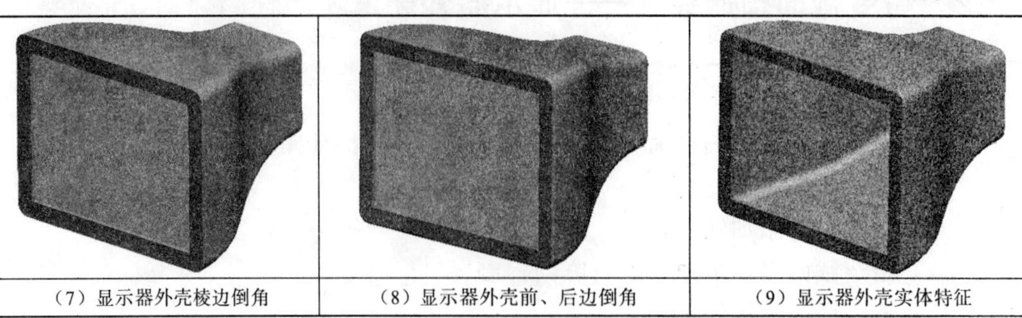

（7）显示器外壳棱边倒角	（8）显示器外壳前、后边倒角	（9）显示器外壳实体特征

❸ 创建显示器外壳零件操作步骤

1）绘制显示器外壳扫描曲线

（1）绘制原点轨迹曲线。从工具栏中单击【草绘】按钮，打开“草绘”对话框。在【平面】框中选择“FRONT”平面作为草绘平面，在【参照】框中选择“RIGHT” 平面作为参照平面，在【方向】框中选择【右】，如图7.6所示。单击草绘按钮进入草绘模式。绘制长为“400”的原点轨迹曲线1，如图7.7所示。

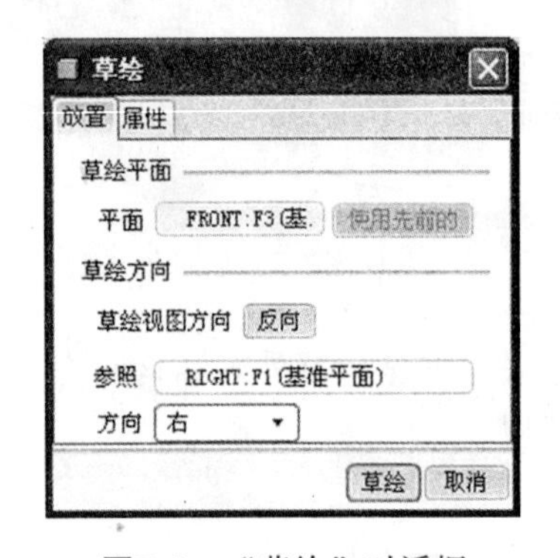

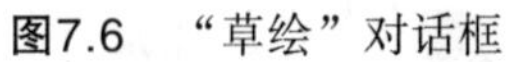

图7.6 “草绘”对话框

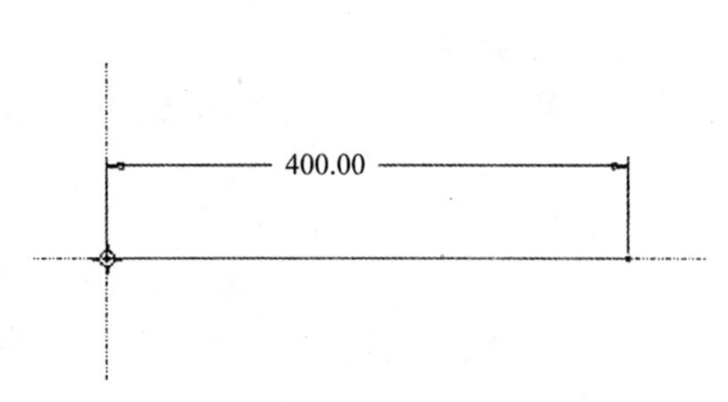

图7.7 原点轨迹曲线1

（2）绘制其他四条轨迹曲线。

• 从工具栏中单击【草绘】按钮，在“FRONT”平面绘制曲线2，如图7.8所示。

• 从工具栏中单击【草绘】按钮，在“TOP”平面绘制曲线3，如图7.9所示。

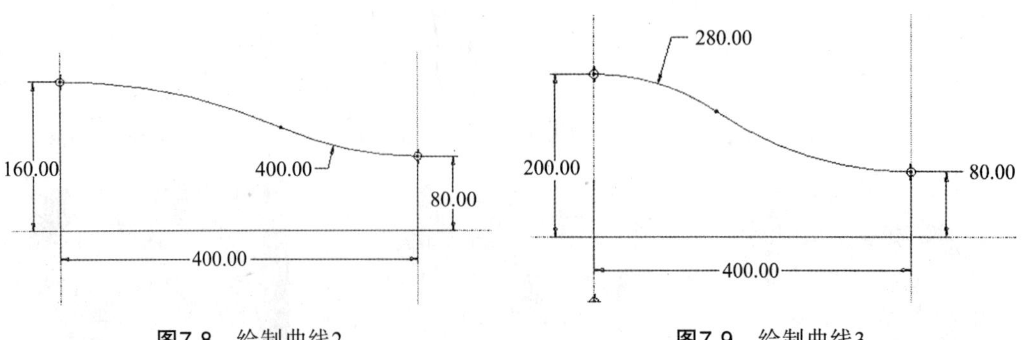

图7.8 绘制曲线2　　　图7.9 绘制曲线3

• 选取曲线2和曲线3，从工具栏中单击【相交】按钮，创建交截曲线，即为扫描所需要的轨迹曲线，如图7.10所示。

• 选取刚创建好的轨迹曲线，从工具栏中单击【镜像】按钮，选择“TOP”平面为镜像平面，创建另一条扫描轨迹曲线。选择创建好的两条轨迹曲线，选择“FRONT”平面为镜像平面，创建另两条扫描轨迹曲线，如图7.11所示。

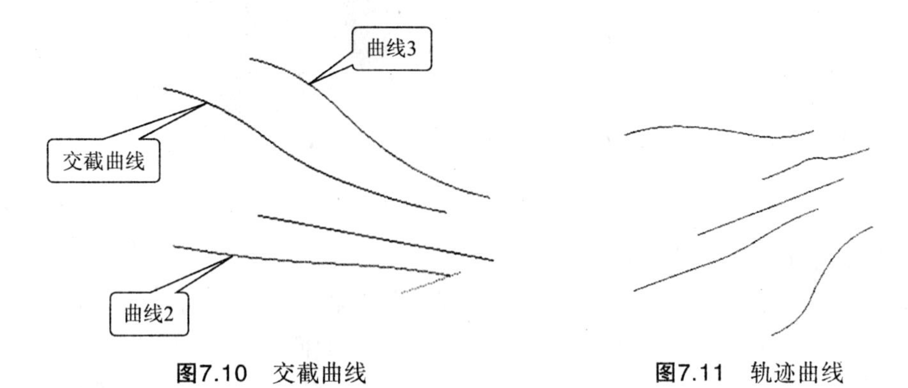

图7.10 交截曲线　　图7.11 轨迹曲线

2）创建显示器外壳可变截面扫描特征

（1）选取命令。在菜单栏选择【插入】→【可变截面扫描】，或单击工具栏上【可变截面扫描】按钮。打开可变截面扫描特征操控板，如图7.12所示。

图7.12 可变截面扫描特征操控板

（2）选取可变截面扫描轨迹线和截面控制参数。在上滑面板中打开参照面板，选取原点轨迹线，然后依次选取其余四条轨迹线，如图7.13所示，在截面控制参数中选择“垂直于轨迹”，如图7.14所示。

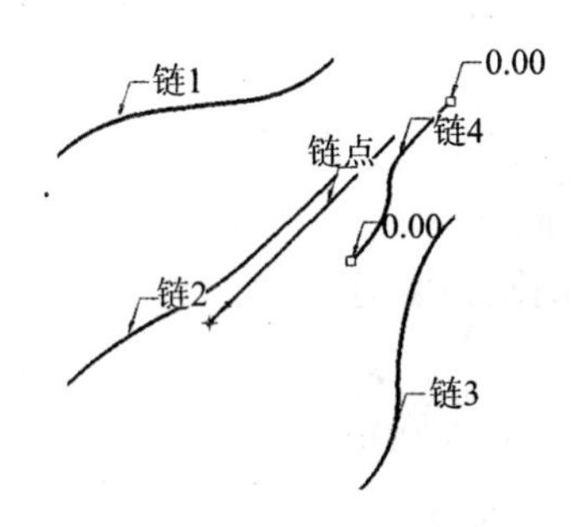

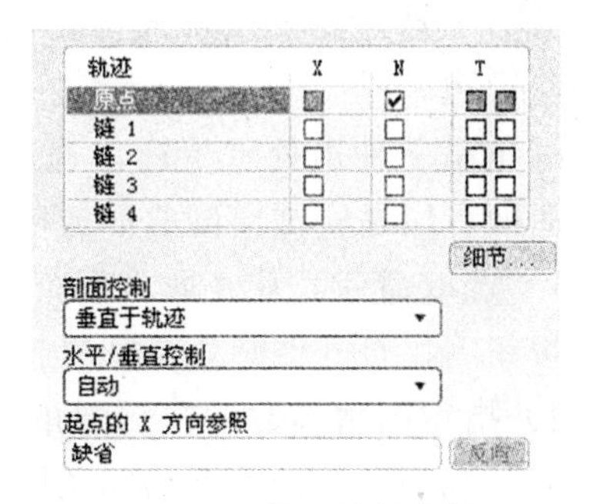

图7.13 选取“可变截面扫描”轨迹　　图7.14 截面控制参数

（3）绘制显示器外壳可变截面扫描截面。在对话栏中单击【创建或编辑扫描剖面】按钮，进入草绘模式，使用四条轨迹线的端点绘制一个长方形扫描截面，如图7.15所示。

（4）完成显示器外壳可变截面扫描模型的创建工作。单击草绘器工具栏的按钮退出草绘模式，再单击操控板的按钮，完成显示器外壳可变截面扫描模型的创建工作，实体形状如图7.16所示。

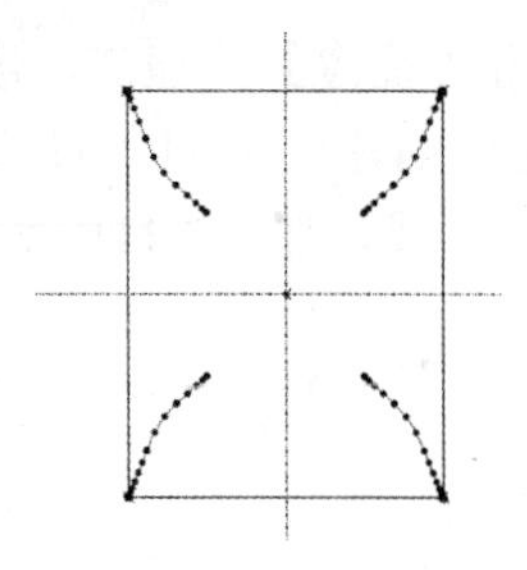

图7.15　扫描截面

图7.16　可变截面扫描特征

3）设计显示屏尺寸

使用“拉伸”方法设计显示屏尺寸。

单击【拉伸】按钮，打开拉伸特征操控板，再单击【移除材料】按钮。选择如图7.16所示模型大的表面作为草绘平面，绘制2D截面，如图7.17所示。在拉伸特征操控板中选择【盲孔】，然后输入拉伸深度“8”，单击操控板的按钮，完成拉伸特征的创建工作。实体形状如图7.18所示。

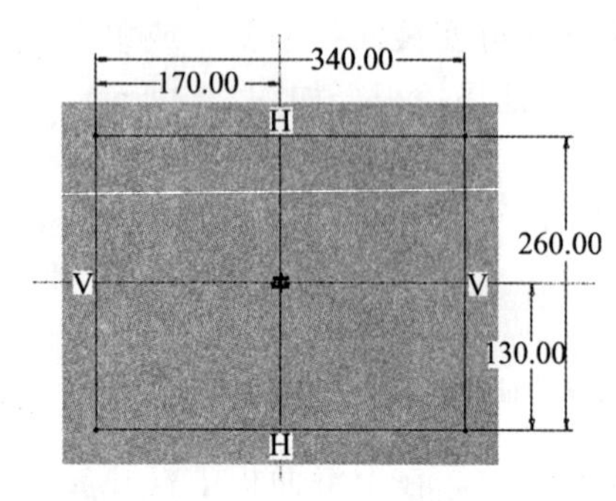

图7.17　拉伸截面

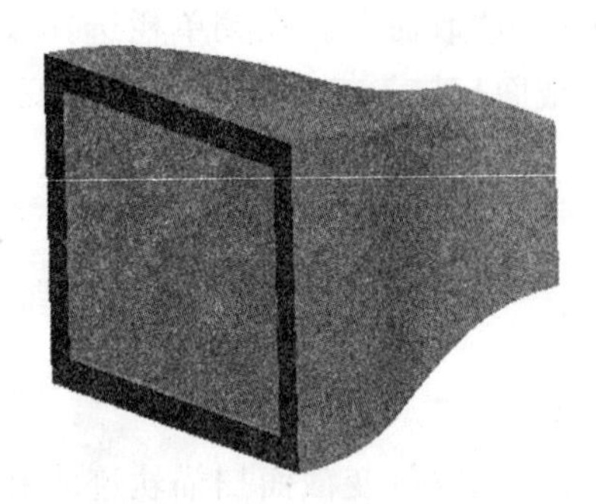

图7.18　带有显示屏尺寸的模型

4）完善显示器外观结构

根据显示器外壳要符合人性化设计的需要，要对显示器外壳棱边进行倒圆角处理，消除锐边。

倒圆角是一种边处理特征，通过向一条或多条边、边链或在曲面之间添加半径形成。曲面可以是实体模型曲面或零厚度面组和曲面。

（1）选取命令。从“插入”菜单中选择【倒圆角】选项，或单击工具栏上【倒圆角】按钮，打开倒圆角特征操控板。

（2）指定圆角参数。在倒圆角特征操控板中输入圆角半径值“20”，如图7.19所示，然后选中显示器外壳的四条棱边，如图7.20所示。

（3）完成创建工作。单击操控板的按钮，完成4条棱边的圆角创建工作，如图7.21所示。

重复上述操作，将显示器外壳前、后边链倒半径为“5”的圆角，如图7.22所示。

图7.19　倒圆角特征操控板

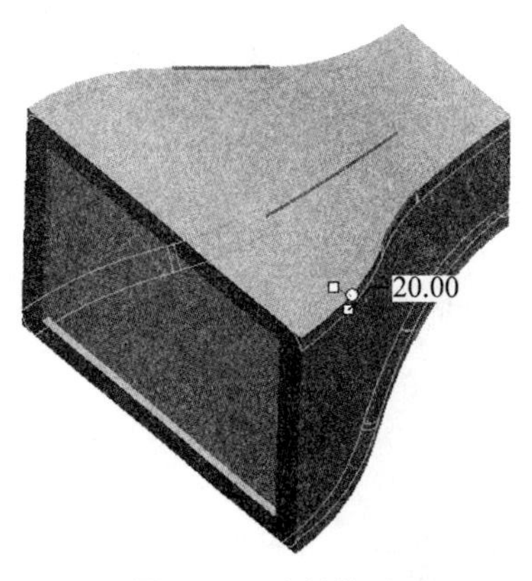

图7.20 选择棱边

图7.21 创建出的棱边圆角

图7.22 创建出的边链圆角

5）使用抽壳方法得到完整显示器外壳零件

抽壳特征就是将实体特征的一个或多个表面除去，然后掏空实体内部材料，得到指定厚度的薄壁。

（1）选择命令。从菜单栏选择【插入】→【壳】，或从工具栏中单击【壳】按钮，打开抽壳特征操控板，如图7.23所示。

图7.23 抽壳特征操控板

（2）选择要移除的曲面。选取显示屏曲面作为要移除的曲面。

（3）输入抽壳“值”。在对话栏的组合框中输入“3”，修改壳厚度。系统将更新预览几何，如图7.24所示。

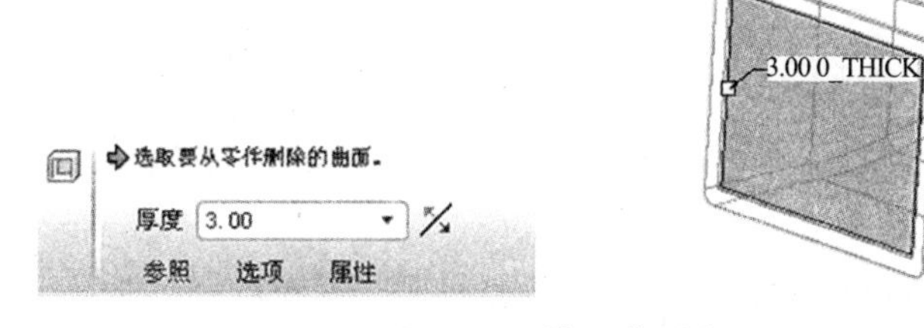

图7.24 输入壳厚度

（4）完成抽壳特征的创建工作。单击操控板的☑按钮，完成抽壳特征的创建工作，得到完整的显示器外壳零件，实体形状如图7.25所示。结果文件请参看模型文件中“第7章\范例结果文件\kbsm-2.prt”。

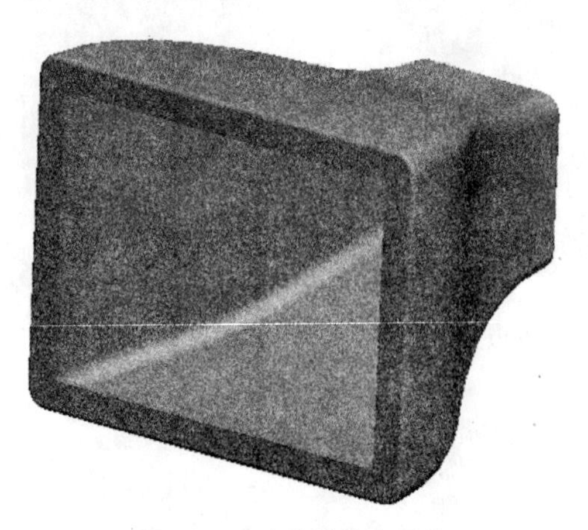

图7.25　显示器外壳零件

7.2　扫描混合特征

7.2.1　扫描混合特征概述

❶ 扫描混合特征

扫描混合特征是将多个截面沿着一条轨迹线扫描来创建实体或曲面特征。扫描混合特征同时具有“扫描”和“混合特征”的效果。扫描混合特征如图7.26所示。结果文件请参看模型文件中“第7章\范例结果文件\ smhunhe-1.prt”。

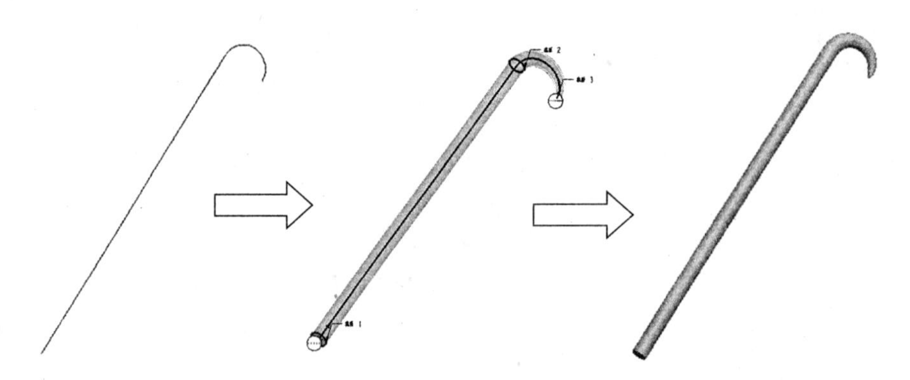

图7.26　扫描混合特征

❷ 扫描混合特征操控板

在菜单栏选择【插入】→【扫描混合】，或单击工具栏上【扫描混合】按钮，打开扫描混合特征操控板，如图7.27所示。

扫描混合特征操控板分为两部分，上层为对话栏，下层为上滑面板。

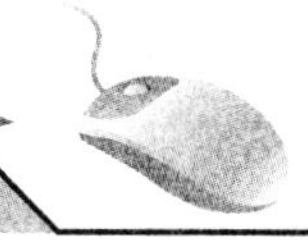

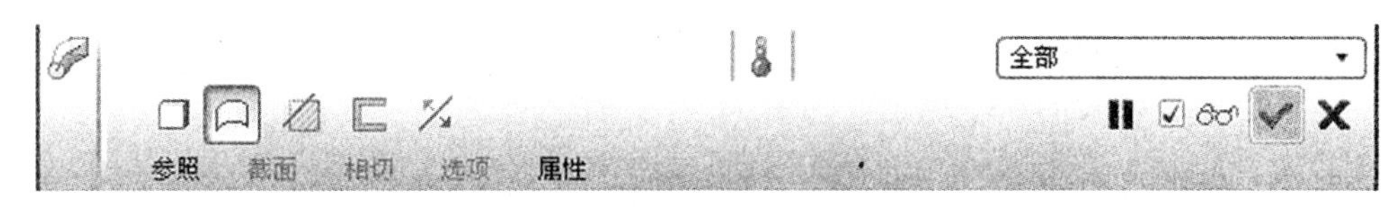

图7.27　扫描混合特征操控板

上层对话栏功能如下。

• ：创建实体特征。

• ：创建曲面特征。

• ：从实体或面组移除材料。

• ：为曲面或曲面修剪创建薄板特征。此选项不适用于从选定截面创建的扫描混合。

• ：反向材料切割侧方向或反向薄板特征厚度方向。

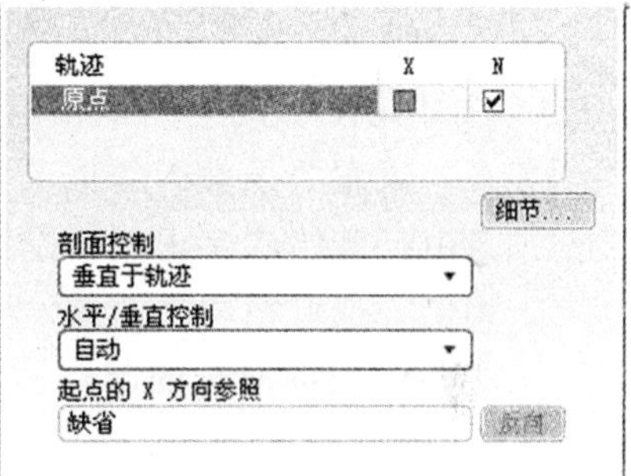

图7.28　参照面板

下层上滑面板的功能如下。

（1）参照 ：为扫描混合选择参照和集选项。参照面板如图7.28所示。

• 轨迹：收集最多两条链作为扫描混合的轨迹。截面垂直于在N栏中选中的轨迹。

• 细节：单击可打开“链”集合对话框。

• 剖面控制 ：控制剖面的选项列表。

垂直于轨迹：草绘平面垂直于指定的轨迹 (在第N列中被选中)。此为缺省设置。

垂直于投影： Z轴与指定方向上的“原点轨迹”投影相切。“方向参照”收集器激活，提示选择方向参照。不需要水平/垂直控制。

恒定法向：Z轴平行于指定方向向量。“方向参照”收集器激活，提示选择方向参照。

• 水平/垂直控制：设置水平或垂直控制。

垂直于曲面：Y轴指向选定曲面的方向，垂直于与“原点轨迹”相关的所有曲面。当原点轨迹至少具有一个相关曲面时，此项为缺省设置。单击“下一个”可切换可能的曲面。

X轨迹：有两个轨迹时显示。X轨迹为第二轨迹而且必须比“原点轨迹”要长。

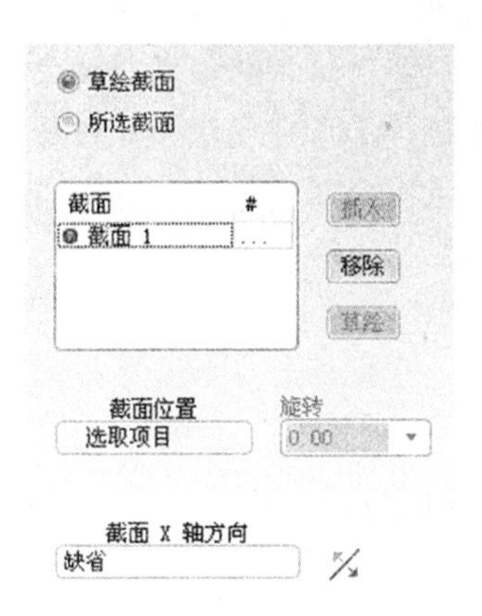

图7.29　截面面板

自动：X轴位置沿原点轨迹确定。当没有与原点轨迹相关的曲面时，这是缺省设置。

• 起点的X方向参照：通过单击激活收集器来指定轨迹起始处的X轴方向。选取方向参照。方向参照可以是基准平面、基准轴、坐标系轴或任何线性图元。当收集器为空时，系统会自动确定扫描混合起始处的“缺省”X轴方向。

反向：单击可反向参照方向。

（2）截面：此面板可启用扫描混合剖面的定义。为扫描混合所草绘的或选取的截面会列在截面表中。截面面板如图7.29所示。

• 草绘截面：在轨迹上选取一点，并单击“草绘”可定义扫描混合的剖面。

切入：单击可激活新收集器。新截面为活动截面。

移除 ：单击可删除表格中的选定截面和扫描混合。

草绘：打开“草绘器”，为剖面定义草绘。

选取位置：激活可收集链端点、顶点或基准点以定位截面。

旋转 ：对于定义截面的每个顶点或基准点，指定截面关于Z轴的旋转角度 (在 -120° 和 +120° 之间)。

截面X轴方向：为活动截面设置X轴方向。只有在为X/Y轴控制选中“自动”(Automatic) 时，此选项才可用。当选中“参照”面板中的“水平/垂直”控制时，“截面”面板中的截面X轴方向与起始处X方向参照同步。

• 所选截面：将先前定义的截面选取为扫描混合剖面。

（3）相切：此面板允许在由开始或终止截面图元和元件曲面生成的几何间定义相切关系。设置“条件”的选项如下。

• 自由：开始或终止截面是自由端。

• 相切：选取相切曲面。“图元” 收集器会自动前进到下一个图元。

• 法向：扫描混合的起点或终点垂直于剖面。“图元”收集器不可用并且无需参照。

注解　如果草绘终止截面包含单个点，则可用的选项包括“清晰”——不相切 (缺省设置)和“平滑”——相切。图元表不可用。

（4）选项：此面板可启用特定设置选项，用于控制扫描混合的截面之间部分的形状。(可将“封闭端点”应用到所有选项。)

• 封闭端点：用曲面的封闭端点。

• 无混合控制 ：未设置混合控制。

• 设置周长控制 ：将混合的周长设置为在截面之间线性地变化。打开“通过折弯中心创建曲线”可将曲线放置在扫描混合的中心。

• 设置剖面区域控制 ：在扫描混合的指定位置指定剖面区域。

区域位置：显示剖面位置和区域的表格。预定义剖面显示在不可编辑的行中。在表格中单击可将其激活。在轨迹上选取点并输入剖面面积。

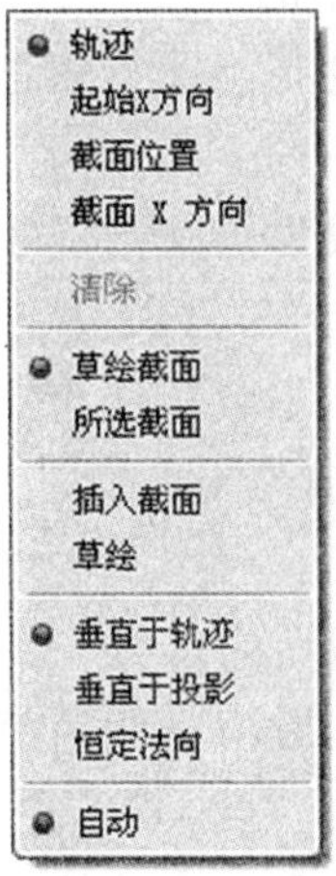

注解　在收集器中用黄点表示区域控制冲突。右键单击并选取“错误内容”可打开“故障排除器”对话框。该对话框的消息区域会通知您要执行的操作。当由于在工具的外部执行了几何修改而导致区域控制点不在范围内时，在操控板的消息区域中会显示警告消息。单击“信息”→“几何检查”。“故障排除器”对话框打开。

（5）属性 ：重命名扫描混合特征或单击可在浏览器窗口中打开特征信息。

• 名称：扫描混合的名称。

• 🛈：单击可在浏览器窗口中打开特征信息。

❸ 扫描混合快捷菜单

轨迹
起始X方向
截面位置
截面 X 方向
清除
草绘截面
所选截面
插入截面
草绘
垂直于轨迹
垂直于投影
恒定法向
自动

图7.30　快捷菜单

在图形窗口中单击右键，打开快捷菜单，如图7.30所示。其中包含以下命令。

- 轨迹：要激活快捷菜单必须选取轨迹。
- 起始X方向：选取平面或直图元来为所定义的截面初始化X轴方向。
- 截面位置：选取位置点或顶点。
- 截面X方向：选取垂直于X方向的曲面或基准平面。
- 清除：从活动收集器中清除内容。
- 草绘截面：草绘剖面。
- 所选截面：选取剖面。
- 插入截面：在列表中的活动截面之后插入一个新截面。
- 草绘：打开“草绘器”定义活动截面。
- 垂直于轨迹：剖面控制。
- 垂直于投影：剖面控制。“方向”是必需的。
- 恒定法向：剖面控制。
- 自动：设置“水平/垂直”控制。

7.2.2 扫描混合实例——烟斗 

1 扫描混合特征操作的要点

（1）选取扫描混合命令，打开扫描混合特征操控板。

（2）选取原点轨迹。

（3）指定截面以及水平和垂直方向控制。

（4）定义扫描混合截面。

（5）预览几何并完成特征。

2 烟斗零件的设计分析

1）零件形状和参数

烟斗零件外观形状如图7.31所示，长×宽×高为96mm×22mm×36.5mm。

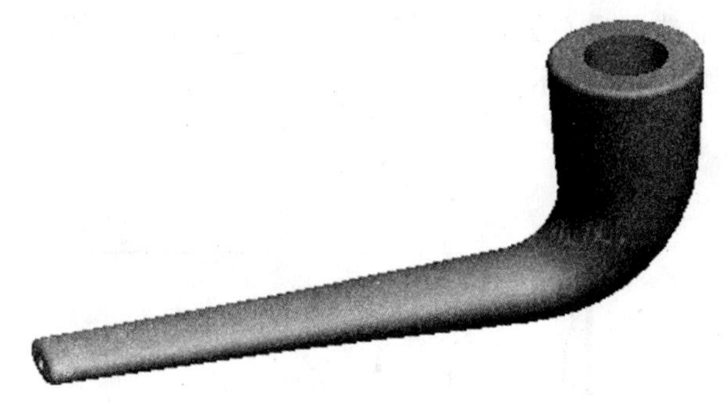

图7.31 烟 斗

2）零件设计方法与流程

（1）绘制烟斗扫描混合曲线。

（2）创建烟斗零件模型：使用“扫描混合”方法创建烟斗零件模型。

（3）设计烟斗头部放烟入口结构：使用“旋转”方法设计烟斗头部放烟入口结构。

（4）设计烟斗中空管结构：使用“扫描”方法设计烟斗中空管结构。

（5）完善烟斗外观结构：使用“倒圆角”方法完善烟斗外观结构。

烟斗零件创建的主要流程如表7.2所示。

表7.2 烟斗零件创建的主要流程

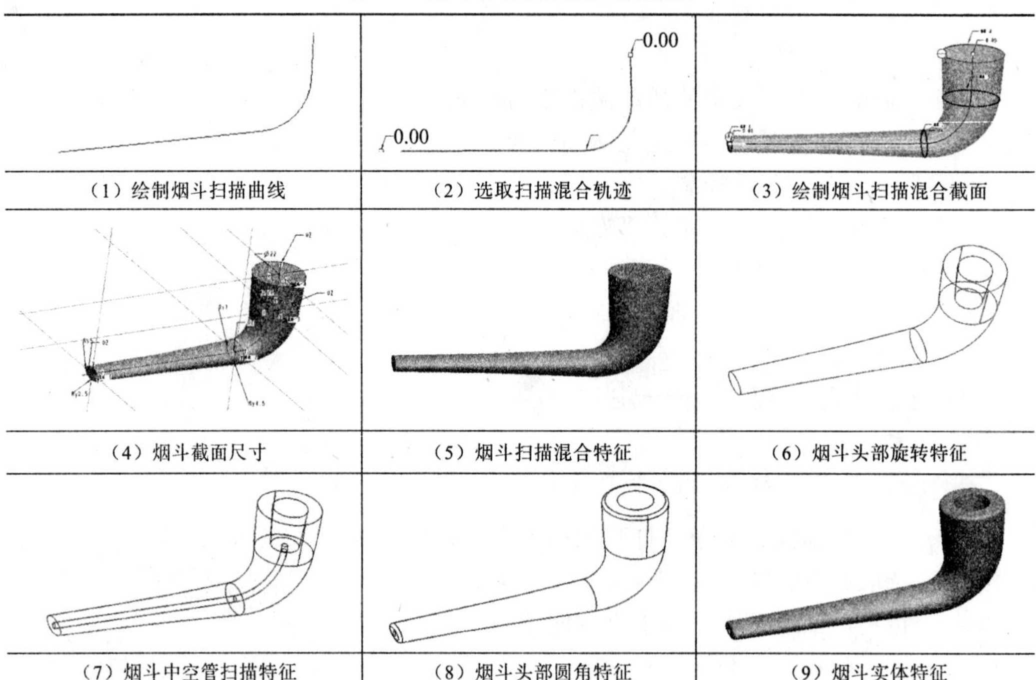

（1）绘制烟斗扫描曲线	（2）选取扫描混合轨迹	（3）绘制烟斗扫描混合截面
（4）烟斗截面尺寸	（5）烟斗扫描混合特征	（6）烟斗头部旋转特征
（7）烟斗中空管扫描特征	（8）烟斗头部圆角特征	（9）烟斗实体特征

❸ 创建烟斗零件操作步骤

1）绘制烟斗扫描混合曲线

从工具栏中单击【草绘】按钮，打开“草绘”对话框。在【平面】框中选择“FRONT”平面作为草绘平面，在【参照】框中选择“RIGHT” 平面作为参照平面，在【方向】框中选择【右】，如图7.32所示。单击草绘按钮进入草绘模式，绘制扫描混合曲线，如图7.33所示。

图7.32 “草绘”对话框

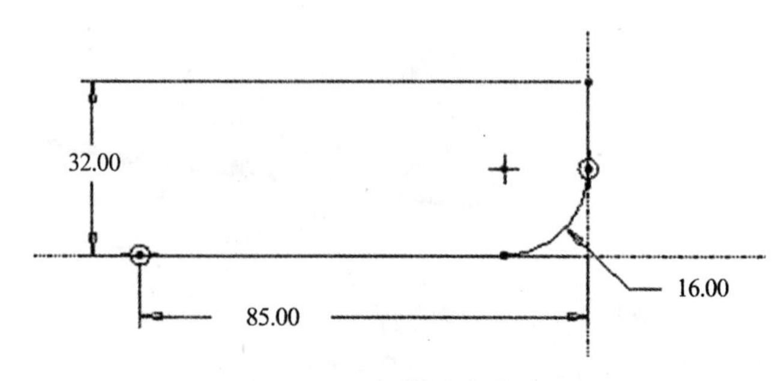

图7.33 扫描混合曲线

2）创建烟斗扫描混合特征

（1）选取命令。在菜单栏选择【插入】→【扫描混合】，打开扫描混合特征操控板，如图7.34所示。

图7.34　扫描混合特征操控板

（2）选取扫描混合轨迹线和截面控制参数。在上滑面板中打开参照面板，选取原点轨迹线，如图7.35所示，在截面控制参数中选择“垂直于轨迹”，如图7.36所示。

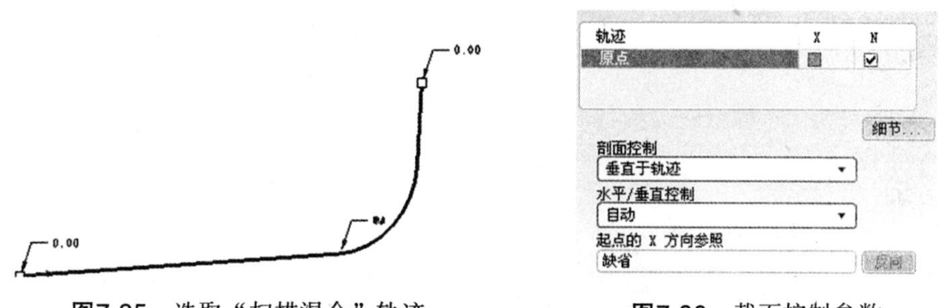

图7.35　选取“扫描混合”轨迹　　图7.36　截面控制参数

（3）绘制烟斗扫描混合截面。在上滑面板中打开截面面板，选择草绘截面，如图7.37所示，在截面位置选项中选取扫描起始点，单击“草绘”进入草绘模式，绘制扫描混合截面1，如图7.38所示。

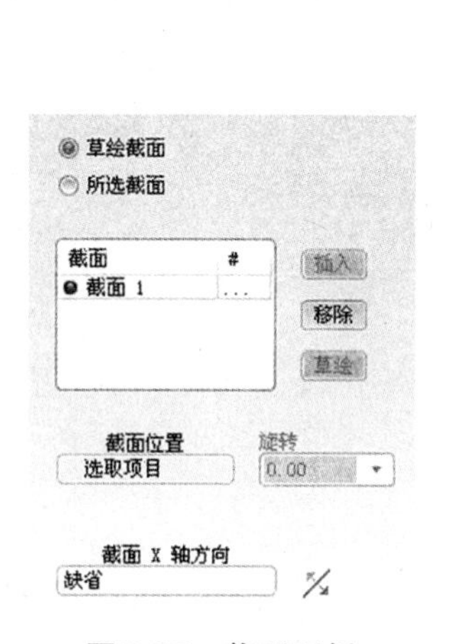

图7.37　截面面板

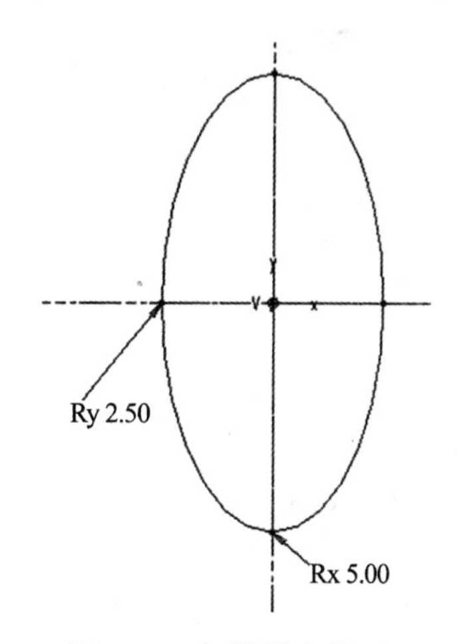

图7.38　扫描混合截面1

重复上述操作，依次绘制扫描混合截面2、扫描混合截面3、扫描混合截面4，如图7.39所示。完成扫描混合截面绘制，其效果如图7.40所示。

（4）完成烟斗扫描混合模型的创建工作。完成扫描混合截面绘制后，单击操控板的☑按钮，完成烟斗扫描混合模型的创建工作，实体形状如图7.41所示。

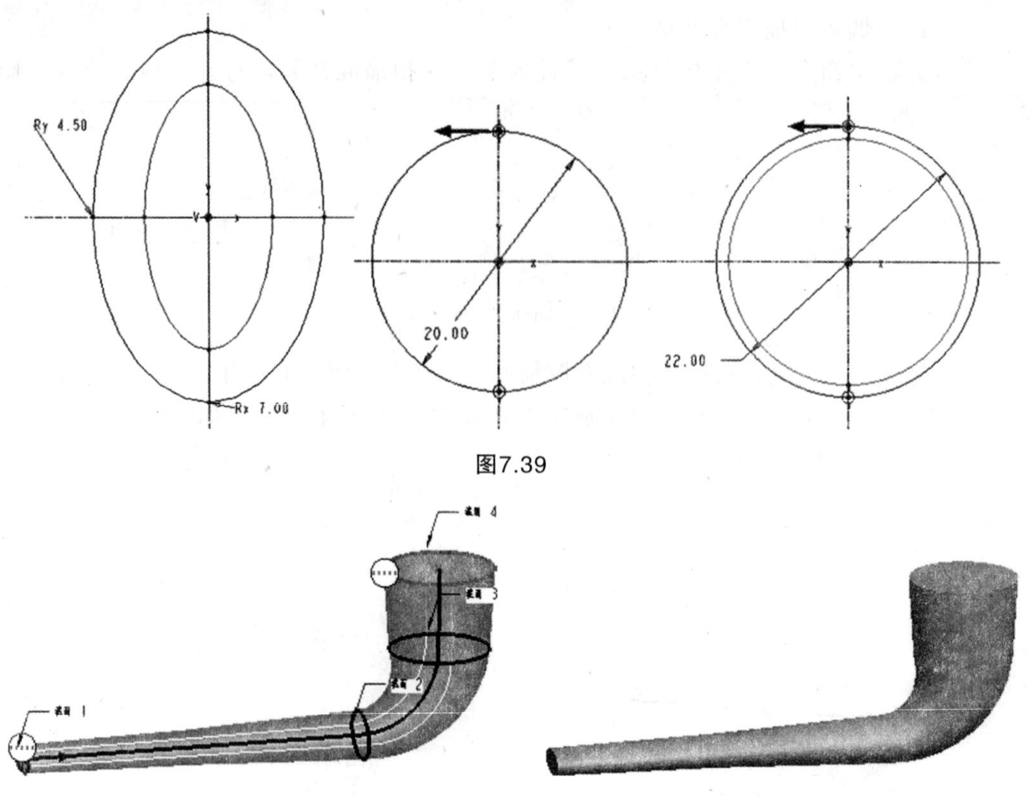

图7.39

图7.40 扫描混合截面

图7.41 扫描混合特征

3）设计烟斗头部放烟入口结构

使用“旋转”方法设计烟斗头部放烟入口结构。

单击【旋转】按钮，打开旋转特征操控板，再单击【移除材料】按钮。选择“FRONT”平面作为草绘平面，绘制2D截面，如图7.42所示。在旋转特征操控板中选择【变量】，然后输入旋转角度“360”，在图形窗口中可以预览旋转出的实体特征，如图7.43所示。

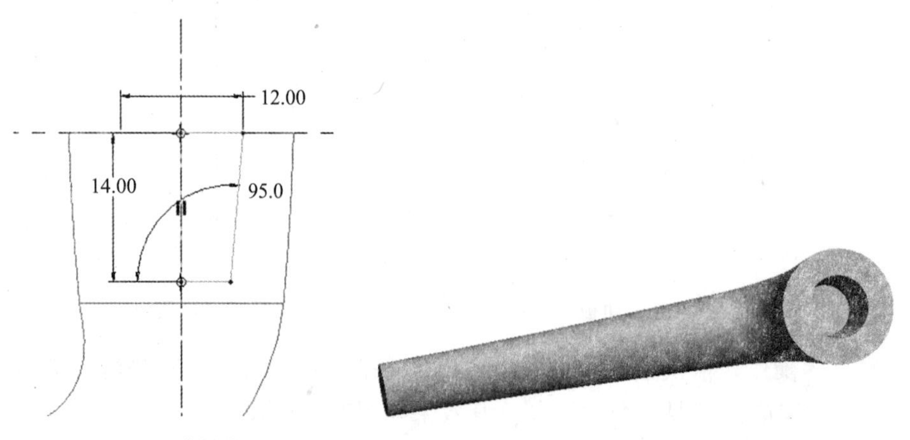

图7.42 旋转截面

图7.43 带有放烟入口结构的模型

4）设计烟斗中空管结构

使用“扫描”方法设计烟斗中空管结构。

在菜单栏选择【插入】→【扫描】→【切口】，打开“扫描”操作对话框和“扫描轨迹”菜单管理器，开始定义扫描轨迹，如图7.44和图7.45所示。

选择【选取轨迹】，打开“菜单管理器”，如图7.46所示。选取“烟斗扫描混合曲线”作为扫描轨迹，绘制扫描截面，如图7.47所示。

单击草绘器工具栏的☑按钮退出草绘模式。再单击扫描操作对话框的“确定”按钮，完成扫描特征的创建工作，实体形状如图7.48所示。

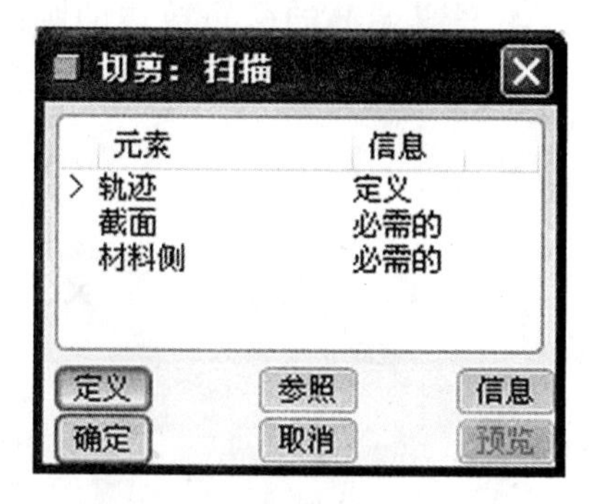

图7.44 “扫描”操作对话框

图7.45 “扫描轨迹”菜单管理器

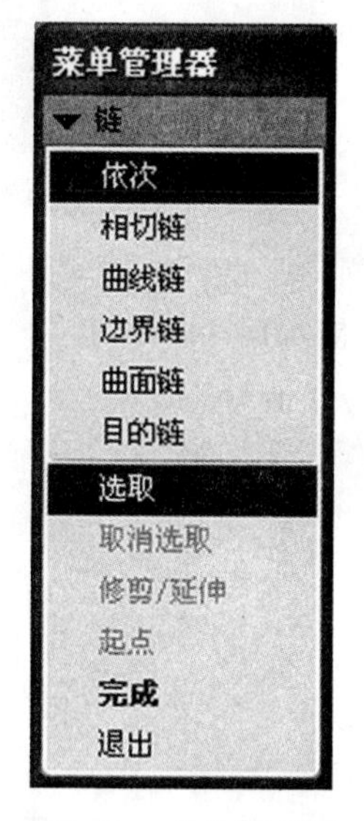

图7.46 菜单管理器

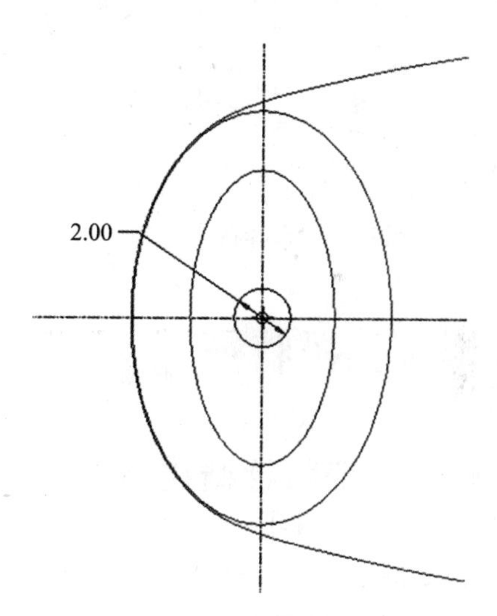

图7.47 扫描截面

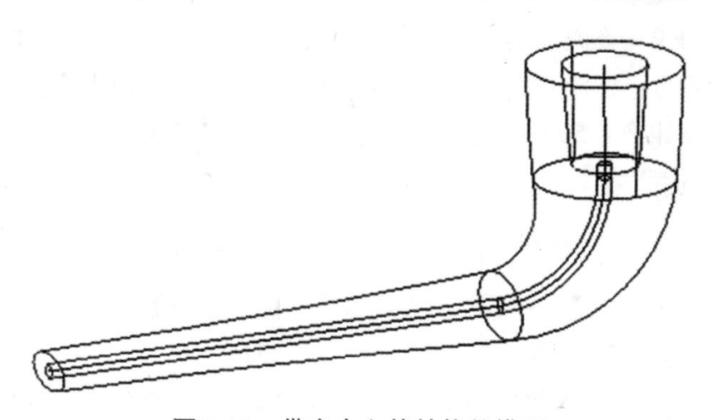

图7.48 带有中空管结构的模型

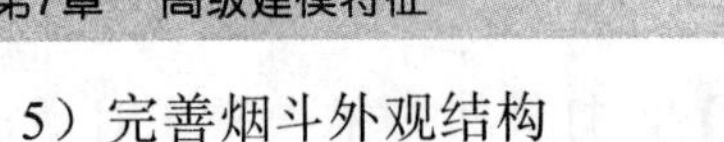

5）完善烟斗外观结构

根据烟斗外观设计的需要，要对烟斗棱边进行倒圆角处理，消除锐边。

（1）选取命令。从“插入”菜单中选择【倒圆角】选项，或单击工具栏上【倒圆角】按钮，打开倒圆角特征操控板。

（2）指定圆角参数。在倒圆角特征操控板中输入圆角半径值“1”，如图7.49所示。然后选中烟斗端部的两条棱边，如图7.50所示。

（3）完成创建工作。单击操控板的按钮，完成端部的两条棱边的圆角创建工作，得到完整的烟斗零件，实体形状如图7.51所示。结果文件请参看模型文件中“第7章\范例结果文件\smhunhe-2.prt”。

图7.49　倒圆角特征操控板

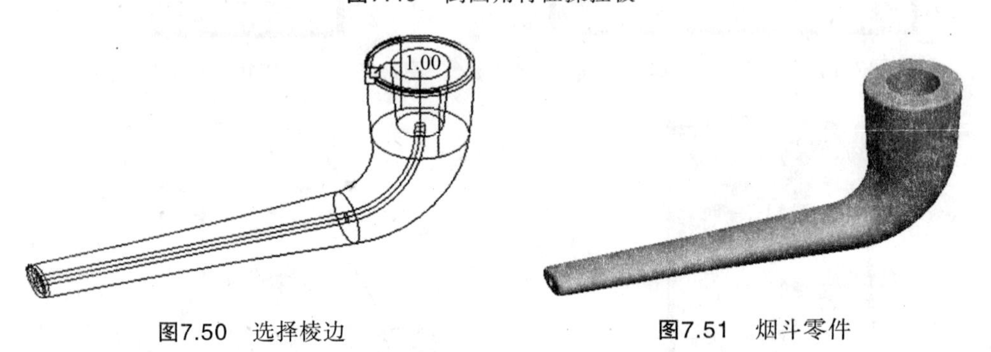

图7.50　选择棱边

图7.51　烟斗零件

7.3　螺旋扫描特征

7.3.1　螺旋扫描特征概述

❶ 螺旋扫描特征

螺旋扫描特征是将一个截面图形沿着一条螺旋轨迹作扫描，从而生成螺旋特征。Pro/ENGINEER中的螺旋轨迹是通过一条扫描外形线、一条旋转中心线以及螺旋线的螺距来定义的，而外形线和轨迹线并不在最后的特征中显示。

螺旋扫描特征如图7.52所示。结果文件请参看模型文件中“第7章\范例结果文件\ luoxuansm-1.prt”。

❷ 螺旋扫描特征操作对话框

在菜单栏选择【插入】→【螺旋扫描】→【伸出项】，打开“螺旋扫描”操作对话框和“属性”菜单管理器，如图7.53和图7.54所示。

“螺旋扫描”对于实体和曲面均可用。在“属性”菜单中，对以下成对出现的选项（只选其一）进行选择，来定义螺旋扫描特征。

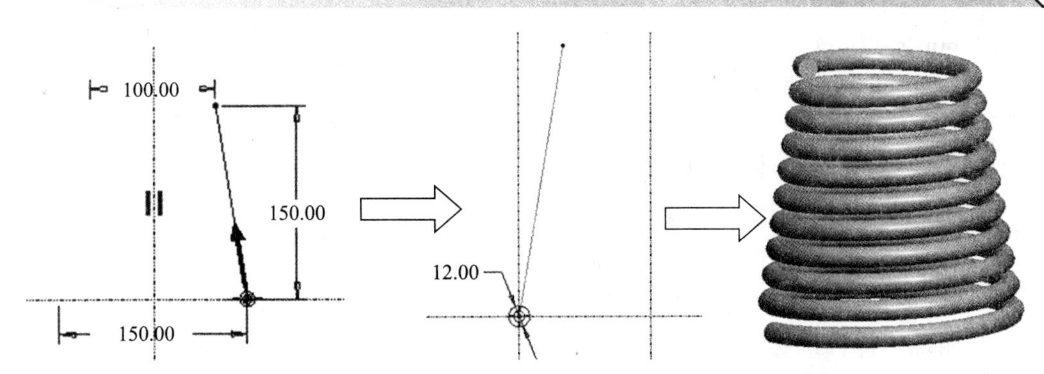

图7.52 螺旋扫描特征

图7.53 “螺旋扫描”操作对话框

图7.54 “属性”菜单管理器

- 常数：螺距为常数。
- 可变的：螺距可变，而且由图形定义。
- 穿过轴：横截面位于穿过旋转轴的平面内。
- 垂直于轨迹：确定横截面方向，使之垂直于轨迹（或旋转面）。
- 右手定则：使用右手规则定义轨迹。
- 左手定则：使用左手规则定义轨迹。

7.3.2 螺旋扫描实例——六角螺栓 

❶ 螺旋扫描特征操作的要点

（1）选取螺旋扫描命令，打开“螺旋扫描”操作对话框。

（2）设置螺旋扫描特征属性。

（3）选择草绘平面，绘制一条中心线和螺旋扫描轨迹外形线。

（4）退出草绘模式后，输入节距。

（5）绘制螺旋扫描截面。

（6）预览几何并完成特征。

❷ 六角螺栓零件设计分析

1）零件形状和参数

六角螺栓零件外观形状如图7.55所示，长×宽×

图7.55 六角螺栓

高为23mm×23mm×27mm。

2）零件设计方法与流程

（1）使用“拉伸”方法创建六角螺栓螺柱。

（2）创建六角螺栓螺柱倒角特征。

（3）创建螺旋扫描切口特征。

（4）创建六角螺栓端部拉伸特征。

（5）创建六角螺栓端部旋转特征。

六角螺栓零件创建的主要流程如表7.3所示。

表7.3 六角螺栓零件创建的主要流程

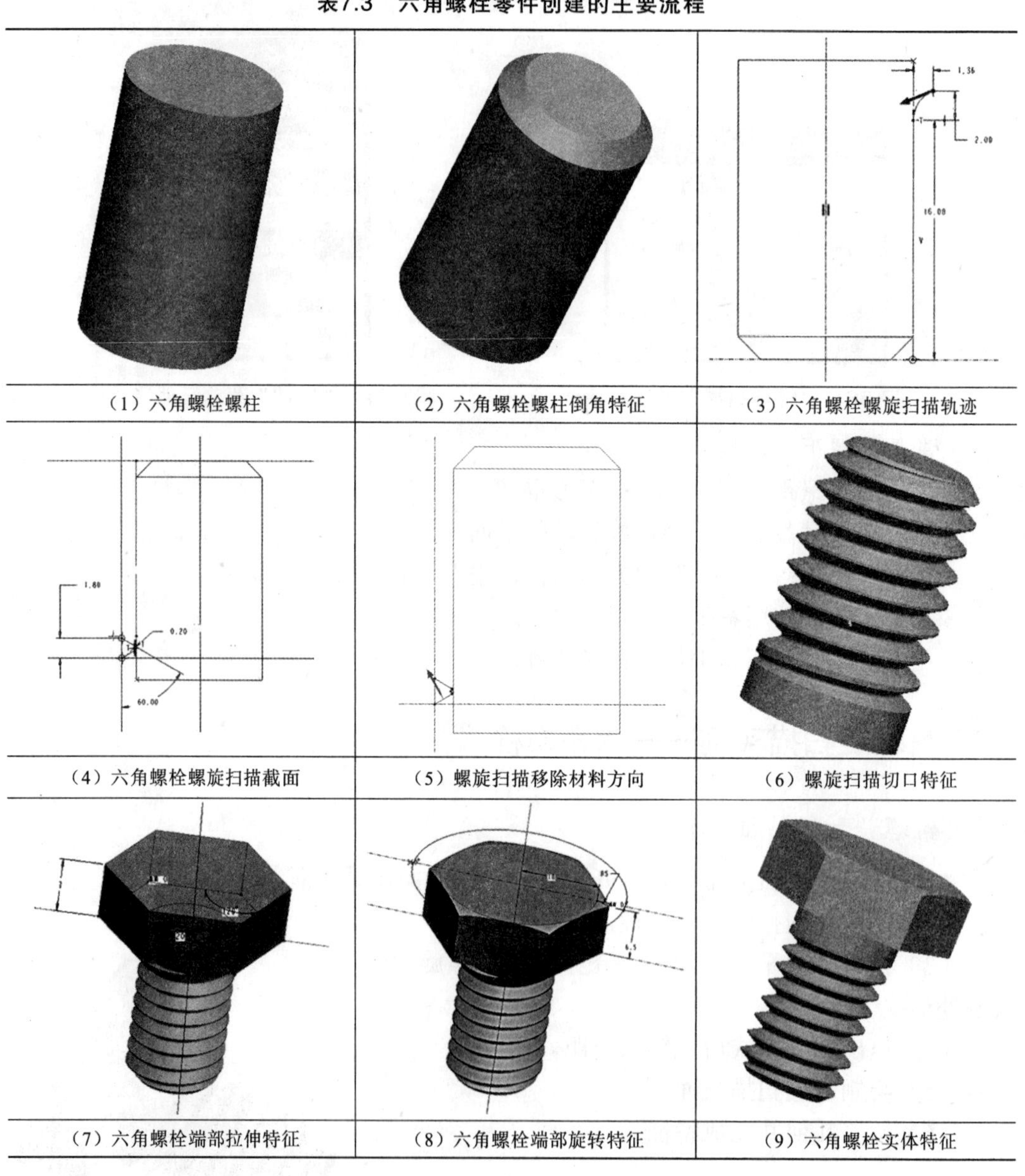

（1）六角螺栓螺柱	（2）六角螺栓螺柱倒角特征	（3）六角螺栓螺旋扫描轨迹
（4）六角螺栓螺旋扫描截面	（5）螺旋扫描移除材料方向	（6）螺旋扫描切口特征
（7）六角螺栓端部拉伸特征	（8）六角螺栓端部旋转特征	（9）六角螺栓实体特征

❸ 创建六角螺栓零件操作步骤

1）创建六角螺栓螺柱

使用“拉伸”方法创建六角螺栓螺柱。

单击【拉伸】按钮，打开拉伸特征操控板，再单击【拉伸为实体】按钮。选择“TOP”平面作为草绘平面，绘制2D截面，如图7.56所示。在拉伸特征操控板中选择【盲孔】，然后输入拉伸深度“20”，单击操控板的按钮，完成六角螺栓螺柱拉伸特征的创建工作，实体形状如图7.57所示。

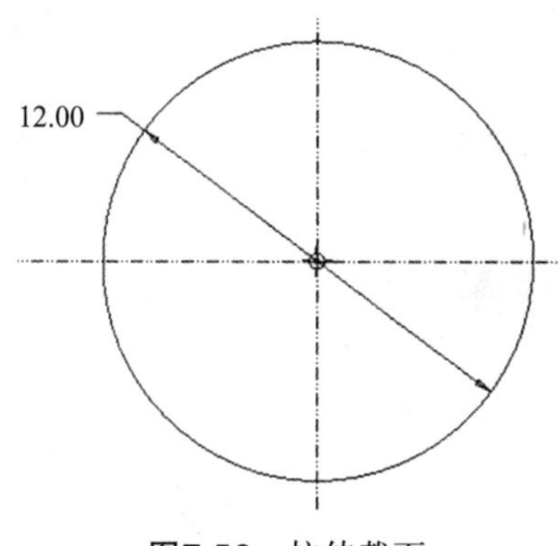

图7.56 拉伸截面

图7.57 六角螺栓螺柱

2）创建六角螺栓螺柱倒角特征

单击工具栏上【边倒角】按钮。打开边倒角特征操控板。选取六角螺栓螺柱的一端部棱边作为倒角参照，选取倒角的放置方式为D×D，在倒角尺寸文本框中输入D的数值为1.5，如图7.58所示。单击操控板的按钮，完成边倒角特征的创建工作，实体形状如图7.59所示。

3）创建螺旋扫描切口特征

（1）选取命令。在菜单栏选择【插入】→【螺旋扫描】→【切口】，打开“螺旋扫描”操作对话框和“属性”菜单管理器，定义螺旋特征的属性分别为常数、穿过轴、右手定则，如图7.60和图7.61所示。

图7.58 输入尺寸文本

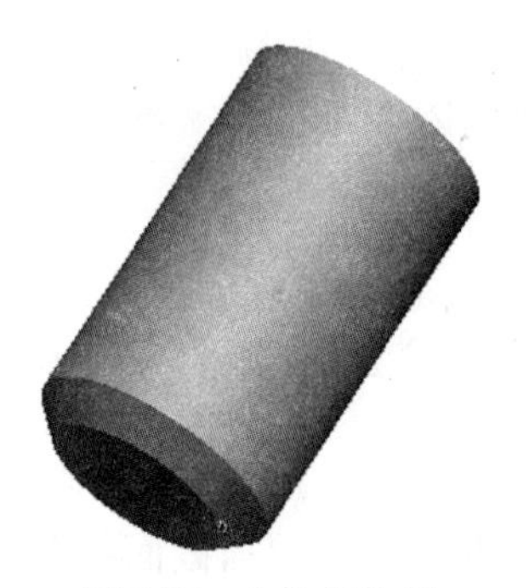

图7.59 六角螺栓螺柱边倒角特征

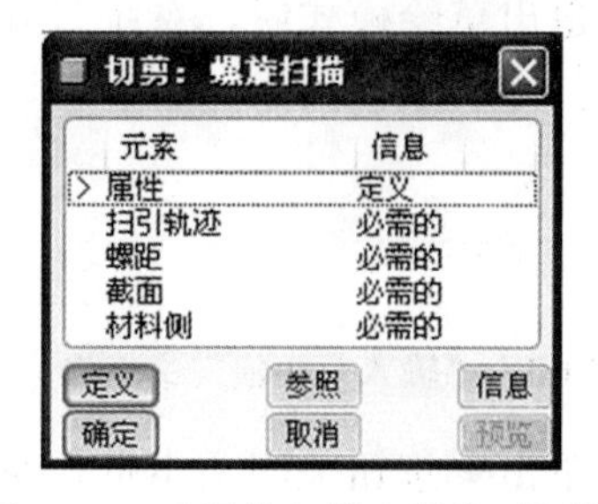

图7.60 “螺旋扫描”操作对话框

图7.61 “属性”菜单管理器

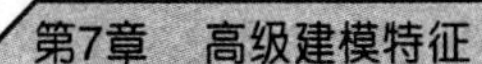

（2）定义草绘平面和方向。单击【完成】，打开“设置草绘平面”对话框，如图7.62所示。在【平面】框中选择“FRONT”平面作为草绘平面，打开“设定方向”对话框，如图7.63所示。在【方向】选项中选择“确定”， 打开“草绘视图”对话框，如图7.64所示。在【草绘视图】选项中选择【缺省】，进入草绘模式。

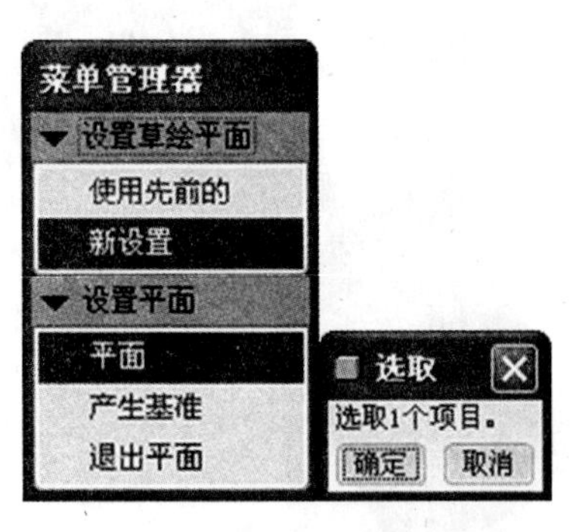

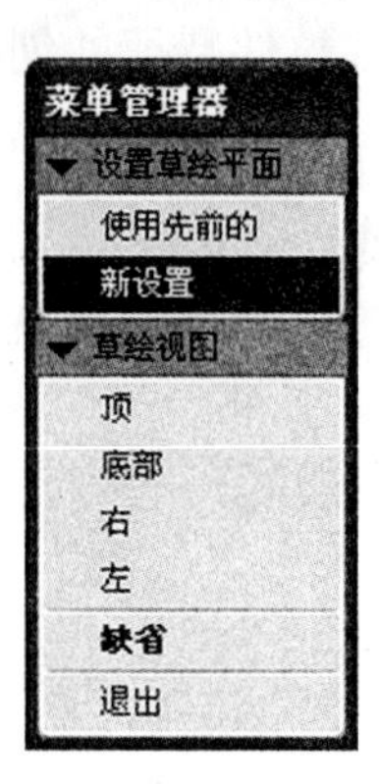

图7.62 “设置草绘平面”对话框 图7.63 “草绘方向”对话框 图7.64 “草绘视图”对话框

（3）绘制螺旋扫描轨迹。绘制中心线和螺旋扫描轨迹线（中心线与螺栓中心线重合，螺旋扫描轨迹线的直线段与螺栓素线重合），如图7.65所示。单击草绘器工具栏的☑按钮，退出草绘模式。

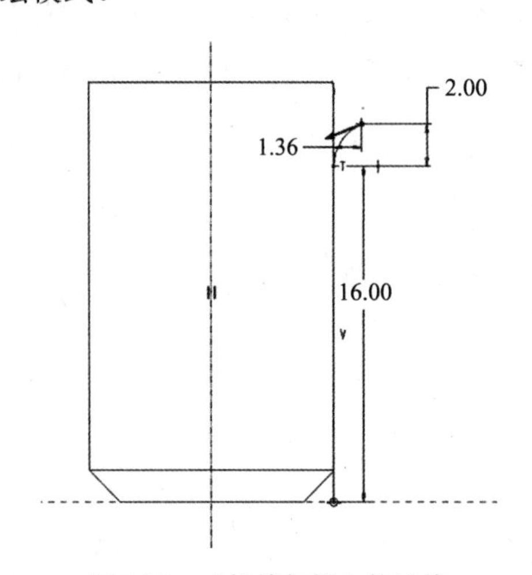

图7.65 “螺旋扫描”轨迹线

（4）定义螺旋扫描节距。退出草绘模式后，系统打开“输入节距值”文本框，在文本框中输入节距值为“2”， 如图7.66所示。

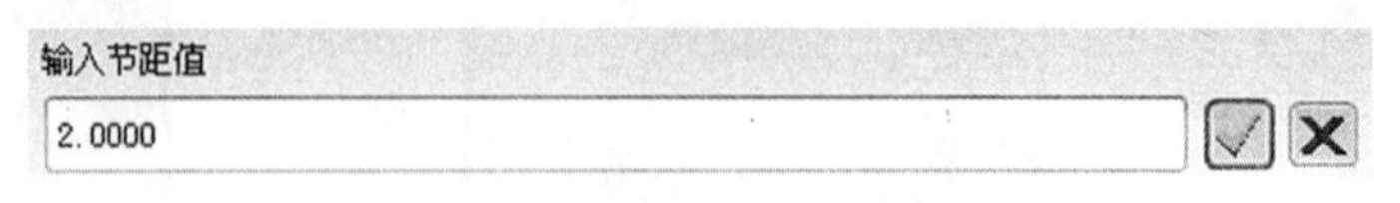

图7.66 “输入节距值”文本框

（5）绘制螺旋扫描截面。单击☑按钮关闭文本框，系统进入螺旋扫描截面的草绘模式。绘制螺旋扫描截面，如图7.67所示。

（6）完成创建工作。

单击草绘器工具栏的☑按钮，打开“材料侧”方向菜单管理器，如图7.68所示，“材料侧”方向如图7.69所示。单击菜单管理器的“确定”按钮，再单击螺旋扫描操作对话框的“确定”按钮，完成六角螺栓螺纹特征的创建工作，实体形状如图7.70所示。

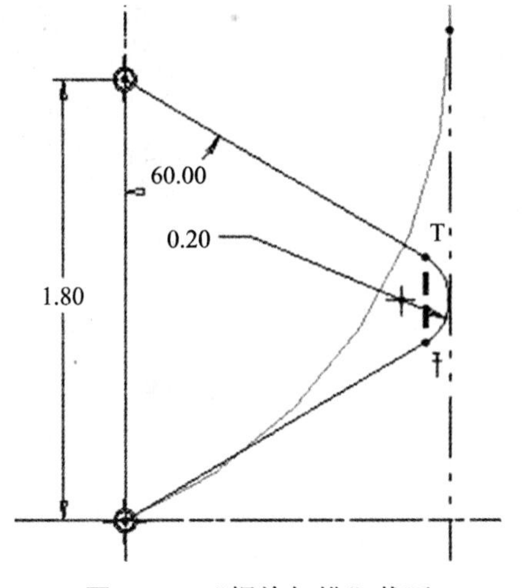

图7.67 “螺旋扫描”截面

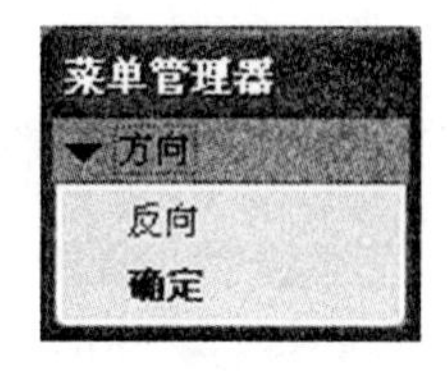

图7.68 “材料侧”菜单管理器

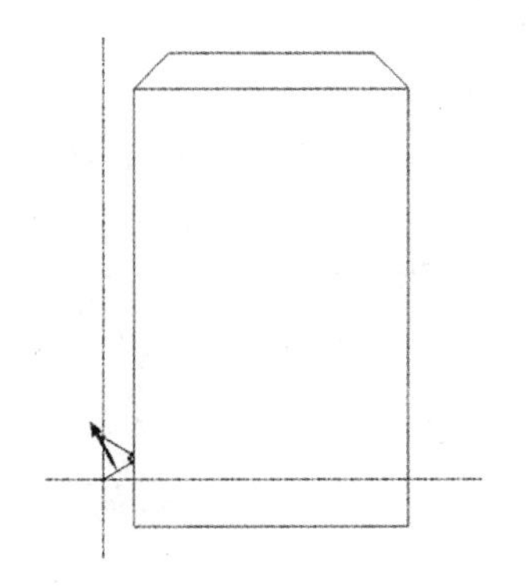

图7.69 “材料侧”方向

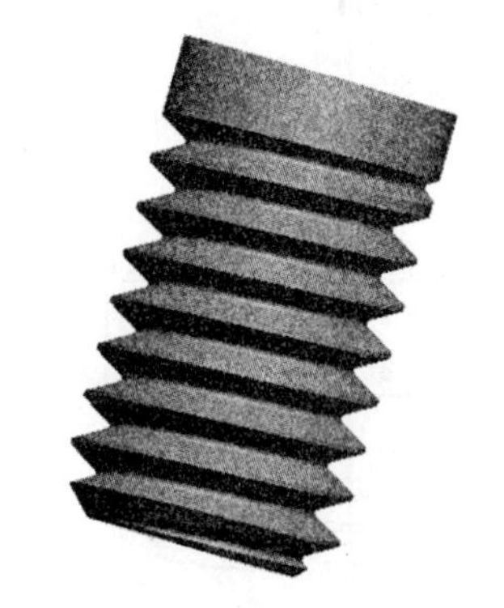

图7.70 螺旋扫描切口特征

4）设计六角螺栓端部结构

使用“拉伸”方法设计六角螺栓的端部结构。

单击【拉伸】按钮，打开拉伸特征操控板，再单击【拉伸为实体】按钮。选择“螺柱”上表面作为草绘平面，绘制2D截面，如图7.71所示。在拉伸特征操控板中选择【盲孔】，然后输入拉伸深度“7”，单击操控板的☑按钮，完成六角螺栓端部拉伸特征的创建工作，实体形状如图7.72所示。

5）完善六角螺栓外观结构

使用“旋转”方法完善六角螺栓的外观结构。

单击【旋转】按钮，打开旋转特征操控板，再单击【移除材料】按钮。选择“RIGHT”平面作为草绘平面，绘制2D截面，如图7.73所示。在旋转特征操控板中选择【变量】，然后输入旋转角度“360”，单击操控板的☑按钮，完成六角螺栓旋转特征的创建工作，得到完整的六角螺栓零件，实体形状如图7.74所示。结果文件请参看模型文件中“第7章\范例结果文件\luoxuansm-2.prt”。

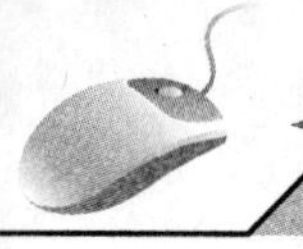

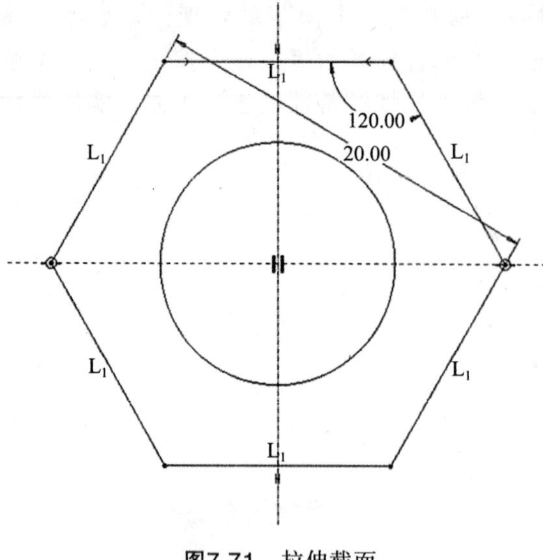

图7.71 拉伸截面

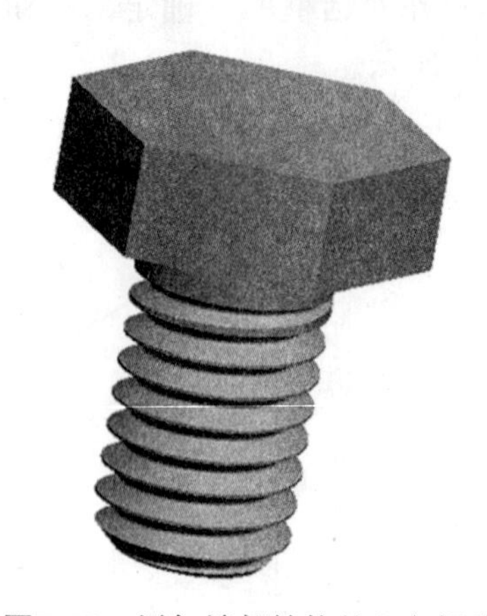

图7.72 添加端部结构的六角螺栓

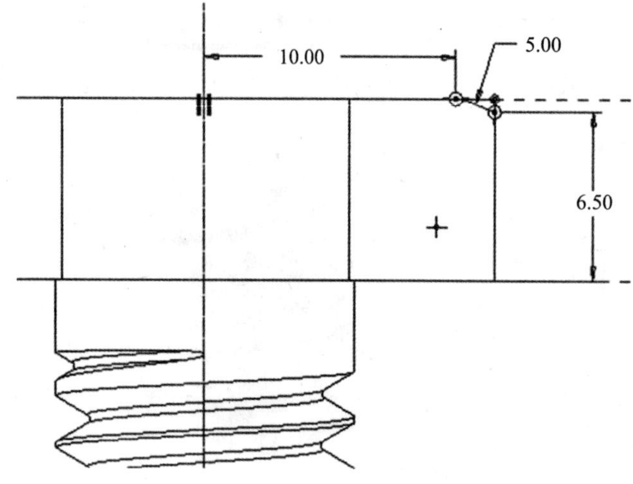

图7.73 旋转截面

图7.74 六角螺栓零件

思考与练习

1. 创建如图7.75所示的零件。结果文件请参看模型文件中“第7章\思考与练习结果文件\ ex07-1.prt”。

2. 根据如图7.76所示要求，图7.76零件请参看模型文件中“第7章\思考与练习结果文件\ ex07-2.prt”，创建如图7.77所示的零件。结果文件请参看模型文件中“第7章\思考与练习结果文件\ ex07-3.prt”。

3. 创建如图7.78所示的零件（螺旋扫描弹簧的节距为60）。结果文件请参看模型文件中“第7章\思考与练习结果文件\ex07-4.prt”。

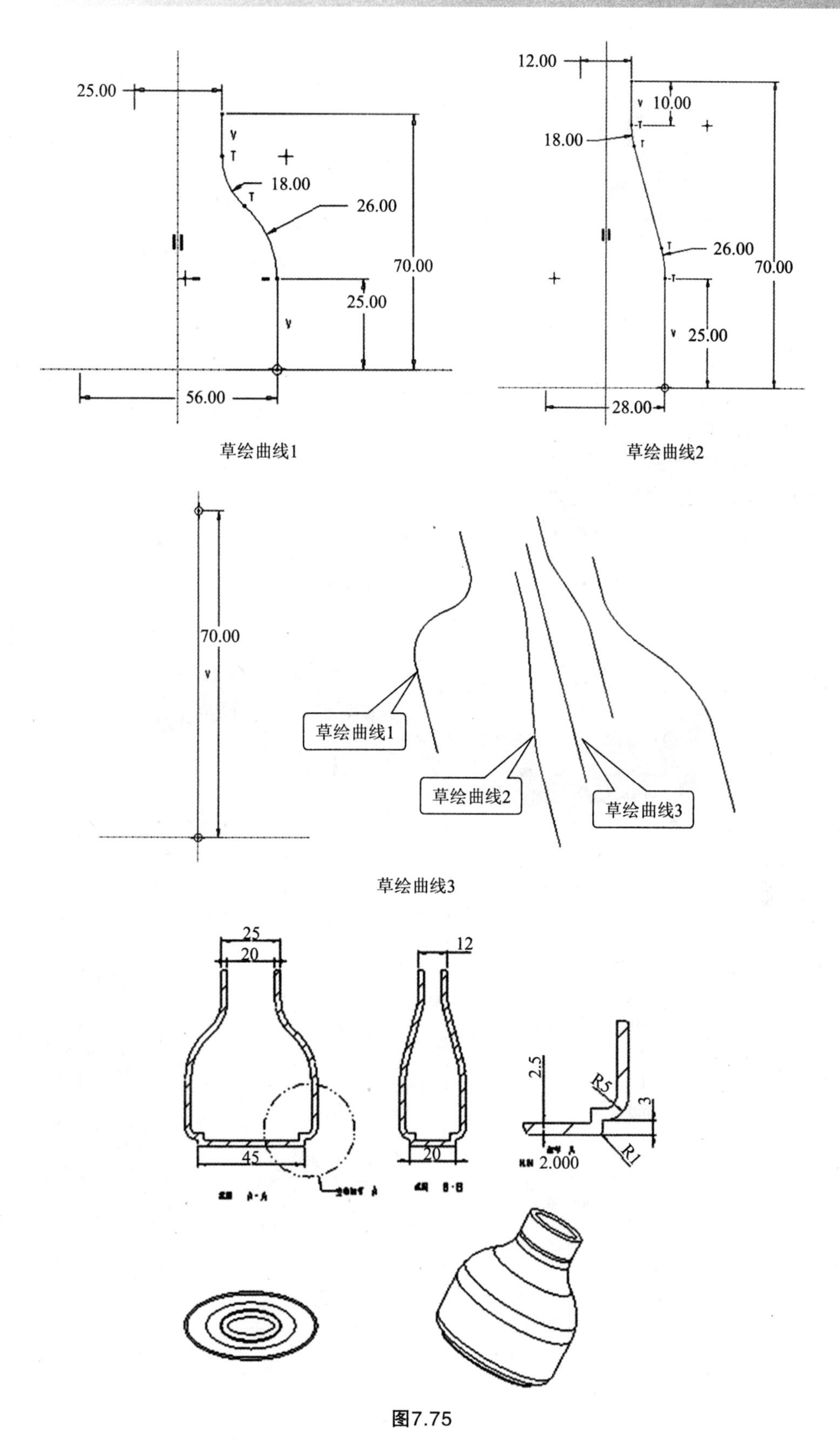
25.00
18.00
26.00
70.00
25.00
56.00
草绘曲线1
12.00
10.00
18.00
26.00
70.00
25.00
28.00
草绘曲线2
70.00
草绘曲线1
草绘曲线2
草绘曲线3
草绘曲线3
25
20
45
12
20
2.5
R5
3
R1
2.000

图7.75

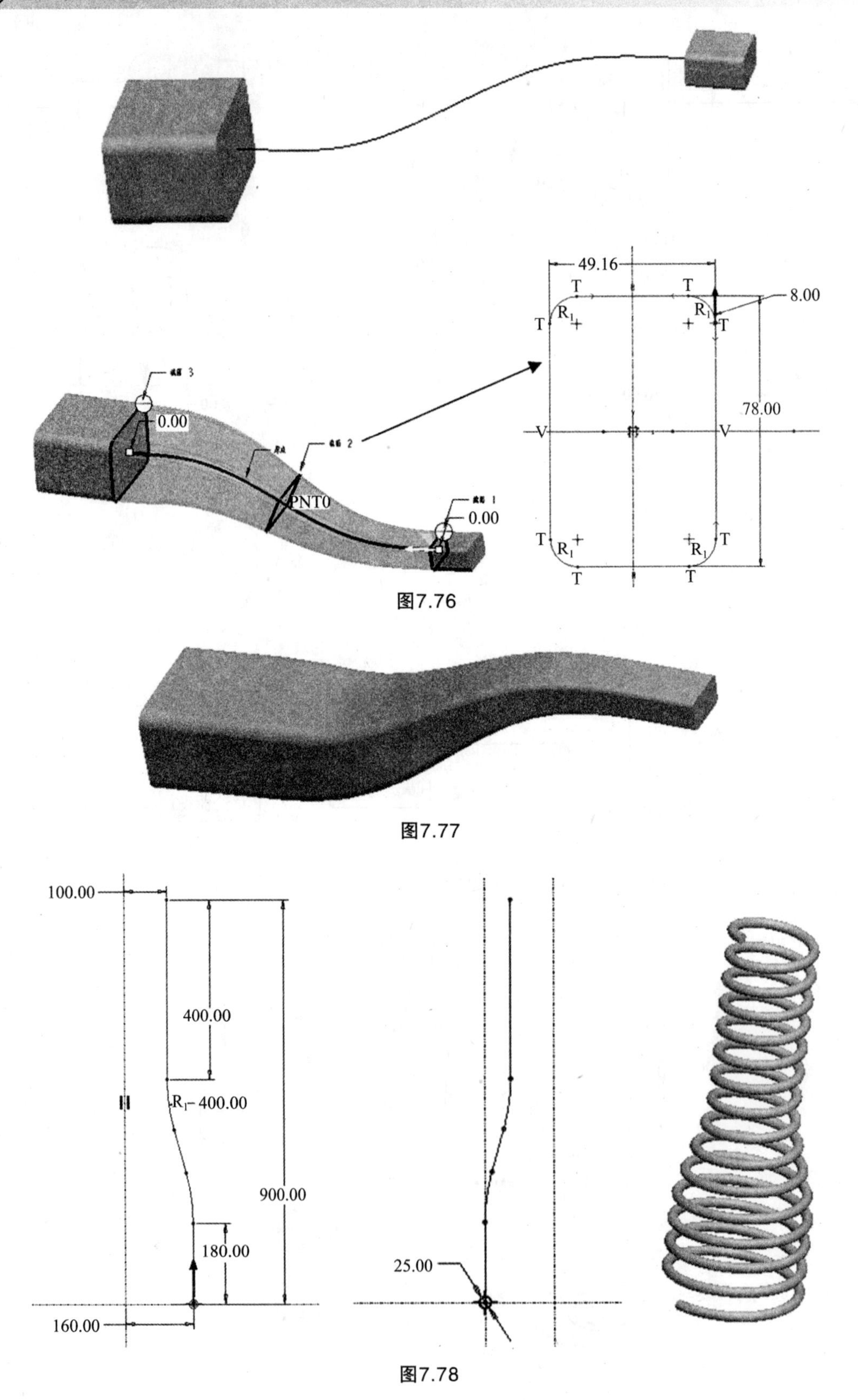

图7.76

图7.77

图7.78

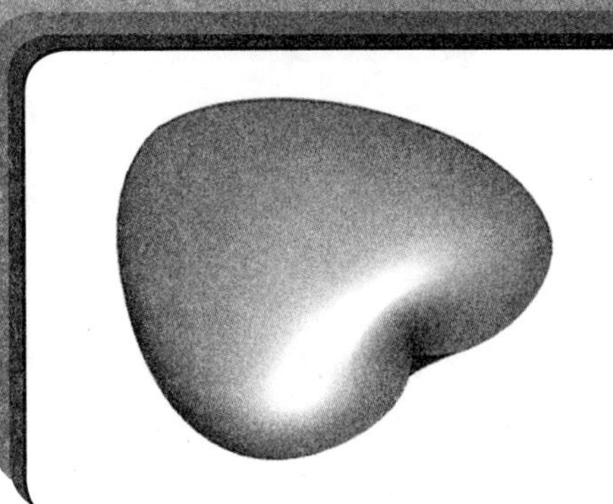

第8章 曲面特征

本章主要内容

- ◆ 创建曲面特征
- ◆ 编辑曲面特征
- ◆ 使用曲面特征创建实体模型
- ◆ 曲面建模实例——爱心

在零件建模过程中，使用曲面特征进行设计具有更强的灵活性，熟练使用曲面特征可以大大地提高设计的速度和质量。

本章通过实例介绍曲面特征创建的一般方法、常用曲面编辑工具和使用曲面特征创建实体模型。曲面特征创建的一般方法包括：拉伸曲面、旋转曲面、扫描曲面、可变截面扫描曲面、螺旋扫描曲面、混合曲面、扫描混合曲面、填充曲面和边界混合曲面；常用曲面编辑工具包括：合并曲面、修剪曲面、延伸曲面、复制曲面和偏移曲面。

本章为选学内容，曲面特征建模适合中高级用户。初学者可以参照视频光盘自行阅读，以便在学习Pro/ENGINEER Wildfire高级功能时，能够迅速理解和深入掌握各功能按钮的使用方法和操作技巧。

典型曲面特征

爱心

8.1　创建曲面特征

8.1.1　创建拉伸曲面

❶ 拉伸曲面特征

拉伸曲面是将剖面按照指定的方式拉伸而形成的曲面。拉伸曲面特征如图8.1所示。结果文件请参看模型文件中“第8章\范例结果文件\lsqm-1.prt和lsqm-2.prt”。

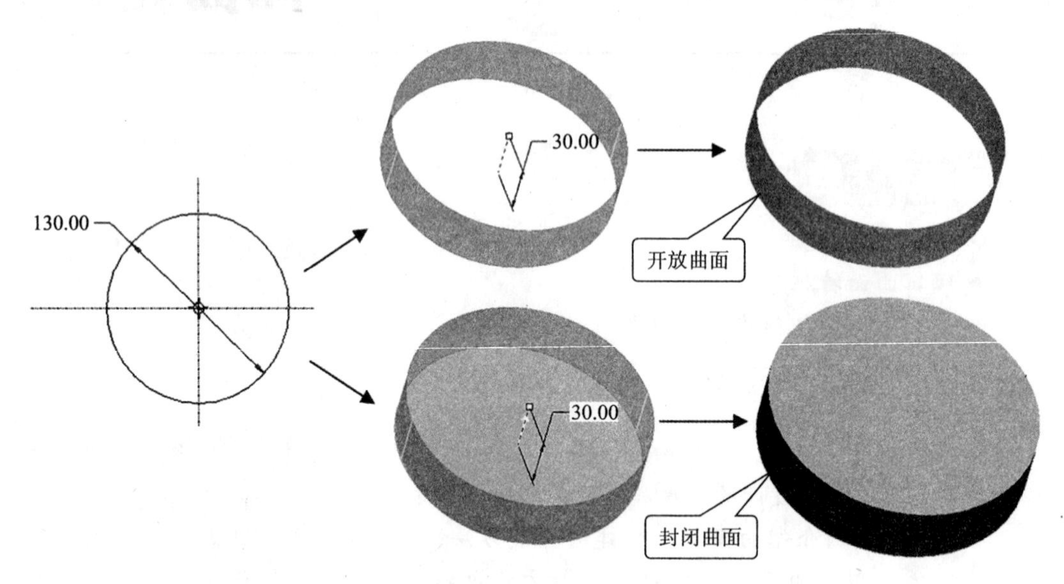

图8.1　拉伸曲面特征

❷ 拉伸曲面特征操作步骤

（1）从工具栏中单击【拉伸】按钮，打开拉伸特征操控板。

（2）在操控板中选择【拉伸为曲面】按钮。

（3）选择【放置】→【定义】，打开“草绘”对话框，并选择绘图平面和参照平面，进入草绘模式。

（4）绘制几何草图，并退出草绘器。

（5）单击拉伸选项，选择或输入拉伸深度。

（6）单击操控板的按钮，完成拉伸曲面操作。

注解　如果草绘的拉伸截面是闭合截面，拉伸的曲面可以是开放形式，也可以是封闭形式。单击操控板上的【选项】面板，然后选取【封闭端】，可以创建两端封闭的拉伸曲面，如图8.2所示。

8.1.2　创建旋转曲面

❶ 旋转曲面特征

旋转曲面是由旋转剖面围绕旋转中心轴线旋转一定角度而生成的曲面。旋转

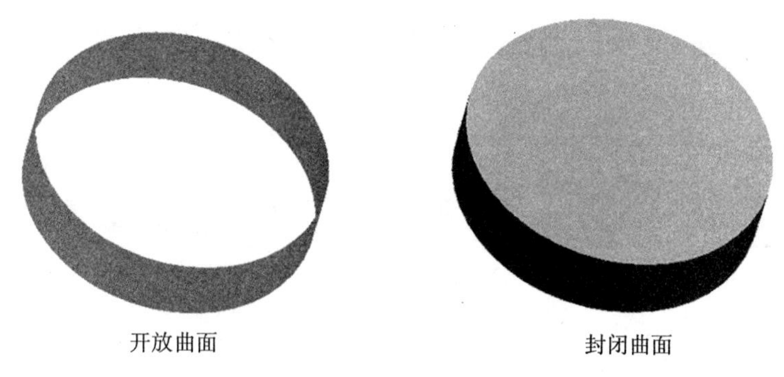

图8.2

曲面特征如图8.3所示。结果文件请参看模型文件中“第8章\范例结果文件\xzqm-1.prt”。

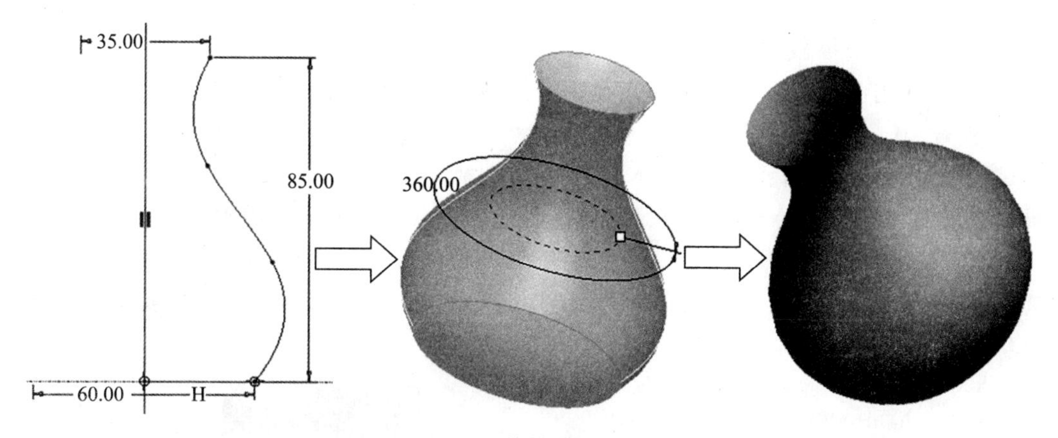

图8.3 旋转曲面特征

❷ 旋转曲面特征操作步骤

（1）从工具栏中单击【旋转】按钮，打开旋转特征操控板。

（2）在操控板中选择【作为曲面旋转】按钮。

（3）选择【放置】→【定义】，打开“草绘”对话框，并选择绘图平面和参照平面，进入草绘模式。

（4）绘制几何草图，并退出草绘器。

（5）定义旋转角度值。

（6）单击操控板的按钮，完成旋转曲面操作。

注解 旋转曲面需要绘制旋转中心和指定旋转角度，同时绘制的旋转剖面曲线只能位于旋转中心轴线的同一侧 。

8.1.3 创建扫描曲面

❶ 扫描曲面特征

扫描曲面是指将二维剖面沿着指定轨迹生成的曲面特征。扫描曲面特征如图8.4所示。结果文件请参看模型文件中“第8章\范例结果文件\smqm-1.prt”。

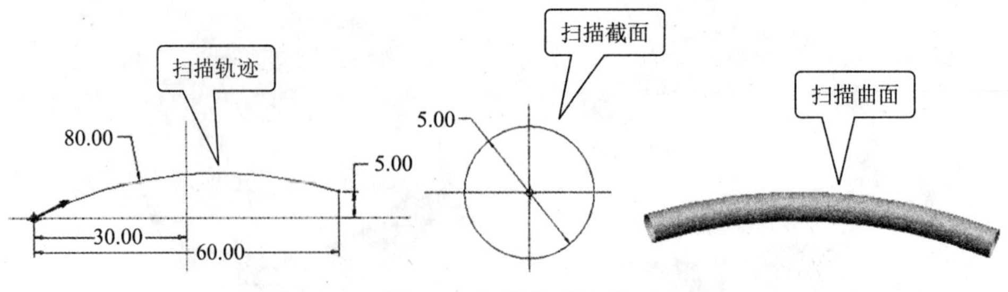

图8.4　扫描曲面特征

❷ 扫描曲面特征操作步骤

（1）在菜单栏选择【插入】→【扫描】→【曲面】，打开“扫描”操作对话框和“扫描轨迹”菜单管理器。

（2）定义扫描轨迹。

（3）绘制扫描截面。

（4）单击扫描操作对话框的“确定”按钮，完成扫描曲面操作。

注解　扫描轨迹有“草绘轨迹”和“选取轨迹”两种方式可供选择，如图8.5所示。若选择“草绘轨迹”则进入草绘模式绘制二维平面轨迹曲线，若选择“选取轨迹”则选择已存在的曲线作为扫描轨迹，此时，轨迹可以是三维曲线。

生成的曲面有“开放终点”和“封闭端”两种选项，如图8.6所示。若选择“开放终点”则要创建的曲面的端部是开放的；若选择“封闭端”选项，则要创建的曲面特征具有封闭的端部，从而形成一个封闭的曲面。

图8.5　“扫描轨迹”菜单管理器

图8.6　“扫描属性”菜单管理器

8.1.4　创建可变截面扫描曲面

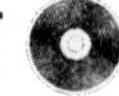

❶ 可变截面扫描曲面特征

可变截面扫描是在一个或多个选定的轨迹扫描剖面时通过控制剖面的方向、旋转和几何来生成曲面。可变截面扫描曲面特征如图8.7所示。结果文件请参看模型文件中“第8章\范例结果文件\kbsmqm-1.prt”。

❷ 可变截面扫描曲面特征操作步骤

（1）在菜单栏选择【插入】→【可变截面扫描】，或单击工具栏上【可变截面扫描】按钮。打开可变截面扫描特征操控板。

（2）在操控板中选择【扫描为曲面】按钮。

（3）选取可变截面扫描轨迹线和截面控制参数。

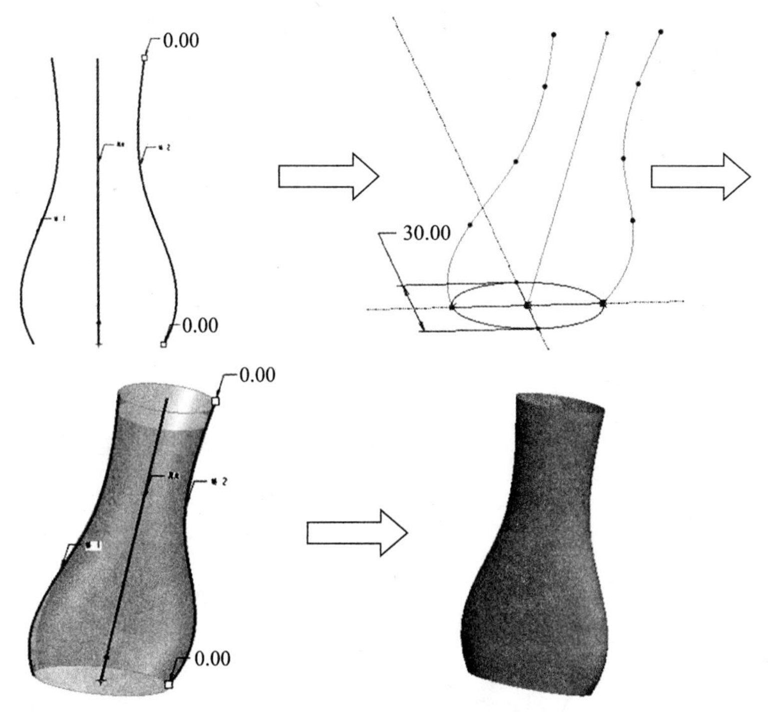

图8.7 可变截面扫描曲面特征

（4）绘制可变截面扫描截面。

（5）单击草绘器工具栏的☑按钮退出草绘模式，再单击操控板的☑按钮，完成可变截面扫描曲面操作。

注解 单击操控板上的【选项】面板，然后选取【封闭端点】，可以创建两端封闭的可变截面扫描曲面。

8.1.5 创建螺旋扫描曲面

❶ 螺旋扫描曲面特征

螺旋扫描曲面是指二维剖面沿着一条螺旋线轨迹扫描而成的曲面。螺旋扫描曲面特征如图8.8所示。结果文件请参看模型文件中“第8章\范例结果文件lxsmqm-1.prt和lxsmqm-2.prt”。

❷ 螺旋扫描曲面特征操作步骤

（1）在菜单栏选择【插入】→【螺旋扫描】→【曲面】，打开“螺旋扫描”操作对话框和“属性”菜单管理器。

（2）定义螺旋特征的属性。

（3）绘制螺旋扫描轨迹。

（4）定义螺旋扫描节距。

（5）绘制螺旋扫描截面。

（6）单击草绘器工具栏的☑按钮，再单击螺旋扫描操作对话框的“确定”按钮，完成螺旋扫描曲面操作。

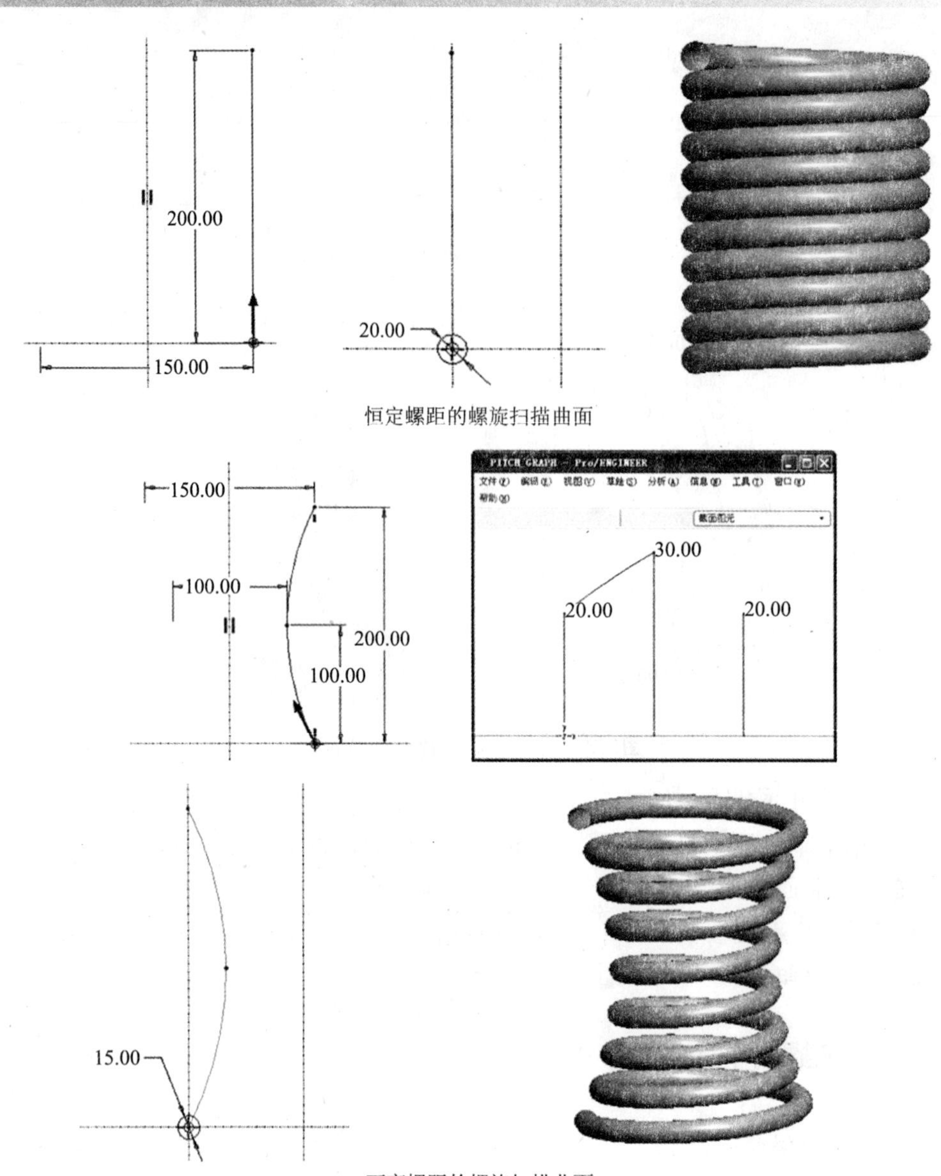

恒定螺距的螺旋扫描曲面

可变螺距的螺旋扫描曲面

图8.8　螺旋扫描曲面特征

8.1.6　创建混合曲面

❶ 混合曲面特征

混合曲面是指连接多个草绘剖面而形成的面组。混合曲面类型包括平行混合曲面、旋转混合曲面和一般混合曲面（本节以平行混合曲面为例进行说明）。

混合曲面特征如图8.9所示。结果文件请参看模型文件中“第8章\范例结果文件\hunheqm-1.prt”。

❷ 混合曲面特征操作步骤

（1）从菜单栏选择【插入】→【混合】→【曲面】，打开“混合”菜单管

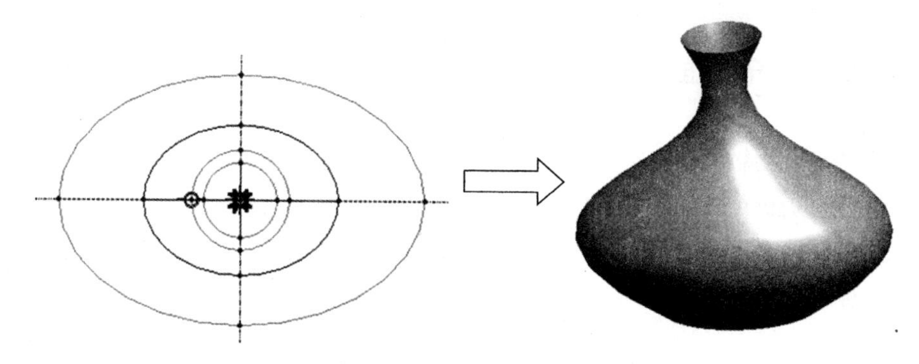

图8.9　混合曲面特征

理器。

（2）选择混合特征的类型。

（3）定义混合特征属性。

（4）使用“切换剖面”依次草绘每个截面。

（5）依次输入每个截面的深度。

（6）单击平行混合操作对话框的“确定”按钮，完成平行混合曲面操作。

8.1.7 创建扫描混合曲面

❶ 扫描混合曲面特征

扫描混合曲面是结合扫描和混合两种方式来创建曲面。扫描混合曲面特征如图8.10所示。结果文件请参看模型文件中“第8章\范例结果文件\smhunheqm-1.prt”。

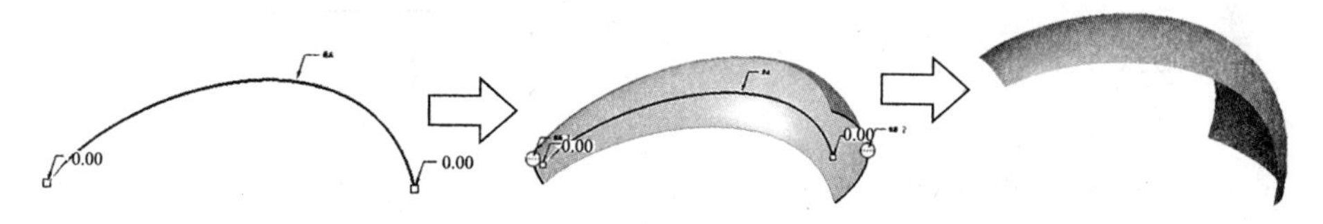

图8.10　扫描混合曲面特征

❷ 扫描混合曲面特征操作步骤

（1）在菜单栏选择【插入】→【扫描混合】，打开扫描混合特征操控板。

（2）在操控板中选择【创建曲面】按钮。

（3）选取扫描混合轨迹线和截面控制参数。

（4）绘制扫描混合截面。

（5）单击操控板的按钮，完成扫描混合曲面操作。

注解

（1）扫描混合需要单个轨迹（原始轨迹）和多个截面。

（2）原始轨迹可以采用草绘方法也可以采用选取已存在的曲线的方法。

（3）在原始轨迹指定段的顶点或基准点处绘制扫描混合的截面。

8.1.8　创建填充曲面

❶ 填充曲面特征

填充曲面是使用封闭的二维截面来创建曲面。填充曲面特征如图8.11所示。结果文件请参看模型文件中“第8章\范例结果文件\tcqm-1.prt”。

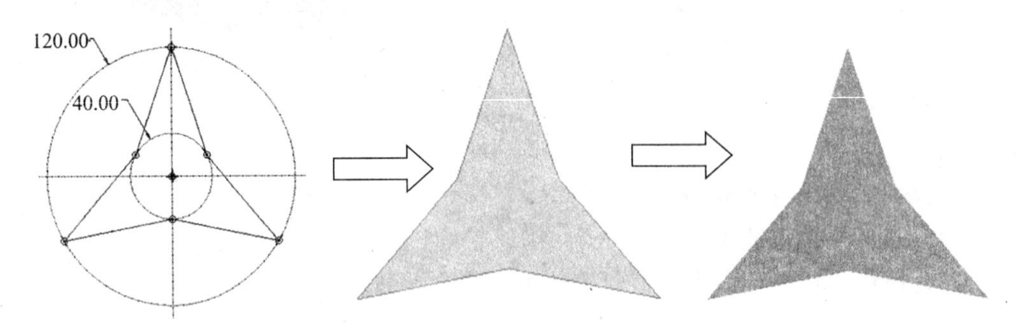

图8.11　填充曲面特征

❷ 填充曲面特征操作步骤

（1）在菜单栏选择【编辑】→【填充】，打开填充特征操控板。

（2）选择【参照】→【定义】，打开“草绘”对话框，并选择绘图平面和参照平面，进入草绘模式。

（3）绘制几何草图，并退出草绘器。

（4）单击操控板的☑按钮，完成填充曲面操作。

8.1.9　创建边界混合曲面

❶ 边界混合曲面特征

边界混合曲面是在参照图元间创建的，这些图元在一个或两个方向上定义该曲面。在每个方向上选定的第一个和最后一个图元用于定义曲面的边界。边界混合曲面特征如图8.12所示。结果文件请参看模型文件中“第8章\范例结果文件\bjhunheqm-1.prt和bjhunheqm-2.prt”。

❷ 边界混合曲面特征操作步骤

（1）在菜单栏选择【插入】→【边界混合】，或单击工具栏上【边界混合】按钮，打开边界混合曲面特征操控板，如图8.13所示。

（2）依次选择第一方向的曲线（结合“Crtl”键）。

（3）单击操控板的第二方向链收集器图标。

（4）依次选择第二方向的曲线（结合“Crtl”键）。

（5）单击操控板的☑按钮，完成边界混合曲面操作。

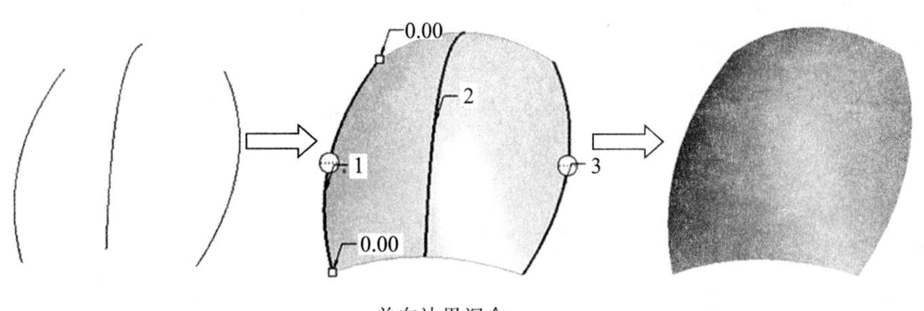

单向边界混合

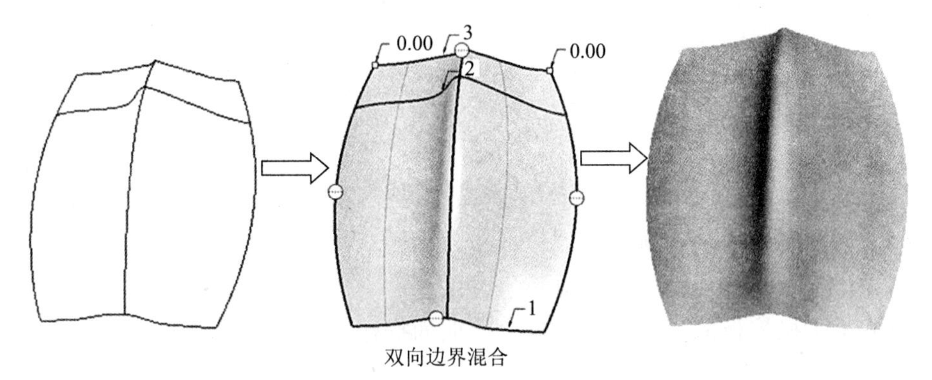

双向边界混合

图8.12 边界混合曲面特征

图8.13 边界混合曲面特征操控板

8.2 编辑曲面特征

8.2.1 合并曲面

❶ 合并曲面特征

合并曲面是将两个曲面合并处理成一个曲面的操作。合并曲面特征如图8.14所示。结果文件请参看模型文件中“第8章\范例结果文件\hbqm-1.prt”。

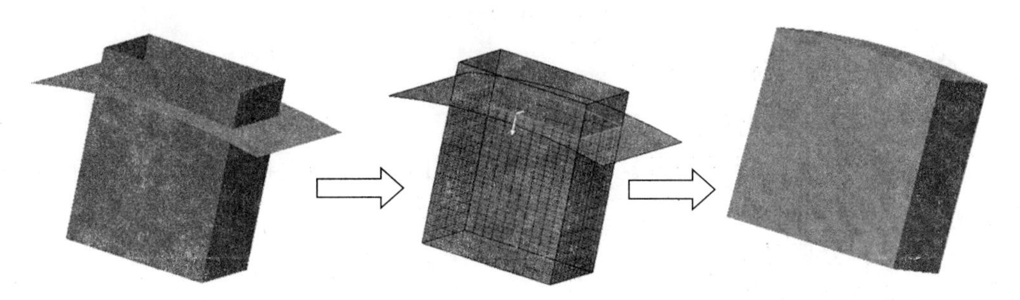

图8.14 合并曲面特征

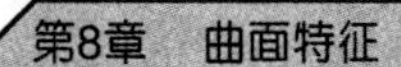

❷ 合并曲面特征操作步骤

（1）选择要合并的面组。

（2）在菜单栏选择【编辑】→【合并】，打开合并曲面特征操控板，如图8.15所示。

图8.15　合并曲面特征操控板

（3）指定要保留的一侧曲面。

（4）指定合并选项内容。

（5）单击操控板的☑按钮，完成合并曲面操作。

8.2.2　修剪曲面

❶ 修剪曲面特征

修剪曲面是指对曲面进行剪切或分割。修剪曲面的方法包括以下几种。

（1）利用拉伸、旋转、扫描等建模功能对曲面进行修剪。

（2）使用“修剪”命令，用曲面、基准平面、曲线等对象来修剪曲面。

本节使用“修剪”命令为例进行说明，修剪曲面特征如图8.16所示。结果文件请参看模型文件中“第8章\范例结果文件\xjqm-1.prt”。

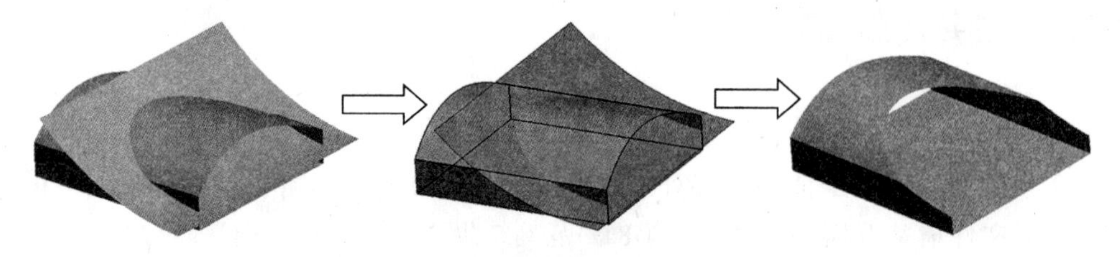

图8.16　修剪曲面特征

❷ 修剪曲面特征操作步骤

（1）选择要被修剪的面。

（2）在菜单栏选择【编辑】→【修剪】，打开修剪曲面特征操控板，如图8.17所示。

（3）选择修剪对象。

（4）定义修剪选项内容。

（5）单击操控板的☑按钮，完成修剪曲面操作。

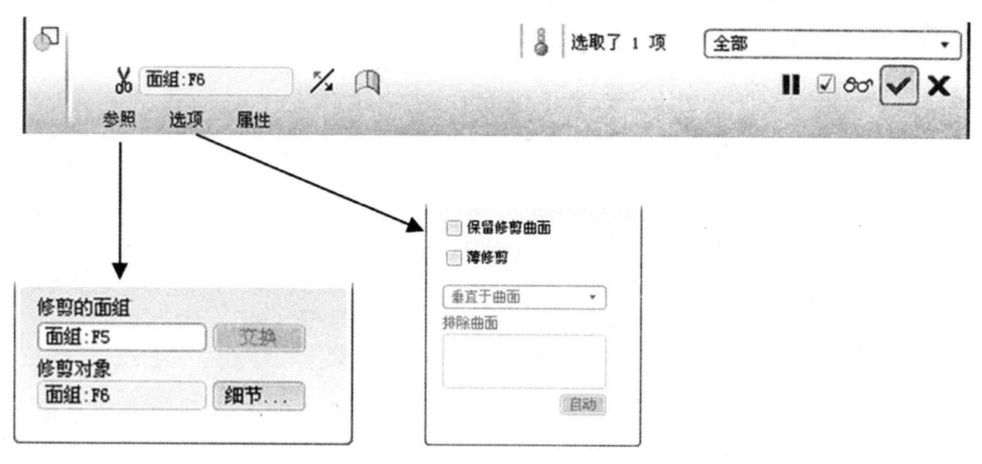

图8.17 修剪曲面特征操控板

8.2.3 延伸曲面

❶ 延伸曲面特征

延伸曲面可以将创建的曲面延伸到指定的平面，或将曲面的边界更改，使其能够覆盖所需的面积。延伸曲面特征如图8.18所示。结果文件请参看模型文件中“第8章\范例结果文件\ysqm-1.prt和ysqm-2.prt”。

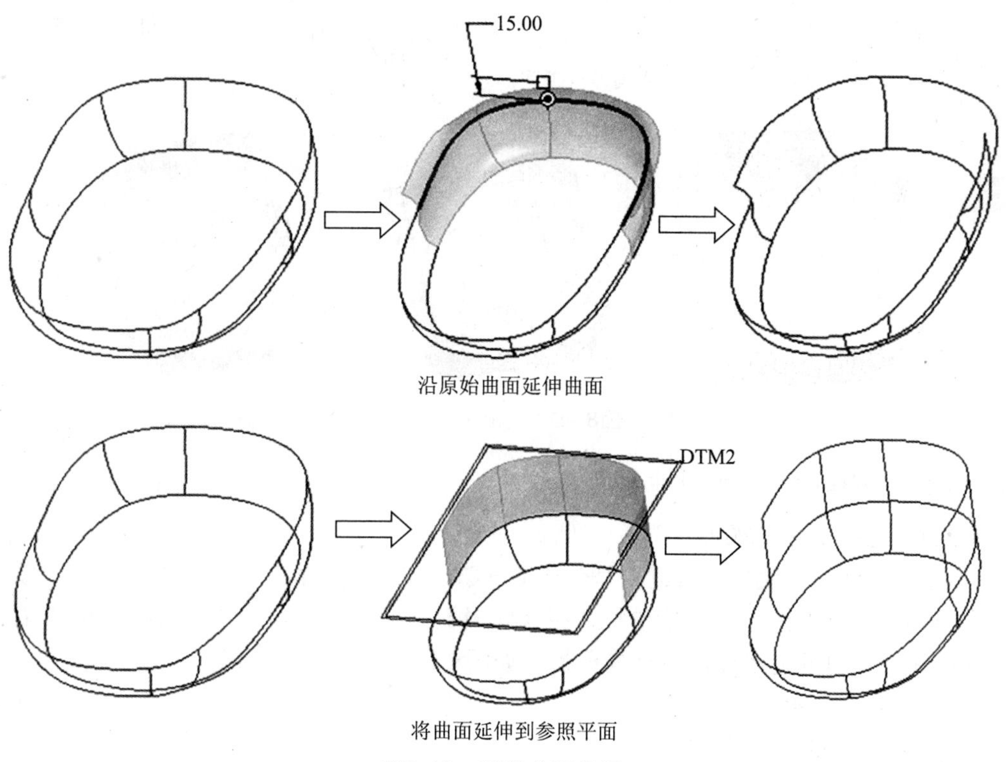

图8.18 延伸曲面特征

❷ 延伸曲面特征操作步骤

（1）选择要延伸的曲面的边界。

（2）在菜单栏选择【编辑】→【延伸】，打开延伸曲面特征操控板，如图8.19所示。

图8.19　延伸曲面特征操控板

（3）选择【沿原始曲面延伸曲面】按钮，或【将曲面延伸到参照平面】按钮。

（4）定义延伸选项内容。

（5）输入延伸的距离，或选择将曲面延伸到参照平面的平面。

（6）单击操控板的按钮，完成延伸曲面操作。

8.2.4　复制曲面

❶ 复制曲面特征

使用复制命令，可直接在选定的曲面上或实体表面上创建一个面组，生成的面组与父项曲面形状和大小相同。复制曲面特征如图8.20所示。结果文件请参看模型文件中“第8章\范例结果文件\fzqm-1.prt”。

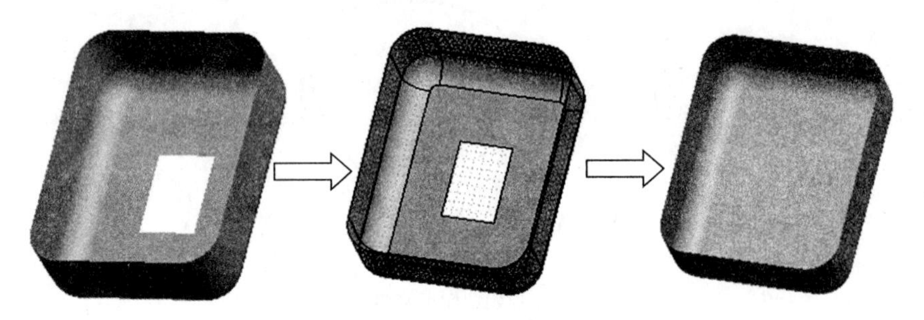

图8.20　复制曲面特征

❷ 复制曲面特征操作步骤

（1）选择要复制的曲面。

（2）方法一：使用快捷键，即Ctrl+C→Ctrl+V，或从菜单栏选择【编辑】→【复制】→Ctrl+V；方法二：从菜单栏选择【编辑】→【粘贴】，或从工具栏中单击【粘贴】按钮；打开复制曲面特征操控板，如图8.21所示。

（3）定义复制选项内容。

（4）执行对应选项的操作。

（5）单击操控板的按钮，完成复制曲面操作。

图8.21 复制曲面特征操控板

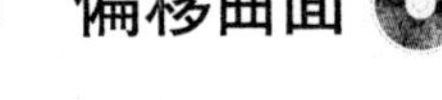

复制曲面有3个选项：

（1）按原样复制所有曲面：复制所有选择的曲面。

（2）排除曲面并填充孔：如果选择此选项，以下的两个编辑框将被激活。

- 排除轮廓：收集要从选定的多轮廓曲面中移除的轮廓。
- 填充孔/曲面：在已选曲面上选择孔的边填充孔。

（3）复制内部边界：如果选择此选项，“边界”编辑框被激活，选择封闭的边界，复制边界内部的曲面。

8.2.5 偏移曲面

1 偏移曲面特征

使用偏移曲面命令可根据现有曲面或实体曲面来创建新的曲面。偏移曲面特征如图8.22所示。结果文件请参看模型文件中“第8章\范例结果文件\pyqm-1.prt、pyqm-2.prt、pyqm-3.prt、pyqm-4.prt”。

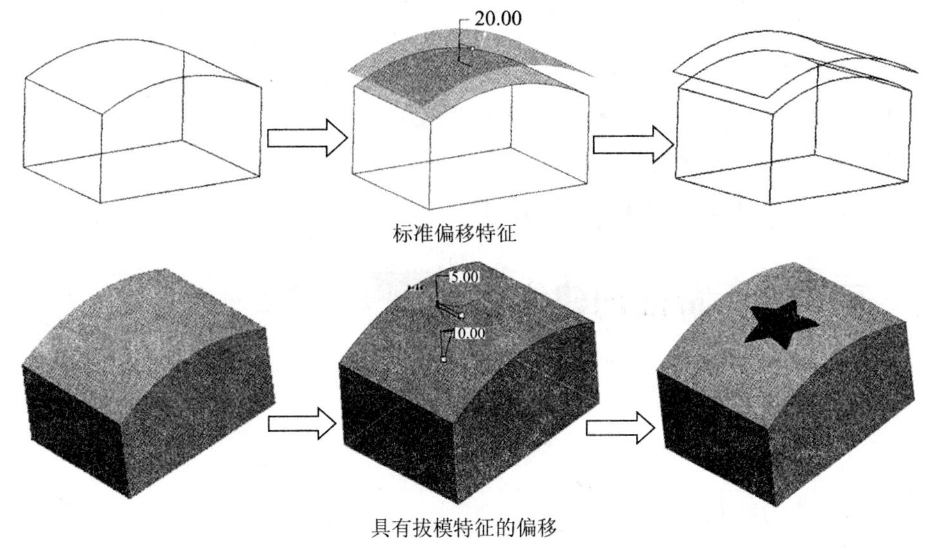

图8.22 偏移曲面特征

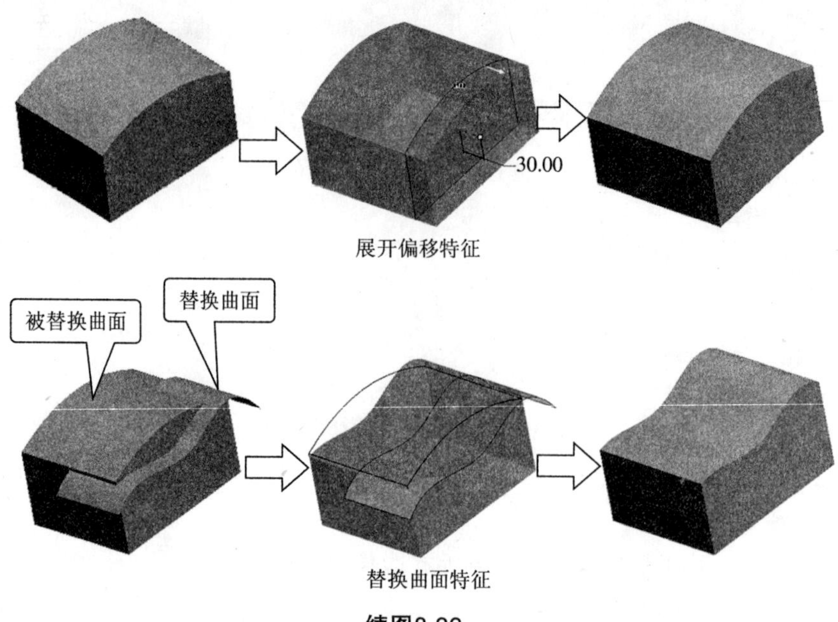

续图8.22

❷ 偏移曲面特征操作步骤

（1）选择要偏移的曲面。

（2）从菜单栏选择【编辑】→【偏移】，打开偏移曲面特征操控板，如图8.23所示。

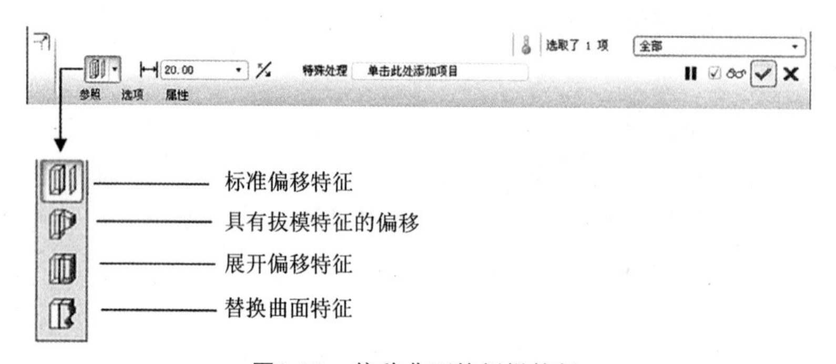

图8.23　偏移曲面特征操控板

（3）选择偏移方式。

（4）定义偏移选项内容。

（5）单击操控板的☑按钮，完成偏移曲面操作。

8.3　使用曲面特征创建实体模型

8.3.1　加厚曲面

❶ 加厚曲面特征

加厚曲面是将一个曲面或面组转化为具有一定厚度的薄壳实体。加厚曲面特征如图8.24所示。结果文件请参看模型文件中“第8章\范例结果文件\jhqm-1.prt”。

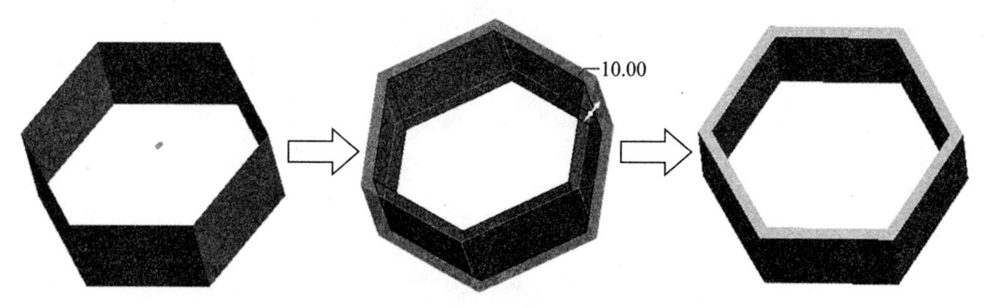

图8.24 加厚曲面特征

❷ 加厚曲面特征操作步骤

（1）选择要加厚的曲面。

（2）从菜单栏选择【编辑】→【加厚】，打开加厚曲面特征操控板，如图8.25所示。

（3）选择加厚曲面方式。

（4）定义加厚几何方向。

（5）单击操控板的按钮，完成加厚曲面操作。

图8.25 加厚曲面特征操控板

8.3.2 实体化曲面

❶ 实体化曲面特征

使用实体化工具可以将一个封闭的曲面特征或者与实体构成封闭区域的曲面转化为实体，也可以使用曲面来修剪已有的实体。实体化曲面特征如图8.26所示。结果文件请参看模型文件中“第8章\范例结果文件\sthqm-1.prt和sthqm-2.prt”。

❷ 实体化曲面特征操作步骤

（1）选择要实体化的曲面。

（2）从菜单栏选择【编辑】→【实体化】，打开实体化曲面特征操控板，如图8.27所示。

（3）选择实体化曲面方式。

（4）定义实体化几何方向。

（5）单击操控板的按钮，完成实体化曲面操作。

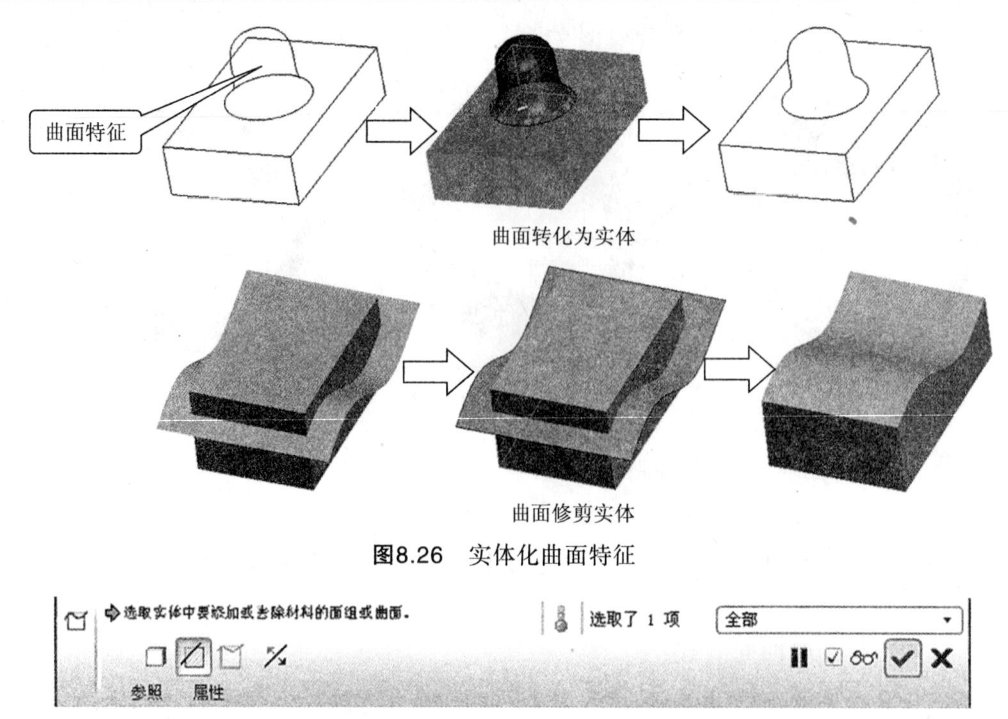

图8.26　实体化曲面特征

图8.27　实体化曲面特征操控板

8.4　曲面建模实例——爱心

8.4.1　爱心零件设计分析

❶ 零件形状和参数

爱心零件外观形状如图8.28所示，长×宽×高为115mm×110mm×40mm。

图8.28　爱　心

❷ 零件设计方法与流程

（1）绘制爱心曲线。

（2）创建爱心边界曲面。

（3）镜像爱心曲面。

（4）合并爱心曲面。

（5）实体化曲面得到爱心零件。

爱心零件创建的主要流程如表8.1所示。

表8.1 爱心零件创建的主要流程

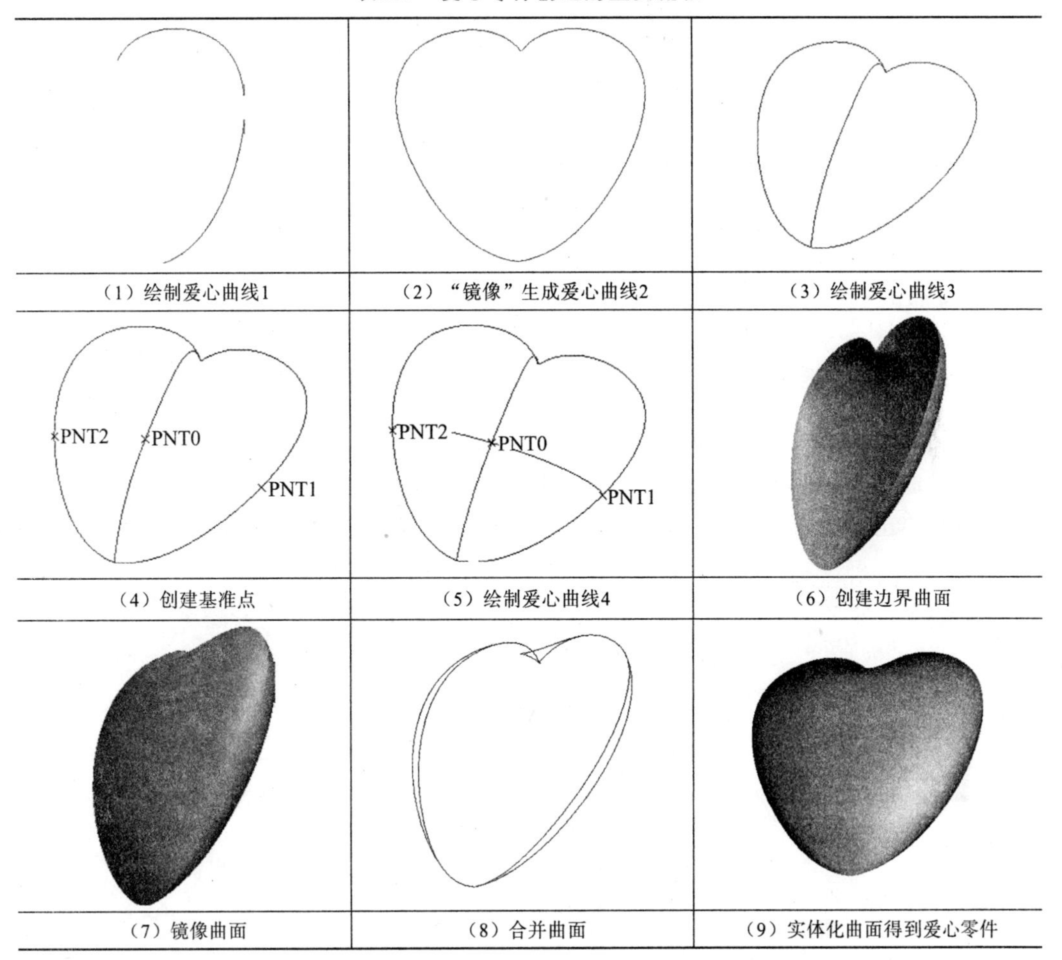

8.4.2 创建爱心零件操作步骤

1 绘制爱心曲线

1）绘制爱心曲线1

从工具栏中单击【草绘】按钮，打开“草绘”对话框。在【平面】框中选择“FRONT”平面作为草绘平面，在【参照】框中选择“RIGHT”平面作为参照平面，在【方向】框中选择【右】，如图8.29所示。单击草绘按钮进入草绘模式。绘制爱心曲线1，如图8.30所示。

2）镜像生成爱心曲线2

（1）选择要镜像的爱心曲线1。

图8.29　“草绘”对话框

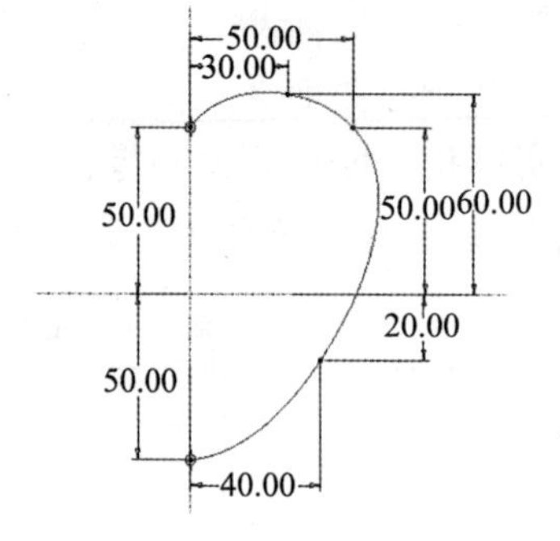

图8.30　绘制爱心曲线1

（2）从菜单栏选择【编辑】→【镜像】，或从工具栏中单击【镜像】按钮。打开镜像特征操控板，如图8.31所示。

图8.31　镜像特征操控板

（3）选择“RIGHT”平面作为镜像平面。

（4）单击操控板的按钮，完成镜像操作，生成爱心曲线2，如图8.32所示。

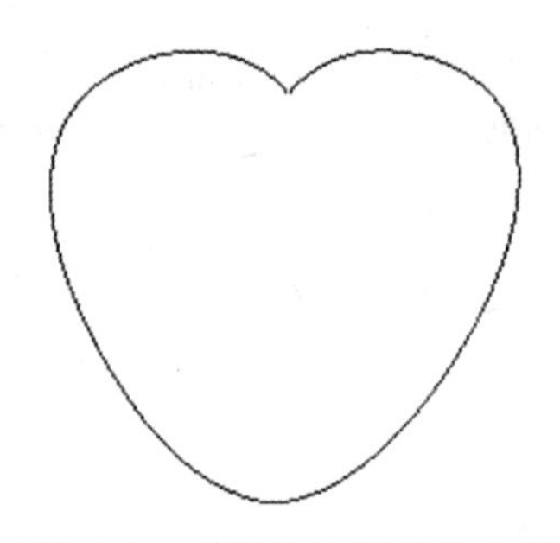

图8.32　“镜像”得到的曲线

3）绘制爱心曲线3

从工具栏中单击【草绘】按钮，打开“草绘”对话框。在【平面】框中选择“RIGHT”平面作为草绘平面，在【参照】框中选择“TOP”平面作为参照平面，在【方向】框中选择【顶】，如图8.33所示。单击草绘按钮进入草绘模式。绘制爱心曲线3，如图8.34所示。

4）创建基准点

（1）从菜单栏选择【插入】→【模型基准】→【点】→【点】，或从工具栏中单击【点】按钮。打开“基准点”对话框，如图8.35所示。

（2）选择“TOP”平面与爱心曲线3相交生成基准点PNT0；选择“TOP”平面与爱心曲线2相交生成基准点PNT1；选择“TOP”平面与爱心曲线1相交生成基准点PNT2，如图8.36所示。

5）绘制爱心曲线4

从工具栏中单击【草绘】按钮，打开“草绘”对话框。在【平面】框中选择

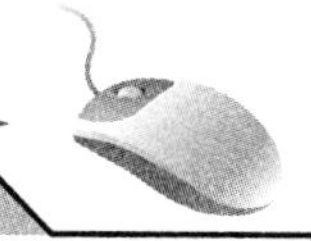

图8.33 “草绘”对话框

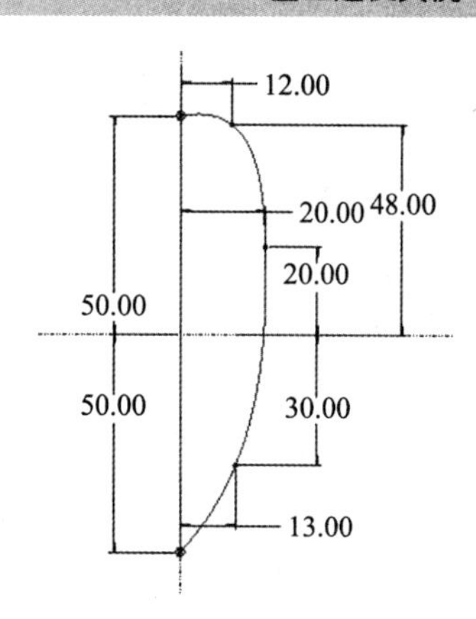

图8.34 绘制爱心曲线3

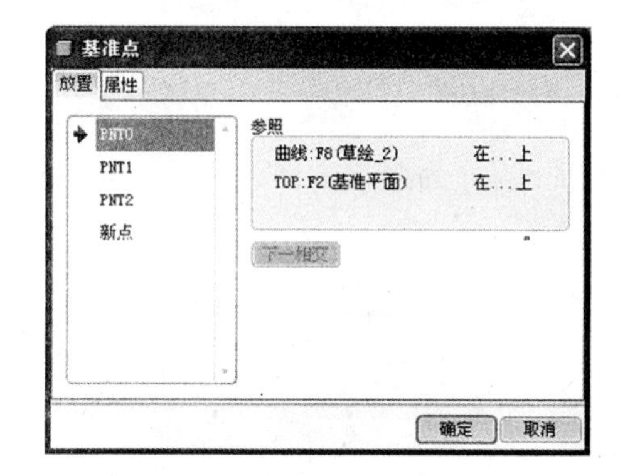

图8.35 “基准点”对话框

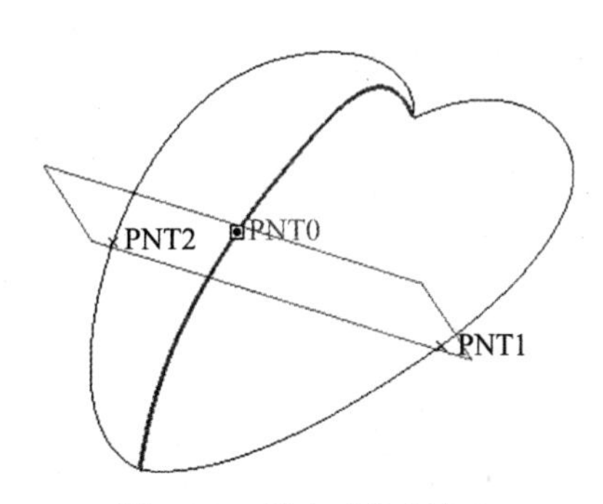

图8.36 创建“基准点”

“TOP”平面作为草绘平面，在【参照】框中选择“RIGHT”平面作为参照平面，在【方向】框中选择【底】，如图8.37所示。单击草绘按钮进入草绘模式。通过基准点绘制爱心曲线4，如图8.38所示。

图8.37 “草绘”对话框

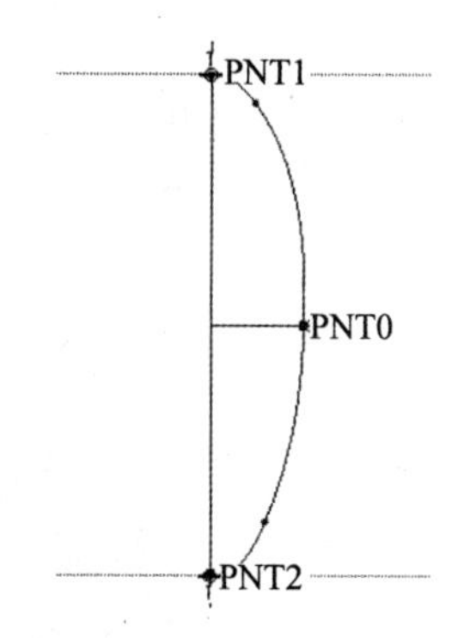

图8.38 绘制爱心曲线4

❷ 创建边界曲面

（1）选取命令。在菜单栏选择【插入】→【边界混合】，或单击工具栏上【边界混合】按钮。打开边界混合曲面特征操控板，如图8.39所示。

（2）选择第一方向曲线。依次选择爱心曲线1 、爱心曲线3 、爱心曲线2（结合“Crtl”键）作为第一方向的曲线，如图8.40所示。

图8.39 边界混合曲面特征操控板

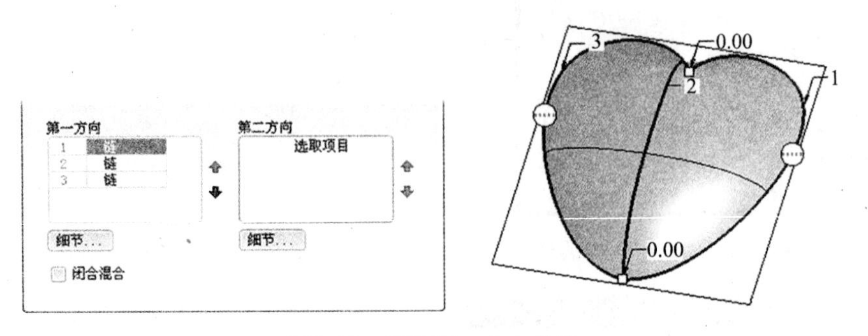

图8.40 选取第一方向曲线

（3）选择第二方向曲线。依次选择爱心曲线4作为第二方向的曲线，如图8.41所示。

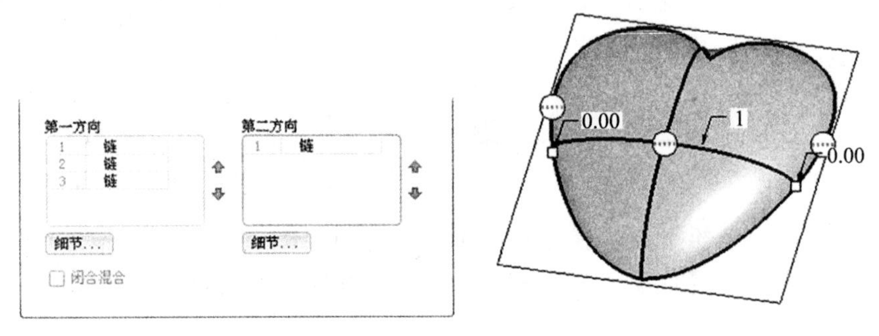

图8.41 选取第二方向曲线

（4）完成边界混合曲面的创建工作。单击操控板的☑按钮，完成边界混合曲面的创建工作，其形状如图8.42所示。

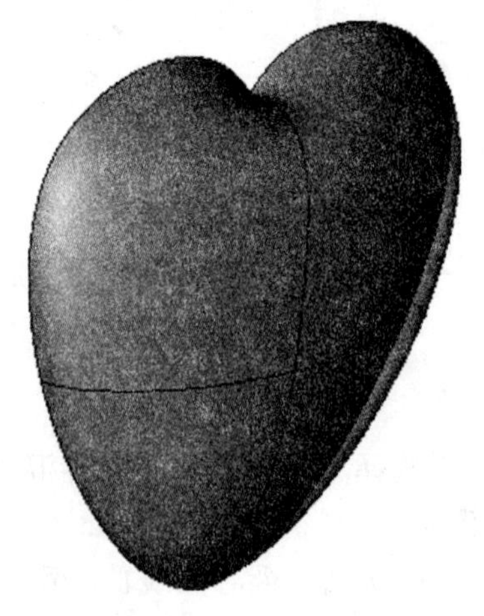

图8.42 边界混合曲面

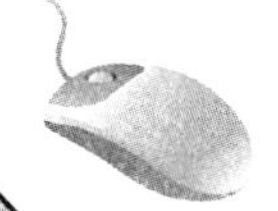

❸ 镜像爱心曲面

（1）选取要镜像的项目。选取刚创建好的边界混合曲面作为要镜像的项目。

（2）选择命令。从菜单栏选择【编辑】→【镜像】，或从工具栏中单击【镜像】按钮，打开镜像特征操控板。

（3）选取一个镜像平面。选取“FRONT”平面作为镜像平面，如图8.43所示。

（4）完成爱心曲面的镜像操作。单击操控板的☑按钮，完成爱心曲面的镜像操作，其形状如图8.44所示。

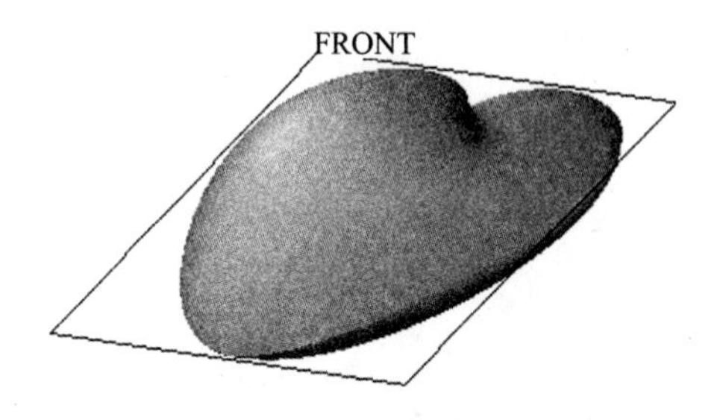

图8.43　选取镜像平面

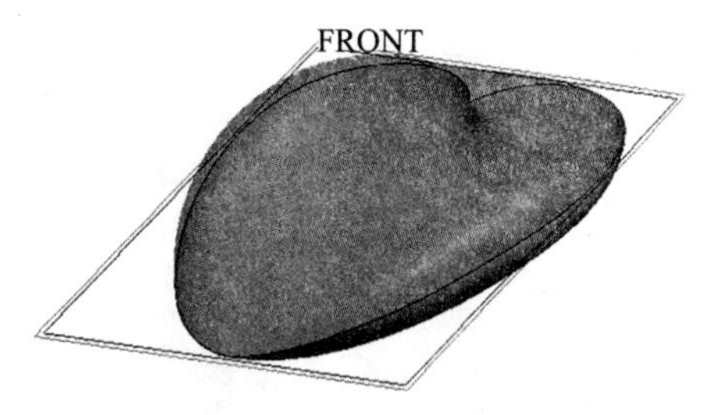

图8.44　镜像后的零件

❹ 合并爱心曲面

（1）选择边界混合曲面和镜像后的曲面作为要合并的面组。

（2）在菜单栏选择【编辑】→【合并】，打开合并曲面特征操控板，如图8.45所示。

图8.45　合并曲面特征操控板

（3）接受默认合并选项内容，合并曲面操作如图8.46所示。

（4）单击操控板的☑按钮，完成合并爱心曲面操作。

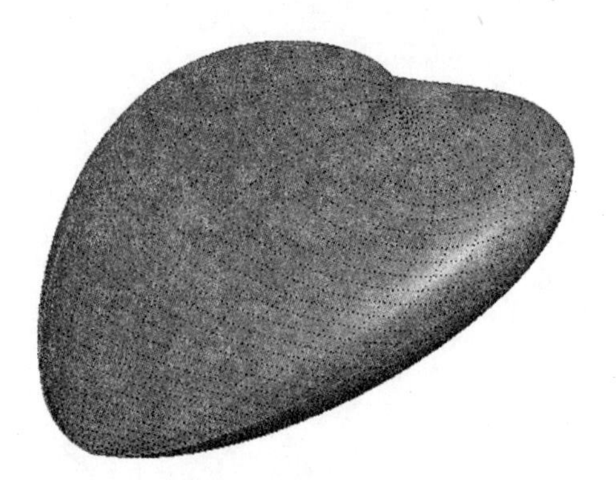

图8.46　合并曲面操作

❺ 实体化爱心曲面

（1）选择合并好的爱心曲面作为要实体化的曲面。

（2）从菜单栏选择【编辑】→【实体化】，打开实体化曲面特征操控板，如图

8.47所示。

（3）选择【使用选定的曲面或面组创建实体体积块】按钮。

（4）单击操控板的按钮，完成实体化爱心曲面操作。实体形状如图8.48所示。结果文件请参看模型文件中“第8章\范例结果文件\qmjm-1.prt”。

图8.47　实体化曲面特征操控板

图8.48　爱心零件

注解　为爱心零件添加颜色。

（1）从窗口上的工具箱栏选择【外观库】按钮，单击外观库按钮的“倒三角形”下拉菜单，打开【外观库】，如图8.49所示。

（2）从外观库中选择颜色为红色，打开选取对话框，如图8.50所示。

（3）从过滤器中选择“零件”，如图8.51所示。在图形窗口选取要添加颜色的零件为“爱心零件”。

（4）单击鼠标中键确定，完成“爱心零件”添加颜色的创建工作。

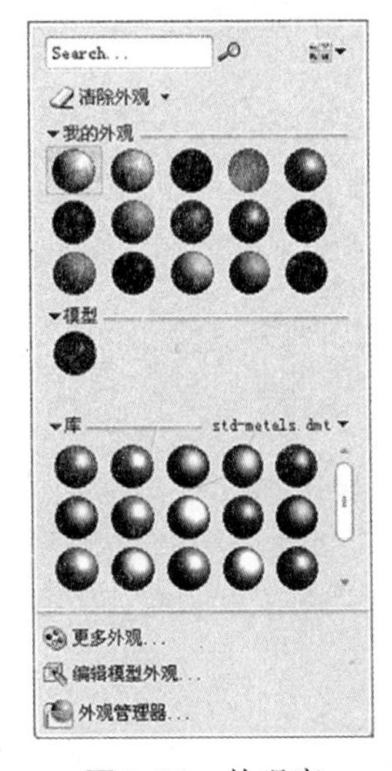

图8.49　外观库

图8.50　选取对话框

图8.51　过滤器

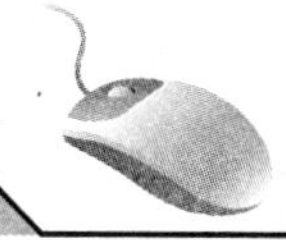

思考与练习

1. 创建曲面和编辑曲面的方法有哪些？

2. 如何将曲面转化为实体？

3. 使用创建曲面的方法创建如图8.52所示的五角星模型（外接圆为ϕ60mm，内接圆为ϕ30mm，高为10m，壁厚为0.5mm）。结果文件请参看模型文件中“第8章\思考与练习结果文件\ ex08-1.prt”。

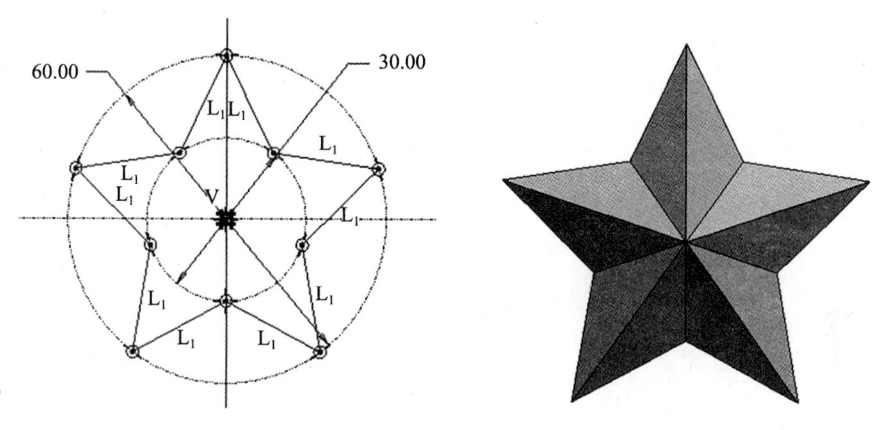

图8.52

4. 打开模型文件中“第8章\思考与练习结果文件\ ex08-2.prt”，如图8.53所示。创建如图8.54所示的勺子，壁厚为1mm，手柄端部圆角为R5mm，其余圆角为R0.5mm。结果文件请参看模型文件中“第8章\思考与练习结果文件\ ex08-3.prt”。

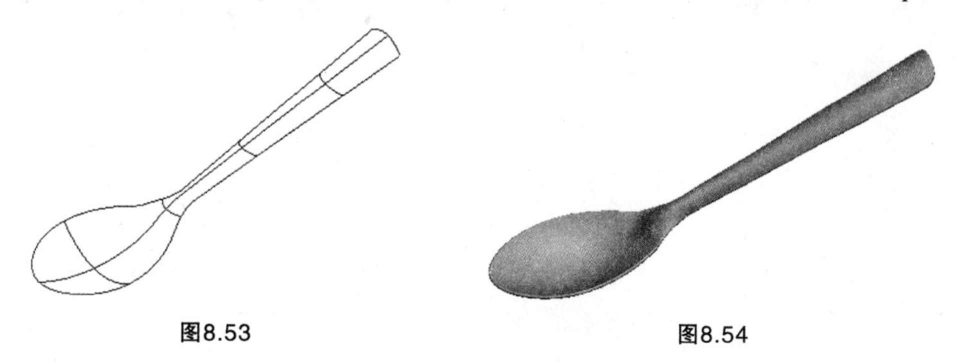

图8.53　　图8.54

第9章 零件装配

本章主要内容

- ◆ 装配概述
- ◆ 装配约束类型
- ◆ 装配实例——发动机
- ◆ 元件特征的显示
- ◆ 创建分解视图

在Pro/ENGINEER中，零件装配是指将多个零部件按照一定的对应关系组装成一个完整的零件模型的操作。

本章通过发动机组件实例介绍零件装配的设计方法、装配约束类型和创建分解视图的方法。

发动机装配图

发动机分解视图

9.1 装配概述

大多数工业产品的设计都是由许多零部件（即元件）组成。使用Pro/ENGINEER软件可以将多个元件创建成一个组件，利用约束可以通过手动和自动方式来确定元件在组件中的位置。

9.1.1 创建装配文件

单击工具栏的【新建】按钮，或者从“文件”菜单中选择【新建】，进入“新建”对话框，如图9.1所示。在【类型】框中选择【组件】，在【子类型】框中选择【设计】，在【名称】框中输入新的文件名，或接受缺省文件名。去掉【使用缺省模板】项的勾选，单击确定按钮进入“新文件选项”对话框，如图9.2所示。在【模板】框中选择“mmns_asm_design”选项，使用公制模板文件。再单击确定按钮，进入Pro/ENGINEER装配设计界面。

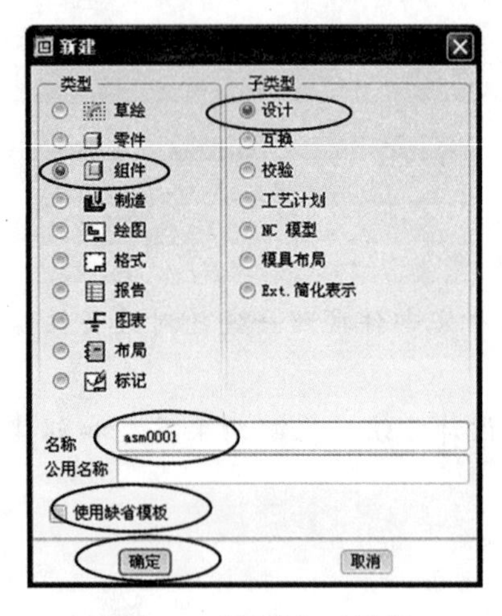

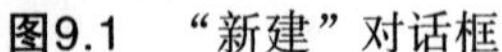

图9.1 “新建”对话框

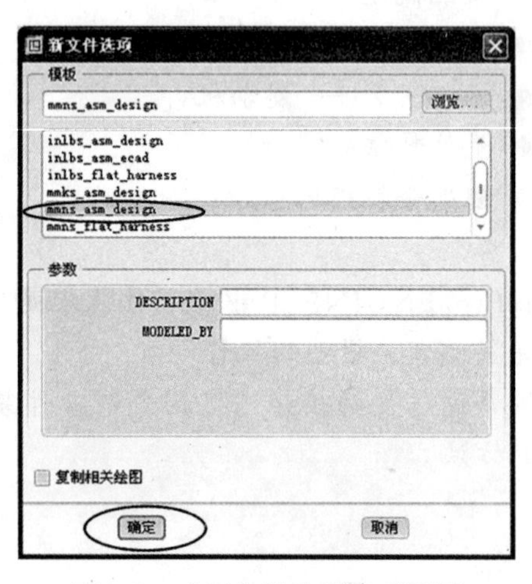

图9.2 “新文件选项”对话框

图形窗口右边工具栏显示【装配】按钮，工作区中显示装配坐标系ASM _DEF_CSYS，装配坐标系有三个基准平面“ASM_RIGHT”、“ASM _TOP”和“MOLD_FRONT”，如图9.3所示。

9.1.2 装配设计的两种基本方法

❶ 在装配模块中调入元件

1）调入元件装配设计

在装配模式下将已创建好的零件或子装配体按相互的配合关系放在一起，组成一个新的装配体。调入元件装配设计如图9.4所示。结果文件请参看模型文件中“第9章\范例结果文件\crank.asm”。

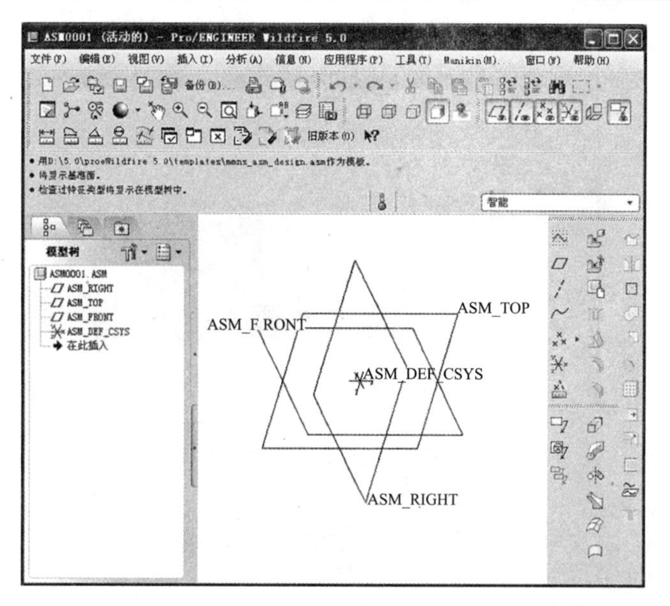

图9.3 装配设计界面

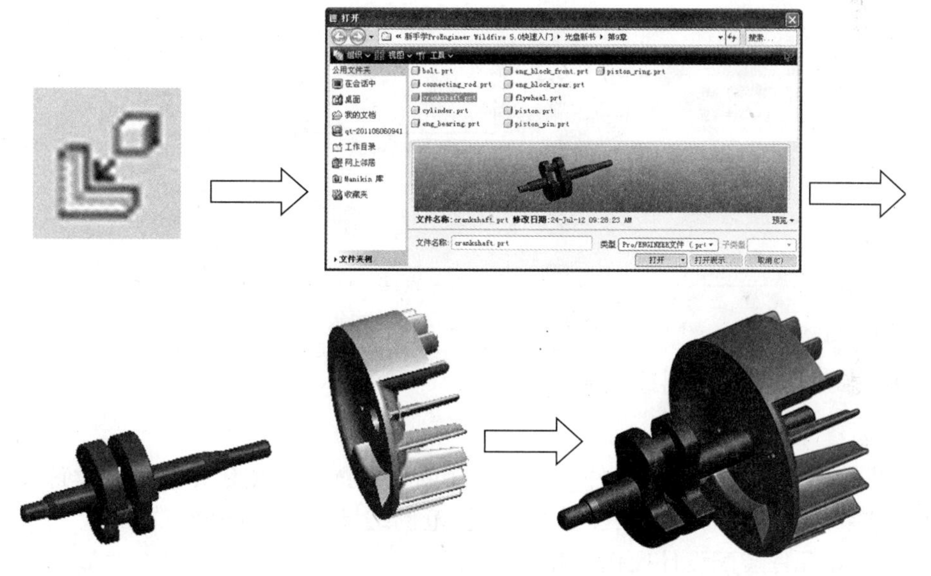

图9.4 调入元件装配设计

2）调入元件装配设计操作步骤

（1）创建装配文件。

（2）在菜单栏选择【插入】→【元件】→【装配】，或单击工具栏上【装配】按钮。系统弹出“打开”对话框，如图9.5所示。

（3）选择设计模型文件，单击打开按钮，系统关闭“打开”窗口，打开“装配”操控板，如图9.6所示。

（4）选择【放置】，打开“放置”上滑面板，如图9.7所示。在上滑面板选择约束类型，确定元件在装配体中的位置。

（5）单击操控板的按钮，完成调入元件装配设计操作。

（6）重复（2）~（5）的操作步骤，调入其他元件进行装配。

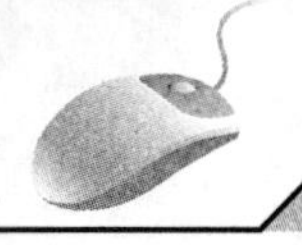

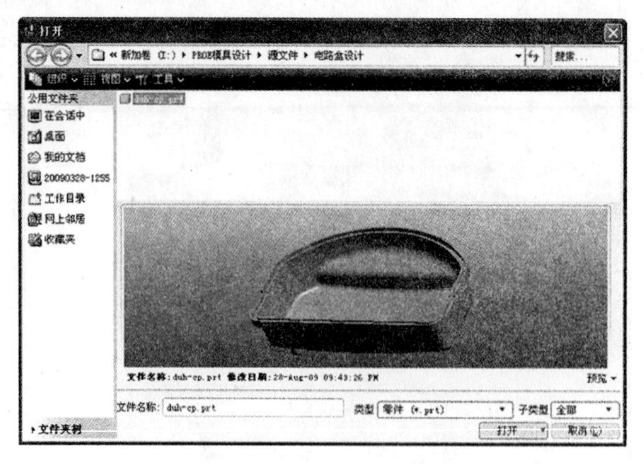

图9.5 选择要装配的元件

图9.6 “装配”操控板

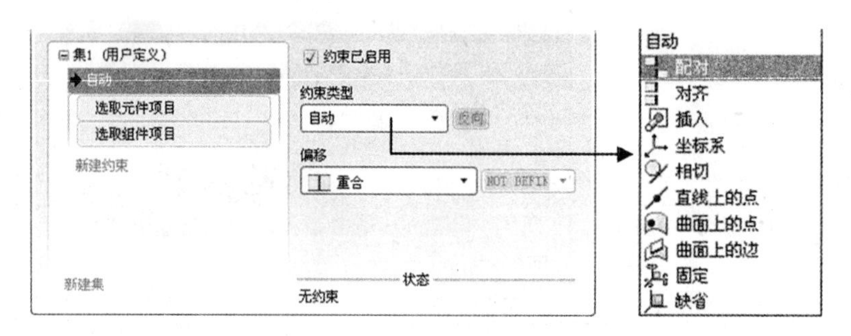

图9.7 “放置”上滑面板

❷ 在装配模块中创建元件

1）创建元件装配设计

在装配模式下直接创建元件，组成一个新的装配体。创建元件装配设计如图9.8所示。结果文件请参看模型文件中“第9章\范例结果文件\asm0001.asm”。

2）创建元件装配设计操作步骤

（1）创建装配文件。

（2）在菜单栏选择【插入】→【元件】→【创建】，或单击工具栏上【创建】按钮。系统打开“元件创建”对话框，如图9.9所示。

（3）在【类型】中选择【零件】，在【子类型】中选择【实体】，在【名称】框中输入装配的元件名“prt0001”，单击确定按钮进入“创建选项”对话框，如图9.10所示。

（4）在【创建方法】中选择【创建特征】，单击确定按钮进入创建元件设计操作界面，使用建模方法在装配模式下创建元件。

（5）在菜单栏选择【窗口】→【激活】，完成创建元件装配设计操作。

（6）重复（2）～（5）的操作步骤，创建其他元件到装配体中。

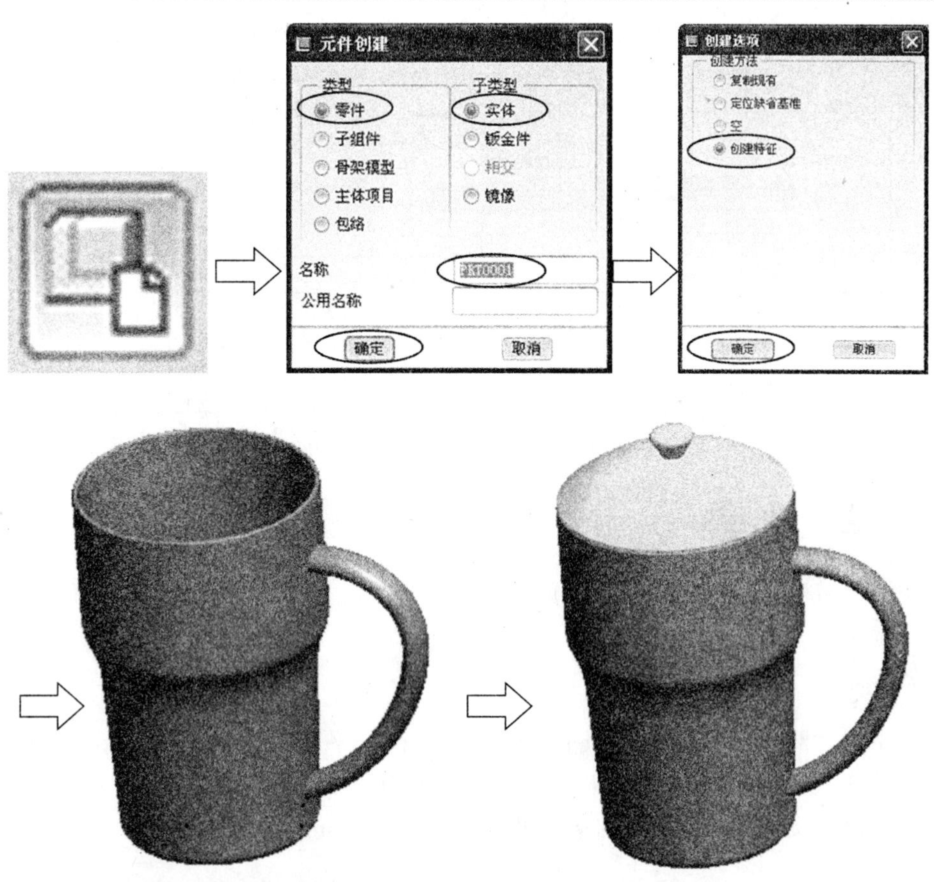

图9.8 创建元件装配设计

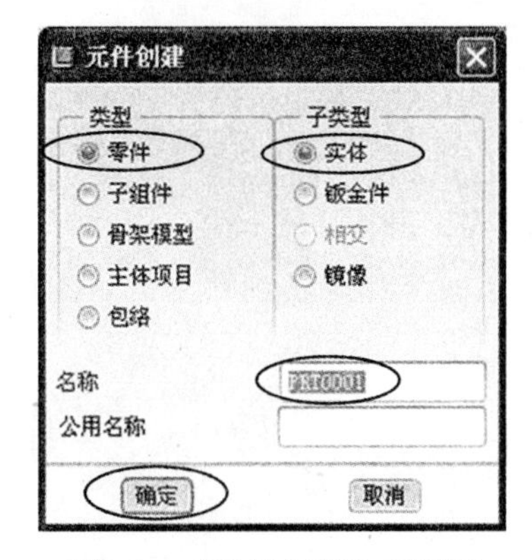

图9.9 “元件创建”对话框

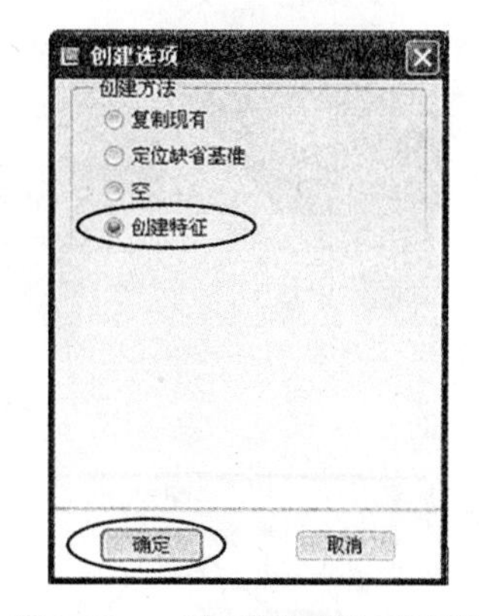

图9.10 “创建选项”对话框

9.2 装配约束类型

装配约束是指一个元件相对于另一个元件的空间位置的放置方式。“装配约束”操控板如图9.11所示。装配约束类型主要包括：自动、配对、对齐、插入、坐标系、相切、直线上的点、曲面上的点、曲面上的边、固定和缺省。

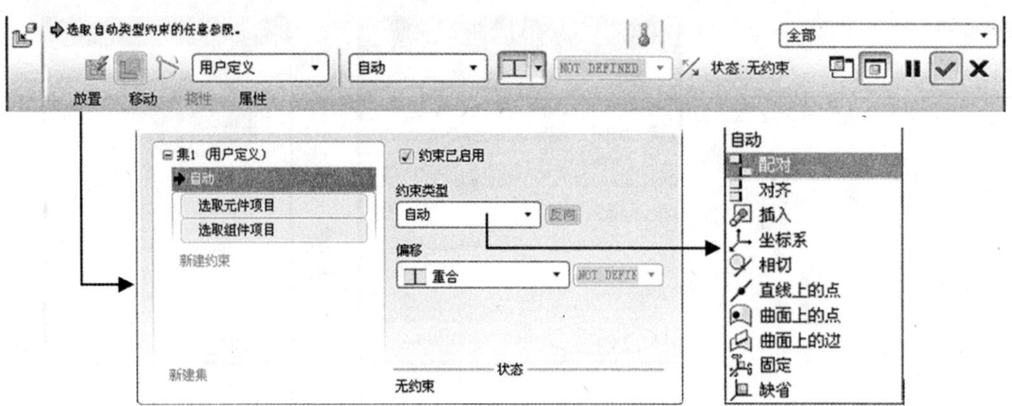

图9.11　“`装配约束”操控板

9.2.1　自　动

使用自动约束，系统根据用户选取的约束对象，自动选择约束方式进行装配。

9.2.2　配　对

使用配对约束，可约束两个平面的位置，两个平面的法向相反。结合“偏移”方式，可实现两平面重合、两平面有一定的偏距，如图9.12和图9.13所示。结果文件请参看模型文件中“第9章\约束类型文件\pipei-1.asm和pipei-2.asm”。

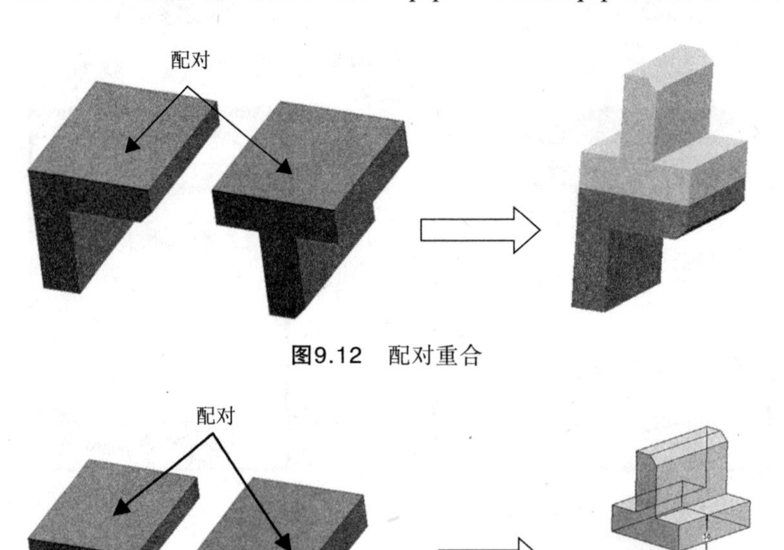

图9.12　配对重合

配对

图9.13　配对偏移

9.2.3　对　齐

使用对齐约束，可约束两个平面的位置，两个平面的法向相同；也可约束两个轴线或两个点重合。“对齐”约束可以将两个选定的参照对齐为重合、定向或者偏移，如图9.14、图9.15和图9.16所示。结果文件请参看模型文件中“第9章\约束类型文件\duiqi-1.asm、duiqi-2.asm和duiqi-3.asm”。

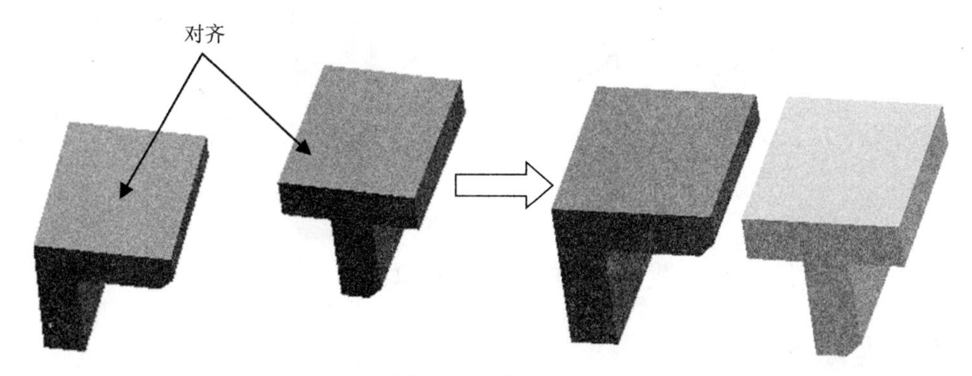

图9.14 平面对齐

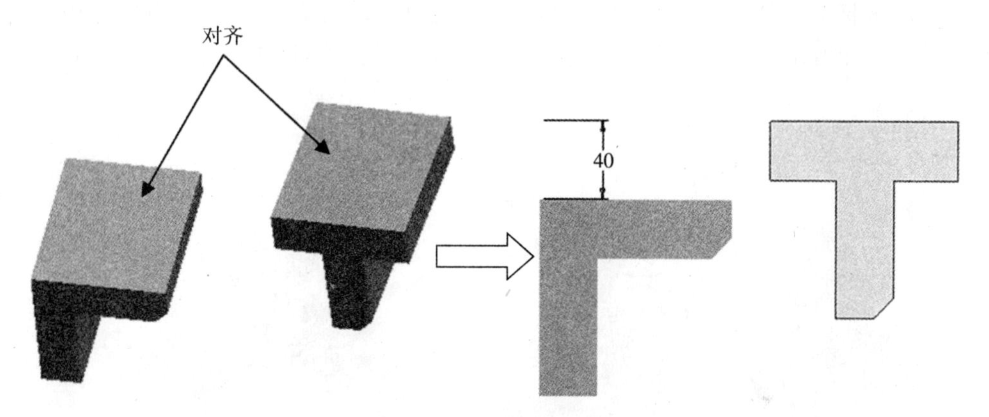

图9.15 平面对齐偏移

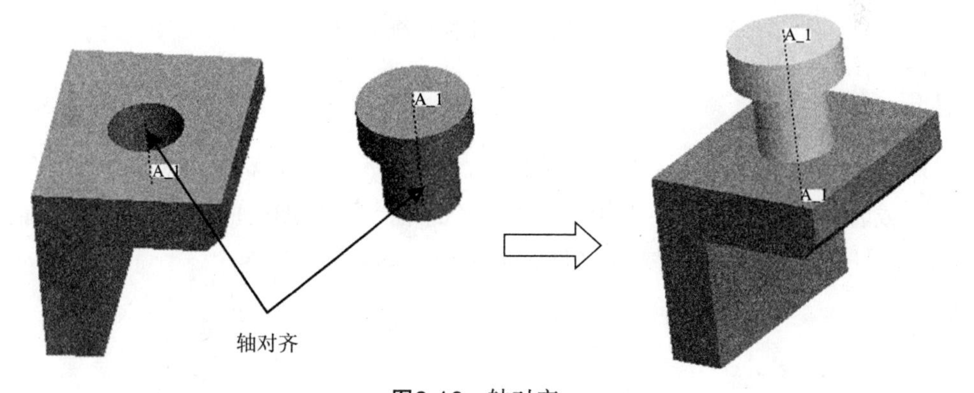

图9.16 轴对齐

9.2.4 插 入

使用插入约束，可用来实现两个旋转曲面之间的配合，将一个旋转曲面插入到另一个旋转曲面，使两个轴线同轴，如图9.17所示。结果文件请参看模型文件中“第9章\约束类型文件\charu-1.asm”。

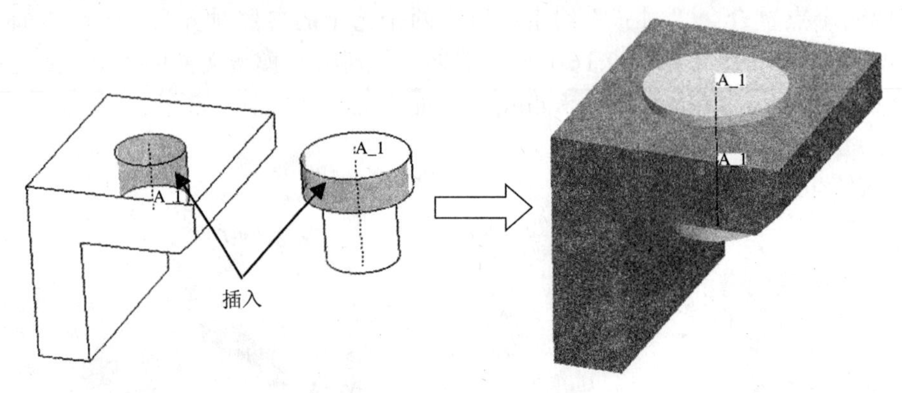

图9.17　插入约束

9.2.5　坐标系

使用坐标系约束，可以使两元件的坐标系对齐，或者将元件与组件的坐标系对齐，如图9.18所示。结果文件请参看模型文件中“第9章\约束类型文件\zuobiaoxi-1.asm”。

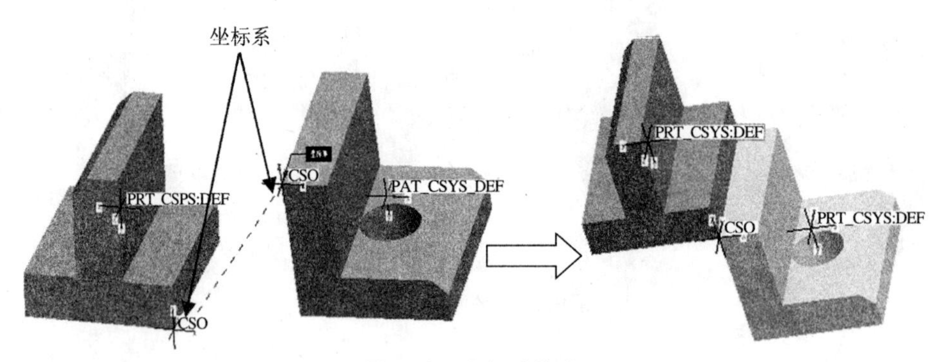

图9.18　坐标系约束

9.2.6　相　切

使用相切约束，可以确定两个表面之间的相切关系，选择的约束对象可以是模型表面或者基准平面（其中至少要包含一个曲面），如图9.19所示。结果文件请参看模型文件中“第9章\约束类型文件\xiangqie-1.asm”。

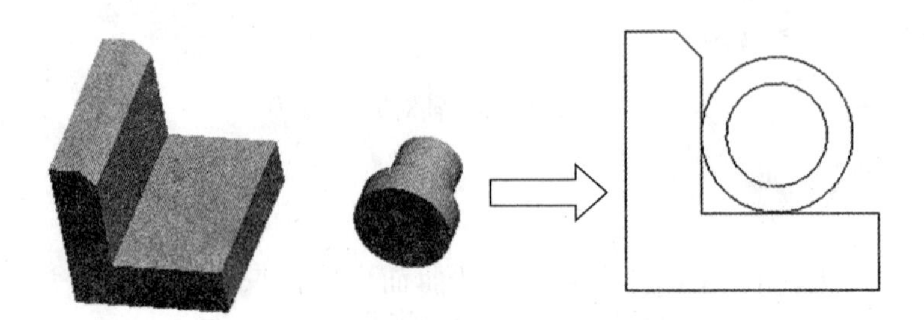

图9.19　相切约束

9.2.7 直线上的点

使用直线上的点约束，可以将一个点与一条线对齐。点可以是元件或组件上的顶点或基准点，线可以是元件或组件上的边线、轴或基准曲线，如图9.20所示。结果文件请参看模型文件中“第9章\约束类型文件\zxsdd-1.asm”。

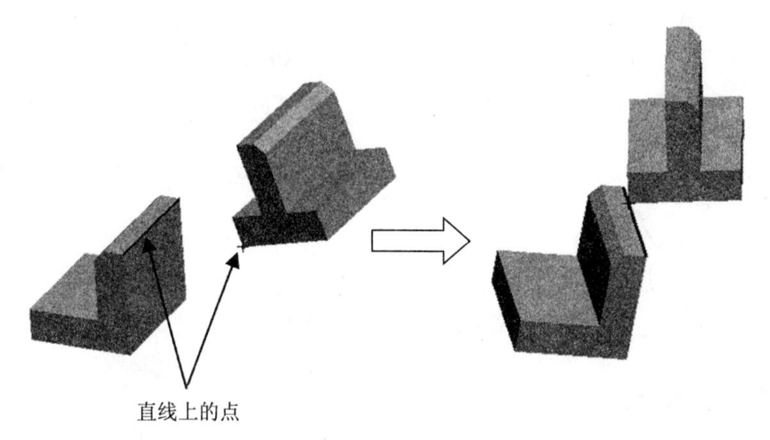

图9.20 直线上的点约束

9.2.8 曲面上的点

使用曲面上的点约束，可以控制曲面与点之间的接触。曲面可以是元件或组件上的曲面特征、基准平面或零件的实体表面，点可以是元件或组件上的顶点或基准点，如图9.21所示。结果文件请参看模型文件中“第9章\约束类型文件\qmsdd-1.asm”。

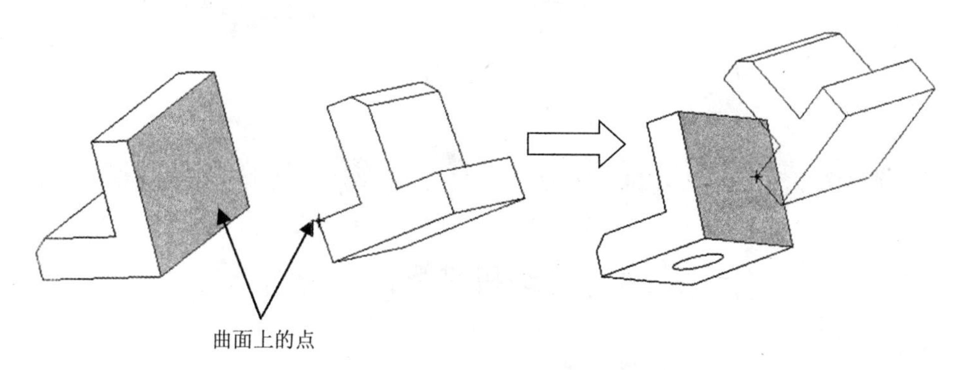

图9.21 曲面上的点约束

9.2.9 曲面上的边

使用曲面上的边约束，可以将元件上的边约束到曲面上。曲面可以是元件或组件上的曲面特征、基准平面或零件的实体表面，如图9.22所示。结果文件请参看模型文件中“第9章\约束类型文件\qmsdb-1.asm”。

9.2.10 固　定

使用固定约束，可以将被移动或封装的元件固定在当前位置。

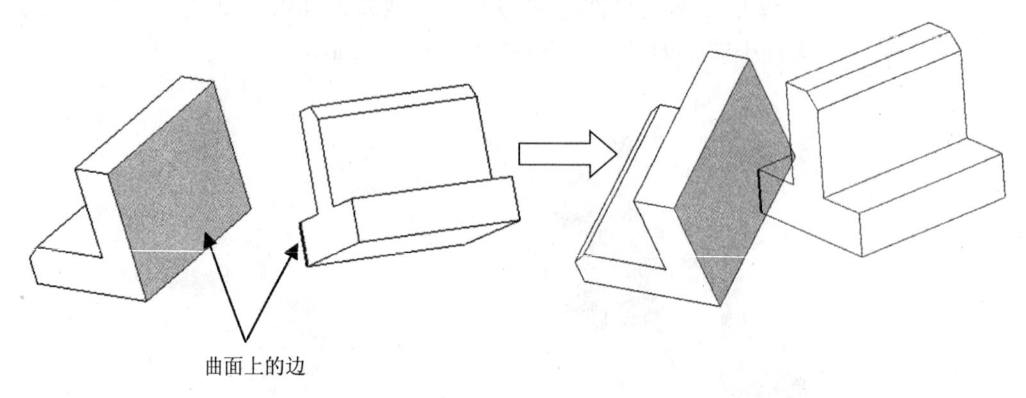

图9.22　曲面上的边约束

9.2.11 缺　省

使用缺省约束，可以将元件上的缺省坐标系与组件上的缺省坐标系对齐，如图9.23所示。结果文件请参看模型文件中“第9章\约束类型文件\quesheng-1.asm”。

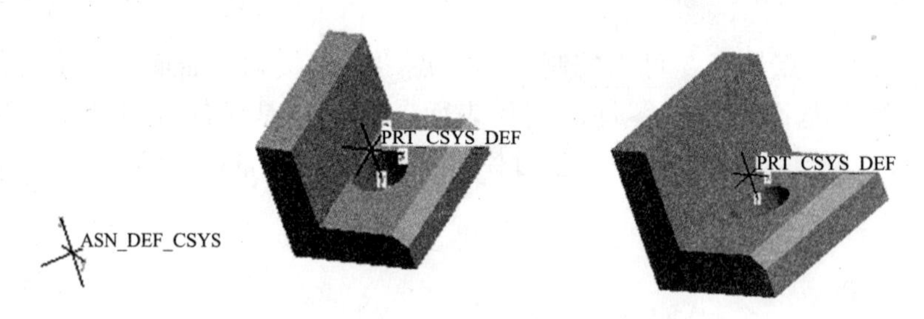

图9.23　缺省约束

9.3 装配实例——发动机

图9.24　发动机组件

9.3.1 发动机装配设计分析

❶ 零件形状和参数

发动机组件外观形状如图9.24所示，长×宽×高为120mm×124mm×164mm。

❷ 发动机组件装配方法与流程

（1）设置工作目录。
（2）装配转动曲柄子组件。
（3）装配活塞子组件。

（4）装配发动机主体（包括前盖、后盖、气缸及其附件）。

（5）装配发动机子组件和活塞连接杆，获得完整的发动机组件。

发动机组件装配的主要流程如表9.1所示。

表9.1 发动机组件装配的主要流程

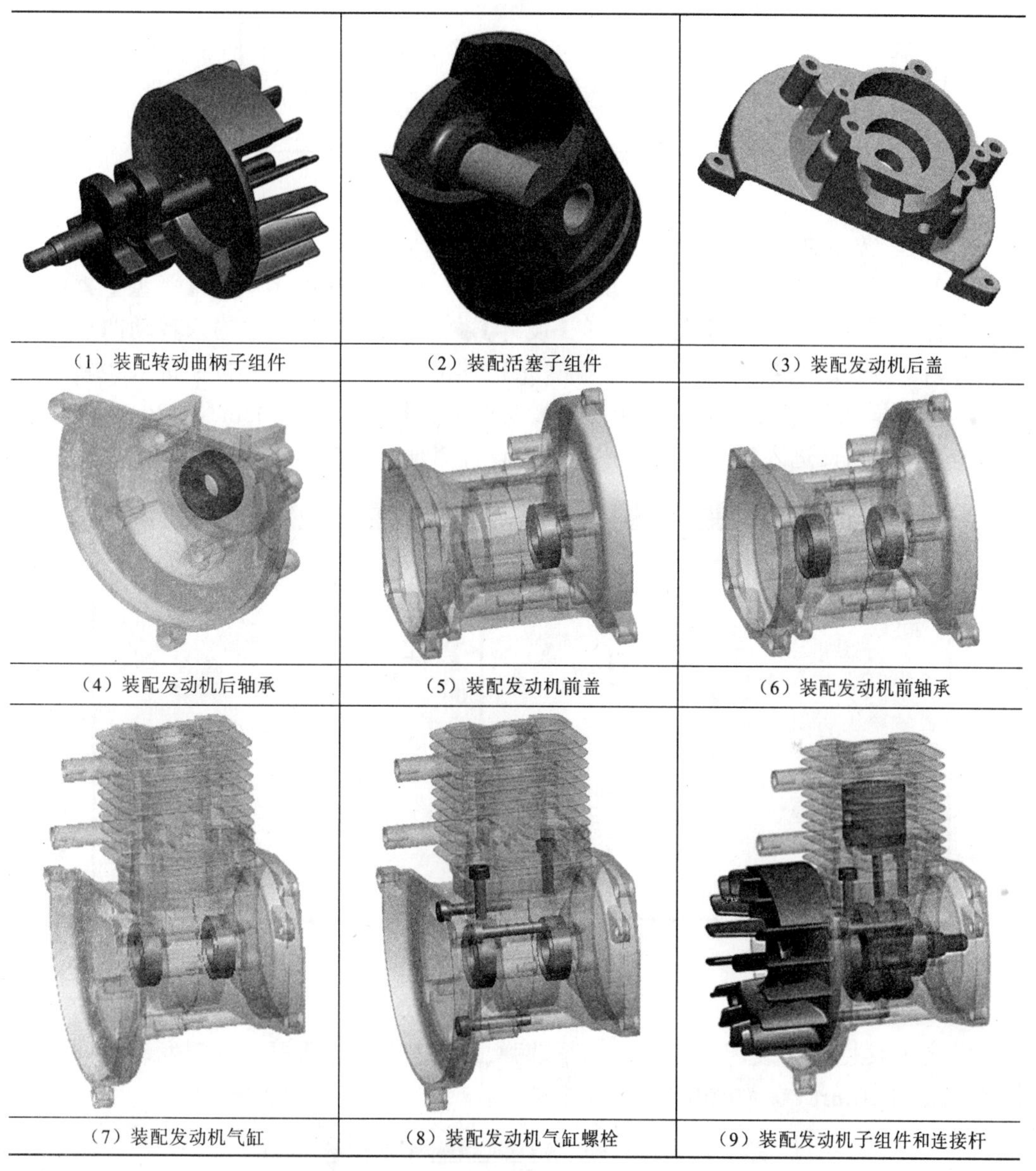

（1）装配转动曲柄子组件	（2）装配活塞子组件	（3）装配发动机后盖
（4）装配发动机后轴承	（5）装配发动机前盖	（6）装配发动机前轴承
（7）装配发动机气缸	（8）装配发动机气缸螺栓	（9）装配发动机子组件和连接杆

9.3.2 装配发动机的操作步骤

❶ 装配转动曲柄子组件

1）设置工作目录

在菜单栏选择【文件】→【设置工作目录】，打开“选择工作目录”对话框，选择工作路径为光盘\第9章\范例结果文件，如图9.25所示。

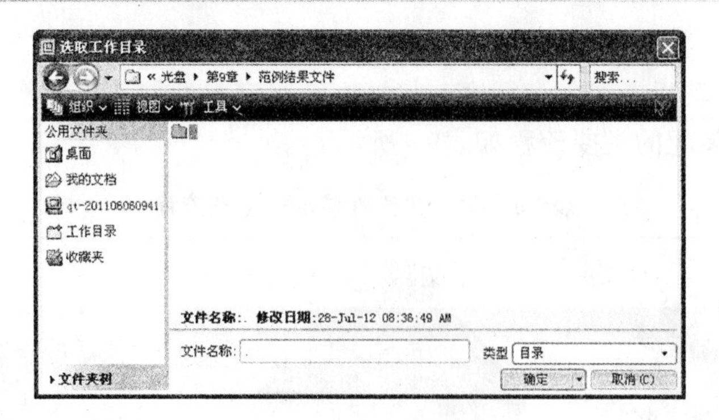

图9.25　设置工作目录

2）创建转动曲柄装配文件

单击【新建】按钮，进入“新建”对话框，如图9.26所示。在【类型】框中选择【组件】，在【子类型】框中选择【设计】，在【名称】框中输入转动曲柄子组件文件名“crank”，去掉【使用缺省模板】项的勾选，单击确定按钮进入“新文件选项”对话框，如图9.27所示。在【模板】框中选择“mmns_asm_design”选项，再单击确定按钮，进入Pro/ENGINEER装配设计界面。

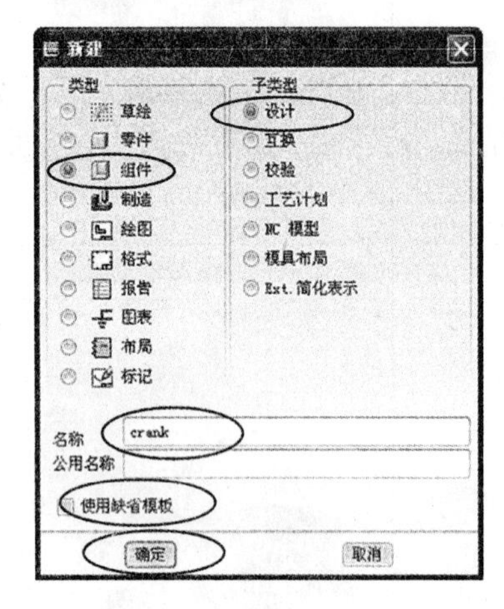

图9.26　“新建”对话框

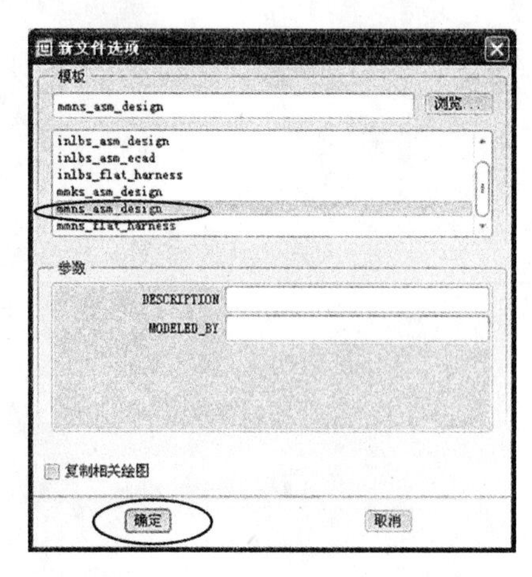

图9.27　“新文件选项”对话框

3）装配发动机曲柄

单击工具栏上【装配】按钮。系统弹出“打开”对话框，选择发动机曲柄文件“crankshaft.prt”，如图9.28所示。

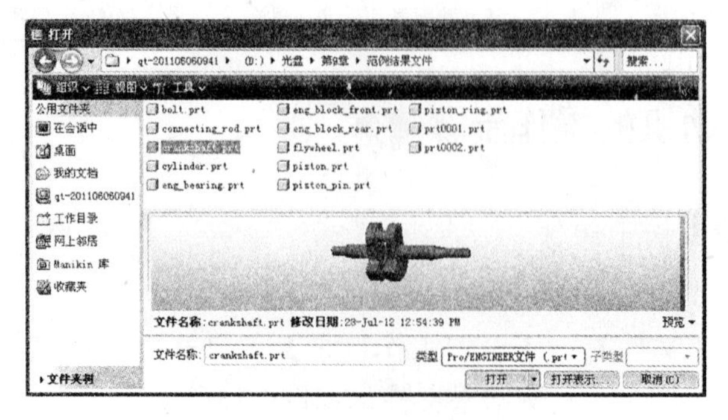

图9.28　选择发动机曲柄文件

单击[打开]按钮，系统关闭“打开”窗口，打开“装配”操控板，如图9.29所示。

图9.29 “装配”操控板

选择【放置】，打开“放置”上滑面板，在上滑面板选择约束类型为“缺省”，如图9.30所示。单击操控板的☑按钮，以缺省方式装配“发动机曲柄”元件。

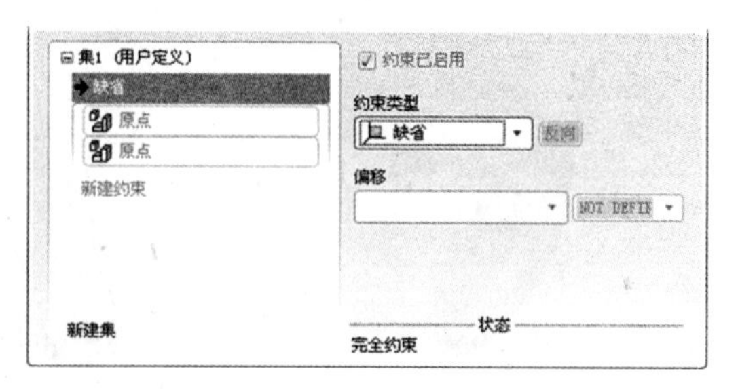

图9.30 选择约束类型

4）装配飞轮

单击工具栏上【装配】按钮。系统弹出“打开”对话框，选择飞轮文件“flywheel.prt”，如图9.31所示。

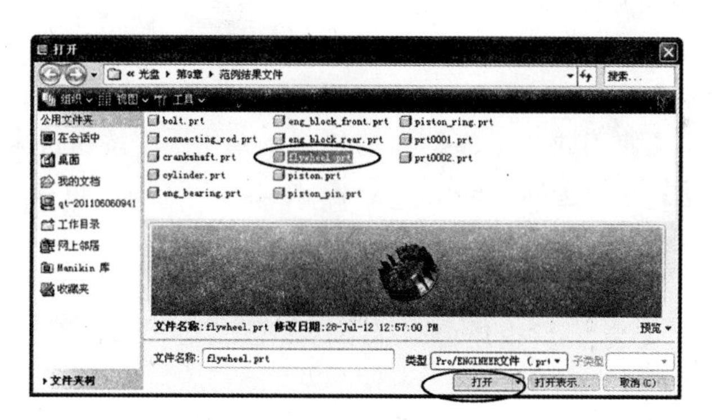

图9.31 选择飞轮文件

单击[打开]按钮，系统关闭“打开”窗口，打开“装配”操控板，选择【放置】，打开“放置”上滑面板，使用配对和对齐的方式装配“飞轮”元件，如图9.32所示。

选择飞轮圆锥曲面与发动机曲柄圆锥曲面配对；选择飞轮基准平面“KEY”与发动机曲柄基准平面“KEY”对齐。其装配过程如图9.33所示。

单击操控板的☑按钮，完成转动曲柄子组件的装配工作。

❷ 装配活塞子组件

1）设置工作目录

在菜单栏选择【文件】→【设置工作目录】，打开“选择工作目录”对话框，

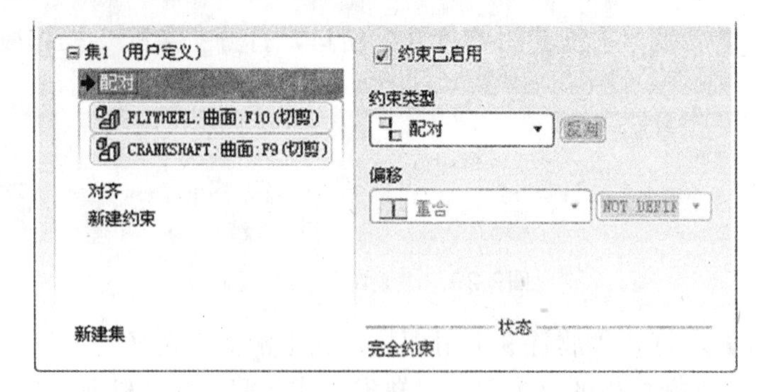

图9.32 选择约束类型

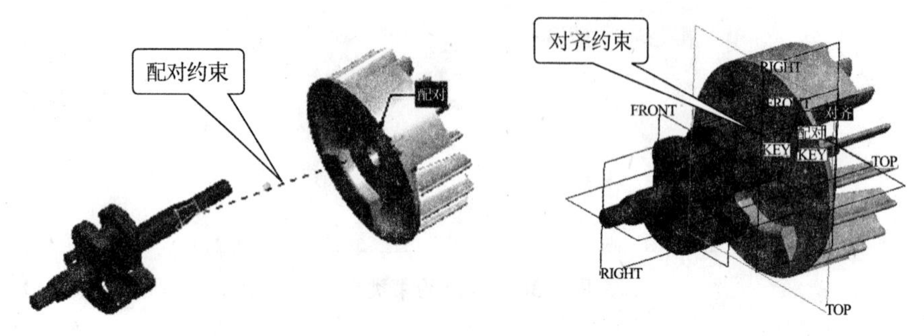

图9.33 飞轮装配操作

选择工作路径为光盘\第9章\范例结果文件。

2）创建活塞装配文件

单击【新建】按钮，进入“新建”对话框。在【类型】框中选择【组件】，在【子类型】框中选择【设计】，在【名称】框中输入活塞子组件文件名“pistion”，去掉【使用缺省模板】项的勾选，单击确定按钮进入“新文件选项”对话框。在【模板】框中选择“mmns_asm_design”选项，再单击确定按钮，进入Pro/ENGINEER装配设计界面。

3）装配活塞

单击工具栏上【装配】按钮。系统弹出“打开”对话框，选择活塞文件“pistion.prt”，如图9.34所示。

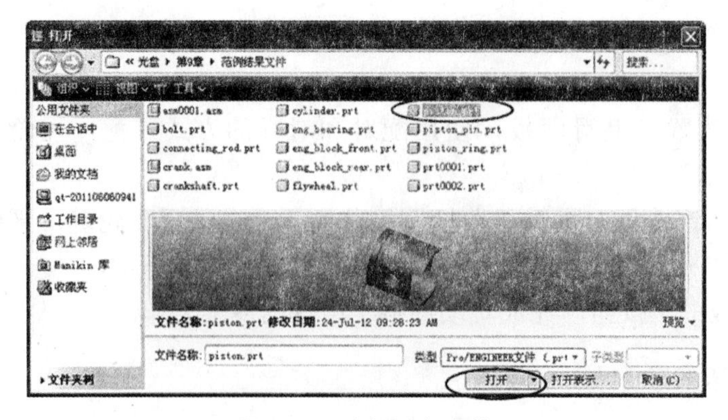

图9.34 选择活塞文件

单击打开按钮，系统关闭“打开”窗口，打开“装配”操控板，如图9.35

所示。

选择【放置】，打开“放置”上滑面板，在上滑面板选择约束类型为“缺省”，如图9.36所示。单击操控板的按钮，以缺省方式装配“活塞”元件。

图9.35　“装配”操控板

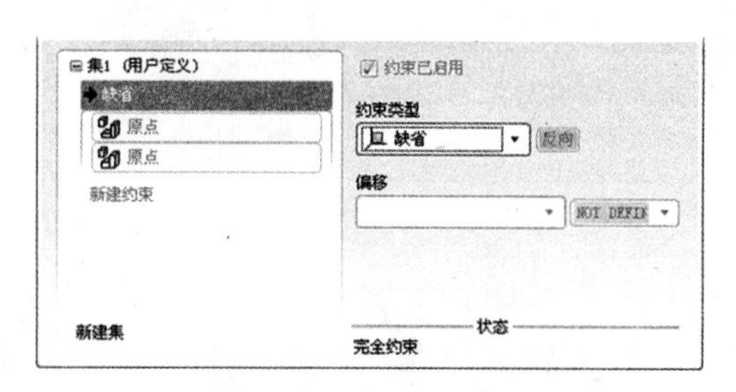

图9.36　选择约束类型

4）装配活塞销

单击工具栏上【装配】按钮。系统弹出“打开”对话框，选择活塞销文件“pistion_pin.prt”，如图9.37所示。

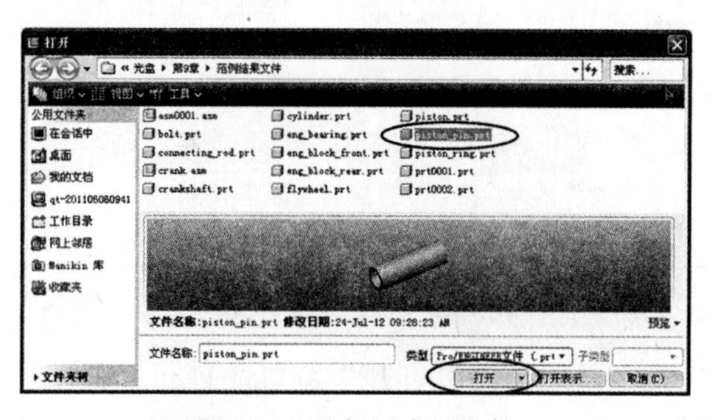

图9.37　选择活塞销文件

单击 打开 按钮，系统关闭“打开”窗口，打开“装配”操控板，选择【放置】，打开“放置”上滑面板，使用插入和对齐的方式装配“活塞销”元件，如图9.38所示。

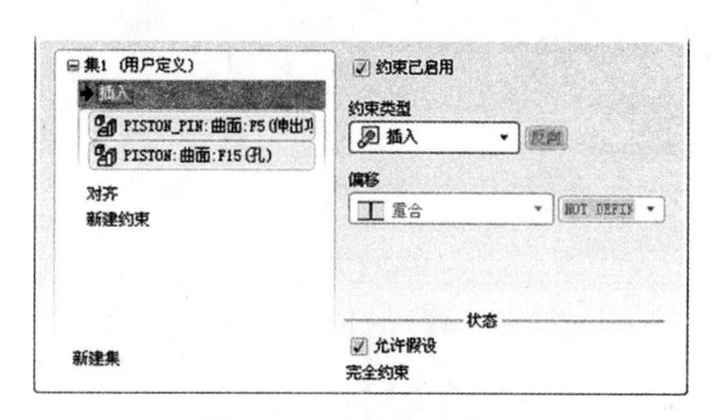

图9.38　选择约束类型

选择活塞销圆柱曲面与活塞销孔圆柱曲面进行插入装配；选择活塞销基准平面

“FRONT”与活塞基准平面“FRONT”对齐。其装配过程如图9.39所示。

单击操控板的☑按钮，完成活塞销的装配工作。

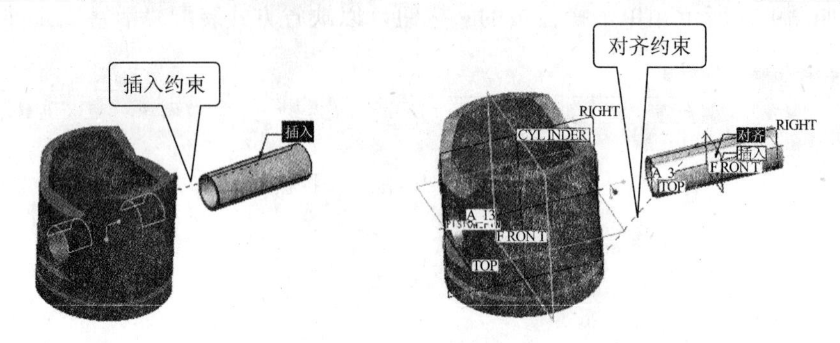

图9.39　活塞销装配操作

5）装配活塞环

单击工具栏上【装配】按钮。系统弹出“打开”对话框，选择活塞环文件“pistion_rin.prt”，如图9.40所示。

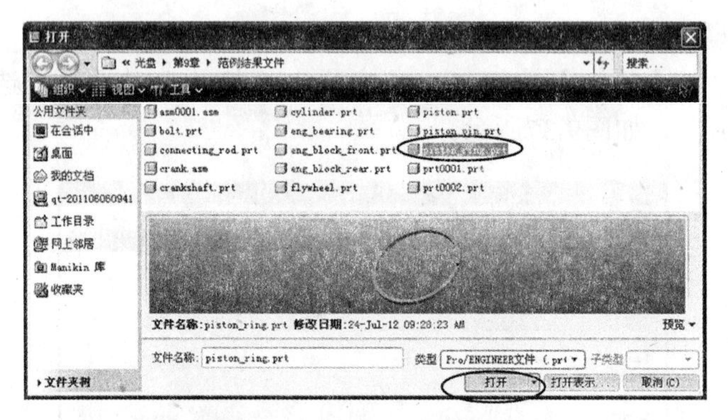

图9.40　选择活塞环文件

单击 打开 按钮，系统关闭“打开”窗口，打开“装配”操控板，选择【放置】，打开“放置”上滑面板，使用配对、插入和固定的方式装配“活塞环”元件，如图9.41所示。

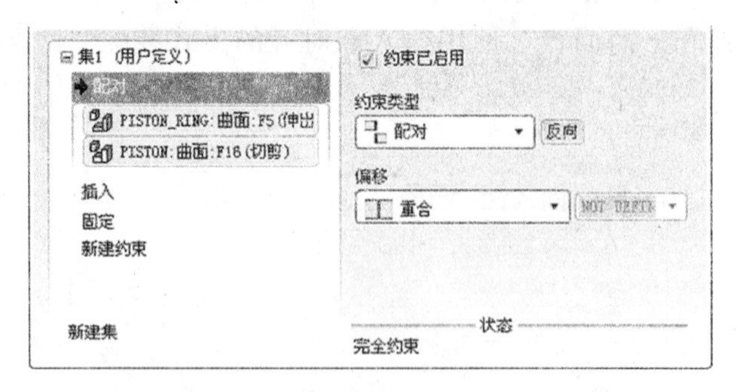

图9.41　选择约束类型

选择活塞环下表面与活塞环状曲面配对；选择活塞环内圆柱曲面与活塞外圆柱曲面进行插入装配；使用固定约束将活塞环固定在当前位置。其装配过程如图9.42所示。

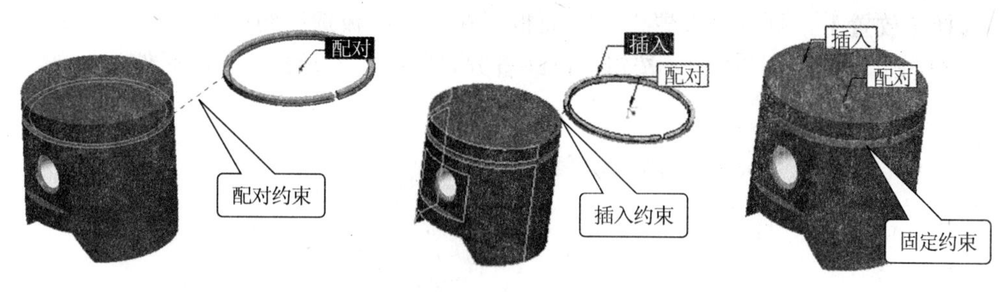

图9.42 活塞环装配操作

单击操控板的☑按钮，完成活塞子组件的装配工作。

❸ 装配发动机组件

1）设置工作目录

在菜单栏选择【文件】→【设置工作目录】，打开“选择工作目录”对话框，选择工作路径为光盘\第9章\范例结果文件。

2）创建发动机装配文件

单击【新建】按钮🗋，进入“新建”对话框。在【类型】框中选择【组件】，在【子类型】框中选择【设计】，在【名称】框中输入发动机组件文件名“engine”，去掉【使用缺省模板】项的勾选，单击确定按钮进入“新文件选项”对话框。在【模板】框中选择“mmns_asm_design”选项，再单击确定按钮，进入Pro/ENGINEER装配设计界面。

3）装配发动机后盖

单击工具栏上【装配】按钮。系统弹出“打开”对话框，选择发动机后盖文件“eng_block_rear.prt”，如图9.43所示。

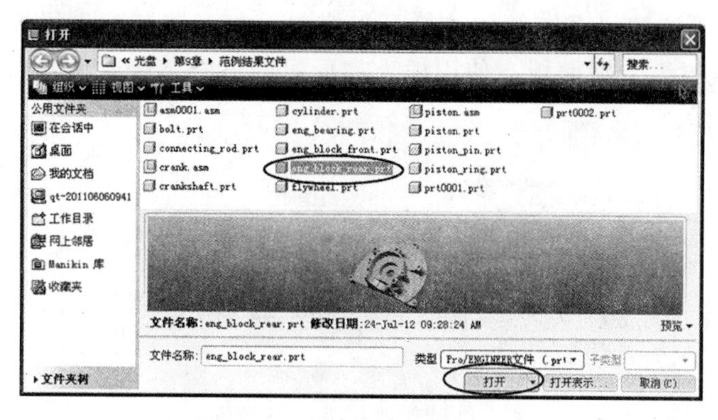

图9.43 选择发动机后盖文件

单击 打开 按钮，系统关闭“打开”窗口，打开“装配”操控板，如图9.44所示。

图9.44 “装配”操控板

选择【放置】，打开“放置”上滑面板，在上滑面板选择约束类型为“缺省”，如图9.45所示。单击操控板的按钮，以缺省方式装配“发动机后盖”元件。

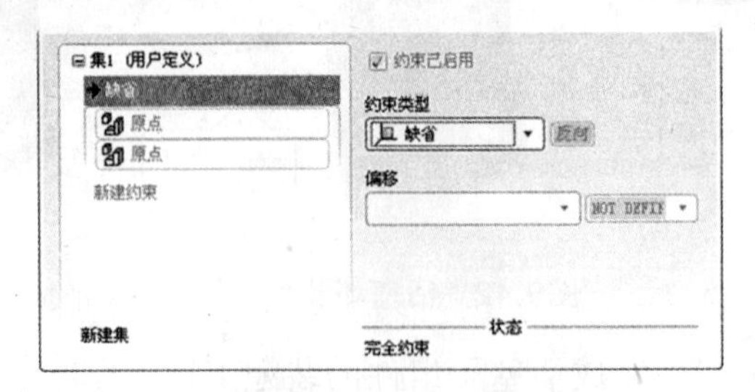

图9.45　选择约束类型

4）装配发动机后盖轴承

单击工具栏上【装配】按钮。系统弹出“打开”对话框，选择发动机轴承文件“eng_bearing.prt”，如图9.46所示。

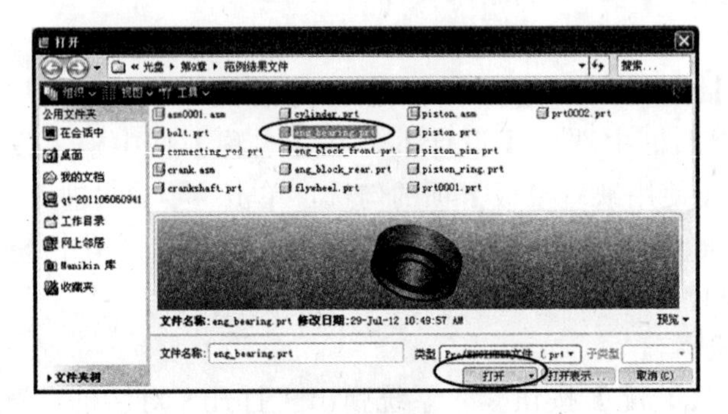

图9.46　选择发动机轴承文件

单击 打开 按钮，系统关闭“打开”窗口，打开“装配”操控板，选择【放置】，打开“放置”上滑面板，使用插入和配对的方式装配“发动机后盖轴承”元件，如图9.47所示。

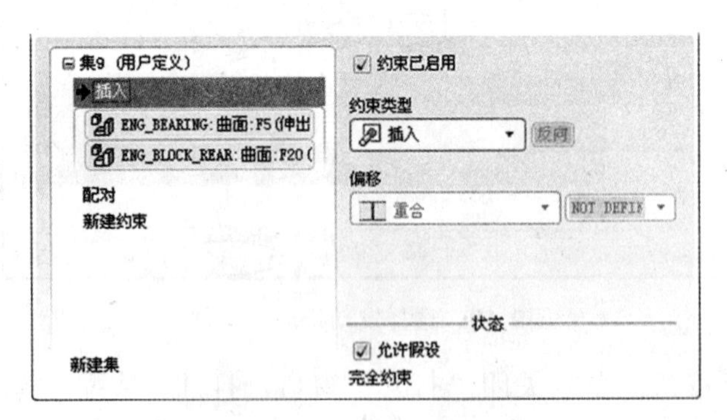

图9.47　选择约束类型

选择轴承外圆柱曲面与发动机后盖轴承槽圆柱曲面进行插入装配；选择轴承端面与发动机后盖轴承槽端面配对。其装配过程如图9.48所示。

单击操控板的按钮，完成发动机后盖轴承的装配工作。

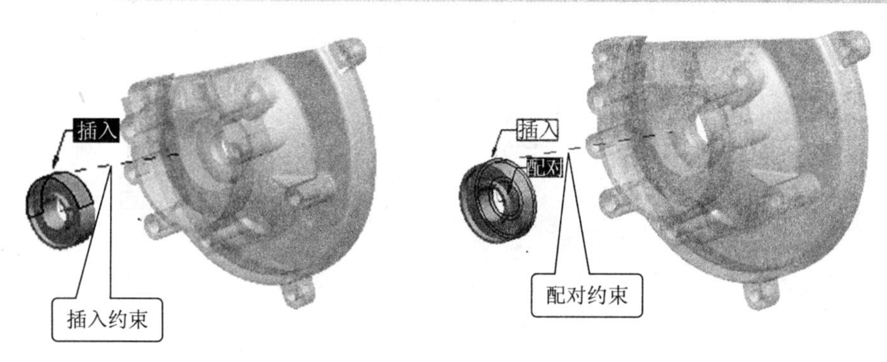

图9.48 发动机后盖轴承装配操作

5）装配发动机前盖

单击工具栏上【装配】按钮。系统弹出“打开”对话框，选择发动机前盖文件“eng_block_front.prt”，如图9.49所示。

单击 打开 按钮，系统关闭“打开”窗口，打开“装配”操控板，选择【放置】，打开“放置”上滑面板，使用插入、插入和配对的方式装配“发动机前盖”元件，如图9.50所示。

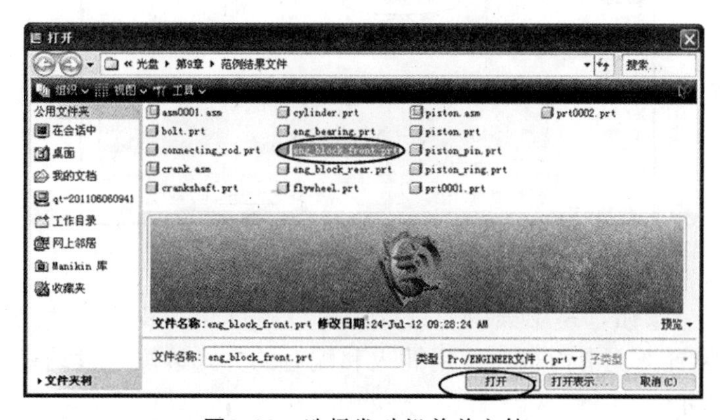

图9.49 选择发动机前盖文件

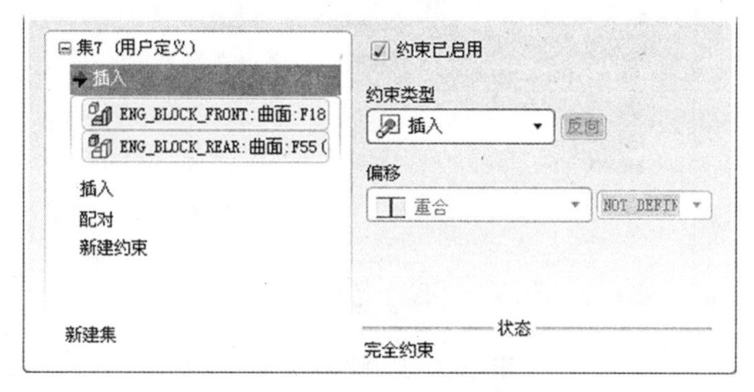

图9.50 选择约束类型

选择发动机前盖小圆柱曲面与发动机后盖小圆柱槽曲面进行插入装配；选择发动机前盖另一小圆柱曲面与发动机后盖另一小圆柱槽曲面进行插入装配；选择发动机前盖端面与发动机后盖端面配对。其装配过程如图9.51所示。

单击操控板的按钮，完成发动机前盖的装配工作。

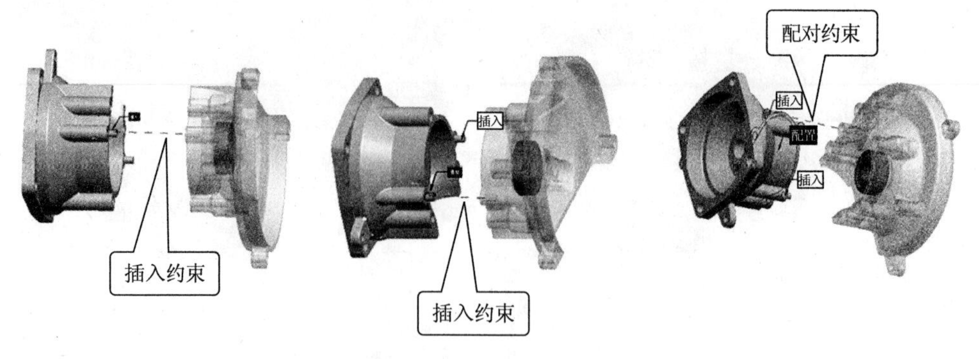

图9.51　发动机前盖装配操作

6）装配发动机前盖轴承

单击工具栏上【装配】按钮。系统弹出“打开”对话框，选择发动机轴承文件“eng_bearing.prt”，如图9.52所示。

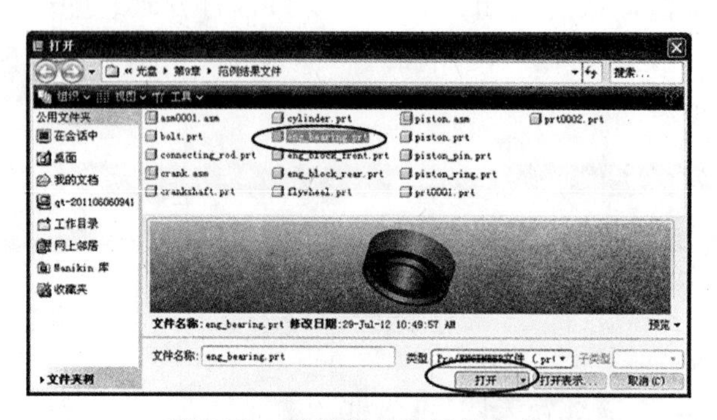

图9.52　选择发动机轴承文件

单击 打开 按钮，系统关闭“打开”窗口，打开“装配”操控板，选择【放置】，打开“放置”上滑面板，使用插入和配对的方式装配“发动机前盖轴承”元件，如图9.53所示。

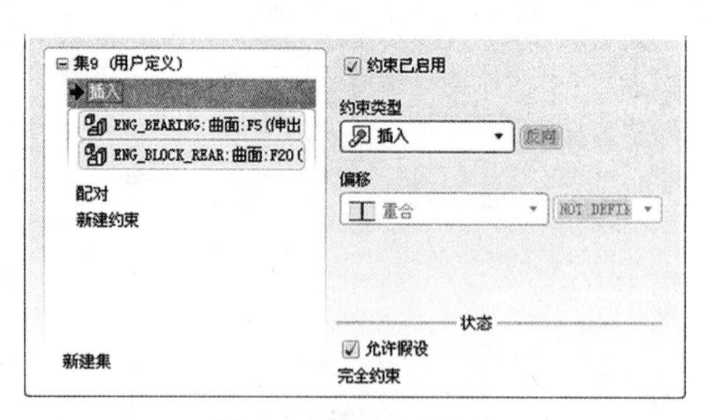

图9.53　选择约束类型

选择轴承外圆柱曲面与发动机前盖轴承槽圆柱曲面进行插入装配；选择轴承端面与发动机后盖轴承槽端面配对。其装配过程如图9.54所示。

单击操控板的按钮，完成发动机前盖轴承的装配工作。

7）装配发动机气缸

单击工具栏上【装配】按钮。系统弹出“打开”对话框，选择发动机气缸文

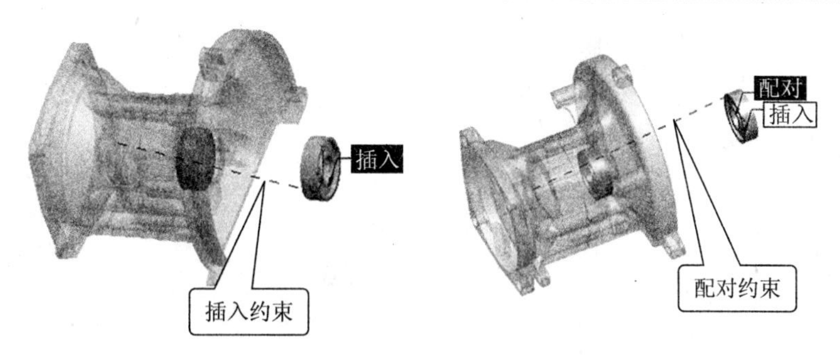

图9.54 发动机前盖轴承装配操作

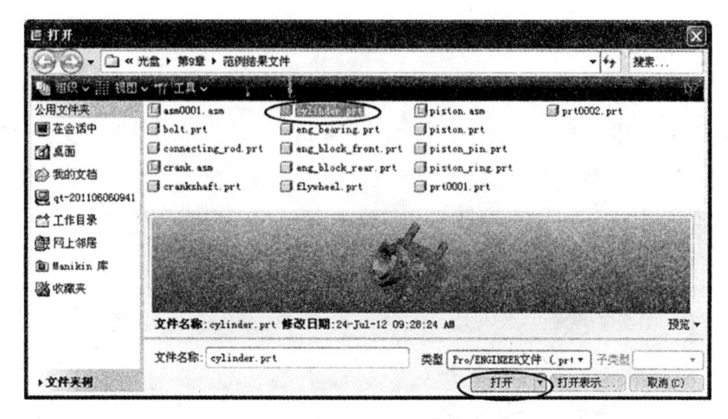

图9.55 选择发动机气缸文件

件“cylinder.prt”，如图9.55所示。

单击 打开 按钮，系统关闭“打开”窗口，打开“装配”操控板，选择【放置】，打开“放置”上滑面板，使用插入和配对的方式装配“发动机气缸”元件，如图9.56所示。

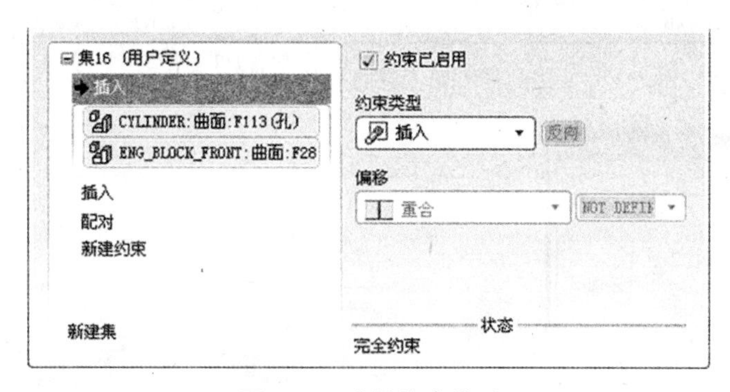

图9.56 选择约束类型

使用插入约束装配发动机气缸上的两个螺栓槽；选择发动机气缸端面与发动机后盖端面配对。其装配过程如图9.57所示。

单击操控板的☑按钮，完成发动机气缸的装配工作。

8）装配发动机螺栓

（1）装配发动机气缸2个螺栓。

单击工具栏上【装配】按钮。系统弹出“打开”对话框，选择螺栓文件

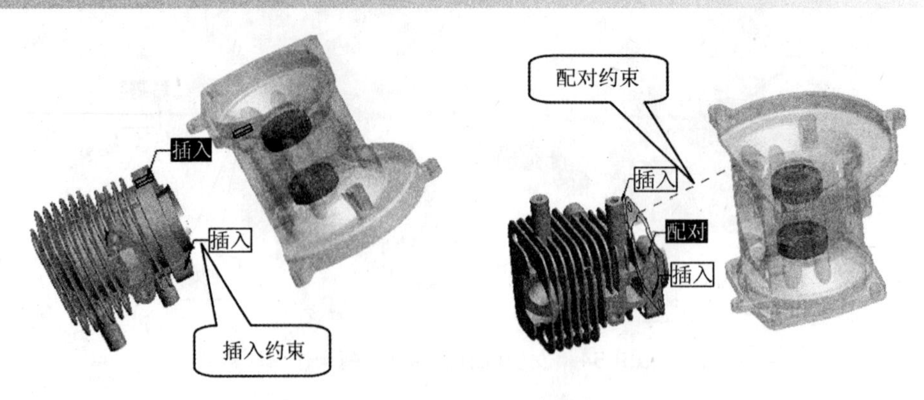

图9.57 发动机气缸装配操作

“bolt.prt”，如图9.58所示。

单击 打开 按钮，系统关闭“打开”窗口，打开“选取实例”对话框，如图9.59所示。选取螺栓类型“BOLT_5_18”，再单击 打开 按钮，打开“装配”操控板，选择【放置】，打开“放置”上滑面板，使用插入和配对的方式装配“螺栓”元件，如图9.60所示。

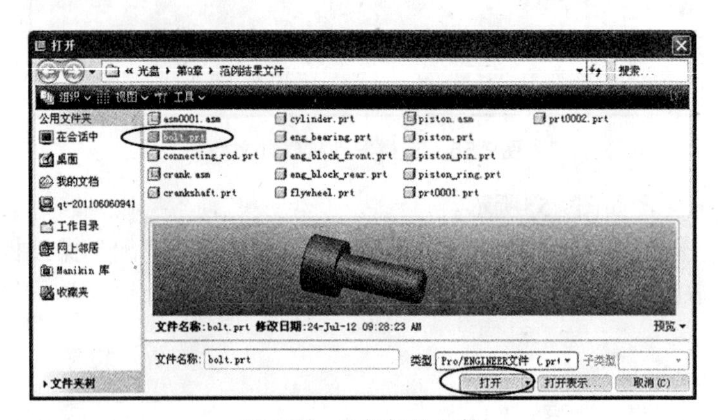

图9.58 选择螺栓文件

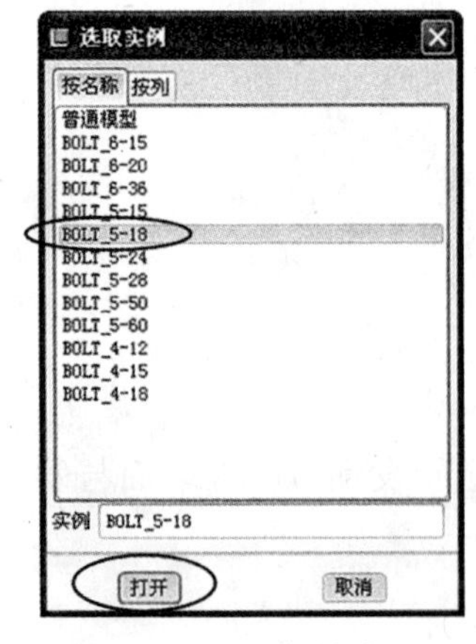

图9.59 选择螺栓类型

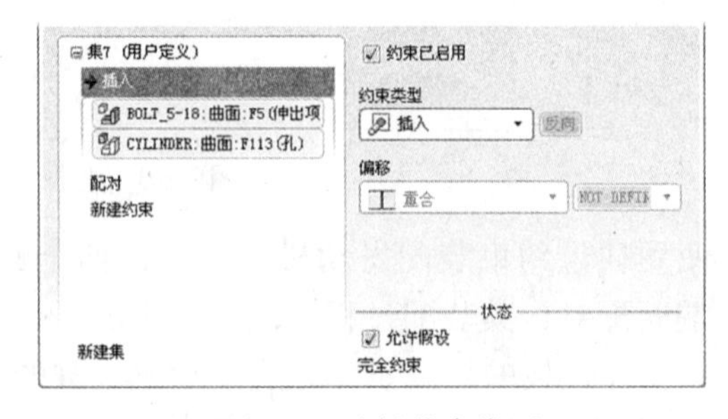

图9.60 选择约束类型

选择螺栓柱曲面与发动机气缸螺栓槽曲面进行插入装配；选择螺栓沉头下端面与发动机气缸端面配对。其装配过程如图9.61所示。

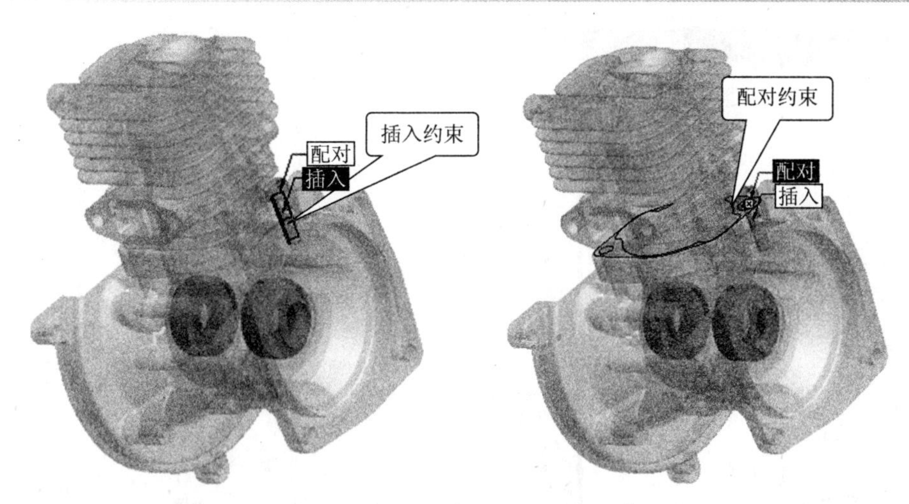

图9.61 发动机气缸螺栓装配操作

单击操控板的☑按钮，完成发动机气缸一个螺栓的装配工作。用同样的方法完成发动机气缸另一个螺栓的装配工作。

（2）装配发动机后盖3个螺栓。

单击工具栏上【装配】按钮。系统弹出“打开”对话框，选择螺栓文件“bolt.prt”，如图9.62所示。

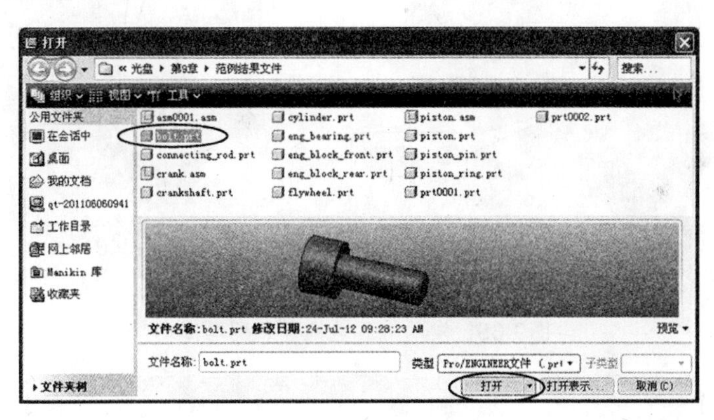

图9.62 选择螺栓文件

单击 打开 按钮，系统关闭“打开”窗口，打开“选取实例”对话框，如图9.63所示。选取螺栓类型“BOLT_5-28”，再单击 打开 按钮，打开“装配”操控板，选择【放置】，打开“放置”上滑面板，使用插入和配对的方式装配“螺栓”元件，如图9.64所示。

选择螺栓柱曲面与发动机气缸螺栓槽曲面进行插入装配；选择螺栓沉头下端面与发动机气缸端面配对。其装配过程如图9.65所示。

单击操控板的☑按钮，完成发动机后盖一个螺栓的装配工作。用同样的方法完成发动机后盖另一个螺栓的装配工作。

9）装配转动曲柄子组件

单击工具栏上【装配】按钮。系统弹出“打开”对话框，选择转动曲柄子组件“crank.asm”，如图9.66所示。

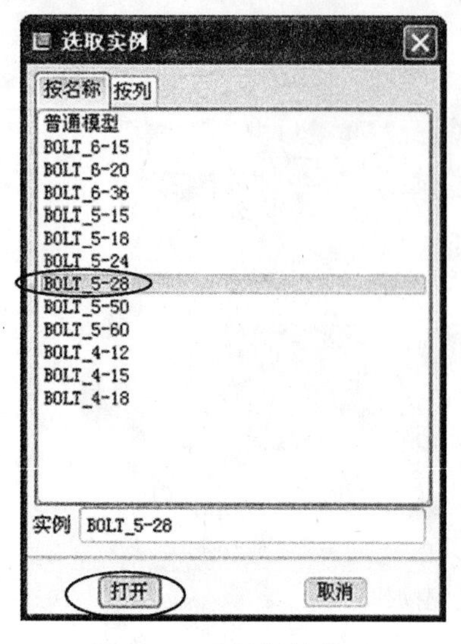

图9.63 选择螺栓类型

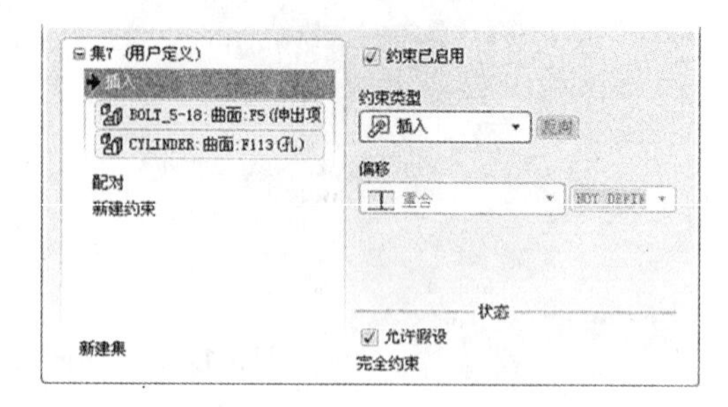

图9.64 选择约束类型

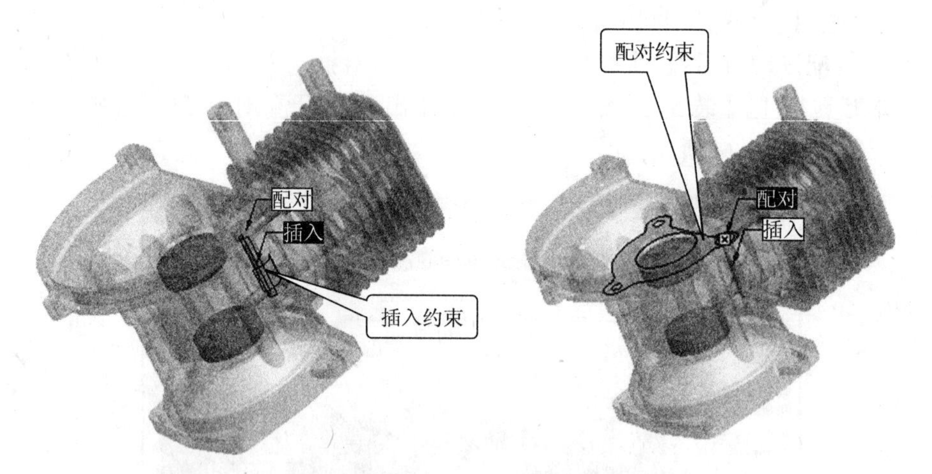

图9.65 发动机后盖螺栓装配操作

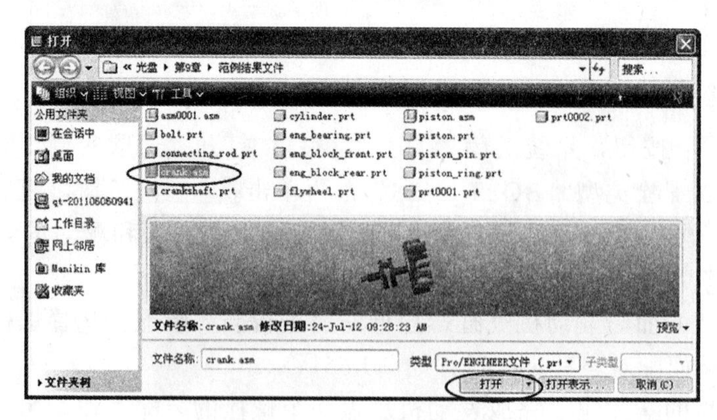

图9.66 选择转动曲柄子组件

单击[打开]按钮，系统关闭“打开”窗口，打开“装配”操控板，选择【放置】，打开“放置”上滑面板，使用销钉连接的方式装配“转动曲柄”子组件，如图9.67所示。

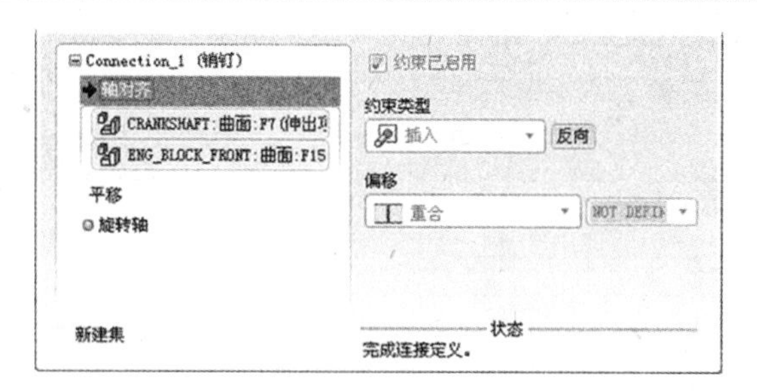

图9.67 选择约束类型

选择转动曲柄柱曲面与发动机前盖转动曲柄槽曲面进行轴对齐约束；选择转动曲柄基准平面“FRONT”与发动机气缸基准平面“FRONT”进行平移约束。其装配过程如图9.68所示。

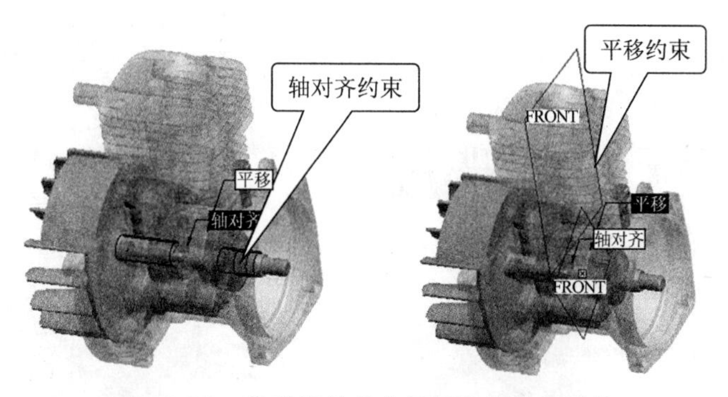

图9.68 发动机转动曲柄子组件装配操作

单击操控板的☑按钮，完成转动曲柄子组件的装配工作。

10）装配活塞子组件

单击工具栏上【装配】按钮。系统弹出“打开”对话框，选择活塞子组件“pistion.asm”，如图9.69所示。

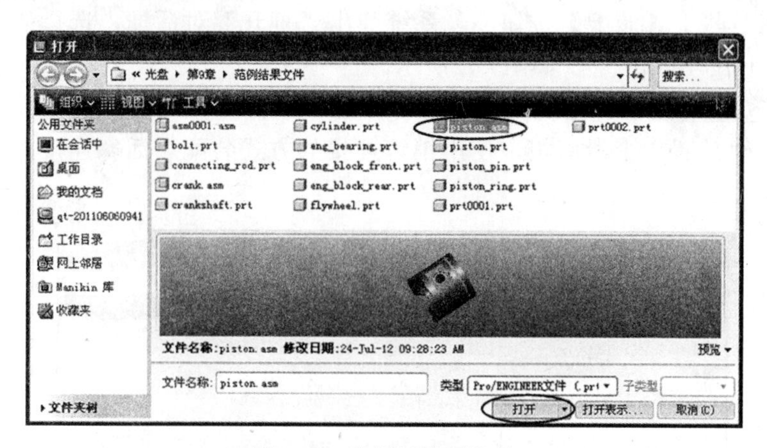

图9.69 选择活塞子组件

单击 打开 按钮，系统关闭“打开”窗口，打开“装配”操控板，选择【放置】，打开“放置”上滑面板，使用滑动杆连接的方式装配活塞子组件，如图9.70所示。

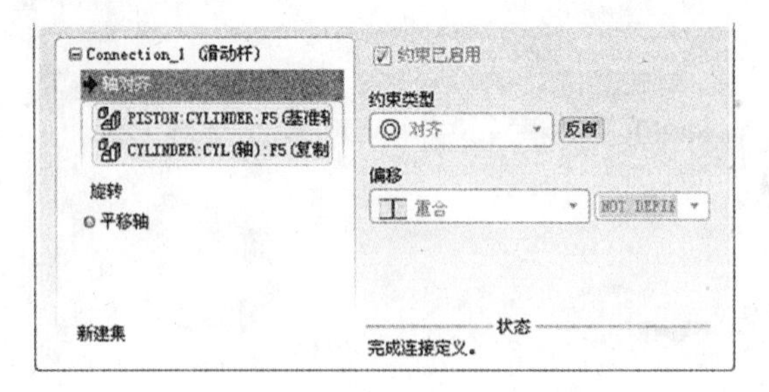

图9.70　选择约束类型

选择活塞基准轴“CYLINDER”与发动机气缸基准轴“CYL”进行轴对齐约束；选择活塞基准平面“FRONT”与发动机气缸基准平面“FRONT”进行旋转约束。其装配过程如图9.71所示。

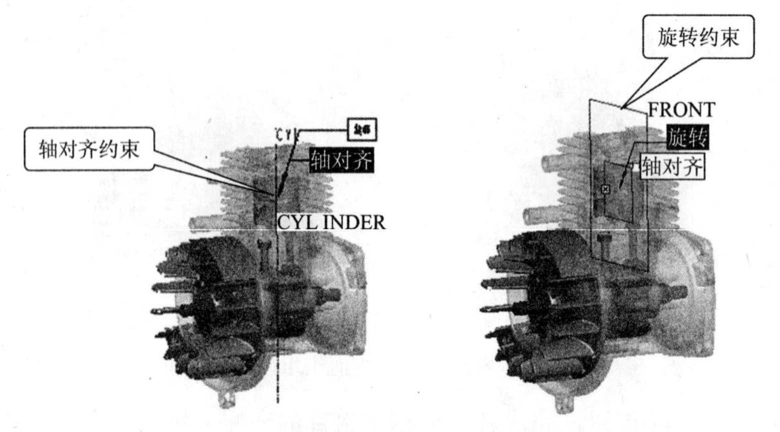

图9.71　发动机活塞子组件装配操作

单击操控板的☑按钮，完成活塞子组件的装配工作。

11）装配活塞连接杆

单击工具栏上【装配】按钮。系统弹出“打开”对话框，选择活塞连接杆文件“connecting_rod.prt”，如图9.72所示。

单击 打开 按钮，系统关闭“打开”窗口，打开“装配”操控板，选择【放置】，打开“放置”上滑面板，使用销钉连接的方式装配“活塞连接杆”元件，如图9.73所示。

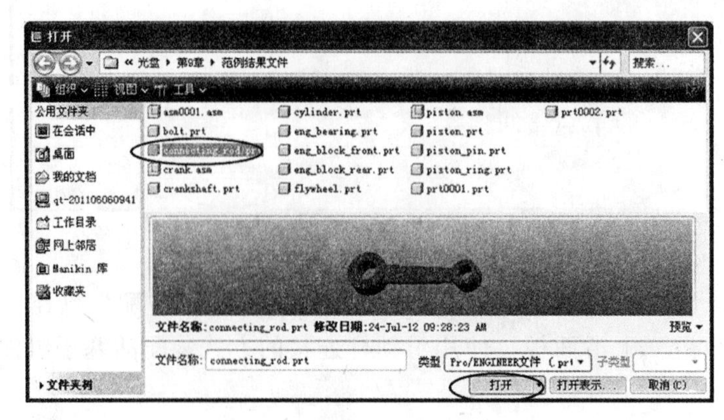

图9.72　选择活塞连接杆

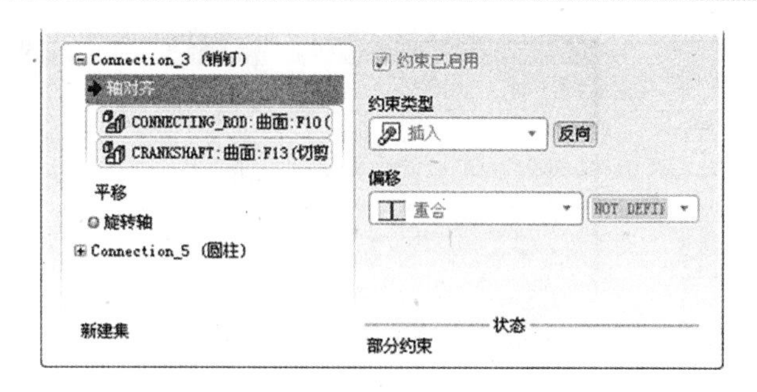

图9.73 选择约束类型

选择活塞连接杆圆柱曲面与发动机转动曲柄圆柱曲面进行轴对齐约束；选择活塞连接杆基准平面“FRONT”与发动机转动曲柄基准平面“FRONT”进行平移约束。其装配过程如图9.74所示。

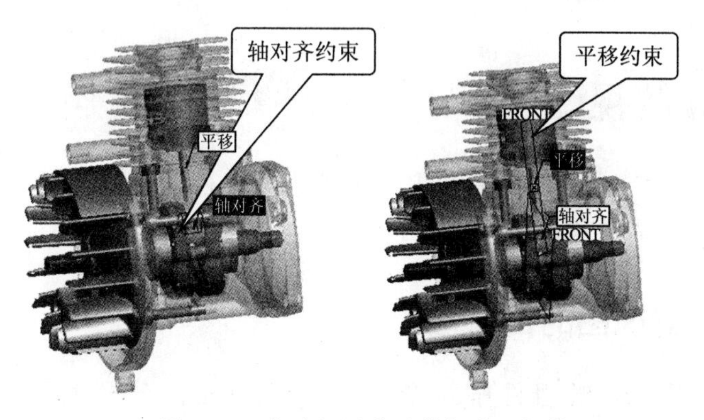

图9.74 发动机活塞连接杆装配操作

单击操控板的☑按钮，完成活塞连接杆元件的装配工作。整个发动机组件装配工作结束。

注解 在发动机组件装配过程中，使用了“销钉”和“滑动杆”两种连接类型，在“装配”操控板中单击用户定义下拉菜单，打开“定义连接”类型菜单，系统提供了多种连接方式，如图9.75所示。用户可以根据需要定义不同的转动或移动连接，产品设计中常用的“连接方式”主要包括销钉连接、滑动杆连接、圆柱连接等。“销钉连接”允许零件绕轴线的旋转运动；“滑动杆连接”允许零件沿某一方向移动；“圆柱连接”允许零件绕轴线的旋转，也允许零件沿某一方向移动。

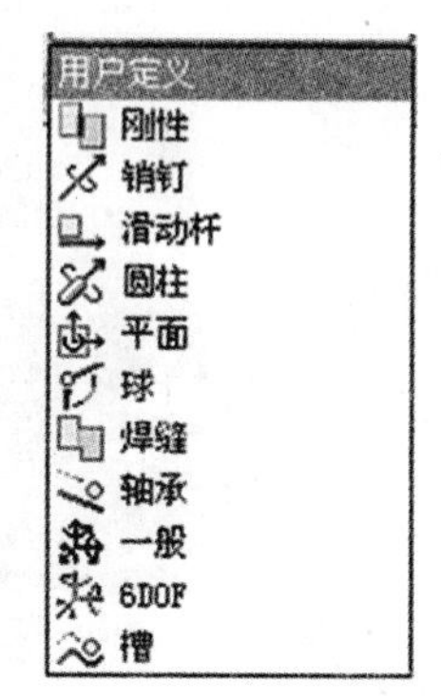

图9.75 连接类型

9.4 元件特征的显示

装配组件设计中，Pro/ENGINEER系统在默认环境下不显示装配元件的特征。为了对元件的特征进行修改操作，需要显示元件的特征。其操作步骤如下：

在装配组件的模型树中选择【设置】按钮，打开“设置列表”，如图9.76所示。在【设置列表】中选择【树过滤器】，打开“模型树项目”对话框，如图9.77

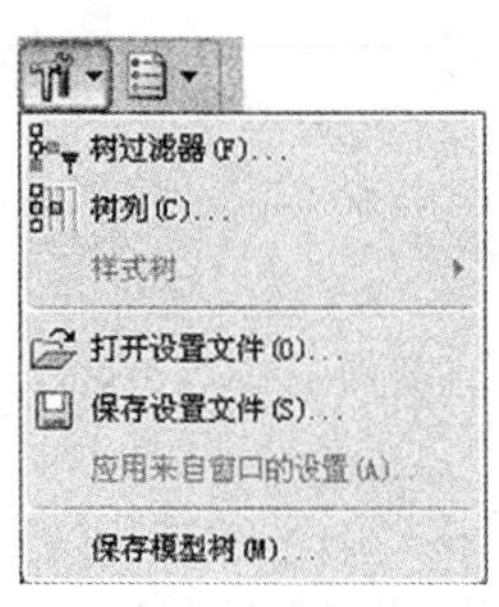

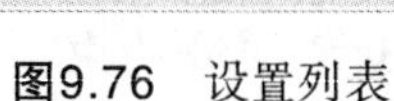
图9.76　设置列表

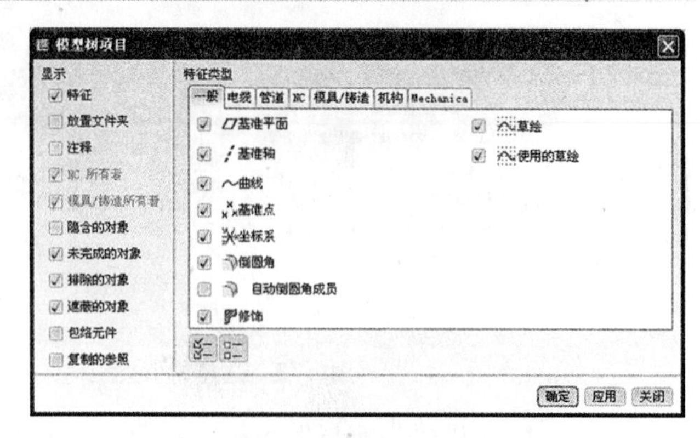

图9.77　“模型树项目”对话框

所示。在【模型树项目】对话框中选择【特征】选项，再单击[确定]按钮，元件的特征显示在装配组件的模型树中。

9.5　创建分解视图

在复杂的组件设计中，为了清晰表达产品内部元件的结构，或在制作产品结构安装说明书时，常常需要创建分解视图。

9.5.1　创建分解视图的目的

分解视图可以将装配组件中每个元件与其他元件分开表示，如图9.78所示。分解视图仅影响组件外观，装配元件之间的实际距离不会改变。

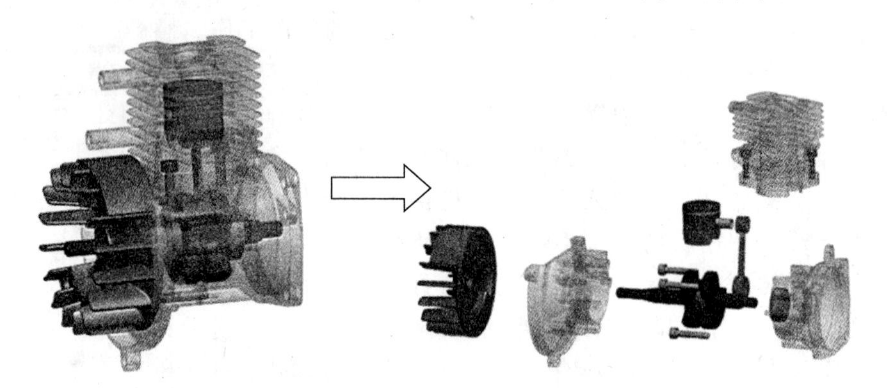

图9.78　分解视图

9.5.2　创建分解视图的操作步骤

❶ 选取命令

在装配设计模式下，从菜单栏选择【视图】→【视图管理器】，或从工具栏中单击【视图管理器】按钮。打开“视图管理器”对话框，在“视图管理器”对话框中选择“分解”选项，切换到分解视图模式，如图9.79所示。

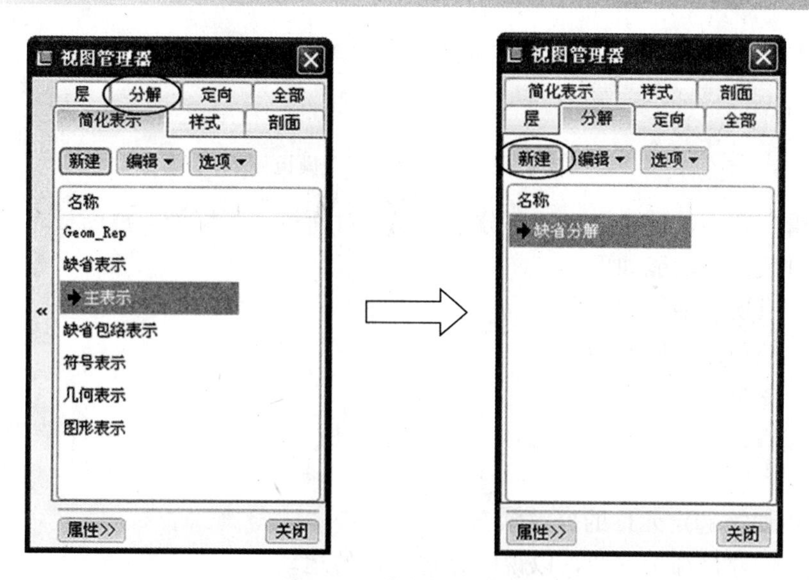

图9.79 分解视图模式

❷ 创建分解视图名称

在分解视图模式单击新建按钮，打开分解视图“缺省名称”框，在【名称】框中输入新的分解视图文件名，或接受缺省分解视图文件名，按“Enter”键确认，当前分解视图处于激活状态，如图9.80所示。

❸ 定义分解视图的位置

创建分解视图名称后，单击属性>>按钮，打开“编辑位置”视图管理器，如图9.81所示。单击【编辑位置】按钮，打开“编辑位置”操控板，如图9.82所示。选择要移动的元件，拖动鼠标到适当的位置松开鼠标，可以定义分解视图的位置。

图9.80 创建分解视图名称

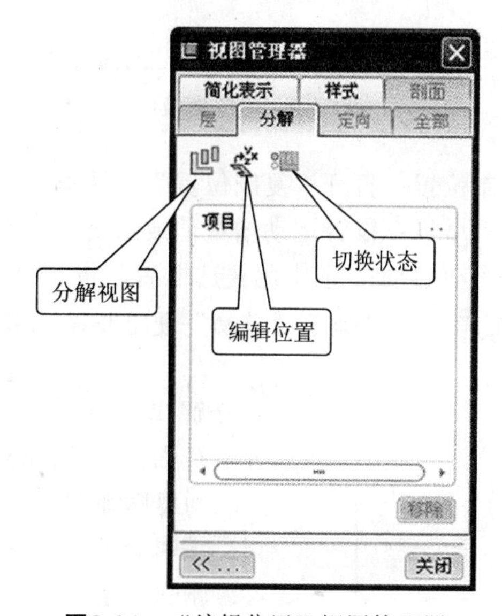

图9.81 “编辑位置”视图管理器

图9.82　“分解视图”操控板

“编辑位置”操控板分为两部分，上层为对话栏，下层为上滑面板。

上层对话栏的功能如下。

- ：沿所选轴平移。
- ：绕所选参照旋转。
- ：绕视图平面移动。
- 选取项目：运动参照收集器－显示所选的运动参照。选中该复选框可激活收集器。
- ：切换选定元件的分解状态。
- ：创建修饰偏移线，以说明分解元件的运动。

下层上滑面板的功能如下。

- 参照：使用此面板来收集并显示已分解元件的运动参照。参照面板如图9.83所示。

要移动的元件：显示对应于所选运动参照的元件。

移动参照：激活运动参照收集器并显示所选择的运动参照。

- 选项：使用此面板可将复制的位置应用于元件、定义运动增量以及移动带有已分解元件的元件子项。选项面板如图9.84所示。

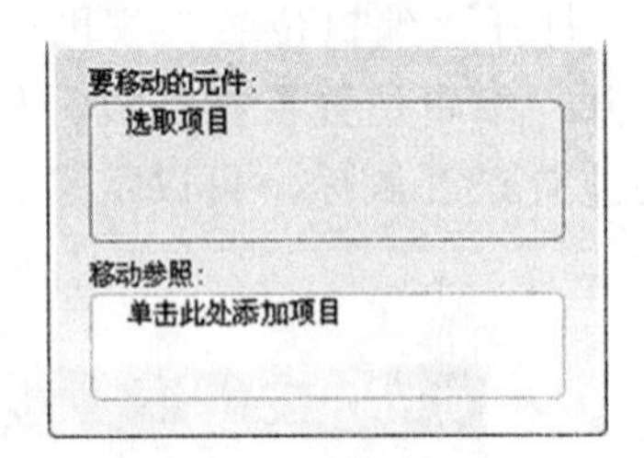

图9.83　参照面板

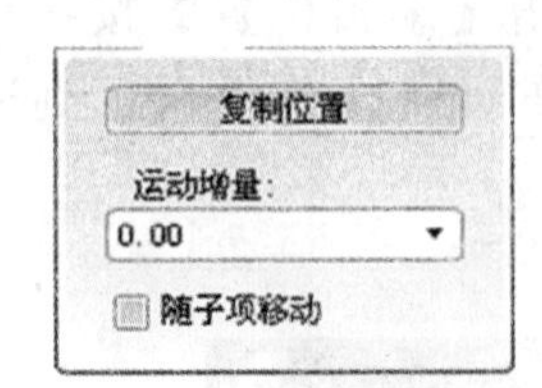

图9.84　选项面板

复制位置：打开“复制位置”对话框。

运动增量：设置运动增量值或指定“平滑”运动。

随子项移动：选中此复选框后，将已分解元件子项与元件一起移动。

注解　“随子项移动”复选框是操控板中唯一可以用来“撤销”或“重做”的命令。

- 分解线：使用此面板创建、修改和删除元件之间的分解线。分解线面板如图9.85所示。

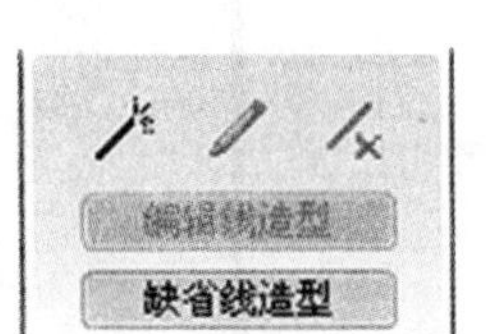

图9.85　分解线面板

：创建修饰偏移线。

：编辑分解线或偏移线。

：删除一条或多条所选的分解线或偏移线。

编辑线造型：打开“线造型”对话框以更改所选的分解线或

偏移线的外观。

缺省线造型：打开“线造型”对话框以设置分解线或偏移线的缺省外观。

❹ 返回分解视图列表

定义分解视图的位置后，单击操控板的☑按钮，返回“编辑位置”视图管理器，单击 « ... 按钮，返回分解视图列表。

❺ 完成分解视图的创建工作

在分解视图列表的菜单管理器中选择【编辑】→【保存】，打开“保存显示元素”对话框，单击对话框中的“确定”按钮，再单击视图管理器中的“关闭”按钮，完成分解视图的创建工作。

思考与练习

1. 装配约束有哪些？每种约束类型有哪些特点？

2. 在装配组件中，怎样显示元件的特征？

3. 怎样创建分解视图？

4. 打开模型文件中“第9章\思考与练习题源文件\ ex09-1”，完成零件装配，装配后的组件如图9.86所示。根据图9.87所示要求创建分解视图。结果文件请参看模型文件中“第9章\思考与练习题结果文件\ ex09-1.prt”。

图9.86

图9.87

5. 打开模型文件中“第9章\思考与练习题源文件\ ex09-2”，完成零件装配，装配后的组件如图9.88所示。根据图9.89所示要求创建分解视图。结果文件请参看模型文件中“第9章\思考与练习题结果文件\ ex09-2.prt”。

图9.88

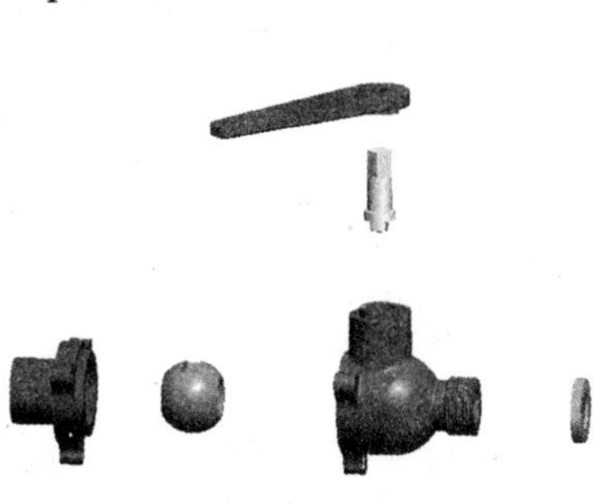

图9.89

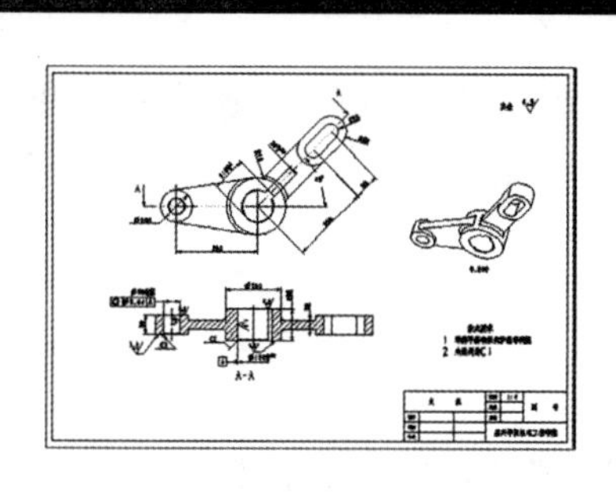

第10章 创建工程图

本章主要内容

- ◆ 工程图概述
- ◆ 创建工程视图
- ◆ 创建工程视图实例——支板

工程图是进行产品设计的最终技术文件。制作符合国家标准要求的工程图是设计师必须完成的任务之一。Pro/ENGINEER软件提供了功能强大的工程图模块，可以将创建好的零件模型导入 Pro/ENGINEER 绘图模式来创建工程图，并且可以实现工程图上的尺寸标注、公差标注和文本注释。

本章通过支板工程图范例介绍工程图的设计方法与流程。

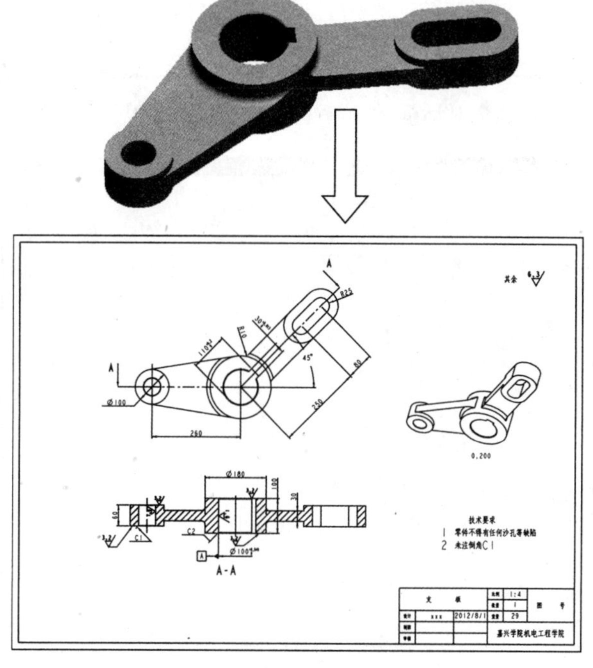

支板工程图

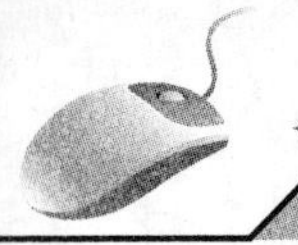

10.1　工程图概述

Pro/ENGINEER中的工程图是基于三维零件模型，进行视图投影，并且可以将3D 模型中的详细设计尺寸、设计参数等传递到2D工程图中，实现了3D模型与2D工程图的完全相关性。

10.1.1　创建工程图文件

单击工具栏的【新建】按钮，或者从“文件”菜单中选择【新建】，进入“新建”对话框，如图10.1所示。在【类型】框中选择【绘图】，在【名称】框中输入新的文件名，或接受缺省文件名。去掉【使用缺省模板】项的勾选，单击确定按钮进入“新建绘图”对话框，如图10.2所示。例如：浏览模型的名称为“zhiban.prt”，指定模板为“空”，指定方向为“横向”，指定大小为“C”，再单击确定按钮，进入Pro/ENGINEER工程图设计界面，如图10.3所示。

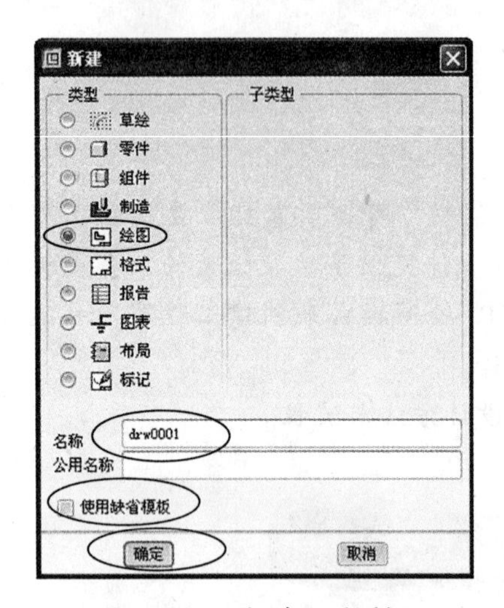

图10.1　“新建”对话框

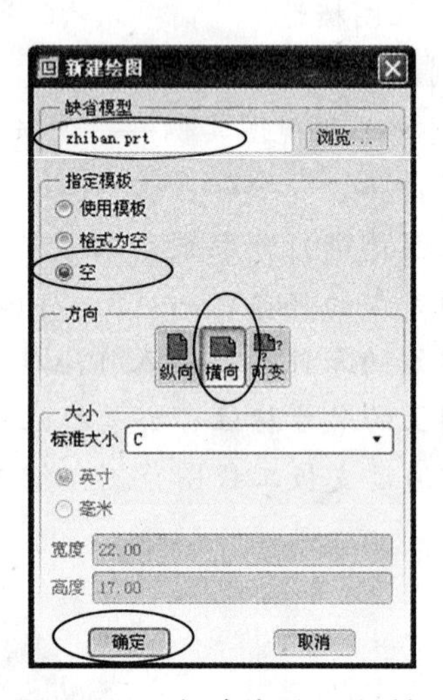

图10.2　“新建绘图”对话框

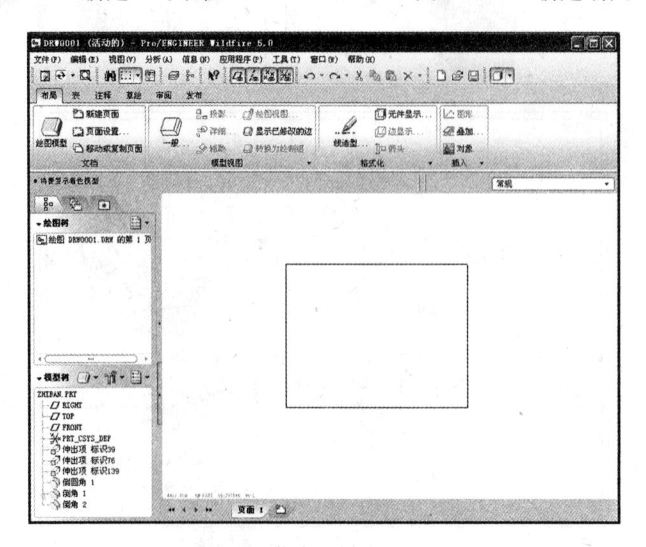

图10.3　工程图设计界面

注解　“新建绘图”对话框的内容说明如下。

（1）缺省模型：制作工程图的零件模型或装配体的组件模型。

（2）指定模板：选择是否使用模板。

• 使用模板：使用系统原有的模板作为工程图的模板。

• 格式为空：使用系统中存在的工程图的图纸格式。

• 空：根据零件模型确定图纸的大小和方向。

（3）方向：确定图纸方向。图纸方向包括：纵向、横向和可变。“可变”表示图纸为非标准形式，选择该选项，“大小”中的相关内容加亮，使用“宽度”、“高度”可分别设置图纸的宽和高。

10.1.2 创建工程图的操作步骤

❶ 设置工作目录

在菜单栏选择【文件】→【设置工作目录】，打开“选择工作目录”对话框，例如，选择工作路径为光盘\第10章\范例结果文件，如图10.4所示。

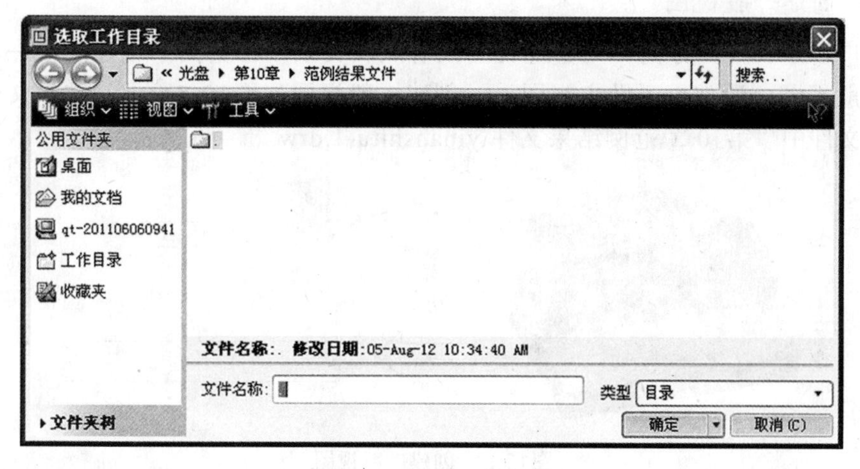

图10.4　设置工作目录

❷ 创建工程图文件

（1）单击工具栏的【新建】按钮，新建一个工程图文件。

（2）选择制作工程图的零件模型或装配体的组件模型。

（3）选择工程图的绘图模板。

（4）选择工程图的放置方向和图幅大小。

（5）单击 确定 按钮，进入Pro/ENGINEER工程图设计界面。

❸ 创建视图

（1）创建主视图。

（2）创建投影视图。

（3）根据需要创建详细视图或辅助视图。

❹ 创建注释

（1）标注尺寸和标注公差。

（2）标注表面粗糙度。

❺ 填写技术要求

❻ 打印图纸

10.2　创建工程视图

Pro/ENGINEER工程图中，创建工程视图是其重要组成部分，其工程视图主要包括一般视图、投影视图、详细视图、辅助视图和剖视图。

10.2.1　创建一般视图

❶ 创建一般视图

用户自定义视图方向，与其他视图没有从属关系，在页面中创建的第一个视图称为一般视图（通常也叫做主视图）。创建一般视图如图10.5所示。结果文件请参看模型文件中“第10章\范例结果文件\yibanshitu-1.drw”。

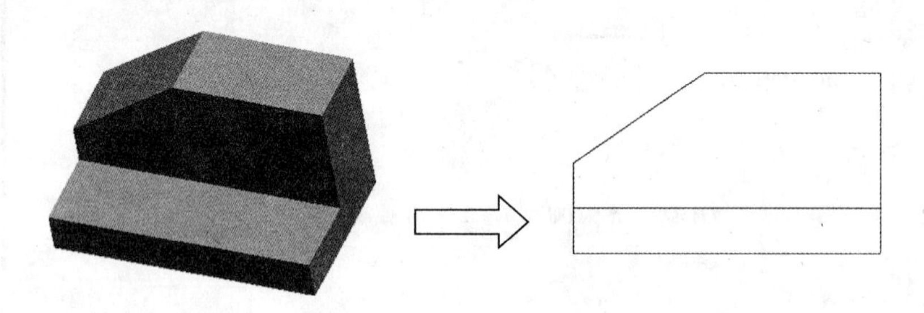

图10.5　创建一般视图

❷ 创建一般视图操作步骤

1）设置工作目录

在菜单栏选择【文件】→【设置工作目录】，打开“选择工作目录”对话框，选择工作路径为光盘\第10章\范例结果文件，如图10.6所示。

2）创建工程图文件

单击工具栏的【新建】按钮，或者从“文件”菜单中选择【新建】，进入“新建”对话框，如图10.7所示。在【类型】框中选择【绘图】，在【名称】框中输入新的文件名“yibanshitu-1”。去掉【使用缺省模板】项的勾选，单击确定按钮进入“新建绘图”对话框，如图10.8所示。浏览模型的名称为“yibanshitu-1.prt”，指定模板为“空”，指定方向为“横向”，指定大小为“A4”，再单击确定按钮，进入Pro/ENGINEER工程图设计界面，如图10.9所示。

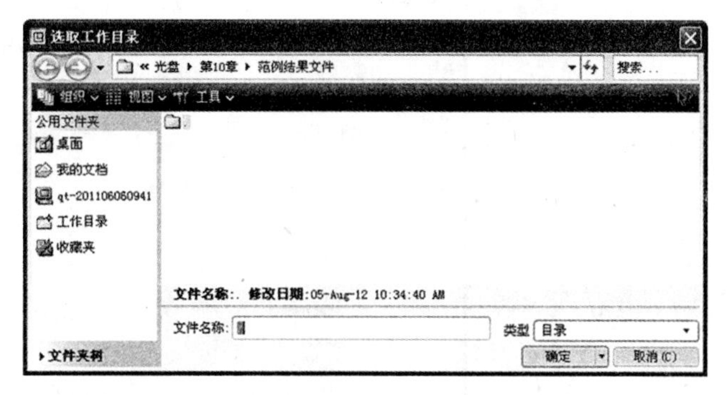

图10.6 设置工作目录

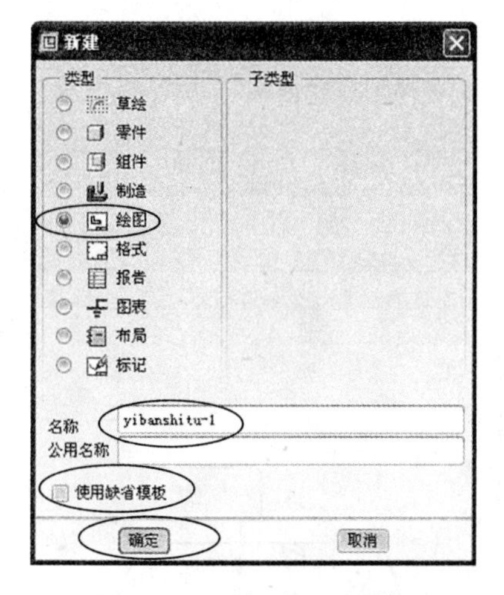

图10.7 “新建”对话框

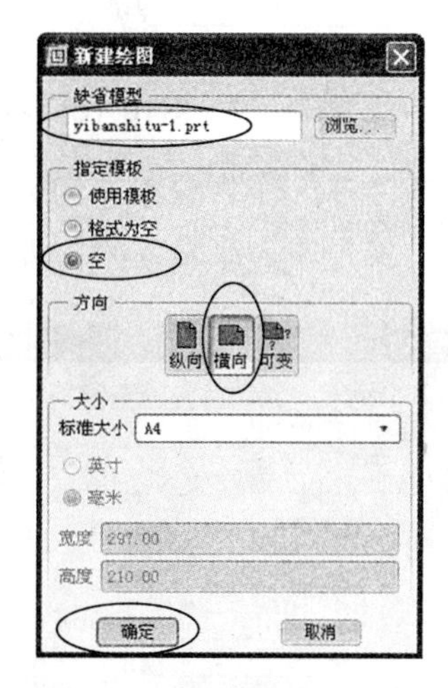

图10.8 “新建绘图”对话框

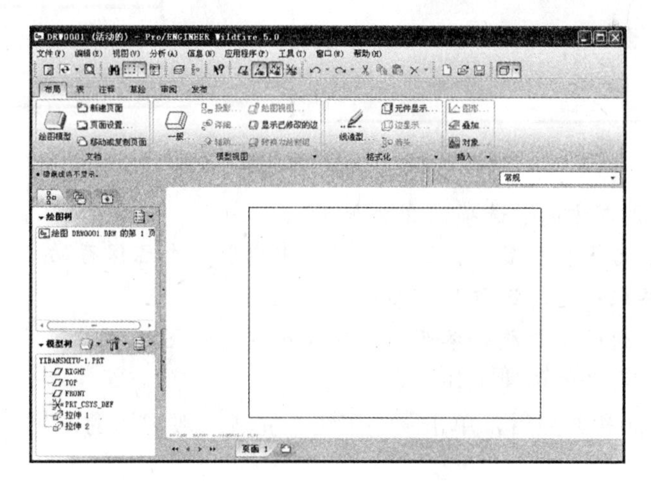

图10.9 工程图设计界面

3）选择创建一般视图命令

从菜单栏选择【布局】→【一般】按钮，在绘图区单击鼠标左键，选取一般视图的放置位置点，打开“绘图视图”对话框，同时在绘图区打开要创建一般视图的零件模型，如图10.10所示。

4）选择视图方向和参照

选择视图方向为“几何参照”，在【参照1】框中选择“凸台正面”作为放置参

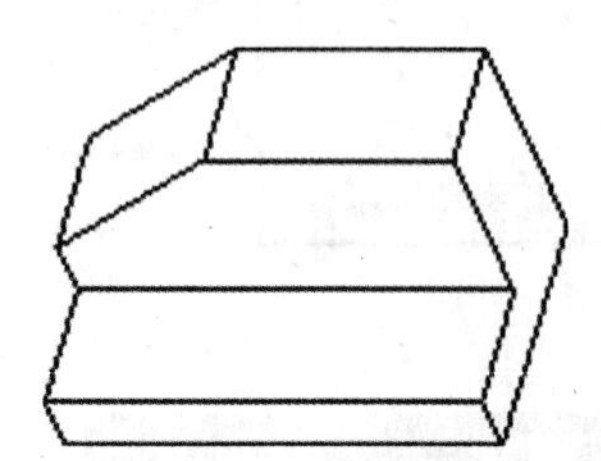

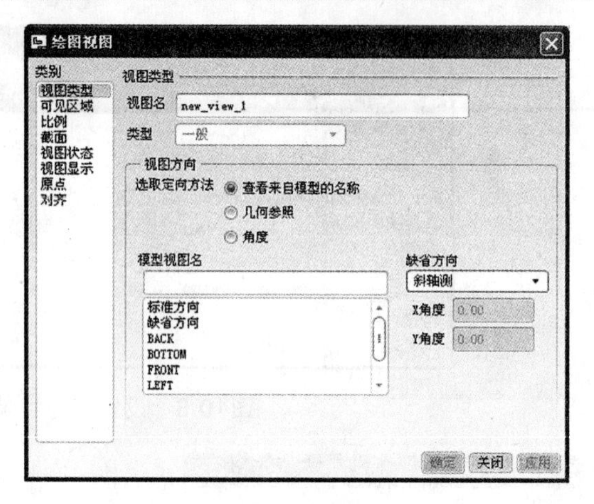

图10.10 零件模型及“绘图视图”对话框

照面，选择“前”作为放置方向；在【参照2】框中选择“凸台顶面”作为放置参照面，选择“顶”作为放置方向，如图10.11所示。

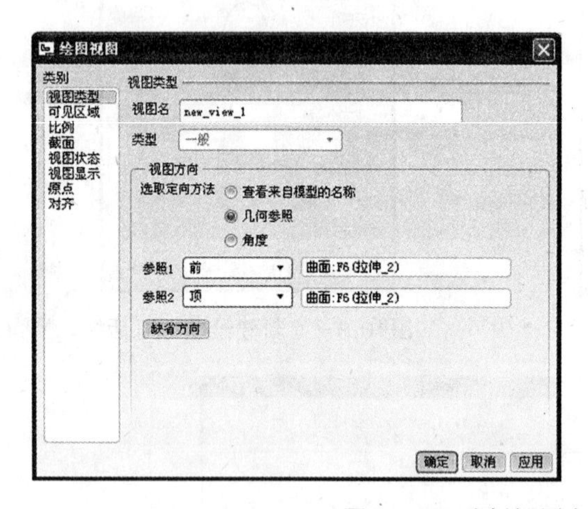

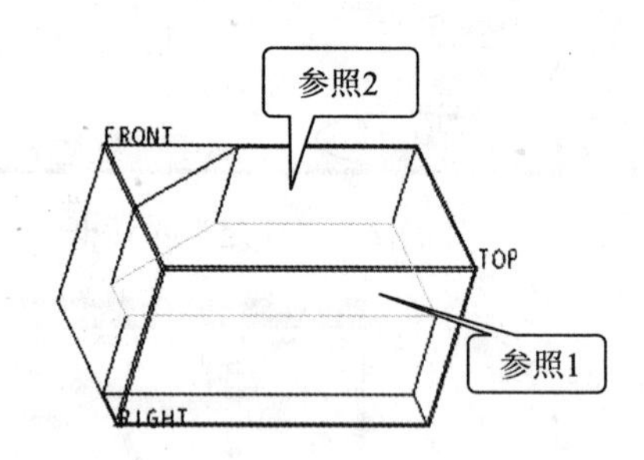

图10.11 选择视图方向和参照

注解 “视图方向”选项的含义如下。

（1）查看来自模型的名称：通过从模型中选取一个已保存的名称定向视图。

（2）几何参照：通过选取几何参照定向视图。

（3）角度：通过选取旋转参照和旋转角度定向视图。

5）完成一般视图的创建工作

选择视图方向和参照后，单击确定按钮，完成一般视图的创建工作，如图10.12所示。

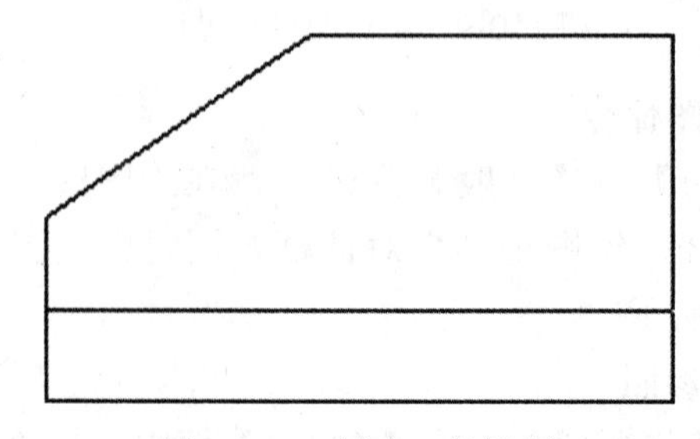

图10.12 创建一般视图

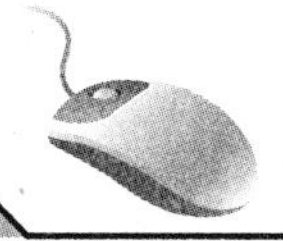

10.2.2 创建投影视图

❶ 创建投影视图

投影视图是以水平和垂直视角来建立的前、后、上、下、左、右等直角投影视图。创建投影视图如图10.13所示。结果文件请参看模型文件中“第10章\范例结果文件\touyingshitu-1.drw”。

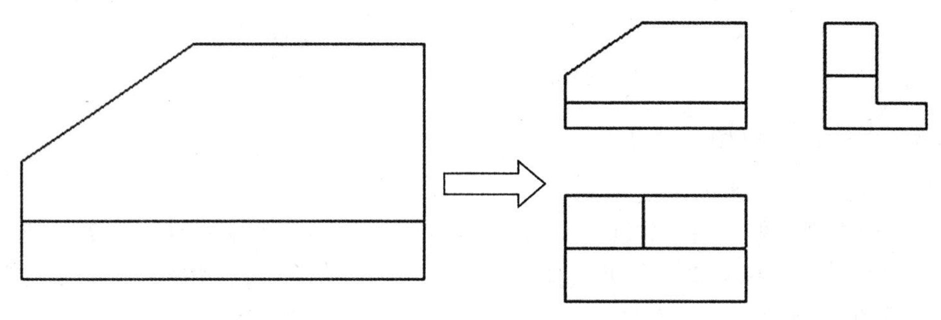

图10.13 创建投影视图

❷ 创建投影视图操作步骤

1）选择创建投影视图命令

在创建一个一般视图后，从菜单栏选择【布局】→【投影】按钮，或在一般视图上单击鼠标左键直到出现红色虚线框，再单击鼠标右键，打开快捷菜单，从快捷菜单中选择“插入投影视图”选项，如图10.14所示。

2）完成投影视图的创建工作

选择投影视图命令后，选择投影视图的放置位置，再单击鼠标左键，完成投影视图的创建工作，如图10.15所示。

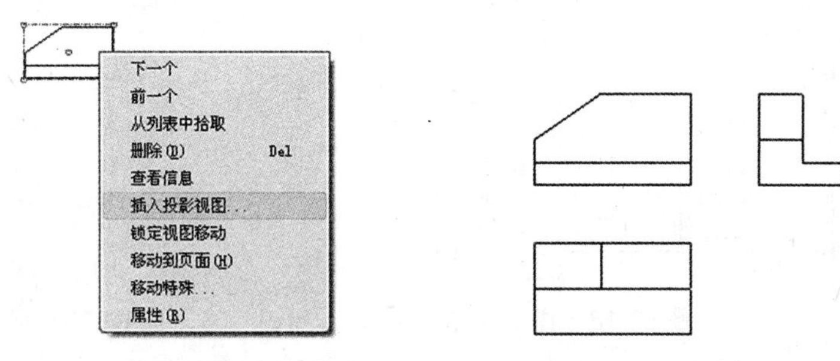

图10.14 投影视图快捷菜单　　图10.15 创建投影视图

10.2.3 创建详细视图

❶ 创建详细视图

详细视图是指对于视图中某些局部区域进行放大的视图。创建详细视图如图10.16所示。结果文件请参看模型文件中“第10章\范例结果文件\xiangxishitu-1.drw”。

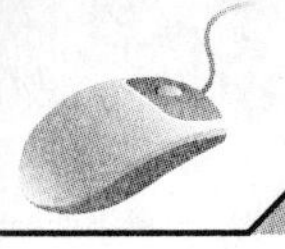

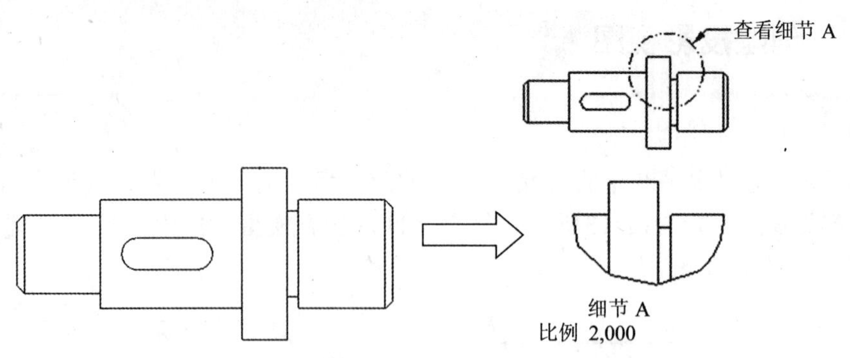

图10.16　创建详细视图

❷ 创建详细视图操作步骤

1）选择创建详细视图命令

在创建一个一般视图（父视图）后，从菜单栏选择【布局】→【详细】按钮。或在绘图区单击鼠标右键，打开快捷菜单，从快捷菜单中选择“插入详细视图”选项，如图10.17所示。

2）绘制详细视图轮廓线

在要创建详细视图的父视图的边上选取一个参照点，围绕该参照点绘制一条样条曲线（注意：该样条曲线不能与其他样条曲线相交），作为详细视图的轮廓线。单击鼠标中键，完成详细视图轮廓线的绘制，如图10.18所示。

3）完成详细视图的创建工作

绘制详细视图轮廓线后，选择详细视图的放置位置，完成详细视图的创建工作，如图10.19所示。

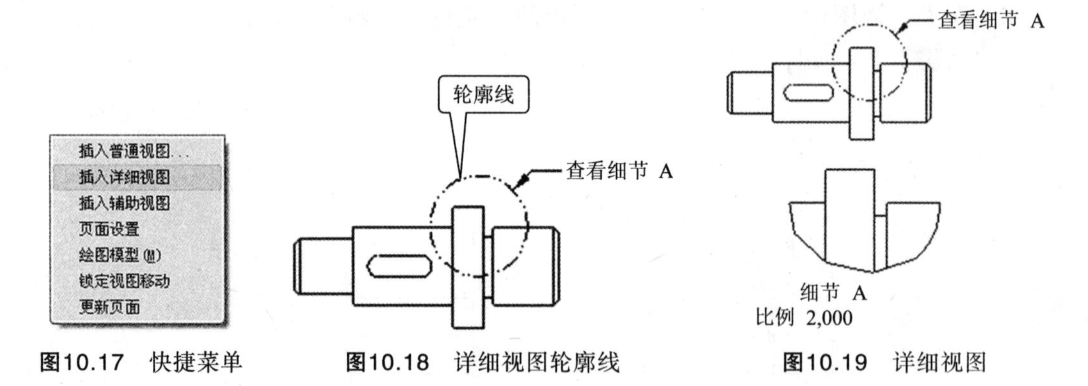

图10.17　快捷菜单　　**图10.18**　详细视图轮廓线　　**图10.19**　详细视图

注解　用鼠标左键双击生成的详细视图，可以设置详细视图的比例。例如：在定制比例框中输入数值“3”，单击确定按钮，完成详细视图比例的设置工作，如图10.20所示。

10.2.4　创建辅助视图

❶ 创建辅助视图

辅助视图是指沿所选曲面的垂直方向或轴方向进行投影的视图（辅助视图是一

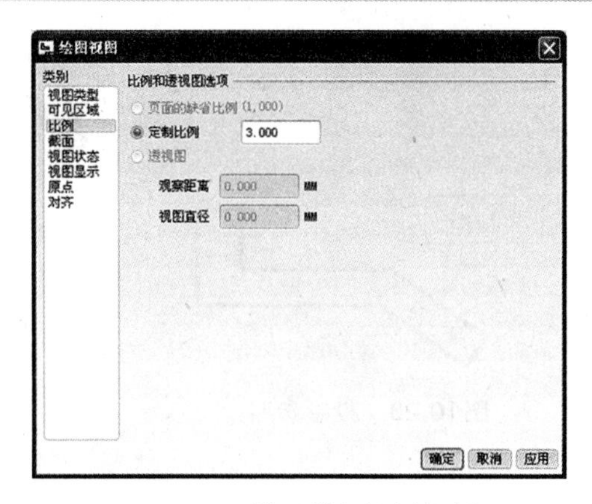

图10.20　设置详细视图比例

种特殊的投影视图）。创建辅助视图如图10.21所示。结果文件请参看模型文件中“第10章\范例结果文件\fuzhushitu-1.drw”。

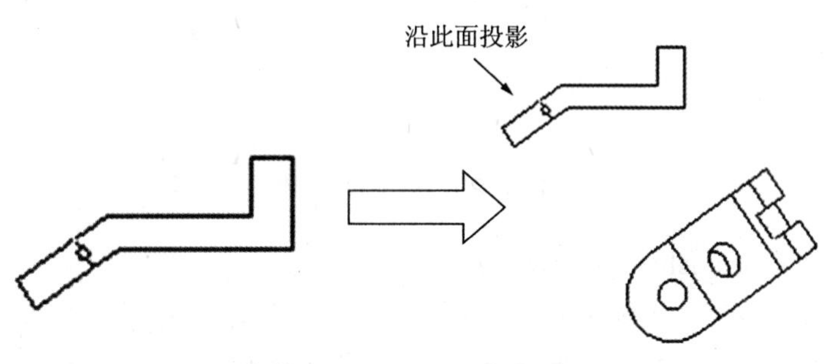

图10.21　创建辅助视图

❷ 创建辅助视图操作步骤

1）选择创建辅助视图命令

在创建一个一般视图（父视图）后，从菜单栏选择【布局】→【辅助】按钮。或在绘图区单击鼠标右键，打开快捷菜单，从快捷菜单中选择“插入辅助视图”选项，如图10.22所示。

2）确定投影参照

在要创建辅助视图的父视图上选取一个参照确定投影方向，如图10.23所示。投影参照可以是模型的实体边、基准线、基准平面。

3）完成辅助视图的创建工作

选择投影参照后，选择投影视图的放置位置，再单击鼠标左键，完成辅助视图的创建工作，如图10.24所示。

10.2.5　创建剖视图 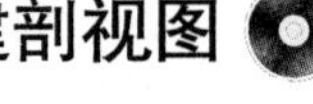

❶ 创建剖视图

剖视图是指使用剖面打开零件模型，将位于观察者和剖面之间的部分移除，再进行投影得到的视图。创建剖视图如图10.25所示。结果文件请参看模型文件中“第

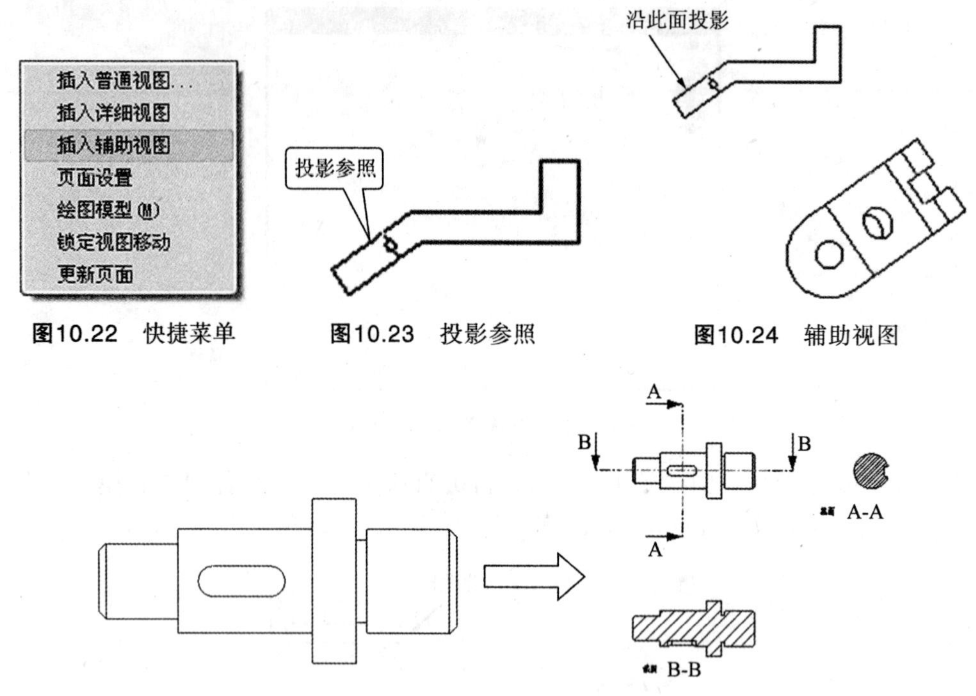

图10.22　快捷菜单　　图10.23　投影参照　　图10.24　辅助视图

图10.25　创建剖视图

10章\范例结果文件\poushitu-1.drw”。

注解　剖视图可以显示模型内部结构，创建剖视图可以将零件模型中已创建好的剖视图调入到工程视图中使用，也可在新建视图时直接创建剖视图。剖切面可以是平面和折弯面。剖视图包括完全剖视图、半剖视图、局部剖视图和阶梯剖视图等。

❷ 创建剖视图操作步骤

1）打开创建剖视图对话框

新建视图或双击已存在的视图，打开创建剖视图（绘图视图）对话框，如图10.26所示。

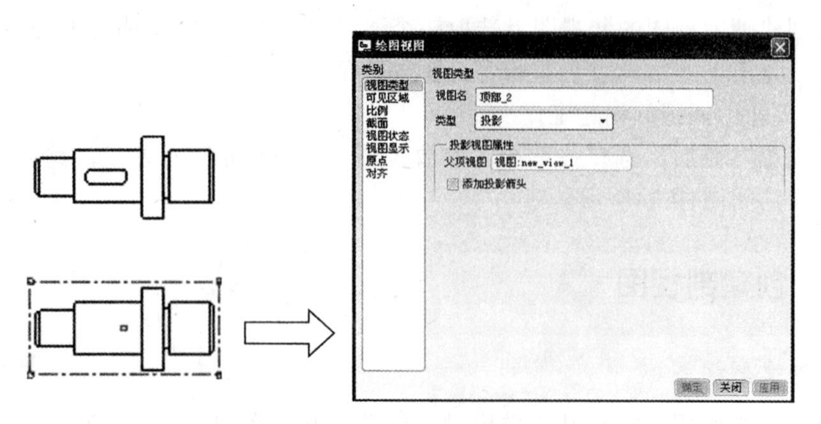

图10.26　打开创建剖视图对话框

2）选择创建剖视图命令

从绘图视图中选择【类别】→【截面】，打开“创建剖视图截面”对话框，在剖面选项中选择“2D剖面”，如图10.27所示。

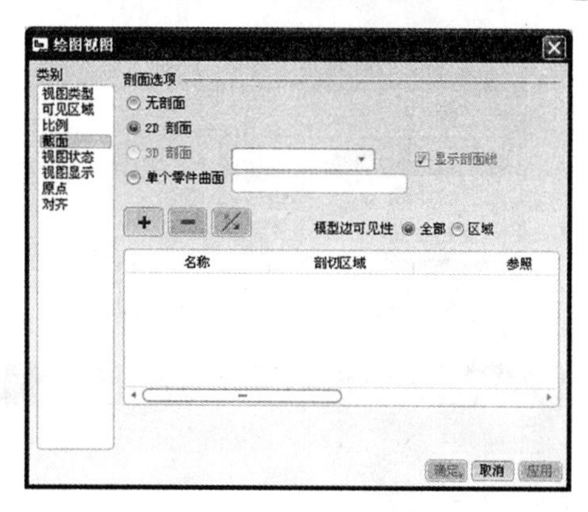

图10.27 创建剖视图截面对话框

3）创建剖切面名

从绘图视图中选择【将截面添加到视图】按钮，从“名称”下拉菜单中选择“创建新...”。打开“剖截面创建”菜单管理器，如图10.28所示。在“剖截面创建”菜单管理器中选择【平面】→【单一】→【完成】，系统打开“输入截面名”文本框，在文本框中输入截面名“a”，如图10.29所示。

注解 在零件模型中通过“视图管理器”创建了截面，从“名称”的下拉菜单中直接选取就可以。

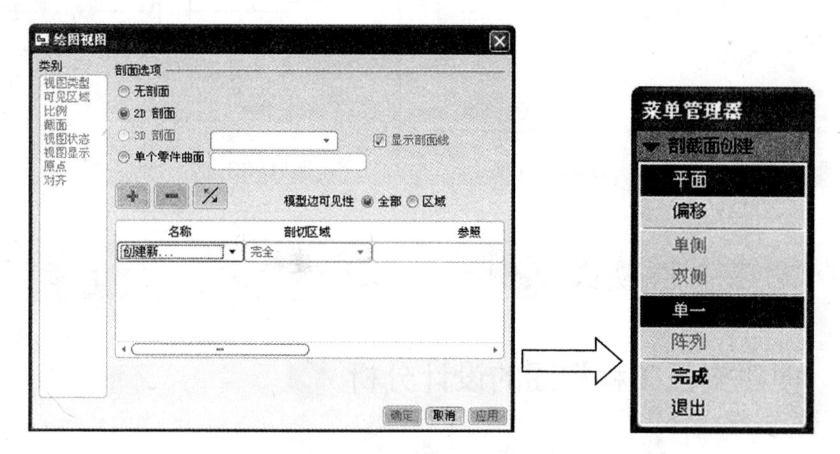

图10.28 “剖截面创建”菜单管理器

图10.29 “输入截面名”文本框

4）选择剖切面

单击按钮关闭文本框，系统打开“设置平面”菜单管理器，如图10.30所示。选择“DTM2”平面为剖切面，如图10.31所示。

5）设置剖视图箭头显示

在“绘图视图中”单击“箭头显示”选项，如图10.32所示。在绘图区选择俯视图，在该视图中显示剖面箭头。为便于观察，从菜单栏切换【平面显示】按钮，在视图中将不显示基准平面，如图10.33所示。

6）完成剖视图的创建工作

设置剖视图参数后，在绘图视图中单击确定按钮，完成剖视图的创建工作，如图10.33所示。

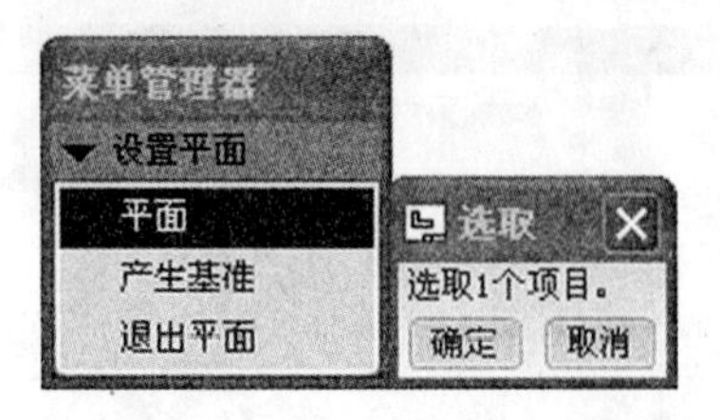

图10.30　“设置平面”菜单管理器

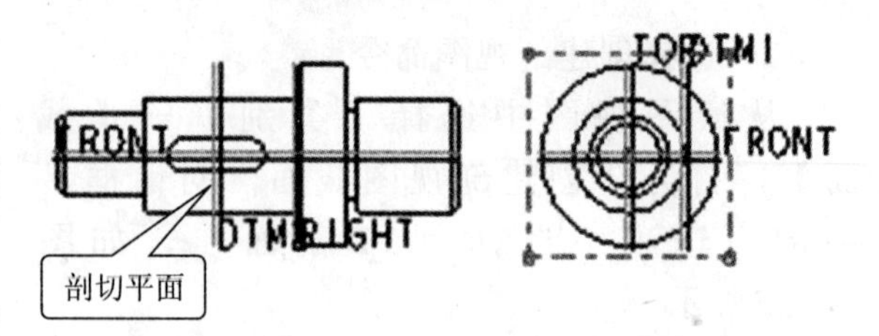

图10.31　选择平面

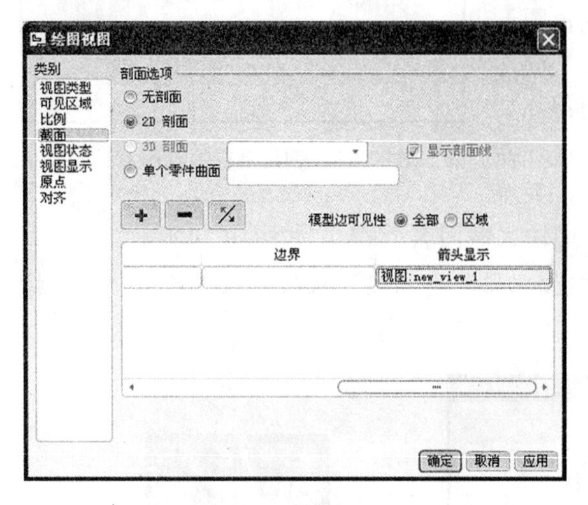

图10.32　设置“箭头显示”选项

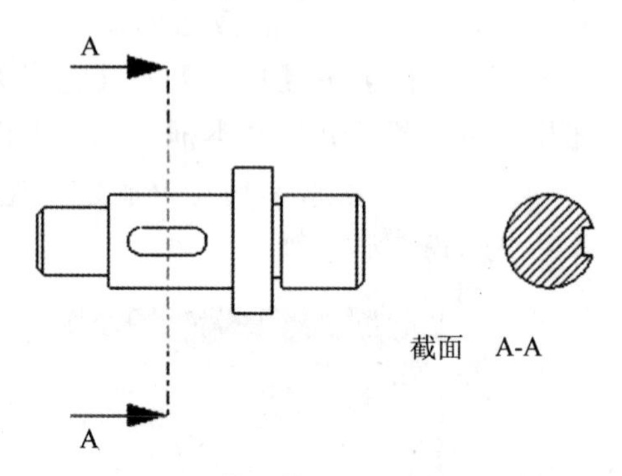

图10.33　带“箭头显示”的剖视图

10.3　创建工程视图实例——支板

10.3.1　创建支板工程视图的设计分析

❶ 零件形状和参数

支板外观形状如图10.34所示，长×宽×高为593mm×373mm×100mm。

图10.34　支　板

❷ 创建支板工程视图的方法与流程

（1）设置工作目录。

（2）创建支板工程文件。

（3）创建图框和标题栏。

（4）创建支板工程视图。

（5）创建支板注释。

（6）填写支板技术要求。

支板详细尺寸如图10.35所示。

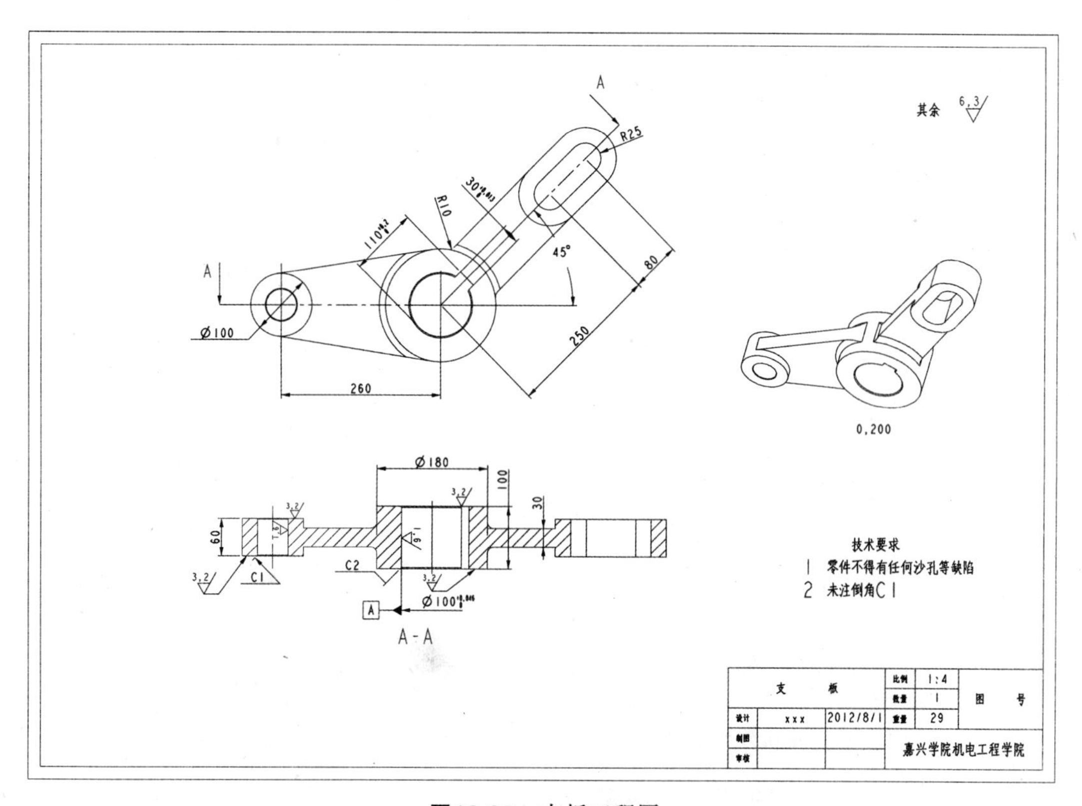

图10.35　支板工程图

10.3.2　创建支板工程视图的操作步骤

❶ 设置工作目录

在菜单栏选择【文件】→【设置工作目录】，打开“选择工作目录”对话框，选择工作路径为光盘\第10章\范例结果文件\支板，如图10.36所示。

❷ 创建工程图文件

单击工具栏的【新建】按钮，或者从“文件”菜单中选择【新建】，进入“新建”对话框，如图10.37所示。在【类型】框中选择【绘图】，在【名称】框中输入新的文件名“zhiban”。去掉【使用缺省模板】项的勾选，单击确定按钮进入“新建绘图”对话框，如图10.38所示。浏览模型的名称为“zhiban.prt”，指定模板为“空”，指定方向为“横向”，指定大小为“A3”，再单击确定按钮，进入Pro/ENGINEER工程图设计界面，如图10.39所示。

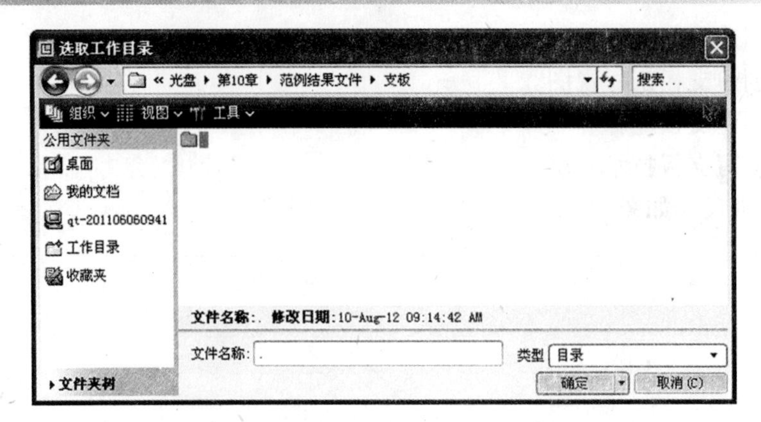

图10.36　设置工作目录

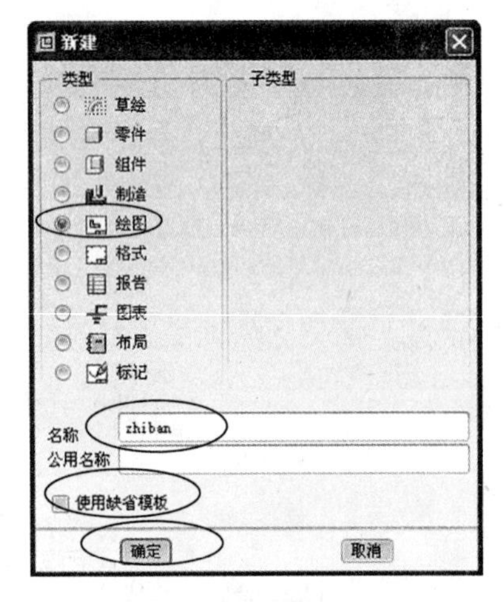

图10.37　“新建”对话框

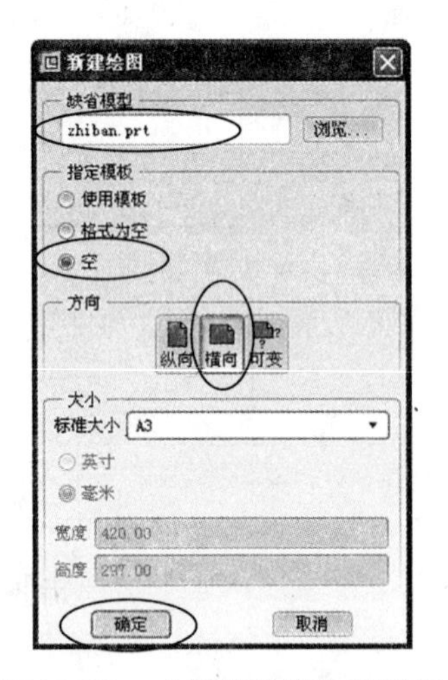

图10.38　“新建绘图”对话框

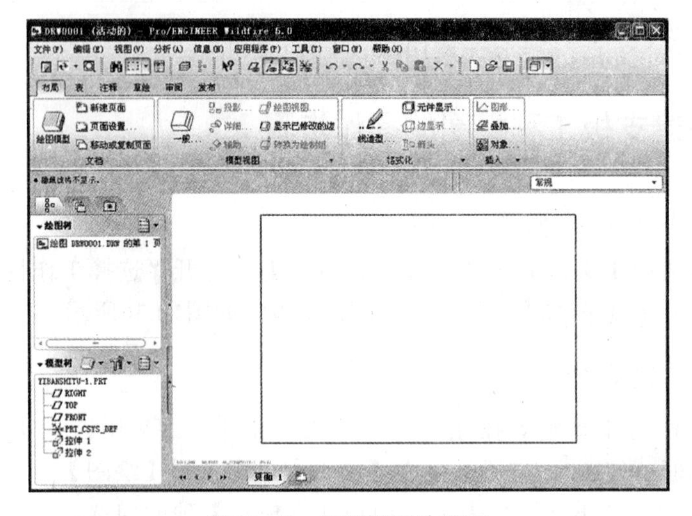

图10.39　工程图设计界面

❸ 创建图框和标题栏

1）创建图框

（1）绘制外边框线：进入Pro/ENGINEER工程图设计界面后，从菜单栏选择

【草绘】→【线】按钮＼，单击鼠标右键，打开“选取参照”快捷菜单，如图10.40所示。

从快捷菜单中选择“绝对坐标”选项，系统打开输入“绝对坐标”文本框，如图10.41所示。输入第一点绝对坐标为“x0，y0”，单击✓按钮，确定第一点坐标；单击鼠标右键，打开“选取参照”快捷菜单，从快捷菜单中选择“绝对坐标”选项，系统打开输入“绝对坐标”文本框，输入第二点绝对坐标为“x420，y0”，单击✓按钮，确定第二点坐标，完成第一条直线的绘制工作。

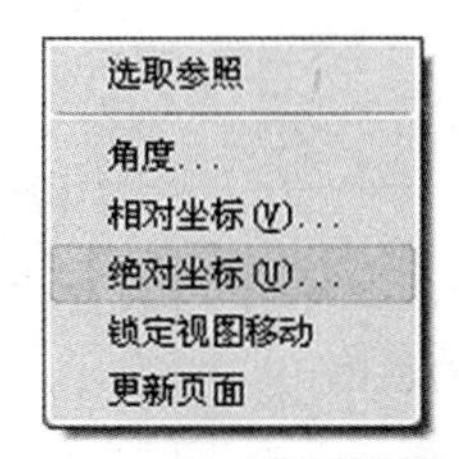

图10.40　选取参照快捷菜单

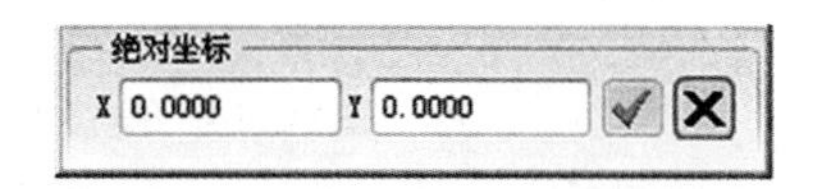

图10.41　输入“绝对坐标”文本框

绘制第二条直线，以第一条直线的终点为起点，第二点绝对坐标为“x420，y297”；绘制第三条直线，以第二条直线的终点为起点，第二点绝对坐标为“x0，y297”；使用目标捕捉的方法绘制第四条直线，绘制好的外边框线如图10.42所示。

（2）绘制内边框线：从菜单栏选择【草绘】→【偏移边】按钮，打开“偏移操作”菜单管理器，如图10.43所示。从菜单管理器中选择“链图元”选项，选择外边框线（结合Ctrl键），单击确定按钮，在外边框线上显示偏移方向箭头，系统同时打开“于箭头方向输入偏移”文本框，如图10.44所示。在文本框中输入偏距值为“-5”，单击✓按钮，完成内边框线的绘制工作。

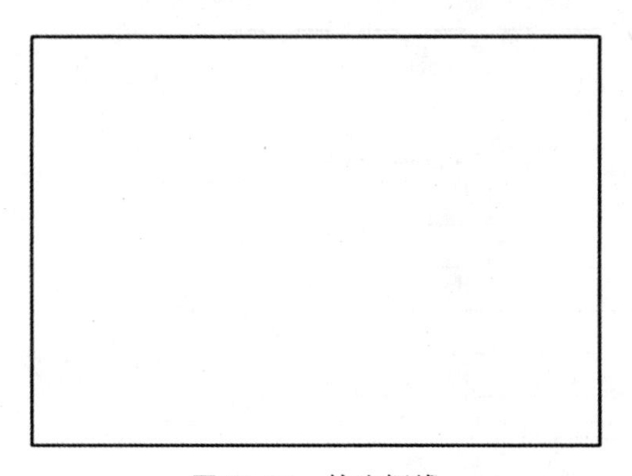
图10.42　外边框线

图10.43　“偏移操作”菜单管理器

绘制好内边框线后，完成图框的创建工作，其外形如图10.45所示。

2）创建标题栏

标题栏是工程图的重要组成部分，以上一步创建好的A3图框为例，在A3图框上创建标题栏，其标题栏尺寸如图10.46所示。

标题栏创建步骤如下：

（1）从菜单栏选择【表】→【表】按钮，打开“创建表”菜单管理器，如图

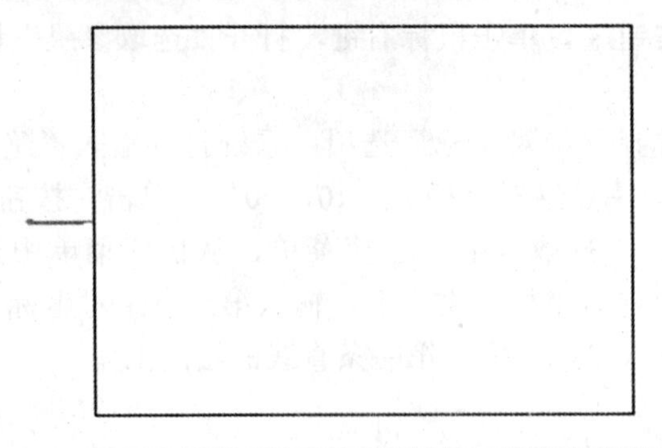

图10.44　偏移方向箭头和文本对话框

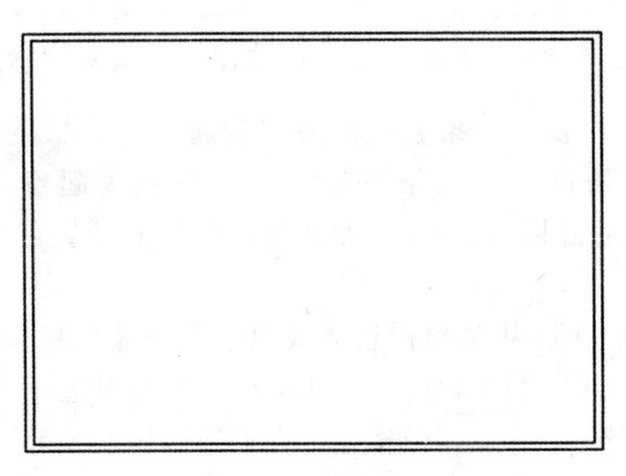

图10.45　图框外形

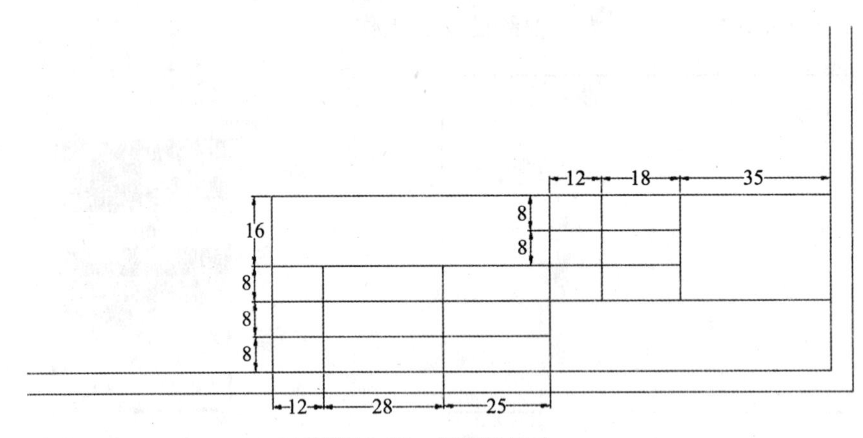

图10.46　标题栏尺寸

10.47所示。

（2）在“创建表”菜单管理器中选择【升序】→【左对齐】→【按长度】→【绝对坐标】，系统打开“输入x坐标”文本框，在文本框中输入x坐标值“415”，如图10.48所示。单击☑按钮，系统打开“输入y坐标”文本框，在文本框中输入y坐标值“5”，如图10.49所示。

（3）在输入y坐标值后，单击☑按钮，系统打开“输入第一列的宽度”文本

框，在文本框中输入第一列的宽度值“35”，如图10.50所示。单击按钮，系统打开“输入下一列的宽度”文本框，在文本框中输入第二列的宽度值“18”，单击按钮确认，如图10.51所示。

用同样的方法输入第三至第六列的宽度值分别为12、25、28、12。在输入第六列的宽度值后，连续两次单击按钮，系统打开“输入第一行的高度”文本框，在文本框中输入第一行的高度值“8”，单击按钮确认，如图10.52所示。用同样的方法输入第一至第五行的高度值均为8，单击按钮确认，创建的标题栏如图10.53所示。

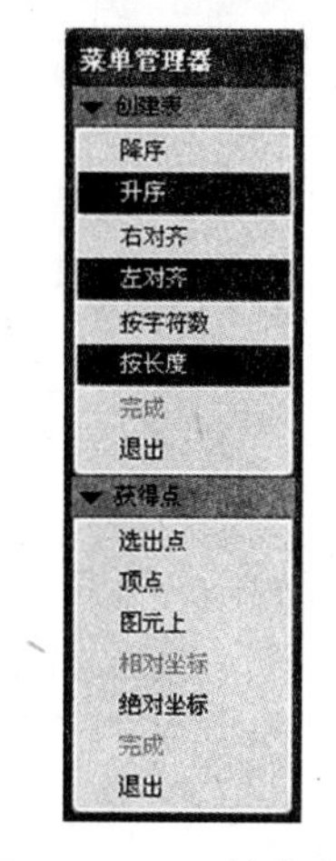

图10.47 “创建表”菜单管理器

（4）合并单元格：从菜单栏选择【表】→【合并单元格】按钮，选择要合并的单元（结合Ctrl键），合并单元格后，完成标题栏的创建工作，其形状如图10.54所示。

（5）输入文字：用鼠标左键双击标题的单元格，打开“注解属性”对话框，在“注解属性”中选择文本选项，按要求输入文字，如图10.55所示。在“注解属性”中选择文本样式选项，可以修改文字高度，在“注释/尺寸”，将水平的对齐方式设为“中心”，将垂直的对齐方式设为“中间”，如图10.56所示。输入好文字的标题栏如图10.57所示。

输入X坐标[退出]

415

图10.48 “输入x坐标”文本框

输入Y坐标[退出]

5

图10.49 “输入y坐标”文本框

用绘图单位（MM）输入第一列的宽度[退出]

35

图10.50 “输入第一列的宽度”文本框

用绘图单位（MM）输入下一列的宽度[Done]

18

图10.51 “输入第二列的宽度”文本框

用绘图单位（MM）输入第一行的高度[退出]

8

图10.52 “输入第一行的高度”文本框

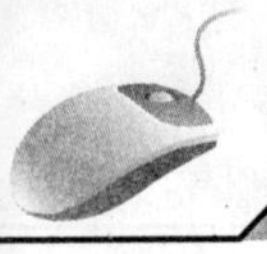

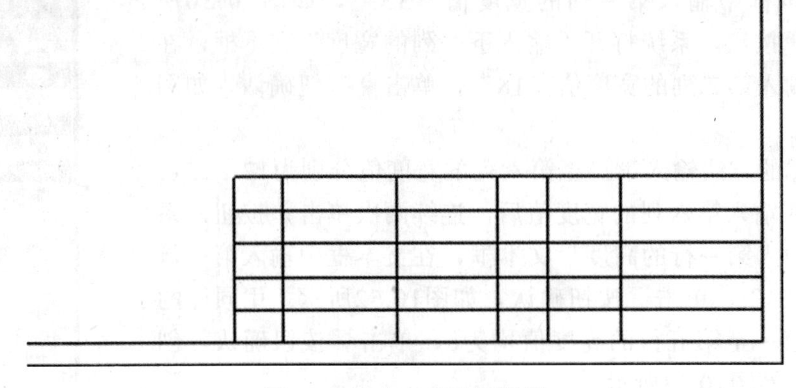

图10.53　未完成的标题栏

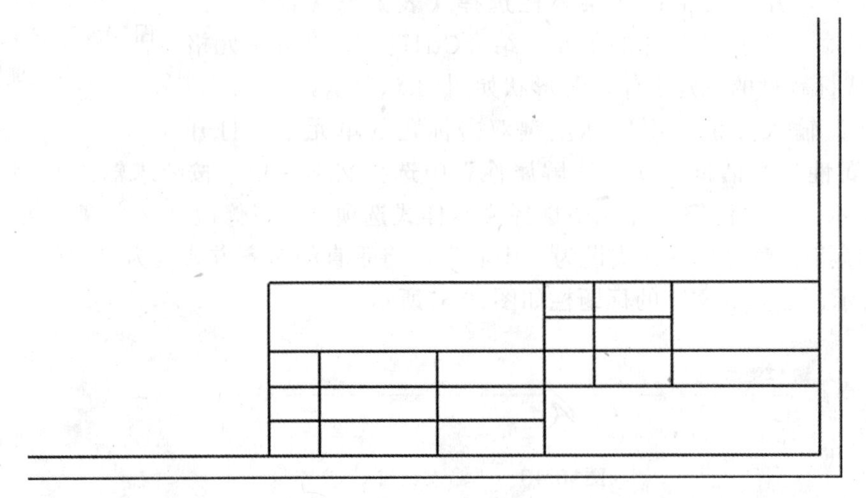

图10.54　标题栏

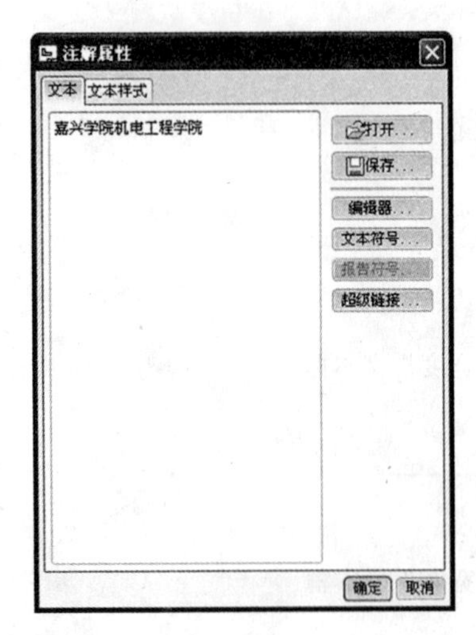

图10.55　“注解属性”文本对话框

图10.56　“注解属性”文本样式对话框

❹ 创建支板工程视图

1）创建支板主视图

（1）从菜单栏选择【布局】→【一般】按钮，在A3图框中单击鼠标左键，

支　　板			比例	1:4	图　　号
			数量	1	
设计	xxx	2012/8/1	重量	29	
制图			嘉兴学院机电工程学院		
审核					

图10.57　创建好文本的标题栏

选取一般视图的放置位置点，打开“绘图视图”对话框，同时在绘图区打开要创建一般视图的零件模型。

（2）选择视图方向为“几何参照”，在【参照1】框中选择“FRONT”作为放置参照面，选择“前”作为放置方向；在【参照2】框中选择“TOP”作为放置参照面，选择“顶”作为放置方向，如图10.58所示。

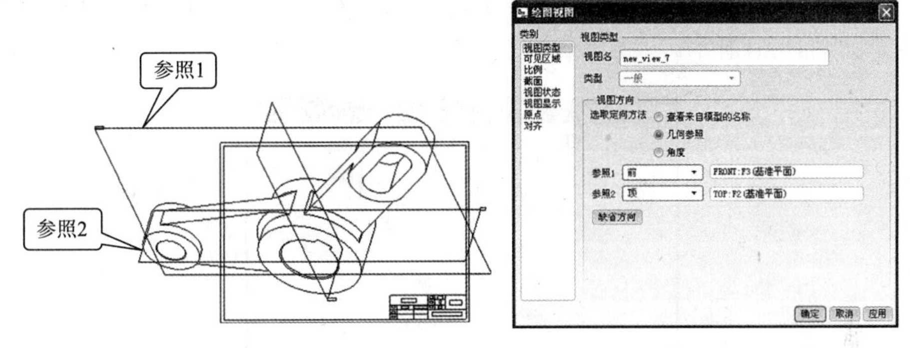

图10.58　零件模型及“绘图视图”对话框

（3）在“绘图视图”对话框中选择比例选项，在定制比例框中输入比例值为“0.25”，单击确定按钮，完成支板主视图的创建工作，如图10.59所示。

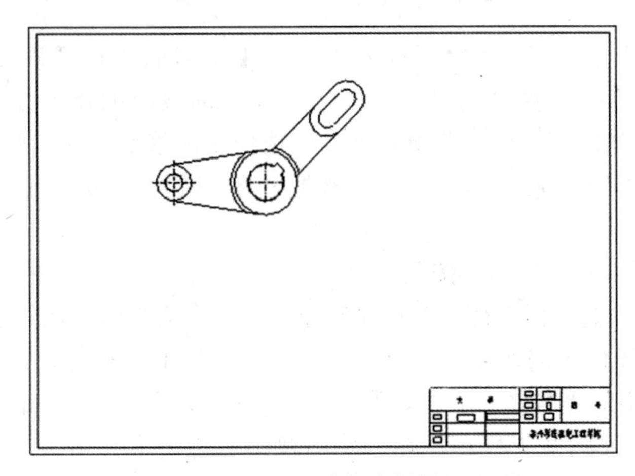

图10.59　支板主视图

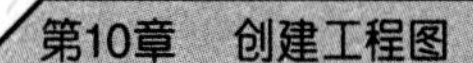

2）创建支板剖视图

（1）创建支板俯视图，从菜单栏选择【布局】→【投影】按钮，选择俯视图的放置位置，再单击鼠标左键，完成支板俯视图的创建工作，如图10.60所示。

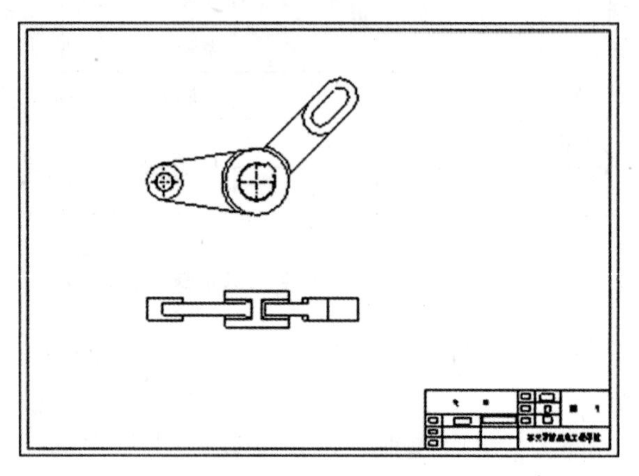

图10.60　支板俯视图

（2）双击支板俯视图，打开创建剖视图（绘图视图）对话框。从绘图视图中选择【类别】→【截面】，打开“创建剖视图截面”对话框，在剖面选项中选择“2D剖面”，如图10.61所示。

图10.61　创建剖视图截面对话框

（3）创建剖切面名：从绘图视图中选择【将截面添加到视图】按钮，从“名称”下拉菜单中选择“创建新…”。打开“剖截面创建”菜单管理器，如图10.62所示。在“剖截面创建”菜单管理器中选择【偏移】→【双侧】→【单一】→【完成】，系统打开“输入截面名”文本框，在文本框中输入截面名“a”，如图10.63所示。

（4）创建剖切面：单击按钮关闭文本框，系统进入“零件设计”界面，选择“FRONT”平面作为草绘平面，选择“TOP”平面作为参照平面，绘制如图10.64所示的折线，使折线位于剖切面上。单击草绘器工具栏的按钮，返回到工程图设计界面，绘图视图中的“名称”下拉菜单中选择显示“A”剖面，如图10.65所示。

（5）设置剖视图箭头显示：在“绘图视图”中单击“箭头显示”选项，在绘图区选择俯视图，在该视图中显示剖面箭头。为便于观察，从菜单栏切换【平面显

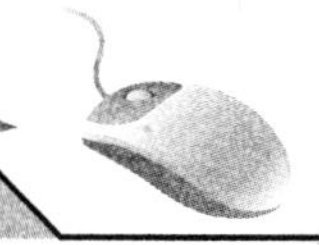

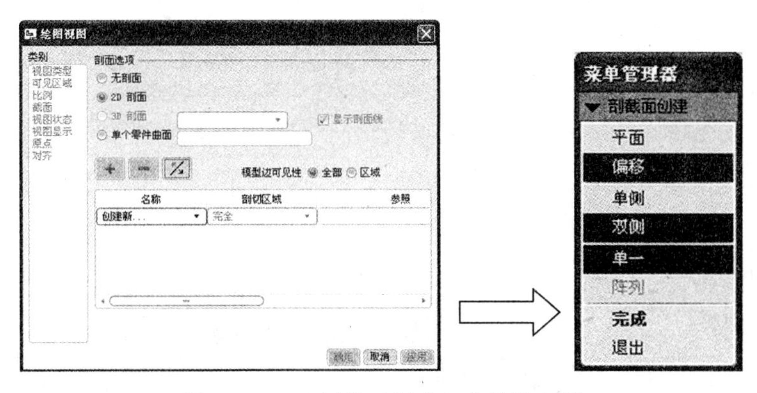

图10.62　“剖截面创建”菜单管理器

图10.63　“输入截面名”文本框

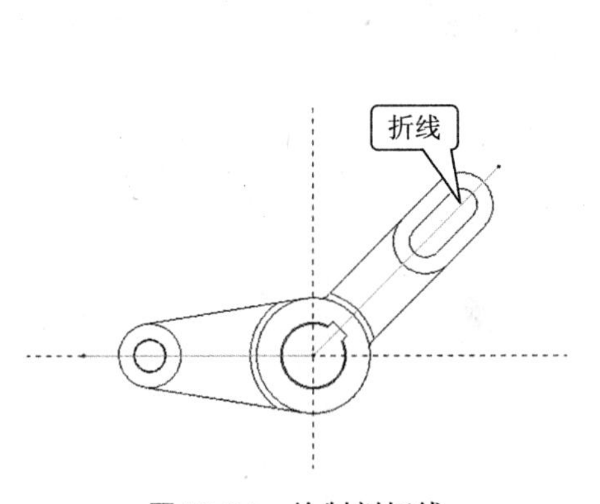

图10.64　绘制剖切线

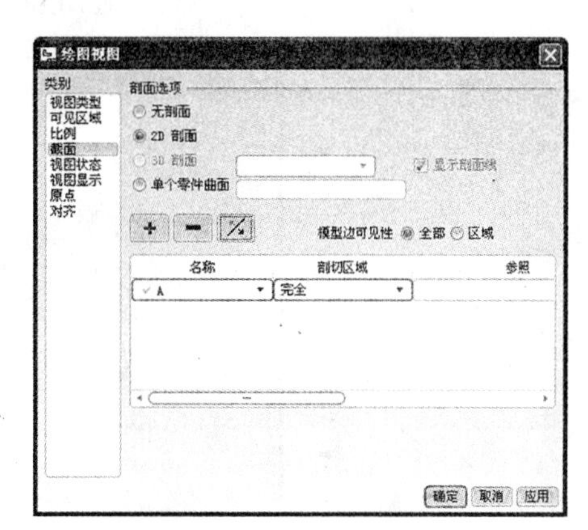

图10.65　创建剖面

示】按钮，在视图中将不显示基准平面。

（6）设置支板剖视图参数后，在绘图视图中单击确定按钮，完成支板剖视图的创建工作，如图10.66所示。

3）创建支板三维效果图

（1）从菜单栏选择【布局】→【一般】按钮，在A3图框中单击鼠标左键，选取一般视图的放置位置点，打开“绘图视图”对话框，同时在绘图区打开要创建一般视图的零件模型。

（2）选择视图方向为“查看来自模型的名称”，在“模型视图名”中框中选择“缺省方向”，如图10.67所示。

（3）在“绘图视图”对话框中选择比例选项，在定制比例框中输入比例值为“0.2”，单击确定按钮，完成支板三维效果图的创建工作，如图10.68所示。

5 创建支板注释

1）标注支板尺寸和公差

标注好尺寸和公差的支板工程视图，其效果如图10.69所示。

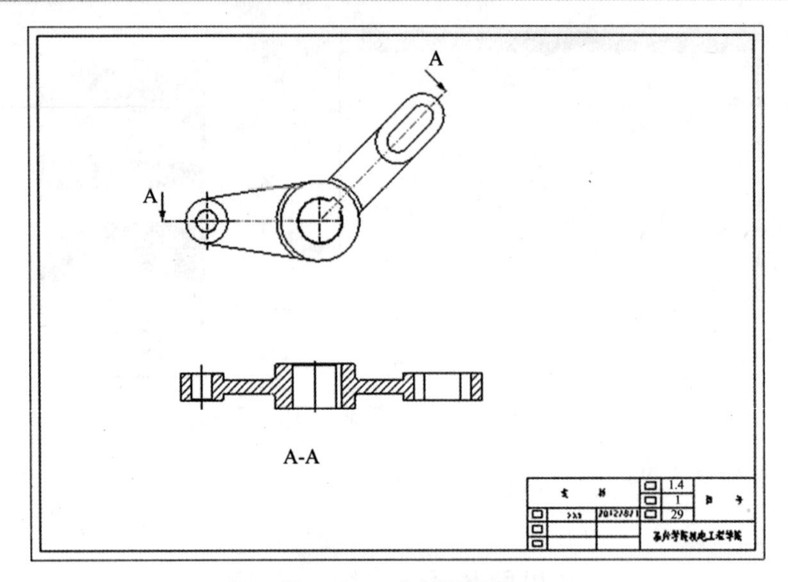

图10.66 支板剖视图

图10.67 选择视图方向

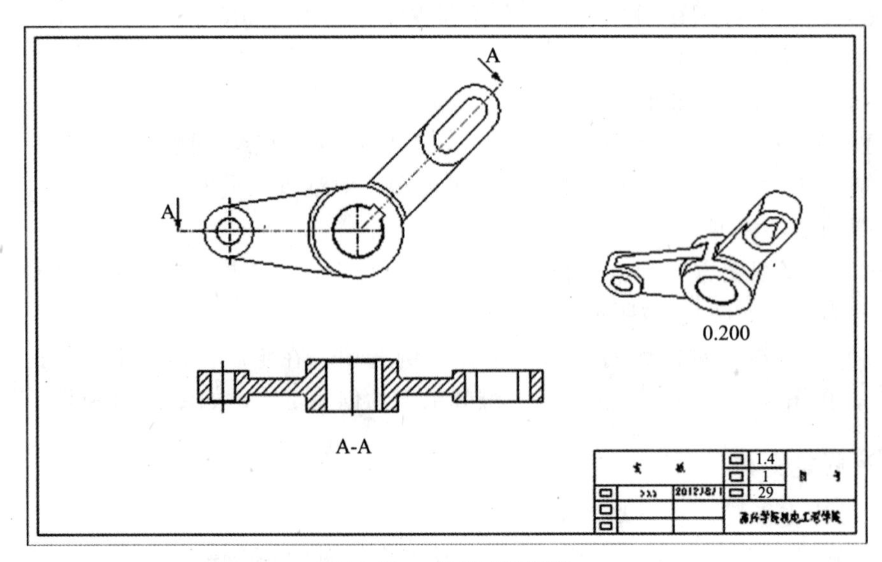

图10.68 支板工程视图

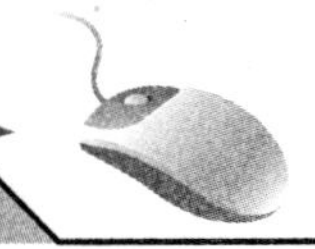

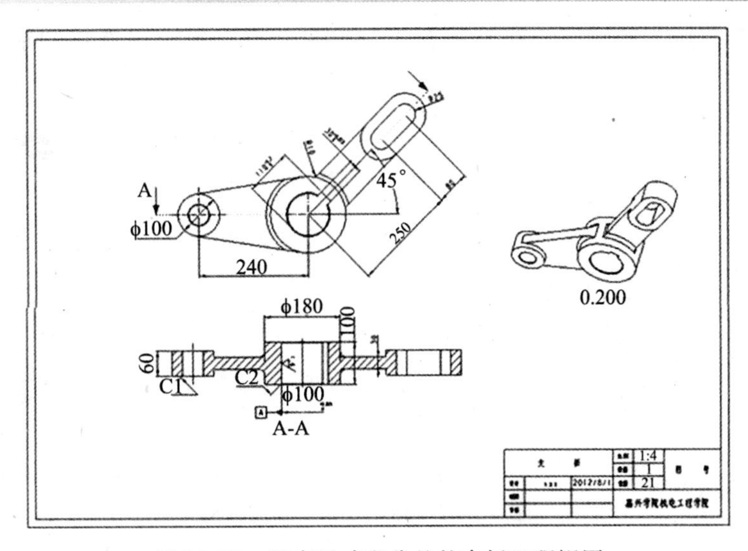

图10.69 具有尺寸和公差的支板工程视图

标注尺寸和公差操作步骤如下：

（1）从菜单栏选择【注释】→【尺寸】按钮，可以对支板进行尺寸标注。使用鼠标左键双击标注好的尺寸，打开“尺寸属性”对话框，如图10.70所示。在“尺寸属性”对话框中选择属性选项可以对尺寸进行公差标注。

（2）从视图中选择基准，单击鼠标右键，打开快捷菜单，如图10.71所示。

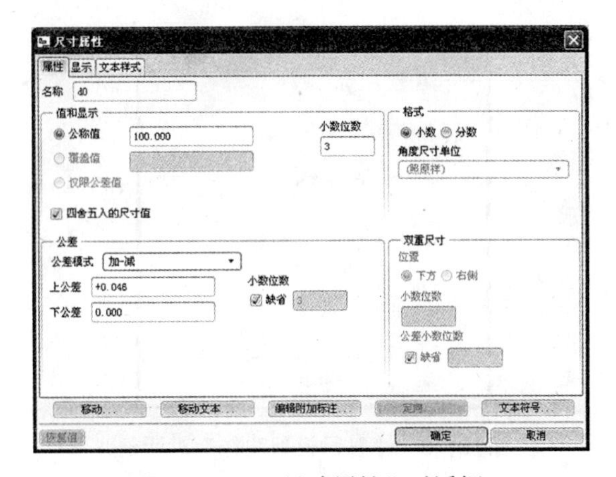

图10.70 “尺寸属性”对话框

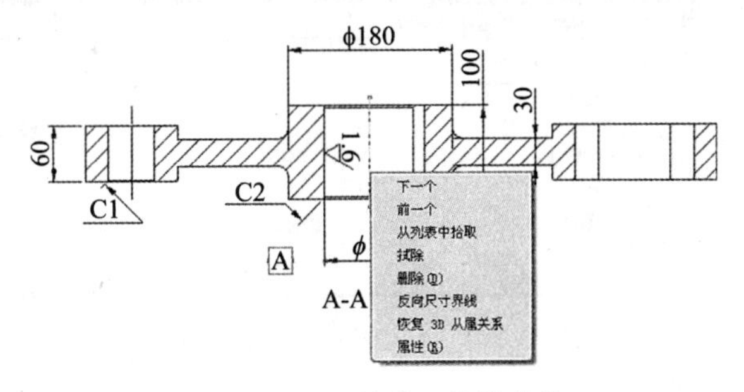

图10.71 “基准”快捷菜单

从快捷菜单中选择属性，打开“轴”基准对话框，可以对选择的轴创建基准符号，如图10.72所示。

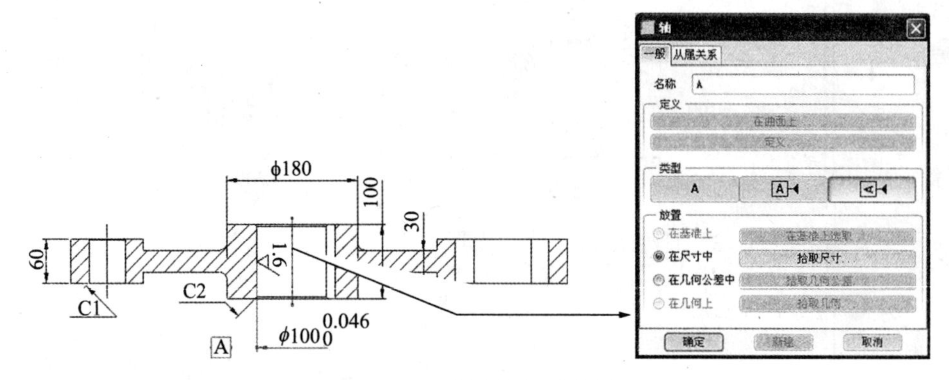

图10.72　创建轴基准符号

注解

（1）从菜单栏选择【注释】→【显示模型注释】按钮，打开“显示模型注释”对话框，如图10.73所示。或选择要创建注释的视图，单击鼠标右键，打开快捷菜单，从快捷菜单中选择显示模型注释选项，打开“显示模型注释”对话框。在“显示模型注释”对话框中可以创建自动标注尺寸或其他注释。

（2）从菜单栏选择【注释】→【几何公差】按钮，打开“几何公差”对话框，如图10.74所示。

图10.73　“显示模型注释”对话框

图10.74　“几何公差”对话框

2）标注支板表面粗糙度

标注好表面粗糙度的支板工程视图，其效果如图10.75所示。

标注表面粗糙度的操作步骤如下：

（1）从菜单栏选择【注释】→【表面粗糙度】按钮，打开“得到符号”菜单管理器，如图10.76所示。

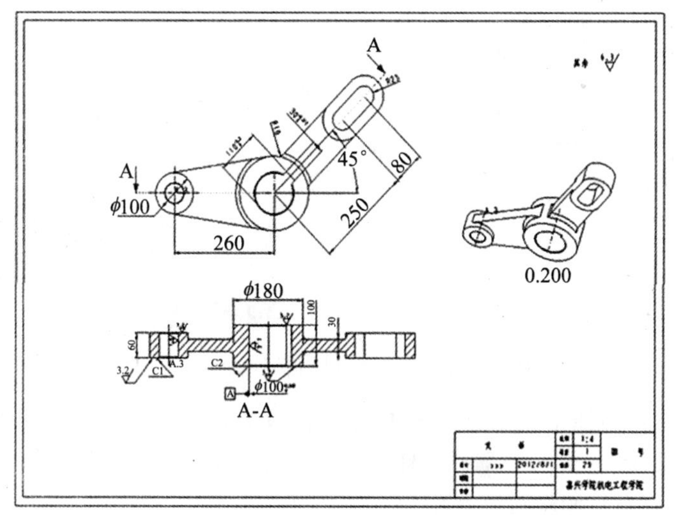

图10.75　具有表面粗糙度的支板工程视图

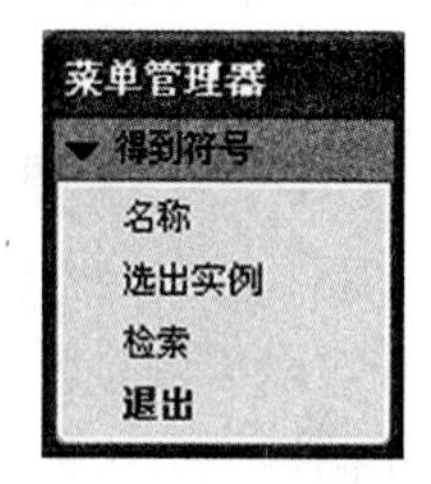

图10.76　“得到符号”菜单管理器

注解

“得到符号”菜单管理器的选项说明如下。

（1）名称：选取已调入图中的表面粗糙度符号名称。

（2）选出实例：在工程图中选取已创建的表面粗糙度符号类型，作为要创建的表面粗糙度符号的参照。

（3）检索：从系统表面粗糙度符号库中选择一种类型来创建表面粗糙度。首次创建表面粗糙度一般选择此项。

（2）从菜单管理器中选择“检索”，打开系统“表面粗糙度符号库”目录，如图10.77所示。在系统表面粗糙度符号库目录中选择合适的表面粗糙度符号类型。

（3）选择表面粗糙度符号后，打开“实例依附”菜单管理器，如图10.78所示。在“实例依附”菜单管理器中单击“法向”选项，打开“输入表面粗糙度值”文本框和选取对话框，如图10.79所示。

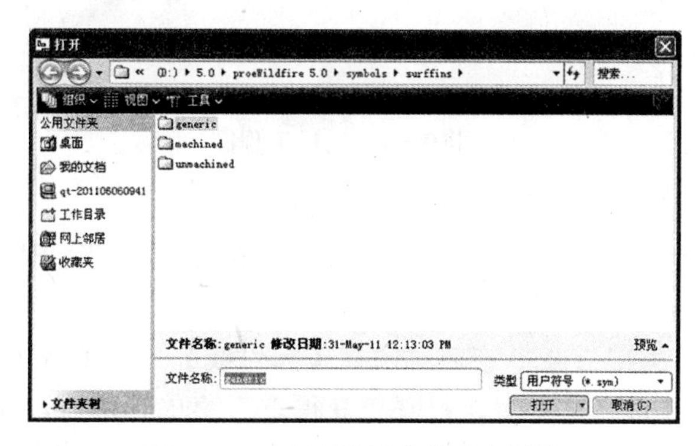

图10.77　表面粗糙度符号库目录

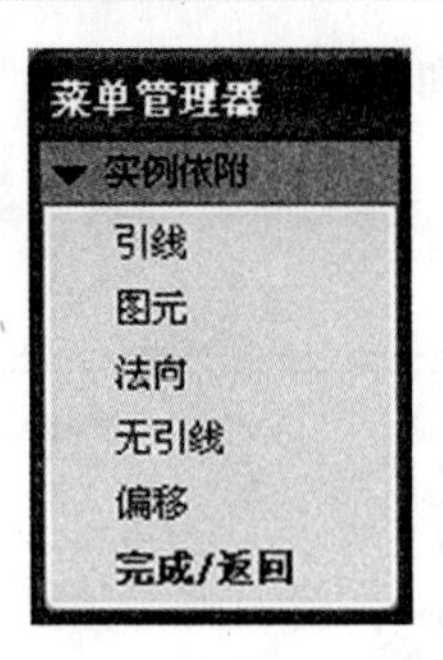

图10.78 “示例依附”菜单管理器

图10.79 “输入表面粗糙度值”文本框和选取对话框

（4）在文本框中输入表面粗糙度值，单击☑按钮关闭文本框，在视图中选择放置表面粗糙度的位置。单击选取对话框的确定按钮，完成表面粗糙度的标注工作。用同样的方法标注下一个表面粗糙度。

❻ 填写支板工程图的技术要求

填写支板技术要求后，得到完整的支板工程图，如图10.80所示。

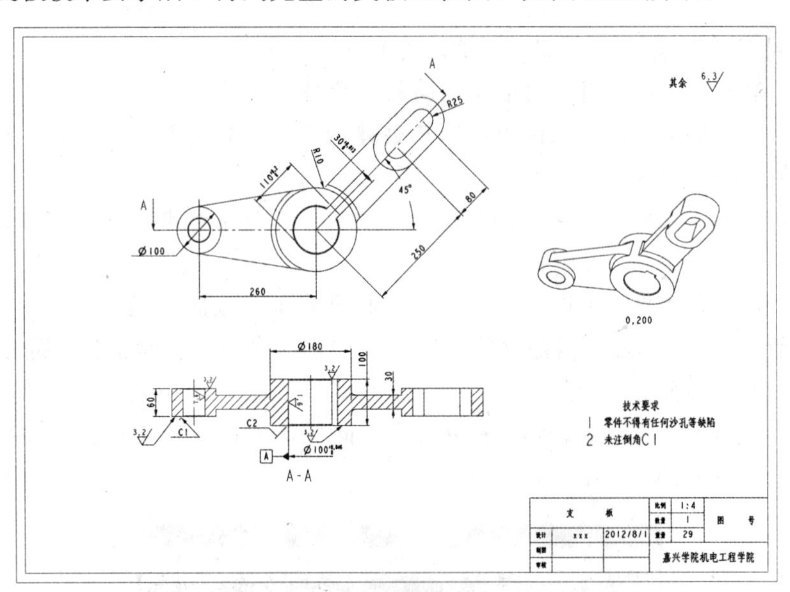

图10.80 支板工程图

填写支板技术要求操作步骤如下：

（1）从菜单栏选择【注释】→【注解】按钮，打开“注解类型”菜单管理器，如图10.81所示。

（2）在“注解类型”菜单管理器选择【无引线】→【输入】→【水平】→【标准】→【居中】→【进行注解】，打开“获得点”菜单管理器，如图10.82所示。

（3）在绘图区内选取放置文本的位置，打开“进行注解”文本框，按要求输入

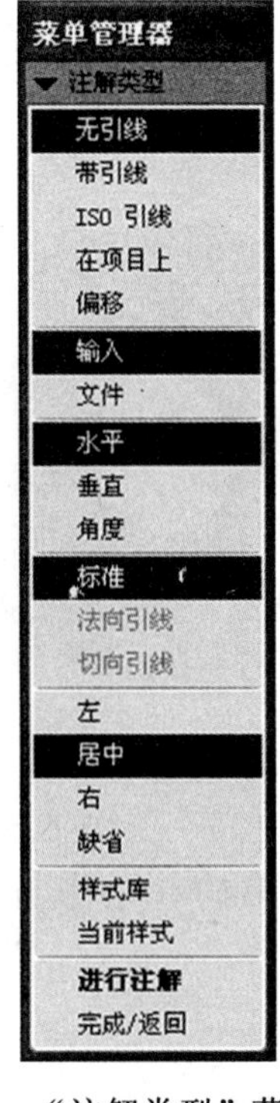

图10.81 "注解类型"菜单管理器

图10.82 "获得点"菜单管理器

技术要求文本，单击☑按钮关闭文本框，完成技术要求的填写工作。

注解

使用鼠标左键双击技术要求文本，打开"注解属性"对话框，如图10.83所示。在"注解属性"对话框中可以对文本进行修改。

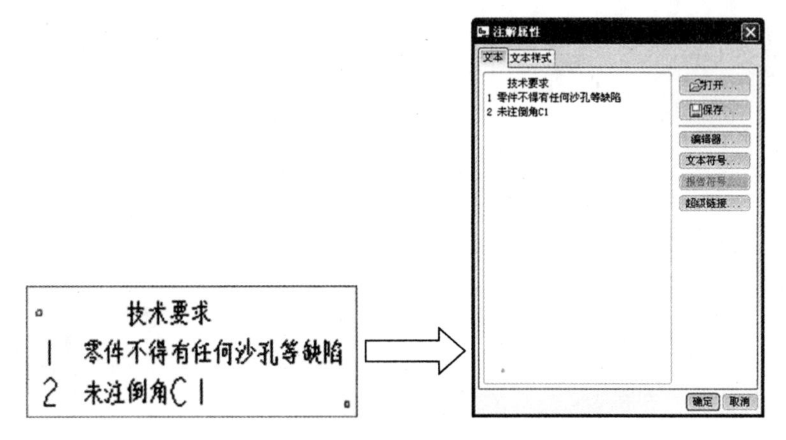

图10.83 修改文本

思考与练习

1. 工程视图主要有哪些类型？怎样创建？
2. 怎样创建工程视图注释？
3. 怎样修改注释中的文本？

4. 打开模型文件中“第10章\思考与练习题结果文件\ ex10-1.prt”，如图10.84所示，完成法兰盘工程图。结果文件请参看模型文件中“第10章\思考与练习题结果文件\ ex10-1.drw”。

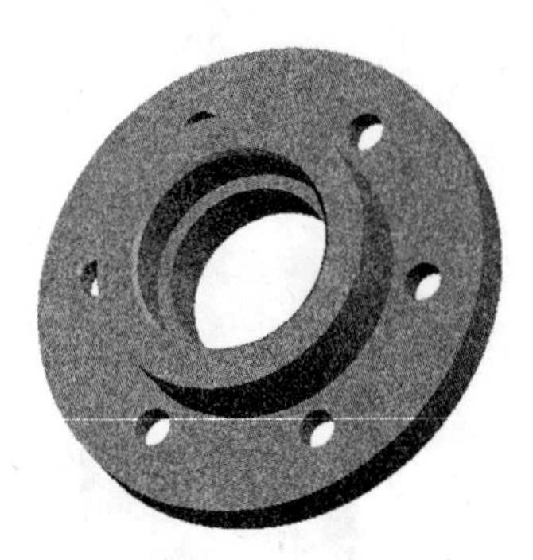

图10.84

5. 打开模型文件中“第10章\思考与练习题结果文件\ ex10-2.prt”，如图10.85所示，完成轴工程图。结果文件请参看模型文件中“第10章\思考与练习题结果文件\ ex10-2.drw”。

图10.85